Dieter Meissner

Solarzellen

Physikalische Grundlagen und Anwendungen
in der Photovoltaik

**Aus dem Programm
Physik/Umwelt**

Andreas Heintz und
Guido A. Reinhardt
Chemie und Umwelt

Peter Kunz
Umwelt-Bioverfahrenstechnik

Friedrich Oehme
Chemische Sensoren

Internationale Energie-Agentur (Hrsg.)
Energie und Umweltpolitik

Guido A. Reinhardt
Energie- und CO_2-Bilanzierung

Deutsche Gesellschaft für
Technische Zusammenarbeit
(GTZ) (Hrsg.)
Umwelt-Handbuch
3 Bände

Vieweg

Dieter Meissner (Hrsg.)

Solarzellen

Physikalische Grundlagen und Anwendungen in der Photovoltaik

Mit zahlreichen Abbildungen und Diagrammen

Anschrift des Autors:
Dr. Dieter Meissner
Institut für Solarenergieforschung GmbH
Sokelantstraße 5
30165 Hannover

Gedruckt auf säurefreiem Papier
ISBN-13:978-3-528-06518-8   e-ISBN-13:978-3-322-83112-5
DOI: 10.1007/978-3-322-83112-5

Vorwort

Die Sonne stellt mit den in ihr ablaufenden Fusionsreaktionen die einzig wirklich andauernde und schon immer genutzte Energiequelle für die Erde dar. Alles Leben auf der Erde beruht auf der Nutzung der durch Strahlung übertragenen Solarenergie, und auch wir Menschen leben von dieser Energie. Allerdings haben wir die Umwandlung der Strahlungsleistung, die den Energieverbrauch der Menschheit um ein Vieltausendfaches übersteigt, in eine hochwertige Energieform bisher im wesentlichen den Pflanzen überlassen, deren Reste in Form fossiler Energieträger wir heute in riesigen Mengen einfach verbrennen. Daß dies nicht lange gutgehen kann, da die Vorräte begrenzt sind, aber auch da die Folgen dieses Tuns von der Umwelt nicht länger verkraftet werden können, ist heute jedem klar.

Als einzige realistische Alternative bietet sich da eine direkte Umwandlung der Solarenergie in einen umweltfreundlichen Energieträger wie Strom oder Wasserstoff. Die Technologie hierzu ist in Form der Photovoltaik vorhanden. Sie ist aber verglichen mit den ohne Einbeziehung der Folgekosten verschleuderten Ölpreisen heute noch zu teuer. Dies liegt vor allem an der geringen Energiedichte der Solarstrahlung auf der Erde (die in Deutschland mit etwa 1.000 kWh pro Quadratmeter und Jahr eingestrahlte Dauerleistung von im Jahresmittel etwa 100 Watt entspricht nur etwa 60 Litern Heizöl). Um diese dann auch effektiv und kostengünstig nutzen zu können, kann und muß noch viel getan werden – ein höchst interessantes und außerordentlich wichtiges Gebiet für Forschung und Technologieentwicklung.

Um mehr junge Wissenschaftler an dieses interessante Arbeitsgebiet heranzuführen, wurde daher im September 1990 erstmals die Sommerschule "Physik und Chemie der photovoltaischen Solarenergieumwandlung" in Breitenbrunn im Erzgebirge durchgeführt, deren Vorträge hier in überarbeiteter Form einer breiteren Öffentlichkeit vorgestellt werden. Die Vortragenden und damit die Autoren dieses Buches sind alle aktive Forscher aus verschiedenen Bereichen der Photovoltaik, denen ich an dieser Stelle herzlich für ihre Mitarbeit und die Bereitstellung ihrer Manuskripte danke. Besonderer Dank gebührt dabei meinem Freund Priv. Doz. Dr. Thomas Frauenheim und seinen Kollegen Dr. E. Fromm, Dr. J. Heim und Dr. P. Fritsch, die die Organisation der Schule übernommen haben, sowie Herrn Prof. Dr. W. Fuhs, der das Programm mitgestaltet und einen wesentlichen Teil der inhaltlichen Vorbereitung übernommen hat.

Ein besonderer Dank gilt der Volkswagen-Stiftung in Hannover mit Herrn Dr. Steinhardt, die die Kosten dieser Schule getragen hat.

Für die Unterstützung bei der Herausgabe der Beiträge danke ich außerdem Beate Reins, Ursula Neff und Dr. Renate Hiesgen aus dem ISFH sowie den Herren Gondesen und Dr. Schwarz vom Vieweg Verlag.

Hannover im Januar 1993　　　　　　　　　　　　　　　　Dieter Meissner

Einige allgemeine Literaturangaben zum Thema:

A. L. Fahrenbruch, R. H. Bube: "Fundamentals of Solar Cells"; Academic Press, New York/USA, 1983

M. A. Green: "Solar Cells", The University of New South Wales, Kensington/Australia, 1992

M. A. Green (Ed.): "High Efficiency Solar Cells", Trans Tech Publications, Aedermanns-dorf/Schweiz, 1987

H. Häberlin: "Photovoltaik, Strom aus Sonnenlicht für Inselanlagen und Verbundnetz", AT Verlag, Aarau/Schweiz, 1991

IG Chemie-Papier-Keramik (Herausg.): "Der Weg zum Solarzeitalter, Bildungsmateria-lien", 2. Auflage, Eigenverlag, Hannover, 1991

M. Kleemann, M. Meliß: "Regenerative Energiequellen", Springer-Verlag, 1988

S. Kohler, J. Leuchtner, K. Müschen: "Sonnenenergie-Wirtschaft", S. Fischer Verlag, Frankfurt/M., 1987

V. Lange: "Zukunft: Sonnenenergie", Freizeit Verlags GmbH, Baden-Baden, 1987

J. Leggett (Herausg.): "Global Warming, Die Wärmekatastrophe und wie wir sie verhin-dern können", Piper, München, 1990

A. B. Lovins: "Sanfte Energie", Rowohlt, Reinbek, 1978

H. Scheer (Herausg.): "Die gespeicherte Sonne", 2. Aufl., Piper, München, 1987

H. Scheer (Herausg.): "Das Solarzeitalter", Dreisam, Freiburg und C. F. Müller, Karls-ruhe, 1989

E. Stratmann u. A. (Herausg.): "Das Grüne Energiewende-Szenario 2010", Volksblatt Verlag, Köln, 1989

Fred C. Treble: "Generating Electricity from the Sun", Pergamon Press, Oxford/England, 1991

Inhaltsverzeichnis

Einleitung
T. Frauenheim
Solarenergienutzung als Notwendigkeit zur Lösung globaler Probleme 2

Teil 1: Grundlagen
W. Fuhs
Festkörperphysikalische Grundlagen 14

W. Fuhs
Die p/n-Solarzelle. 27

P. Fritzsch
Photovoltaik und Photosynthese. 35

Teil 2: Materialien für die Photovoltaik
H. W. Schock
Polykristalline Materialien für Dünnschichtsolarzellen 44

W. Fuhs
Amorphe Materialien für Dünnschichtsolarzellen 59

K. Schade, G. Suchaneck
Dünnschicht-Depositionstechniken. 71

T.Frauenheim, P. Blaudeck, E. Fromm
Theoretische Simulation von Halbleitermaterialien 87

Teil 3: Zelltypen
F. H. Karg
Polykristalline Dünnfilmsolarzellen 100

W. Krühler
Dünnschichtsolarzellen aus amorphen Halbleitern 109

D. Bonnett
Die CdTe-Dünnschichtsolarzelle 119

W. Krühler
Die Tandemsolarzelle 129

D. Meissner
Photoelektrochemische Solarzellen 137

Teil 4: Technologie und Meßtechnik

W. Wettling
Konzentrierende Systeme 152

J. Knobloch , W. Wettling
Hocheffiziente Silizium-Solarzellen: Technologie und Potential 164

W . Wettling
Technologie der GaAs-Solarzelle 176

K. Heidler
Photovoltaische Meßtechnik. 184

Teil 5: Photovoltaische Systeme

C. Bendel
Photovoltaische Systeme. 220

K. Ledjeff
Überblick über den Stand und die Entwicklung der Energiespeicher 230

Teil 6: Ausblick

J. Nitsch
Szenarien einer zukünftigen Energieversorgung. 238

Anhang
Wirkungsgrade von Solarzellen und Modulen. 266

Einleitung

Solarenergienutzung als Notwendigkeit zur Lösung globaler Probleme

T. Frauenheim
Technische Universität Chemnitz, Fachbereich Physik
Lehrstuhl für Theoretische Physik I + II
Postfach 964, 09009 Chemnitz

Probleme von nie dagewesener Dimension

Das Bemühen um die Beherrschung der Wechselwirkung zwischen Mensch und Umwelt ist so alt wie die menschliche Zivilisation selbst. Die beispiellose Zunahme in Geschwindigkeit, Ausmaß und Komplexität dieser Wechselbeziehungen hat dem Problem heutzutage eine neue Dimension verliehen [1-4].

Früher

- ging es um örtlich begrenzte Fälle von Umweltverschmutzung, heute werden ganze Kontinente in Mitleidenschaft gezogen, siehe den sauren Regen in Europa und Nordamerika,

- waren die Eingriffe kurzfristig und reversibel, heute betreffen sie viele Generationen, siehe die Entsorgung von Chemieabfällen und Atommüll,

- handelte es sich um einfache Konflikte zwischen Umweltschutz und Wirtschaftswachstum, heute hat man es mit vielschichtigen Beziehungsgeflechten zu tun, siehe die Rückkopplung zwischen Energieverbrauch, Landwirtschaft und Klimaänderung, die als mitverantwortlich für den Treibhauseffekt gilt.

Wir sind in eine Ära globaler Veränderungen eingetreten, die der Interdependenz von menschlicher Entwicklung und Umwelt entspringen. Bei dem Versuch, diesen selbstverursachten Wandel nicht einfach geschehen zu lassen, sondern ihn bewußt zu steuern, stellt sich die Frage:

Wie können derzeitige Bedürfnisse befriedigt werden, ohne die Möglichkeiten künftiger Generationen zur Bedürfnisbefriedigung einzuschränken?

Das Ziel spiegelt also eine Wertentscheidung im Umgang mit der Erde wider, bei der die Gleichheit zwischen allen heute lebenden Menschen und die Gleichheit zwischen uns und unseren Nachgeborenen im Mittelpunkt steht. Als besonders besorgniserregend und nur schwer kalkulierbar erweist sich die globale Veränderung des Klimas durch den wachsenden Energiebedarf einer im Wachstum befindlichen Weltbevölkerung. Seit Anfang des 18. Jahrhunderts hat sich die Weltbevölkerung verachtfacht und die Lebenserwartung hat sich mindestens verdoppelt.

Unter den Faktoren, die für die Steigerung und internationale Verflechtung menschlicher Aktivitäten anzuführen sind, hatten die Landwirtschaft, die Energieerzeugung und die Industrieproduktion den größten Einfluß auf die Umwelt.

- Die Agrarwirtschaft hat weltweit das Landschaftsbild einschneidend verändert; seit Mitte des letzten Jahrhunderts sind 9 Millionen $(km)^2$ in dauerhaft landwirtschaftlich genutzte Areale umgewandelt worden. Dabei gingen 6 Mill. $(km)^2$ Wald verloren; das ist mehr als die Hälfte der Fläche Europas.

- Im selben Zeitraum hat sich der Weltenergiebedarf auf das 80-fache erhöht, was tiefgreifende Auswirkungen auf den Stoffhaushalt der Erde, besonders hinsichtlich der Elemente Kohlenstoff (C), Stickstoff (N) und Schwefel (S) mit sich brachte.

- Schließlich hat sich die Weltindustrieproduktion, bei jährlichen Wachstumsraten im Verbrauch von Grundmetallen wie Pb, Cu und Fe von über 3 % in 100 Jahren mehr als verhundertfacht.

Durch die landwirtschaftliche und industrielle Entwicklung in den letzten 300 Jahren hat sich so der Anteil an Methan in der Atmosphäre verdoppelt und die Kohlendioxidkonzentration stieg um 25 %. Es gilt als gesichert, daß sich vor allem diese sogenannten Treibhausgase neben anderen in der Atmosphäre angesammelt haben und begonnen haben, das irdische Klima bereits zu verändern. Dies ist allein menschlichen Aktivitäten zuzuschreiben, insbesondere der Verfeuerung von Kohle und Öl sowie der Abholzung von Wäldern, wodurch größere Mengen dieser Spurengase in die Atmosphäre gelangten, als durch Diffusion in die Ozeane oder durch Photosynthese der Pflanzen auf dem Festland wieder gebunden werden konnten. Die Abb. 1 zeigt eine Übersicht der jährlichen Kohlenstoff-Flüsse in Gigatonnen (aus [3]).

Der Anstieg an C bzw. CO_2 in der Atmosphäre scheint gemessen am gesamten Kohlenstoffhaushalt geringfügig, vor allem wenn man bedenkt, daß die Gesamtmenge an CO_2 in der Atmosphäre kaum mehr als 0.03 Vol-% beträgt. Trotz der geringen Konzentration jedoch bestimmen das Kohlendioxid und einige andere Gase, die in noch kleineren Mengen vorhanden sind, die Temperatur auf der Erde entscheidend mit. Im Gegensatz zu Stickstoff und Sauerstoff, die mehr als 99 % der Lufthülle unseres Planeten ausmachen, absorbieren sie die Infrarotstrahlung von der Erdoberfläche, halten also einen Teil der irdischen Strahlungswärme, die für die Realisierung eines Temperaturgleichgewichts abgegeben werden müßte, zurück. Da sie in dieser Hinsicht ähnlich wie das Glas eines Treibhauses wirken, werden sie gewöhnlich als Treibhausgase bezeichnet, siehe Abb. 2.

Da die Gesamtmenge dieser Treibhausgase gering ist, kann ihre Konzentration leicht verändert werden. Nimmt sie bei einem dieser Gase zu, erhöht sich das Wärmerückhaltungsvermögen der Atmosphäre, und die Temperatur steigt, bei der die in den Kosmos abgestrahlte Wärme wieder gleich der eingestrahlten Sonnenenergie ist. In den letzten Jahren haben die Forscher erkannt, daß die Atmosphäre auch durch andere Treibhausgase als Kohlendioxid (CO_2) zunehmend belastet wird. Dies sind Methan (CH_4), Distickstoffmonoxid (N_2O) und Fluorkohlenwasserstoffe (FCKWs) - siehe Tabelle 1, aus [1].

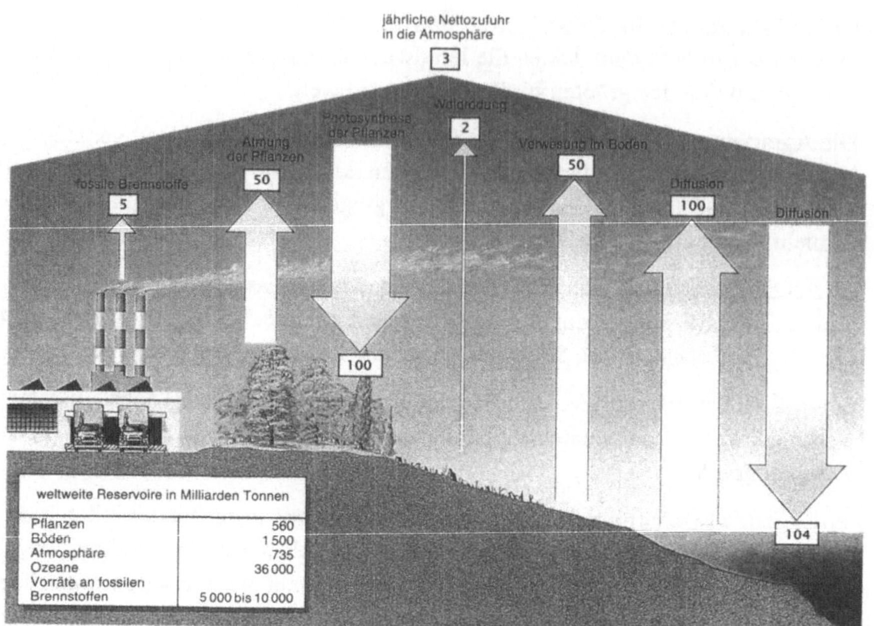

Abb. 1 Übersicht über die jährlichen Kohlenstoff-Flüsse in Gigatonnen (Milliarden Tonnen). Die Photosynthese der Pflanzen auf den Kontinenten entzieht der Atmosphäre jährlich etwa 100 Gigatonnen Kohlenstoff in Form von Kohlendioxid. Durch die Atmung von Pflanzen und Bodenlebewesen gelangen jeweils rund 50 Gigatonnen in die Atmosphäre zurück. Durch Verfeuern fossiler Brennstoffe und Waldrodung werden etwa fünf beziehungsweise zwei Gigatonnen in die Atmosphäre eingebracht. Physikalisch-chemische Vorgänge an der Meeresoberfläche setzen rund 100 Gigatonnen frei und verbrauchen ungefähr 104 Gigatonnen. Als Nettozufuhr an Kohlenstoff in die Atmosphäre ergeben sich aus diesem Grunde etwa drei Gigatonnen pro Jahr. In der Tabelle, unten links, sind die wichtigsten irdischen Kohlenstoffreservoire aufgeführt [3].

Bis zur Mitte der achtziger Jahre hatten diese Gase schon Mengen erreicht, deren Gesamtwirkung sich derjenigen von CO_2 näherte, siehe Abb. 3. Der Hauptbeitrag zur globalen Erwärmung wird demnach durch den verstärkten CO_2-Ausstoß der Energienutzung und Produktion verursacht. Dies ist vor allem einer Zunahme des Verbrauchs fossiler Brennstoffe zur Energieerzeugung zuzuschreiben. Eine Verlangsamung oder Beendigung der globalen Erwärmung wird insbesondere eine Kontrolle der CO_2-Emissionen erfordern.

Legt man den aus Analysen bekannten ständig wachsenden Verbrauch fossiler Brennstoffe in der Vergangenheit zugrunde, siehe Abb. 4, und rechnet die aus dem wachsenden Energiebedarf folgende Verbrauchssteigerung für die nächsten 100 Jahre hoch, so ergibt sich ein von IPCC-Wissenschaftlern (Intergovernmental Panel on Climate Change) vorhergesagter Anstieg der globalen Durchschnittstemperatur von ca. 3 °C. Die Abb. 4 zeigt die Kurve für die "wahrscheinlichste Schätzung" eines Temperaturanstieges, wenn man davon ausgeht, daß die Treibhausgasemissionen in unvermindertem Maße zunehmen, um

Tab. 1 Die bekanntesten Treibhausgase, ihr Ursprung, ihre Zuwachsrate in der Atmosphäre und ihr Beitrag zur globalen Erwärmung in den achtziger Jahren.

Gas	Hauptquellen	derzeitige jährliche Zuwachsrate und Konzentration	Beitrag zur globalen Erwärmung (Prozent)
Kohlendioxid(CO_2)	Nutzung fossiler Brennstoffe (ca. 77%), Abholzung (ca. 23%)	0,5% (353 ppm)	55
Fluorchlorkohlenstoffe (FCKs) und verwandte Gase (FKWs und FCKWs)	industrielle Nutzung: Kühlmittel; schäumende Lösungsmittel	4% (280 ppt FCKW-11 484 ppt FCKW-12)	24
Methan (CH_4)	Reisanbau; enterische Fermentierung; Erdgaslecks	0,9% (1,72 ppm)	15
Distickstoffoxid (N_2O=Lachgas)	Düngung; Verbrennung von Biomasse und fossilen Brennstoffen	0,8% (310 ppb)	6

1 °C über die gegenwärtige durchschnittliche Oberflächentemperatur bis zum Jahre 2030 und um etwa 3 °C noch vor Ablauf des nächsten Jahrhunderts. Zugleich gibt sie die geschätzten tatsächlichen Temperaturen an, > 5 °C über normal. Was sie nicht zeigt, ist eine Darstellung des Temperaturverlaufs, der sich ergeben würde, wenn - wie die IPCC-Wissenschaftler es für "wahrscheinlich" halten - die in den derzeitigen Klimamodellen nicht berücksichtigten positiven Rückkopplungen ins Spiel kommen.

Aus der Abb. 4 wird klar, worum es im wesentlichen geht: unabhängig davon, ob es zu positiven Rückkopplungen kommt oder nicht, steuern wir, sofern die überwiegende Mehrheit der Klimatologen recht hat, in eine Welt, in der alles beim alten bleibt und in der

Abb. 2

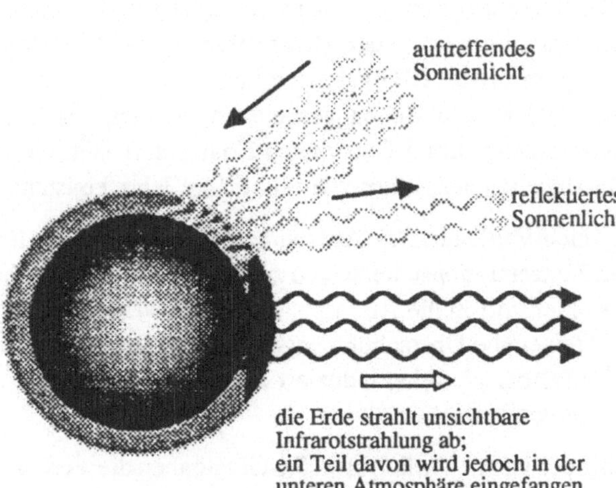

Die Wirkungsweise des Treibhauseffekts. Energie von der auftreffenden Sonnenstrahlung erreicht die Erde. Ein Teil davon wird reflektiert; der Großteil dringt sogleich durch die Atmosphäre hindurch und erwärmt die Erdoberfläche. Die Erde sendet unsichtbare Infrarotstrahlung aus und kühlt dadurch ab. Ein Teil dieser Infrarotstrahlung wird jedoch durch Treibhausgase in der Atmosphäre eingefangen, die gleich einer Decke die Hitze zurückhält. [1]

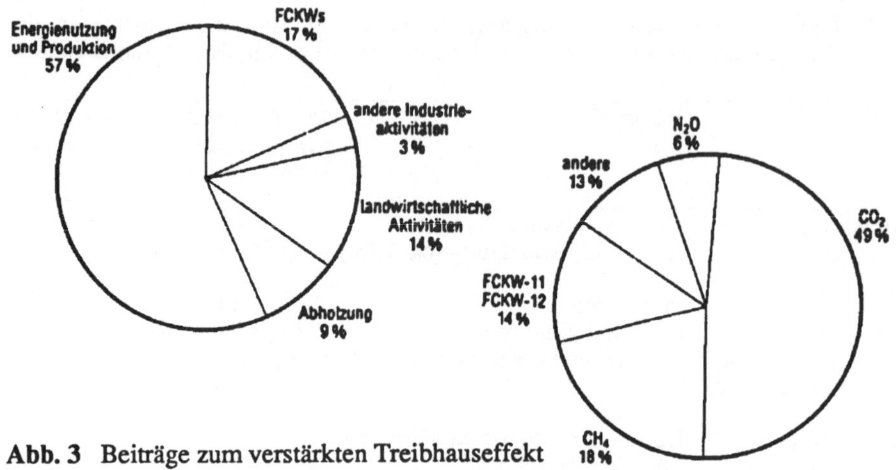

Abb. 3 Beiträge zum verstärkten Treibhauseffekt

die Treibhausgasemissionen in unvermindertem Maße zunehmen, auf in der Menschheitsgeschichte beispiellose Temperaturanstiegsraten zu, die zu unvorhersehbaren Belastungen der natürlichen Umwelt führen würden.

Gegenmaßnahmen

Amory Lovins: "... Heute ist es im allgemeinen billiger, Brennstoff zu sparen, als ihn zu verfeuern. Die Vermeidung von Umweltbelastungen, indem man den Brennstoff nicht nutzt, verursacht also keine Kosten, sondern bringt Gewinn - ein Umstand, der auch in der Wirtschaft Berücksichtigung finden könnte und sollte ..."

Was läßt sich tun, um den gegenwärtigen Klimawandel zu verlangsamen?

Am dringendsten wäre es, den Gehalt der Atmosphäre an Treibhausgasen zu stabilisieren. Gleich aus welcher Quelle, hat die Kohlenstoffmenge in der Atmosphäre in den letzten zehn Jahren um etwa 3 Gigatonnen jährlich zugenommen. (Die restlichen 3 bis 7 Gigatonnen - schließlich werden pro Jahr insgesamt 6 bis 10 Gigatonnen freigesetzt - sind von den Ozeanen aufgenommen oder in Wäldern und Böden gespeichert worden.) Falls es gelänge, die gegenwärtige Emissionsmenge um 3 Gigatonnen Kohlenstoff jährlich zu vermindern, bliebe der Kohlendioxidgehalt der Atmosphäre für einige Jahre konstant.

Die Stabilisierung wäre allerdings nicht von Dauer. Die Aufnahmefähigkeit der Meere für Kohlendioxid hängt nämlich vom Konzentrationsunterschied zwischen Luft und Wasser ab. Wenn weniger zusätzlicher Kohlenstoff in die Atmosphäre gelangt, verringert sich diese Differenz, und die Ozeane können die Überschußmengen nicht mehr vollständig aufnehmen. Die Emissionen müßten also noch weiter reduziert werden, um eine künftige Anhäufung in der Atmosphäre zu verhindern.

Die Hauptquelle derartiger Emissionen ist mit jährlich etwa 5,6 Gigatonnen die Verfeuerung fossiler Brennstoffe. Da 75 Prozent dieser Emissionen aus den Industrieländern

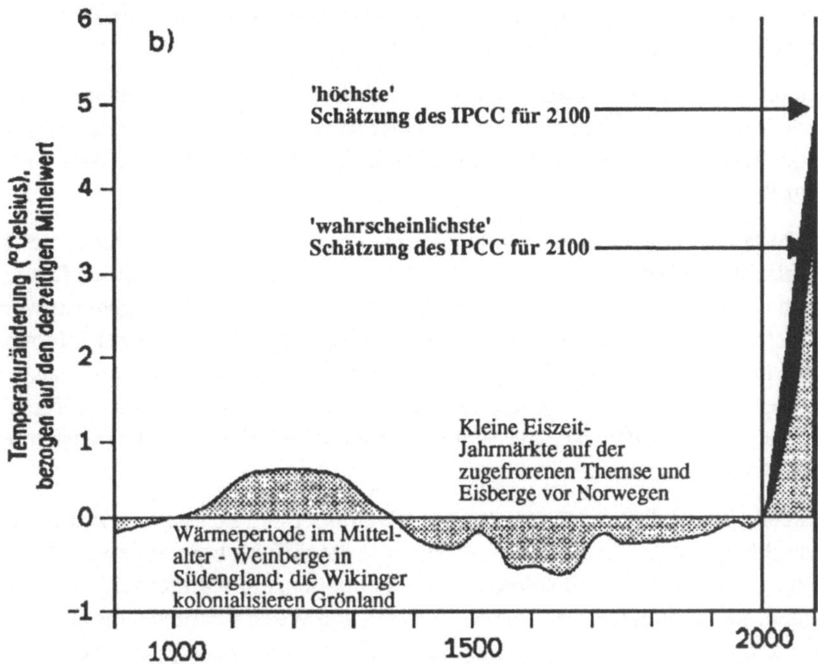

Abb. 4 Globale Standardmittelwerte der Temperatur über die letzten 1000 Jahre und Abschätzungen des globalen Temperaturanstieges durch IPCC- Wissenschaftler bis ins Jahr 2100. Der genaue Spitzenwert markiert die "wahrscheinlichste" Schätzung und der schwarze Wert die aus den IPCC-Modellen abgeleitete höchste Schätzung. Durch Einbeziehung positiver Rückkopplungsmechanismen liegt dieser Wert "wahrscheinlich" noch höher [1].

stammen, müssen diese als erste Stabilisierungsmaßnahmen ergreifen. Nach einer neuen Studie des Welt-Instituts für Ressourcen in der US-Bundeshauptstadt Washington, die unter Federführung von Jose Goldemberg, dem Präsidenten der Universität von Sao Paulo (Brasilien), entstanden ist, könnte der Energieverbrauch aus fossilen Brennstoffen in den Industrieländern allein durch Sparmaßnahmen und eine verbesserte Nutzung halbiert werden. Entwicklungsländer erzeugen zwar weniger Kohlendioxid, aber ihr Anteil wächst und könnte gewaltig werden, wenn ihre wirtschaftliche Entwicklung nach herkömmlichem Muster verläuft. Der zweite Schritt zu einer Stabilisierung des Gehalts der Atmosphäre an Treibhausgasen erfordert somit neue Wege zur wirtschaftlichen Entwicklung, welche die Abhängigkeit von fossilen Brennstoffen verringern.

Waldrodung ist eine andere Hauptquelle für Kohlendioxid, vor allem in den Tropen. Um 1980 wurden jährlich 11000 Quadratkilometer Wald gerodet und dadurch jeweils zwischen 0,4 und 2,5 Gigatonnen Kohlenstoff als Kohlendioxid in die Atmosphäre freigesetzt. Seither hat der Raubbau am Waldbestand noch zugenommen. Wenn die gegenwärtige Freisetzung von Kohlenstoff an der Obergrenze des genannten Bereichs liegt, würde ein Rodungsstopp den Eintrag von Kohlenstoff in die Atmosphäre um jene drei Gigatonnen jährlich mindern, die es braucht, um deren Zusammensetzung stabilisieren zu können. Eine Wiederaufforstung könnte ebenfalls zur Stabilisierung beitragen.

Ein weiterer wesentlicher Ansatzpunkt, schlimmeren Erwartungen hinsichtlich der globalen Erwärmung zu begegnen, besteht in einer stärkeren Einbeziehung regenerativer Energiequellen zur Deckung des Weltenergiebedarfs, die gegenwärtig laut Abb. 4 nur mit ca. 1/6 zu Buche schlagen.

Carlo LaPorta : "Es gibt jetzt die Technologie, um Strom oder Wärme von beliebiger Temperatur (bis 1400 °C) direkt aus natürlichen Ressourcen zu erzeugen, die in fast jedem Land auch an netzfernen Standorten vorhanden sind. Der Bedarf kann gedeckt werden, und dazu ist es nicht nötig, ständig einen Strom von Brennstoffen über weite Entfernungen zu transportieren oder Hochspannungs-Fernleitungen zu betreiben oder Treibhausgase in riesigen Mengen zu emittieren... Diese Feststellungen gelten uneingeschränkt. Technisch ist es möglich. Wirtschaftlich ist die Situation etwas schwieriger, wie die meisten Beobachter und Experten glauben..."

In der Tabelle 2 sind die wichtigsten regenerativen Energieträger zusammengefaßt. Die Sonnenstrahlung, und zwar die direkte ebenso wie die diffuse, kann auf zweierlei Weise eingefangen werden: direkt mit Solarenergietechnologien, um Wärmeenergie oder Strom zu erzeugen, oder indirekt durch Biomasse-, Wind- und Wasserkrafttechnologien. Bäume und Pflanzen, zusammenfassend gemeinhin als "Flora" bezeichnet, nutzen die Sonnenstrahlung, um die chemischen Fabriken der Natur zu betreiben, welche die Biomasse liefern, die entweder direkt verbrannt und in Wärmeenergie verwandelt wird, oder den Rohstoff für die Umwandlung in irgendeines der chemischen Produkte darstellt, die heute aus Rohöl, Erdgas oder Kohle gewonnen werden. Die ungleiche Verteilung der Strahlung regt Luftbewegungen an und erzeugt den Wind, der seinerseits in mechanische, thermische oder elektrische Energie umgewandelt werden kann. Schließlich treibt die Sonnenenergie den Kreislauf von Verdunstung und Kondensation des Wassers an, der Niederschläge und letztlich die Wasserkraft entstehen läßt.

Es gibt keine Energietechnologie, die für die Umwelt vollkommen unschädlich ist, und bei vielen erneuerbaren Energieprojekten sind die entsprechenden Wirkungen durch Umweltüberwachung festgehalten worden. Die klar erkannten Umweltfolgen sind bei vielen Arten von erneuerbaren Energiesystemen, besonders bei der Umwandlung von Sonnenenergie, weit geringer als bei konventionellen Energiesystemen.

Die Sonnenstrahlung ist somit die wichtigste regenerative Energiequelle, auch als Quelle für Wasserkraft, Wind und die Erzeugung von Biomasse. Ihr jährlicher Energieeintrag auf der Erde (5 % UV, 43 % VIS, 52 % IR) übersteigt den Gesamt-Weltenergiebedarf um mehr als das Tausendfache. Um diese Strahlungsenergie umzuwandeln und für Verbrauchszwecke zu nutzen, wurden unter Ausnutzung physikalisch-chemischer Vorgänge in Flüssigkeiten und Festkörpern neuartige Techniken entwickelt. Eine der wichtigsten gestattet sogar eine direkte Umwandlung der Strahlungsenergie in elektrische Energie

Tab. 2 Erscheinungsformen und Energieinhalte regenerativer Energiequellen (aus [2])

Energie-träger	Erscheinungsform	u. prozentualer Anteil an der regenerativen Gesamtenergie
Sonne	Solarstrahlung, Luftströmungen Temperaturgradienten in der Atmosphäre, Wellenenergie, Meeresströmungen Temperaturgradienten im Meer, Wasserkraft, Biomasse	$15{,}6 \cdot 10^{17}$ kWh/a 99,98 %
Erdkruste	Geothermische Energie als: Lavaflüsse und -seen Heißwasser- und Heißdampfvorkommen Trockene, heiß Gesteine	$3 \cdot 10^{14}$ kWh/a 0,018 %
Welt-meere	Gezeitenenergie	$3 \cdot 10^{13}$ kWh/a 0,002 %

innerhalb photovoltaischer Zellen und Systeme. Die photovoltaische Solarenergieumwandlung, deren physikalisch-chemische Grundlagen Gegenstand dieser Schule sind, ist zu einem Schwerpunkt vieler Forschungsvorhaben in den hochindustrialisierten Ländern geworden und ist eine Hoffnung, globale Energie und Umweltprobleme der Zukunft zu lösen.

Der verstärkte und breite Einsatz von Solarzellen zur Energiegewinnung wird wesentlich davon abhängen, wie der Wirkungsgrad von Solarzellen bei gleichzeitiger Senkung der Herstellungskosten erhöht werden kann.

Der Lösung dieser Aufgabe stellen sich viele Forschungsgruppen an Hochschulen/Universitäten, Forschungsinstituten sowie Forschungszentren der Industrie.

Dank des engagierten Einsatzes vieler Wissenschaftler hat die Photovoltaik die Phase der "Unschuld" und eine erste Kostenreduktion um den Faktor 10 hinter sich. Hocheffektive einkristalline Si- und GaAs-Solarzellen für konzentriertes Sonnenlicht stehen heute ebenso zur Verfügung wie Dünnschichtzellen (polykristallines und amorphes Silicium, Kupferindiumdiselenid und Cadmiumtellurid) für großflächige Anwendung. Ein wirtschaftlich arbeitendes Solarkraftwerk erfordert bei einem Wirkungsgrad um 15 % jedoch eine nochmalige Reduktion der Herstellungskosten um den Faktor 10.

Mit großer Hoffnung betrachtet man auch in der Bundesrepublik die Elektrizitätserzeugung mit Hilfe der Photovoltaik. Die Photovoltaik-Förderung des Bundesministeriums für Forschung und Technologie (BMFT) lag 1989 bei rund 100 Mio DM.

Mit dem Forschungsverbund Sonnenenergie stellt sich eine neue Kooperationsstruktur vor, die 1990 auf Anregung des Bundesministers für Forschung und Technologie gegründet wurde. Dem Verbund gehören an

* die Deutsche Forschungsanstalt für Luft- und Raumfahrt e.V. (DLR) mit verschiedenen Standorten,
* das Hahn-Meitner-Institut (HMI) in Berlin,
* die Fraunhofer-Gesellschaft zur Förderung der angewandten Forschung e.V. (FhG), vertreten durch ihr Institut für Solare Energiesysteme (ISE) in Freiburg,
* das Forschungszentrum Jülich GmbH (KFA),
* das Zentrum für solaren Wasserstoff (ZSW) in Stuttgart
* und das Institut für Solare Energietechnologie (ISET) in Kassel.

Ihr vereinbartes Ziel ist, auf dem Gebiet der Solarenergie und der zugehörigen Systemtechnik arbeitsteilig zusammenzuarbeiten und durch ihre Forschungs- und Entwicklungsaktivitäten das Gesamtgebiet intensiv voranzutreiben. Der Forschungsverbund will dazu alle Möglichkeiten der Kooperation und Koordination zur Steigerung der Forschungseffizienz nutzen und zugleich Ansprechpartner für Politik, Öffentlichkeit und Wirtschaft sein.

Neben den im Forschungsverband verankerten Instituten sind eine Reihe weiterer Institutionen wie

* Universitäten und Hochschulen (Marburg, Stuttgart, Erlangen, Kaiserslautern, Bremen, München u.a. Städten),
* landesgetragene Institute, wie das Institut für Solarenergieforschung Hannover (ISFH) und
* wichtige Industrieforschungszentren (Siemens - München, NUKEM - Hanau, Phototronics - Putzbrunn, MBB)

in den westlichen Bundesländern bereits in das Programm zur Solarenergieforschung einbezogen.

Aber auch in den stark umweltbelasteten östlichen Bundesländern gibt es eine Reihe von Aktivitäten. So suchen vor allem Gruppen an Universitäten und ehemaligen Akademieinstituten ihren Einstieg in diese aktuelle Forschungsthematik. Hierzu gehören unter anderem Wissenschaftler an den Technischen Universitäten Dresden, Magdeburg, Chemnitz, an der Friedrich-Schiller-Universität Jena sowie an der Humboldt-Universität Berlin, dem Zentralinstitut für Elektronenphysik Berlin und dem Zentralinstitut für Kernforschung Rossendorf.

Diese Schule und dieses Buch wird, so hoffen wir, einen kleinen Beitrag zu diesem Einstieg leisten. Die Schule soll jungen Wissenschaftlern, die auf dem Gebiet der Solarenergieforschung aktiv werden sollten, neben der Vermittlung physikalisch-chemischer

Grundlagen einen Einblick in die aktuelle Forschung (Stand, Probleme, Lösungsansätze, Perspektiven) geben. Sie soll aber vor allem auch dazu beitragen, daß in den östlichen Bundesländern Foren des wissenschaftlichen Austauschs zum Thema Solare Energieanwendung entstehen, die zum Treffpunkt für junge engagierte Wissenschaftler aus dem gesamten Bundesgebiet werden.

Zum Ende dieser Einführung soll an zwei Einschätzungen von sehr bekannten Wissenschaftlern zur Bedeutung der Solarenergienutzung und Photovoltaik erinnert werden.

In seinen Schlußbemerkungen zur Internationalen Konferenz über amorphe Halbleiter ICAS' 91 in Garmisch-Partenkirchen, deren Schwerpunkt den Materialien zur aktiven Solarenergieumwandlung gewidmet war, sagte Sir Neville Mott (sinngemäß): Die Wichtigkeit der stattgefundenen Konferenz über amorphe Halbleiter wird wohl von den meisten Wissenschaftlern und Politikern im Vergleich zu anderen Themen (wie z. B. Fusion oder Kernenergieprobleme) heutzutage noch unterschätzt. Wenn die politischen Probleme gelöst werden können, sollte es keine ökonomischen Hindernisse geben, den Energiebedarf für die Menschheit ökologisch sauber durch die solare Energienutzung bereitzustellen. In diesem Zusammenhang werde auch die Bedeutung gerade dieser Konferenz weiter zunehmen.

Prof. Ginzburg aus dem Landau-Institut schließlich konstatierte während eines Kolloquiums zu aktuellen Fragen der physikalischen Forschung an der EPFL-Lausanne: Er habe viele Jahre an die Lösung des Energieproblems durch die Beherrschung thermonuklearer Reaktionen geglaubt. Heute müsse er seine Meinung revidieren. Dieser Weg sei aus Sicherheits-, Umwelt- und Kostengründen zu verwerfen. Es sei viel seriöser, die Umwandlung solarer Energie zu betreiben und die Forschung auf diesem Gebiet weltweit zu intensivieren.

Die Organisatoren dieser Schule hoffen, daß sie viele junge Wissenschaftler mit dem Programm und diesem Buch für eine Mitarbeit an Themen der Solarenergieforschung begeistern können.

Literatur

[1]   "Global Warming" - Der Greenpeace Report - Dt. Ausgabe R. Piper GmbH & Co. KG, München 1991

[2]   "Elektrizität aus dem Sonnenlicht" P. Fritzsch, Dt. Verlag der Wissenschaften, 1991, Berlin

[3]   R.A. Houghton, G.M. Woodwell, " Globale Veränderung des Klimas", Spektrum der Wissenschaft, Juni 1989

[4]   W.C. Clark, "Verantwortliches Gestalten des Lebensraums Erde", Spektrum der Wissenschaft, Nov. 1989

Teil 1
Grundlagen

Festkörperphysikalische Grundlagen

W. Fuhs
Fachbereich Physik der Universität Marburg
Renthof 5, 35037 Marburg

1 Einleitung

Für das Auftreten des photovoltaischen Effekts müssen vor allem drei Voraussetzungen erfüllt sein:

(1) Die Strahlung muß absorbiert werden.

(2) Die Lichtabsorption muß zur Anregung von beweglichen negativen und positiven Ladungsträgern führen.

(3) Es muß ein inneres elektrisches Feld existieren, das die Ladungsträger trennt.

Diese Forderungen lassen sich mit *Halbleitern* erfüllen. Das Absorptionsverhalten dieser Materialien ist durch die Breite der Energielücke E_G bestimmt, und die Absorption führt zur Anregung von beweglichen Elektronen und Löchern. Diese Träger können im elektrischen Feld eines p/n-Übergangs voneinander getrennt werden. In diesem Kapitel werden zunächst einige festkörperphysikalische Begriffe erläutert, die für ein Verständnis des Effekts wichtig sind. Die meisten Solarzellen werden derzeit als p/n-Übergänge realisiert. Deshalb wird hier auch kurz die Funktionsweise des p/n-Übergangs beschrieben. Detailliertere Darstellungen finden sich in einschlägigen Lehrbüchern über Festkörperphysik, Halbleiterphysik oder Halbleiterbauelemente [1-3].

2 Eigenschaften von Halbleitern

2.1 Energielücke

Ein kristalliner Festkörper ist durch einen streng periodischen Aufbau gekennzeichnet. Die Atomlagen sind über makroskopische Entfernungen hinweg korreliert. Die elektronische Struktur, das Energiespektrum der Elektronen, erhält man durch Lösung der Schrödingergleichung für ein periodisches Potential V(r). Was dieses Vielkörperproblem mathematisch lösbar macht, ist die Periodizität des Kristallgitters. Die Lösungen für die Wellenfunktionen sind dann von der Form:

$$\psi_{nk}(r) = u_n(k,r) \cdot \exp (i \cdot k \cdot r) \tag{1}$$

Dabei bedeuten: n Index des Energiebandes, $k = 2\pi/\lambda$ Wellenzahl. Die Blochfunktionen stellen ebene Wellen dar, deren Amplitude gitterperiodisch moduliert ist. Diese Elektronen sind also delokalisiert, sie dehnen sich über den gesamten Kristall aus.

Das Spektrum der Energieeigenwerte der Elektronen wird meistens als Funktion der Wellenzahl k dargestellt. Man bezeichnet E(k) als die *Bandstruktur*. Diese Darstellung ist eindeutig, wenn man sich auf k-Werte innerhalb einer Elementarzelle des reziproken Gitters

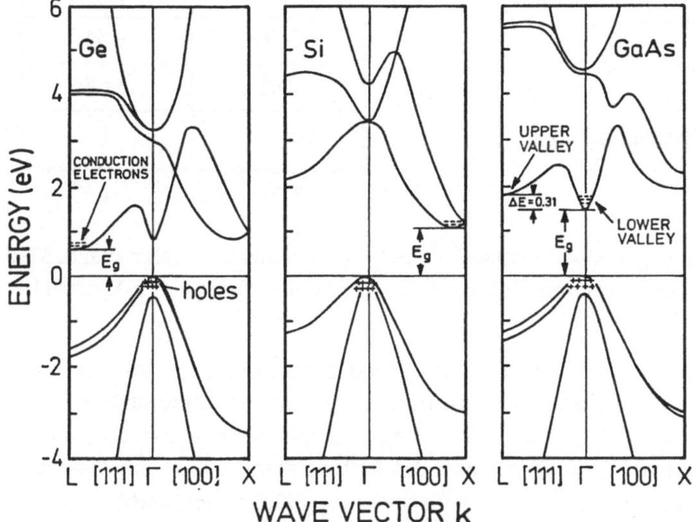

Abb. 1

Bandstruktur E(k)
wichtiger Halbleiter

beschränkt und die Energiewerte durch n und k kennzeichnet. Abb. 1 zeigt Bandstrukturen der besonders wichtigen Halbleiter Ge, Si und GaAs für zwei Richtungen im Kristallgitter.

Charakteristisch für alle Halbleiter ist die Existenz eines Energiebereichs, in dem es keine erlaubten Energiezustände gibt. Diese *Energielücke E_G* trennt bei Halbleitern die besetzten von den unbesetzten Zuständen. Das oberste vollständig besetzte Band enthält die Valenzelektronen (4 pro Atom) und wird deshalb als *Valenzband* bezeichnet. Das unterste freie Band ist bei T = 0 K völlig unbesetzt. Werden Elektronen in dieses Band angeregt (thermisch oder optisch), so können sie zum Stromtransport beitragen. Deshalb bezeichnet man dieses Band als *Leitungsband*. Die wichtigste Materialkonstante eines Halbleiters ist die Energielücke. E_G ist diejenige Energie, die man aufwenden muß, um durch thermische oder optische Anregung frei bewegliche Ladungsträger zu erzeugen, d.h. Elektronen aus dem Valenzband in das Leitungsband anzuregen. In Abb. 1 bedeutet E_G

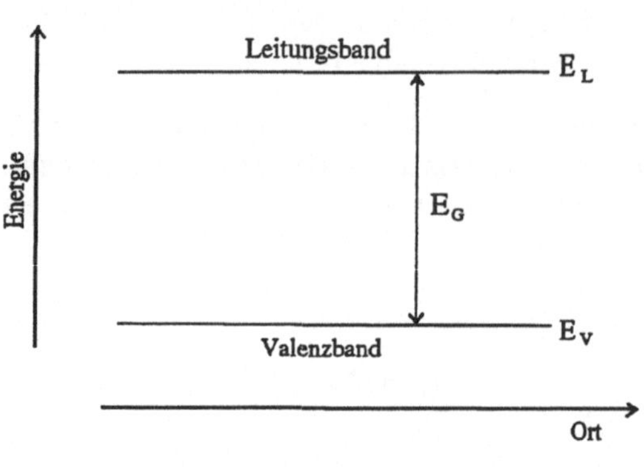

Abb. 2   Vereinfachte Bandstruktur

Tab. 1

Material	E_G / eV
Ge	0.66
Si	1.12
GaAs	1.42
CdS	2.42
CdTe	1.56
ZnS	3.68
CuInSe$_2$	1

den kleinsten Wert des energetischen Abstandes von Leitungsband und Valenzband. Man sieht, daß für verschiedene Halbleiter die Energielücke bei verschiedenen k-Werten liegen kann.

Für viele Fälle muß man den E(k)-Verlauf nicht im Detail berücksichtigen. Man kann sich deshalb mit einer vereinfachten Darstellung wie in Abb. 2 begnügen. Dabei stellt man den relevanten Bereich der Energielücke als Funktion einer Ortskoordinate dar. Es gilt dann $E_G = E_L - E_V$, wobei E_L und E_V die Unterkante des Leitungsbandes bzw. die Oberkante des Valenzbandes bedeuten. Tab. 1 gibt Werte für die Energielücken der für die Photovoltaik wichtigsten Halbleiter bei 300 K an.

2.2 Optische Absorption

Die Absorption wird beschrieben durch die Absorptionskonstante α, die durch das Absorptionsgesetz $\Phi = \Phi_o \exp(-\alpha d)$ definiert ist. Im Prinzip kann man aus dem Einsatz der Absorption den Wert der Energielücke experimentell ermitteln. Der detaillierte Verlauf des Absorptionsspektrums $\alpha(\hbar\omega)$ ist durch die Details der Bandstruktur E(k) bestimmt. Ursache dafür sind Auswahlregeln für die optischen Übergänge. Die Absorption eines Photons erfordert die Erhaltung von Energie und Impuls:

$$\textit{Energie} \qquad \hbar\omega = E_A - E_E$$

$$\textit{Impuls} \qquad \frac{\hbar\omega}{c} = \hbar k_E - \hbar k_A \tag{2}$$

Dabei bezeichnen die Indizes A und E den Anfangs- und den Endzustand, und $\hbar k$ ist der Elektronenimpuls ($\hbar = h/2\pi$). Wegen $\hbar\,\omega/c \ll \hbar k$ gilt $k_E \approx k_A$. In dem E(k)-Schema in Abb. 1 bedeutet das, daß die optischen Übergänge senkrecht erfolgen müssen. Bei GaAs ist das kein Problem: Das Maximum des Valenzbands und das Minimum des Leitungsbands liegen bei dem gleichen k-Wert. Die optischen Übergänge setzen deshalb ein, wenn $\hbar\omega = EG$ ist, und da es sich um erlaubte Übergänge handelt, erreicht α hohe Werte. Man bezeichnet einen solchen Halbleiter als *direkten Halbleiter*. Si und Ge sind *indirekte Halbleiter*. Hier liegen die Extremwerte der Bänder bei verschiedenen k-Werten, so daß keine senkrechten Übergänge mit $E_G \approx \hbar\omega$ möglich sind, der optische Übergang ist verboten. Die Absorption erfolgt dann in diesem Schema (Abb. 1) durch schräge Übergänge, bei denen außer dem Photon auch Gitterschwingungen beteiligt sein müssen, um die Verletzung des Impulserhaltungssatzes zu vermeiden. Eine unmittelbare Folge der k-Auswahlregel ist, daß bei diesen indirekten Halbleitern die optische Absorption bei $E_G \approx \hbar\omega$ drastisch reduziert ist. Für die meisten optoelektronischen Anwendungen von Halbleitern kommen aus diesem Grunde nur direkte Halbleiter in Frage. Abb. 3 zeigt Absorptionsspektren einiger relevanter Halbleiter. Man sieht, daß im sichtbaren Spektralbereich kristallines Si trotz seiner niedrigeren Energielücke wesentlich schwächer absorbiert als GaAs.

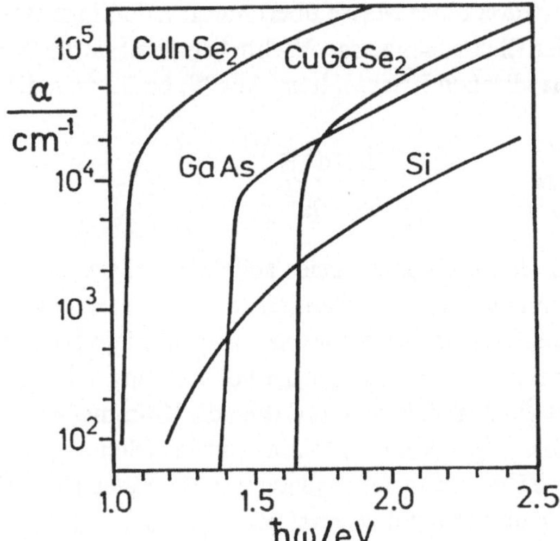

Abb. 3

Optische Absorptionsspektren einiger relevanter Halbleiter

2.3 Kinetisches Verhalten von Kristallelektronen

Man kann ein Kristallelektron durch ein Wellenpaket beschreiben, das aus den Blochfunktionen eines Bandes aufgebaut ist. Die Gruppengeschwindigkeit diese Wellenpakets ist gegeben durch

$$v_g = \frac{d\omega}{dk} = \frac{1}{\hbar}\frac{dE}{dk} \tag{3}$$

Das Wellenpaket verhält sich also wie ein freies Teilchen mit der Dispersionsbeziehung E(k). Zum Beispiel ergibt sich für ein freies Elektron:

$$E = \frac{h^2 k^2}{8\pi^2 m} \; , \quad v = \frac{\hbar k}{m} = \frac{p}{m} \; , \quad p = \hbar k \tag{4}$$

Wirkt eine externe Kraft F, so wird das Teilchen beschleunigt:

$$a = \frac{dv_g}{dt} = \frac{1}{\hbar^2} \cdot \frac{d^2 E}{dk^2}\frac{d(\hbar k)}{dt}$$
$$a = \frac{1}{m^*} \cdot F \tag{5}$$

Man sieht, daß m* die Funktion einer Masse übernimmt. Allerdings ist diese *effektive Masse* nicht gleich der freien Elektronenmasse. Vielmehr enthält sie die Wechselwirkung des Elektrons mit dem periodischen Kristallgitter. Aus (5) erhält man die

$$\textit{effektive Masse} \quad m^* = \left(\frac{1}{\hbar^2} \cdot \frac{d^2 E}{dk^2} \right)^{-1} \tag{6}$$

Ein Kristallelektron verhält sich also wie ein freies Teilchen der Masse m*. Beziehung (6) zeigt, daß m* mit der Krümmung des E(k)-Verlaufs in Abb. 1 verknüpft ist. Deshalb ist m* am unteren Bandrand des Leitungsbandes positiv. Ein Leitungselektron wird also wie ein freies Elektron in einem externen Feld gegen die Feldrichtung beschleunigt. Am oberen Rand des Valenzbandes gilt dagegen m* < 0, da hier die Krümmung negativ ist. In diesem Fall erfolgt die Beschleunigung eines Elektrons in Feldrichtung. Dieses zunächst paradoxe Ergebnis hat seine Ursache in der besonders starken Wechselwirkung mit dem Kristallgitter. Diese Erkenntnisse führen zu zwei wichtigen Schlüssen:

(1) Ein vollbesetztes Band gibt keinen resultierenden Strombeitrag. Die Elektronen laufen am unteren und oberen Bandrand in entgegengesetzter Richtung.

(2) Ein unbesetzter Zustand in einem sonst vollen Band, der naturgemäß am oberen Bandrand liegt, verhält sich wie eine positive Ladung mit positiver Masse.
    Diesen Zustand bezeichnet man als Defektelektron oder Loch. Anders ausgedrückt: Fehlt ein Elektron in einem Band, so verhält sich die Gesamtheit der
    Elektronen des Bandes wie ein positiver Ladungsträger. Es gibt also in einem
    Festkörper zwei Sorten von Ladungsträgern: Elektronen ($-e$, m_n) und Löcher
    ($+e$, m_p). Diese Ladungsträger werden mit gleicher Zahl erzeugt, wenn Elektronen thermisch oder elektrisch aus dem Valenzband in das Leitungsband
    angeregt werden.

Die Bewegungsgleichung eines Elektrons in einem externen elektrischen Feld E lautet:

$$\frac{d\,\hbar k}{d\,t} = e\,E - \frac{m^{*}\,v}{\tau} \tag{7}$$

Auf der linken Seite steht die durch die Kraft eE bewirkte zeitliche Änderung des Impulses. Der zweite Term auf der rechten Seite beschreibt die Relaxation des Impulses durch
Streuprozesse, die durch Abweichnungen von der Periodizität hervorgerufen werden.
Dabei wurde angenommen, daß der durch das Feld erzeugte Impuls nach Abschalten des
Feldes exponentiell abklingt. Die charakteristische Zeit nennt man Stoßzeit oder Impulsrelaxationszeit. Ihr Wert hängt von der Natur des relevanten Streuprozesses ab: Gitterschwingungen, Kristallbaufehler, neutrale oder geladene Fremdatome. Für Gitterschwingungen liegt τ bei typisch 10^{-12} s (300 K). Im stationären Zustand (d/dt = 0) folgt aus (7) für
die Driftgeschwindigkeit v_d im elektrischen Feld:

$$v_d = \frac{e}{m^{*}}\,\tau\,E = \mu\,E \tag{8}$$

Diese Beziehung definiert die *Trägerbeweglichkeit* μ , deren Größe für viele Anwendungen von entscheidender Bedeutung ist. Die Beweglichkeit bestimmt die elektrische
Leitfähigkeit $\sigma = e \cdot n \cdot \mu$ und die Strecke, die ein Ladungsträger während seiner Lebensdauer τ driften kann $s_n = \mu_n \cdot \tau_n \cdot E$ (Driftlänge, Schubweg).

2.4 Ladungsträgerkonzentration im thermodynamischen Gleichgewicht

Im thermodynamischen Gleichgewicht (T=konstant, keine Belichtung, E=0) ist in einem
perfekten Kristall die Anzahldichte von Elektronen und Löchern, n und p, gleich groß. Der
Kristall ist eigenleitend. n und p sind im wesentlichen durch den Wert der Energielücke E_G
bestimmt:

$$n = p = \sqrt{N_L N_V}\ \exp\left(-\frac{E_G}{2\,kT}\right)$$

$$n \cdot p = n_i^2 = N_L N_V \exp\left(-\frac{E_G}{kT}\right)$$

(9)

N_L und N_V bezeichnen hier die effektiven Zustandsdichten der Bänder. Die Beziehung $n{\cdot}p = n_i^2$ kann auch als Massenwirkungsgesetz gelesen werden und gilt in der Tat generell. Dabei ist es gleichgültig, auf welche Weise die Träger erzeugt wurden. Die Inversionsdichte n_i beträgt bei Si etwa $10^{10}\,cm^{-3}$ (300 K) und ist eine Materialkonstante (siehe Gl. 9).

Durch Einbau von Fremdatomen kann man n bzw. p gezielt verändern. Beispielsweise führt der Einbau von Phosphoratomen auf einem Si-Gitterplatz (substitutionell) zu einer Erhöhung der Elektronenkonzentration im Leitungsband. Ursache dafür ist, daß ein Phosphoratom 5 Valenzelektronen besitzt, von denen nur vier für Bindungen mit den benachbarten Si-Atomen benötigt werden. Das verbleibende Elektron kann leicht abgespalten werden. Substitutionell eingebauter Phosphor wirkt also als *Donator*: $D \rightarrow D^+ + e^-$. Der elektrische Strom wird dann von den Elektronen getragen (*n -Leitung*), die Atomrümpfe der ortsfesten Donatoren sind positiv geladen. Baut man dagegen ein Element aus der 3.Gruppe des Periodensystems ein, so kann ein Elektron aus dem Valenzband angelagert werden, sodaß Löcher entstehen (*p-Leitung*). Ein technisch wichtiges Beispiel ist Bor, das substitutionell eingebaut als *Akzeptor* wirkt: $A \rightarrow A^- + h^+$. Der Ladungszustand des Akzeptors ist also negativ. Es ist wichtig, daß in jedem Fall das Massenwirkungsgesetz (Gl. 9) gilt: $n{\cdot}p = n_i^2$. Hebt man die Konzentration der einen Trägersorte an, so erzeugt man damit eine durch das Massenwirkungsgesetz gegebene Abnahme der anderen. Die überwiegende Trägersorte nennt man *Majoritätsträger*, die in der Minderzahl vorhandenen *Minoritätsträger*. Für die Funktionsweise und die Eigenschaften eines p/n-Übergangs sind die Eigenschaften und das Verhalten der Minoritätsträger von entscheidender Bedeutung.

2.5 Rekombination und Lebensdauer

Die Trägerkonzentrationen n bzw. p stellen sich im stationären Zustand durch ein Gleichgewicht zwischen Erzeugung (Generation) und Vernichtung (Rekombination) ein. Die zeitliche Änderung der Elektronenkonzentration läßt sich daher durch eine einfache Rategleichung beschreiben:

$$\frac{dn}{dt} = G - R = G - \frac{n}{\tau_n}$$

(10)

Dabei ist G die Generationsrate (z.B. die Zahl der absorbierten Lichtquanten pro cm^3 und s), R die Rekombinationsrate und τ_n, die Lebensdauer der Elektronen. Gl. 10 stellt den einfachsten Fall dar, bei dem die Konzentration n nach Abschalten der Anregung exponentiell mit der charakteristischen Zeit τ_n abfällt.

Für den Wirkungsgrad von Solarzellen sind die Driftlänge $s_n = \mu_n \cdot \tau_n \cdot E$ in einem externen Feld und/oder die Diffusionslänge der Minoritätsträger $L_D = (D \cdot \tau)^{1/2}$ in einem Konzentrationsgradienten entscheidend. Beide werden durch die Lebensdauer bestimmt, deren Größe von der Natur des dominanten Rekombinationsprozesses abhängt. Mögliche wichtige Prozesse sind: Übergänge direkt zwischen den Bändern, Rekombination über Zentren (Defekte,Fremdatome). In jedem Fall muß bei einem Rekombinationsprozeß die Energie E_G des Elektron-Loch-Paares abgegeben werden (Lichtemission, Erwärmung). Übergänge zwischen den Bändern sind in direkten Halbleitern unter Lichtemission möglich (Anwendung LED, Laser). In indirekten Halbleitern wie Si ist der Emissionsprozeß wegen der k-Auswahlregel für optische Übergänge unwahrscheinlich. Meistens erfolgt die Rekombination über lokalisierte Zustände von Fremdatomen oder Defekten in der Energielücke. Für die wünschenswerten langen Lebensdauern ist daher eine hohe Materialqualität erforderlich.

Zahlen für n-Si bei 300 K

Dotierung z.B. Phosphor	N_D	10^{16}	cm^{-3}
Majoritätsträger	n	10^{16}	cm^{-3}
Minoritätsträger	p (aus Gl. 9)	10^4	cm^{-3}
elektrische Leitfähigkeit	σ	1	$\Omega^{-1}cm^{-1}$
Beweglichkeiten	μ_n	1500	cm^2/Vs
	μ_p	600	cm^2/Vs
Impulsrelaxationszeit	$\gamma\tau$	10^{-12}	s
Lebensdauer der Minoritätsträger	τ_p	$10^{-8} - 10^{-3}$	s
Diffusionslänge der Minoritätsträger	L_p	$3 \cdot 10^{-3} - 0,1$	cm

3 Der p/n-Übergang

Einen p/n-Übergang kann man realisieren, indem man in einen p-leitenden Kristall (Bordotiert) Phosphor eindiffundieren läßt. An der Grenze zwischen den n-leitenden und p-leitenden Bereichen findet dann ein Ladungsaustausch statt: Elektronen diffundieren aus dem n- in das p-Gebiet, die Löcher diffundieren in umgekehrter Richtung. Dieser Ladungsausgleich kommt durch den Aufbau eines elektrischen Gegenfeldes, das aufgrund der zurückbleibenden ortsfesten Raumladungen entsteht, zum Stillstand. Im thermodynamischen Gleichgewicht sind die Feld- und Diffusionsstromdichten beider Trägersorten gleich groß. Als Ergebnis findet man auf beiden Seiten des Übergangs einen Bereich, der weitgehend frei von beweglichen Ladungsträgern ist und in dem die übrig

gebliebenen geladenen Dotieratome positive (n-Gebiet) bzw. negative (p-Gebiet) Raumladungen darstellen. Innerhalb dieser Verarmungszone ist daher die Raumladungsdichte
örtlich konstant. Mit den Bezeichnungen von Abb. 4 gilt also

$$\rho = \begin{cases} -e\,N_A & -x_p < x < 0 \\ e\,N_D & 0 < x < x_n \end{cases} \tag{11}$$

Zweimalige Integration der Poissongleichung

$$\frac{\partial^2 V}{\partial x^2} = -\frac{\rho}{\varepsilon\,\varepsilon_0} \tag{12}$$

ergibt für den Potentialverlauf V(x)

$$V(x) = \begin{cases} \dfrac{eN_A}{2\,\varepsilon\varepsilon_0}\left(x + x_p\right)^2 & x < 0 \\[2ex] -\dfrac{e\,N_D}{\varepsilon\,\varepsilon_0}\left(\dfrac{x^2}{2} - x\,x_n\right) + \dfrac{eN_A}{2\,\varepsilon\varepsilon_0}\cdot x_p^2 & x > 0 \end{cases} \tag{13}$$

Abb. 4 zeigt schematisch die Bandstruktur, die sich ergibt, wenn man zu der Elektronenenergie der Bandstruktur -eV(x) addiert. Der Zusammenhang zwischen Konzentrationen

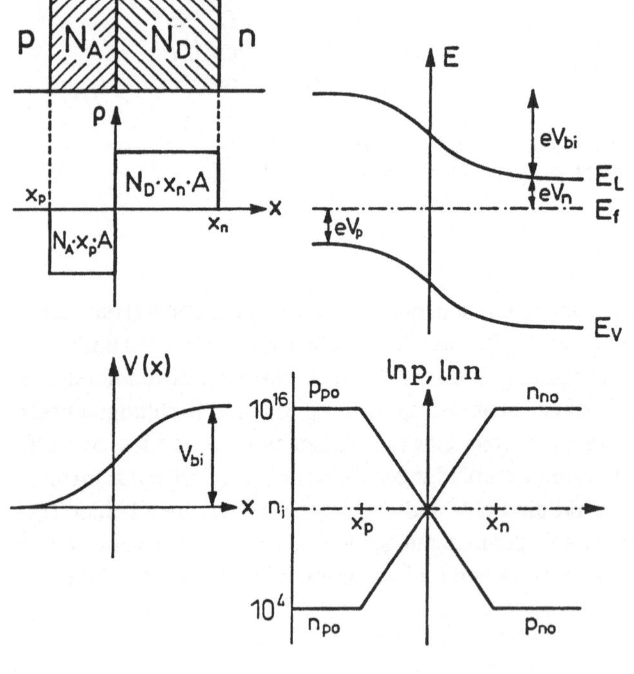

Abb. 4

p/n-Übergang:
Raumladungsdichte,
Bandprofil und
Konzentrationsprofile

und Energien ist durch eine Boltzmannverteilung gegeben. Aus der Ortsabhängigkeit der Elektronenenergie ergeben sich damit die in halblogarithmischer Auftragung dargestellten Konzentrationsprofile n(x) und p(x). Da sich diese Profile durch Boltzmannverteilungen beschreiben lassen, gibt es eine einfache Verknüpfung zwischen den Konzentrationen an den Rändern im n-Gebiet (n_{n0}) und im p-Gebiet (n_{p0})

$$n_{p_0} = n_{n_0} \cdot \exp\left(-\frac{e\,V_{bi}}{kT}\right) \tag{14}$$

Ein gleichartiger Zusammenhang existiert für die Löcher. Wichtige Kenngrößen des p/n-Übergangs sind das *eingebaute Potential* eV_{bi} und die *Breite w der Raumladungszone*. Die Rechnung ergibt für diese Größen:

$$e\,V_{bi} = k\,T\,\ln\frac{N_A\,N_D}{n_i^2} \tag{15}$$

$$w = \left(\frac{2\varepsilon\,\varepsilon_0}{e}\,\frac{N_A+N_D}{N_A\cdot N_D}\,V_{bi}\right)^{\frac{1}{2}}$$

Man erkennt, daß sowohl V_{bi} als auch w durch die Dotierkonzentrationen stark beeinflußt werden. Je höher die Dotierung in den p- und n-Gebieten ist, desto größer wird V_{bi}: Abb. 4 zeigt, daß diese Größe unmittelbar durch den Unterschied der Fermienergien in den beiden Bereichen festgelegt ist. Die Ausdehnung der Raumladungszone nimmt mit steigender Dotierung ab. Typische Werte sind: $N_D = 10^{16}\,cm^{-3}$, $V_{bi} = 0{,}7$ V, w = 0,42 µm. Die Ausdehnung von Raumladungszonen liegt in gängigen Bauelementen bei typisch 1 µm.

Legt man an den p/n-Übergang eine externe Spannung U an, so ergibt sich eine Kennlinie, die für den idealisierten Fall durch die *Shockley-Gleichung* beschrieben wird.

$$j = j_s\left[\exp\left(\frac{e\,U}{k\,T}\right) - 1\right] \tag{16}$$

$$j_s = \left[\frac{e\,D_p}{N_D L_p} + \frac{e\,D_n}{N_A L_n}\right]N_C\,N_V\,\exp\left(-\frac{E_G}{k\,T}\right)$$

Hier bedeuten: j_S Sättigungsstromdichte, die sich bei Polung in Sperrichtung ergibt, D_n und D_p die Diffusionskonstanten der Minoritätsträger (Elektronen im p-Gebiet, Löcher im n- Gebiet), L_n und L_p die Diffusionslängen der Minoritätsträger.

Es ist ein Charakteristikum dieser Kennlinie, daß die Sättigungsstromdichte exponentiell von der Energielücke abhängt. Qualitativ kann man diese Kennlinienform leicht verstehen. Durch die äußere Spannung wird die Höhe der Energiestufe und damit die Konzentrationsverteilung in der Verarmungszone verändert.

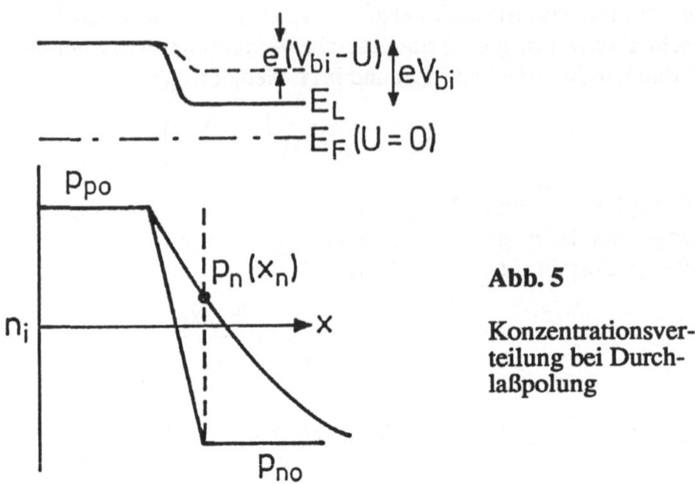

Abb. 5

Konzentrationsver-
teilung bei Durch-
laßpolung

Abb. 5 veranschaulicht die Verhältnisse im n-Gebiet bei $x = x_n$ bei Polung in Durchlaßrichtung (– an n-Gebiet). Die Energiestufe wird um den Betrag e·U erniedrigt. Deshalb
erhöht sich die Löcherkonzentration an der Stelle $x = x_n$ entsprechend der Boltzmannverteilung von p_{n0} auf $p_n(x_n) = p_{n0} \cdot \exp(eU/kT)$. Da im feldfreien Inneren des n-Gebiets die
Löcherkonzentration den niedrigen Wert p_{n0} besitzt, fließt ein Diffusionsstrom von
Löchern (Minoritätsträgern) über den Kontakt tief in das n-Gebiet hinein. Es werden
Minoritätsträger injiziert. $p_n(x)$ nimmt dabei infolge von Rekombination mit zunehmendem x ab. Das Gleiche geschieht spiegelbildlich für die Elektronen im p-Gebiet. Diese
Diffusionsströme der Minoritätsträger sind für die Funktionsweise von p/n-Übergängen
charakteristisch.

Im Prinzip stellen die in das n-Gebiet diffundierenden Löcher eine positive Raumladung
$\rho = e \cdot p_n(x)$ dar, die gemäß der Maxwellgleichung div $E = \rho/\varepsilon\varepsilon_0$ ein elektrisches Feld
erzeugt. Diese Raumladung wird jedoch durch einen zufließenden Strom von Majoritäts-
trägern $j = \sigma E$ schnell neutralisiert. Man kann, indem man diese Beziehungen ineinander
einsetzt, leicht zeigen, daß die Raumladungsdichte exponentiell mit der Zeit abklingt. Die
charakteristische Zeit für diesen Raumladungsausgleich ist die *dielektrische Relaxa-
tionszeit* $\tau_D = \varepsilon\varepsilon_0/\sigma$. Für das obige Zahlenbeispiel ergibt sich $\tau_D = 10^{-12}$s. Die Konsequenz
ist, daß jede Änderung der Minoritätsträgerkonzentration von den Majoritätsträgern in
einer Zeit neutralisiert wird, die kurz gegen die Lebensdauer der Träger ist. Der Halbleiter

bleibt also bei Injektion von Minoritätsträgern neutral. Die für die Stromdichte wichtige Konzentrationsverteilung $p_n(x)$ kann leicht mit Hilfe der Kontinuitätsgleichnung und der Stromgleichung für die Löcher im n-Gebiet berechnet werden.

$$\frac{\partial p_n}{\partial t} = -\frac{p_n - p_{n_0}}{\tau_p} - \frac{1}{e}\,\text{div}\,j_p \tag{17}$$

$$j_p = e\,p_n\,\mu_n\,E - e\,D_p \cdot \frac{\partial\left(p_n - p_{n_0}\right)}{\partial x}$$

Der erste Term auf der rechten Seite beschreibt die Rekombination der Überschußträger mit der Lebensdauer der Minoritätsträger τ_p, der zweite Term die Konzentrationsänderung durch die zu-und abfließenden Ströme. Da im n-Gebiet E=0 ist, ist der Löcherstrom ein reiner Diffusionsstrom und man findet für den stationären Zustand die Lösung

$$p_n = p_n(x_n)\,\exp\left(-\frac{x - x_n}{L_p}\right) + p_{n_0} \qquad x > x_n \tag{18}$$

$$L_p = \sqrt{D_p\,\tau_p} = \sqrt{\mu_p\,\tau_p \cdot \frac{kT}{e}}$$

Die Konzentration fällt danach exponentiell ins Innere des n-Gebiets ab. Die charakteristische Länge dieses Abfalls ist die Diffusionslänge der Minoritätsträger L_p. Das Gleiche gilt natürlich spiegelbildlich für die Elektronen im p-Gebiet.

Für den Verlauf der Kennlinie ist entscheidend, wie groß die Stromdichten der Minoritätsträger sind, die bei $x = x_n$ bzw. $x = -x_p$ zur Erhaltung der Stationarität fließen. Diese Ströme sind reine Diffusionsströme, z.B. findet man bei $x = x_n$

$$j_p(x_n) = -e\,D_p\,\frac{dp_n}{dx}\Big|_{x_n} = \frac{e\,D_p}{L_p}\,p_{n_0}\left[\exp\frac{e\,U}{k\,T} - 1\right] \tag{19}$$

Mit dem entsprechenden Ausdruck für $j_n(-x_p)$ ergibt sich für die Kennlinie die Shockley-Beziehung (siehe Gl. 16).

Zahlen:

Si mit Dotierung	$N_A = N_D =$	10^{16}	cm^{-3}
eingebautes Potential (built in potential)	eV_{bi}	0,7	eV
Breite der Raumladungszone(Feldzone)	w	0,42	µm
dielektrische Relaxationszeit	τ_D	10^{-12}	s
Lebensdauer der Minoritätsträger	τ_n, τ_p	10^{-8}-10^{-3}	s
Diffusionslänge der Minoritätsträger	L_n, L_p	$3 \cdot 10^{-4}$ - 0,1	cm
Sättigungsstromdichte	j_S	10^{-13}	A/cm^2

Literatur:

[1] K. Seeger, Halbleiterphysik I, Vieweg, 1992

[2] S. M. Sze, Physics of Semiconductor Devices (2nd ed.), J.Wiley &Sons, 1985

[3] H. J. Hovel, Solar Cells, in Semiconductor and Semimetals Vol.11 , Eds. R. K. Willardson and A. C. Beer, Academic Press, 1975

p/n-Solarzellen

W. Fuhs

Fachbereich Physik der Universität Marburg

Renthof 5, 35037 Marburg

1 Der p/n-Übergang

Die meisten heute hergestellten Solarzellen werden als p/n-Übergänge in einkristallinem oder polykristallinem Silizium realisiert. Dabei wird das eingebaute elektrische Feld zur Trennung der optisch generierten Ladungsträger verwendet (Abb. 1). Obwohl dieses Bild den Sachverhalt nur sehr unvollkommen beschreibt, kann man daraus doch einige wichtige Schlüsse ziehen:

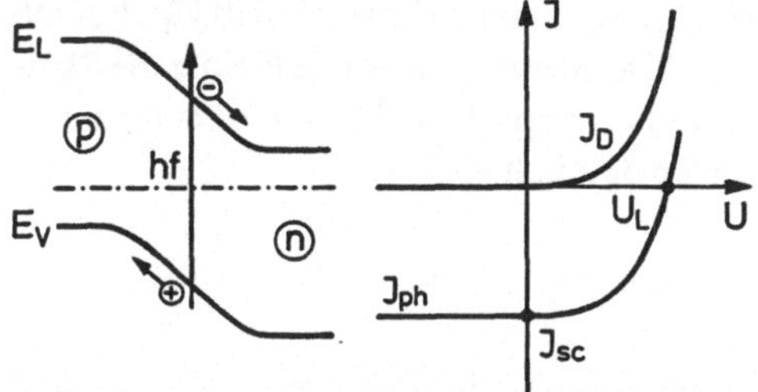

Abb. 1

Bandprofil des p/n-Übergangs und Strom/Spannungs-Kennlinie im Dunkeln und bei Belichtung

(1) Die durch Lichtabsorption erzeugten Elektron-Loch-Paare werden in dem elektrischen Feld des p/n-Übergangs getrennt. Elektronen laufen in das n-Gebiet, Löcher in das p-Gebiet. Der erzeugte Photostrom fließt also in die gleiche Richtung wie der Sperrstrom im Dunkeln.

(2) Es müssen beide Ladungsträger aus der Raumladungszone abfließen. Eine Nachlieferung von Trägern aus den feldfreien Gebieten, d.h. Elektronen (Löchern) aus dem p-Bereich (n-Bereich), ist wegen der hohen dazu notwendigen Aktivierungsenergie nicht möglich. Würde nur eine Trägersorte extrahiert, so würde sich der Halbleiter deshalb solange aufladen, bis der Stromfluß zum Erliegen kommt.

Einen solchen Photostrom bezeichnet man als "primären Photostrom". Sein Kennzeichen ist, daß er sich als Funktion der angelegten Spannung sättigt, wenn bei ausreichend hohem Feld alle generierten Ladungsträger aus dem Photoleiter extrahiert werden. Die Kennlinie in Abb. 1 zeigt dieses Verhalten. Bei Polung in Sperrrichtung wird das eingebaute Feld verstärkt und der Photostrom I_{ph} sättigt sich. Fazit: Man braucht für den photovoltaischen Effekt *zwei bewegliche Sorten von Ladungsträgern (Elektronen und Löcher)*.

(3) Bei Belastung entsteht an der Solarzelle eine Spannung U in Vorwärtsrichtung (siehe Abb. 3), die zu einer Erniedrigung der Energieschwelle und zu einem Abbau des Feldes

führt. Die Folge ist, daß die Träger schließlich wegen des reduzierten Feldes nicht mehr vollständig eingesammelt werden können, so daß der Photostrom abnimmt. Da an der Zelle damit eine Spannung in Durchlaßrichtung anliegt, erhöht sich der Dunkelstrom. Die Gesamtstromdichte j ergibt sich damit als Differenz der Stromdichten im Dunkeln j_D (Durchlaßrichtung) und bei Belichtung j_{ph} (Sperrichtung):

$$j = j_s \left[\exp\left(\frac{e\,U}{k\,T} \right) - 1 \right] - j_{ph} \tag{1}$$

Es ist sinnvoll, die Kennlinie durch die Parameter *Leerlaufspannung* U_L und *Kurzschlußstromdichte* j_K zu charakterisieren.

$$j_k = j_{ph}$$

$$U_L = \frac{k\,T}{e} \ln\left(\frac{j_{ph}}{j_s} + 1 \right) \tag{2}$$

j_K wächst, wie man das für einen primären Photostrom erwartet, proportional zur Strahlungsleistung (bei gleicher spektraler Verteilung). Beziehung (2) zeigt, daß U_L deshalb logarithmisch mit der Bestrahlungsstärke wächst. U_L ist um so größer, je kleiner die Sättigungsstromdichte der Dunkelkennlinie j_S ist. Da $j_S \propto \exp(-E_G/kT)$ ist, nimmt die Leerlaufspannung U_L mit abnehmender Energielücke deutlich ab.

2 Die Silicium-Solarzelle

Abb. 1 beschreibt die Funktion der Si-Solarzelle sehr unvollständig. Dies erkennt man unmittelbar, wenn man die Absorptionstiefe des Sonnenlichts mit der Ausdehnung der Feldzone w vergleicht:

Die Absorptionskonstante von kristallinem Si bei $\lambda = 0,82$ nm (hν = 1,5 eV) beträgt $\alpha \approx 6 \cdot 10^2 \text{cm}^{-1}$. Die Absorptionstiefe ergibt sich damit zu d = 1/α $\approx 16\ \mu$m. Die Ausdehnung der Feldzone ist typisch w $\approx 1\ \mu$m.

Danach wird der größte Teil des Sonnenlichts außerhalb der Raumladungszone absorbiert. Will man trotzdem auf akzeptable Wirkungsgrade kommen, so muß es einen Mechanismus geben, der dazu führt, daß auch Träger, die weit außerhalb der Raumladungszone erzeugt werden, eingesammelt und zu den Kontakten abgeführt werden können. Dieser Mechanismus besteht in der *Diffusion der Minoritätsträger*. Abb. 2 gibt diesen Vorgang schematisch wieder.

Das obere Teilbild zeigt den typischen Zellaufbau einer einkristallinen Si-p/n-Solarzelle. In eine p-leitende Siliziumscheibe mit einer Dicke von etwa 0,5 mm diffundiert man einseitig bis in eine Tiefe von 1,4 μm Phosphor ein. An der Grenzfläche bildet sich dann der p/n-Übergang mit einer Breite des Raumladungsbereichs von ungefähr w=1 μm. Zur Verbesserung der Lichteinkopplung muß das hohe Reflexionsvermögen von Si (ca.35% im sichtbaren Spektralbereich) durch eine Antireflexbeschichtung (ÅR) erniedrigt werden. Metallgitter (ME) dienen zur Abführung des Stroms.

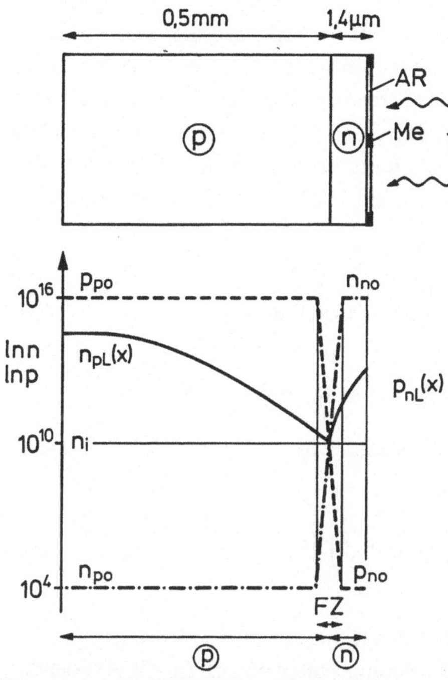

Abb. 2

Aufbau einer Solarzelle aus einkristallinem Si; Konzentrationsverteilungen $n(x)$ und $p(x)$ im Dunkeln und bei Belichtung $n_L(x)$ und $p_L(x)$.

Das untere Teilbild zeigt die Konzentrationsprofile der Elektronen und Löcher. Im Dunkeln ergeben sich die vom p/n-Übergang für den stromlosen Fall bekannten Verteilungen: Die Majoritätsträgerkonzentration fällt im Bereich der Raumladungszone von dem hohen Wert im p-Gebiet (p_{po}) auf den niedrigen Wert der Minoritätsträger im n-Bereich (p_{no}) ab. Das $n(x)$ Profil verläuft dazu spiegelbildlich. Bei Belichtung werden die Konzentrationen entsprechend der Generationsrate $G(x)$ angehoben. Für die jeweiligen Majoritätsträgerkonzentrationen n_n bzw. p_p ist das unerheblich, weil deren Werte schon im Dunkeln durch die Dotierung hoch liegen. Für die Minoritätsträger n_p bzw. p_n bedeutet das aber eine Anhebung der Konzentration um viele Größenordnungen. Ein Profil $n_{pL}(x)$ bzw. $p_{nL}(x)$ stellt sich nun deshalb ein, weil wie in Abb. 1 gezeigt wurde, in der Raumladungszone RZ durch die hohe Feldstärke die Löcher in das p-Gebiet und die Elektronen in das n-Gebiet getrieben werden. Das eingebaute Feld wirkt also wie eine Pumpe und hält die Trägerkonzentrationen in der RZ auf den niedrigen Dunkelwerten.

Als Ergebnis stellt sich ein Konzentrationsgradient so ein, daß Diffusionsströme der jeweiligen Minoritätsträger von beiden Seiten her in die Raumladungszone fließen. Quantitativ werden diese Vorgänge durch die Kontinuitätsgleichung und die Beziehung für die Stromdichte beschrieben. Für die Elektronen im p-Gebiet lauten diese Beziehungen:

$$\frac{dn_p}{dt} = G(x) - \frac{n_p(x) - n_{p_0}}{\tau_n} + \frac{1}{e}\,\mathrm{div}\,j_n \qquad (3)$$

$$j_n = e\,D_n\,\frac{\partial}{\partial x}\left(n_p(x) - n_{p_0}\right)$$

Der zweite Term der Kontinuitätsgleichung beschreibt die Rekombination der Minoritätsträger mit der Lebensdauer τ_n und der dritte Term berücksichtigt die Konzentrationsänderung durch zu bzw. abfließende Ströme. Der Strom wird im feldfreien Bereich ausschließlich als Diffusionsstrom getragen. D_n ist dabei die Diffusionskonstante der Elektronen im p-Gebiet ($D_n = \mu_n kT/e$) Die beiden Beziehungen ergeben eine Differentialgleichung, aus der mit geeigneten Randbedingungen das Profil $n_{pL}(x)$ berechnet werden kann.

$$D_n \frac{\partial^2 \left(n_p - n_{p_0}\right)}{\partial x^2} - \frac{n_p - n_{p_0}}{\tau_n} + G(x) = 0 \qquad (4)$$

$$n_p - n_i \approx 0 \quad \text{in RZ}, \quad n_p = G \cdot \tau_n \quad \text{bei } x = 0$$

Die Rechnung führt zu einem Profil, dessen charakteristische Abfallänge die Diffusionslänge der Minoritätsträger ist.

$$L_n = \left(D_n \cdot \tau_n\right)^{\frac{1}{2}} = \left(\mu_n \, \tau_n \, \frac{k\,T}{e}\right)^{\frac{1}{2}} \qquad (5)$$

Als Ergebnis ist also festzuhalten:

- Der Photostrom wird hauptsächlich als Diffusionsstrom der Minoritätsträger geführt.
- Die Feldzone spielt wegen der geringen Ausdehnung von $w \approx 1$ μm für die Absorption nur eine untergeordnete Rolle. Sie wirkt als "Pumpe", die die zufließenden Minoritätsträgerströme effektiv aus der Raumladungszone entfernt. Dadurch bleiben die Konzentrationen n und p dort niedrig, so daß die Konzentrationsgradienten aufrecht erhalten bleiben.
- Die Größe der Diffusionslänge der Minoritätsträger L_n ist für die optimale Nutzung des Sonnespektrums entscheidend. Für eine gute Zelle sollte L_n vergleichbar mit der Eindringtiefe des Lichts $1/\alpha$ sein. Technologisch wurden für Silizium Werte bis zu etwa $L_n = 350$ μm erreicht. Dieser hohe Stand der Materialtechnologie ist der Grund dafür, daß man mit kristallinem Silizium, obgleich es ein indirekter Halbleiter mit schwacher Absorption ist, überhaupt ein optoelektronisches Bauelement wie eine Solarzelle herstellen kann.

3 Die reale Solarzelle

Abb. 3a zeigt das Ersatzschaltbild einer realen Solarzelle. Die Solarzelle stellt einen Stromgenerator mit parallelgeschalteter Diode dar. Der Shuntwiderstand R_{Sh} beschreibt Verlustströme in der Zelle, die insbesondere durch elektrische Brücken zwischen Vorder- und Rückseite entstehen. Der Serienwiderstand R_S hat seine Ursache im Widerstand der Kontakte bzw. im Grundmaterial der Zelle. Sowohl R_{Sh} als auch R_S führen zu Verlusten und haben erheblichen Einfluß auf die Form der Kennlinie: R_{Sh} verringert vor allem U_L, während R_S mit einer Abnahme von j_K verbunden ist.

Wird ein Verbraucher R_V angeschlossen, so kann der Zelle die Leistung U·I entnommen werden. Der Arbeitspunkt ergibt sich durch den Schnittpunkt der Kennlinie mit der Arbeitsgeraden $I = U/R_V$. Durch Anpassung des Verbrauchers kann erreicht werden, daß der Arbeitspunkt so liegt, daß die entnommene Leistung $P_m = U_m \cdot I_m$ einen maximalen Wert annimmt. In Abb. 3b entspricht das dem Rechteck mit der größtmöglichen Fläche.

Der *Wirkungsgrad* η der Zelle wird durch das Verhältnis von maximaler extrahierbarer Leistung P_m und der einfallenden Lichtleistung P_L definiert:

$$\eta = \frac{U_m \cdot I_m}{P_L} = \frac{U_L \cdot I_K \cdot FF}{P_L} \quad . \tag{6}$$

Es hat sich bewährt, P_m durch Kennlinienparameter auszudrücken als $P_m = U_L \cdot I_K \cdot FF$. Dabei bezeichnet FF den *Füllfaktor*, der die Form der Kennlinie beschreibt. Anschaulich bedeutet FF das Verhältnis der Rechteckflächen $U_L \cdot I_K$ und $U_m \cdot I_m$. Da die Kennlinie niemals rechteckig sein kann, sondern im idealen Fall vom Shockley-Typ ist, gilt stets FF < 1. Gute Zellen erreichen Werte um 0,8. Der Füllfaktor ist im wesentlichen durch zwei Faktoren bestimmt: (1) Rekombination bei Betriebsbedingungen, d.h. U>0, wenn das Feld teilweise abgebaut ist und deshalb die Extraktion der Träger unvollständig ist. (2) Shunt -und Serienwiderstände (siehe oben). Der Wirkungsgrad hängt empfindlich von der spektralen Verteilung der Strahlung ab. Um Daten vergleichbar zu machen, muß man sich deshalb

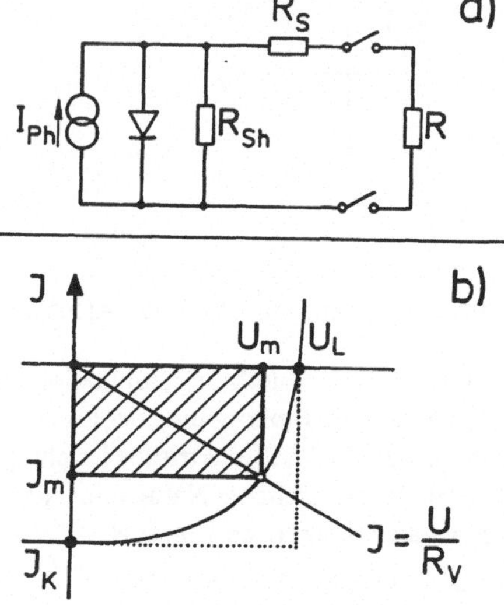

Abb. 3

(a) Ersatzschaltbild einer realen Solarzelle

(b) Kennlinie im 4. Quadranten und Definition des "Maximum Power Point"

auf ein Normspektrum beziehen. Die Standardbedingungen für η-Angaben sind derzeit: $P_L = 1 \text{ kW/m}^2$, Spektralverteilung AM1,5.

Das Normspektrum AM1,5 ergibt sich für Sonnenlicht, das unter einem Winkel von 48,2 gegen den Zenit direkt einfällt. Im Einzelnen ist die präzise Messung des Wirkungsgrads eine aufwendige und wichtige Aufgabe (siehe Kapitel über PV-Meßtechnik).

4 Erreichbare Wirkungsgrade

Der wichtigste Parameter, der den Wirkungsgrad bestimmt, ist die Energielücke E_G des Halbleiters, da sie die Lage der Absorptionskante festlegt. Photonen mit $h\nu < E_G$ werden nicht absorbiert. Photonen mit $h\nu > E_G$ werden zwar absorbiert, aber die Überschußenergie $W = h\nu - E_G$ geht als Wärme verloren. Ursache dafür ist (siehe Abb. 4), daß hoch in die Bänder angeregte Träger in typisch 10^{-12} s an die Bandkanten thermalisieren und dabei ihre Energie über die Anregung von Gitterschwingungen dissipieren.

In Abb. 4 sind die wichtigsten Verlustmechanismen für eine typische Si-Zelle mit einem Wirkungsgrad von 15,5% zusammengestellt. Danach werden 24 % der einfallenden Lichtleistung nicht absorbiert und weitere 33 % gehen durch Thermalisierung der Ladungsträger unvermeidlich verloren. Diese beiden Posten sind grundsätzlicher Natur, also nicht durch Technologie beeinflußbar. Das gilt weitgehend auch für den großen Verlustposten, der dadurch entsteht, daß $e \cdot U_L / E_G < 1$ ist. Theoretisch könnte nur im Grenzfall extrem hoher Dotierung erreicht werden, daß die eingebaute Energiestufe $e \cdot V_{bi}$ gleich E_G wird.

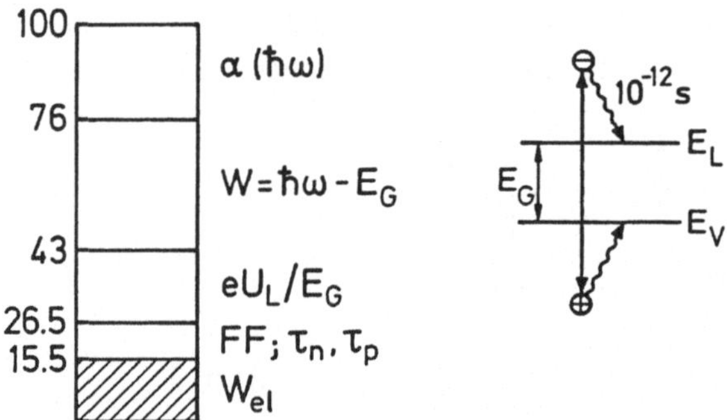

Abb. 4 Energiebilanz einer Si-p/n-Solarzelle mit einem Wirkungsgrad von =15,5%

Der Technologie zugänglich ist der Verlustanteil von 11%, der durch Rekombination im Volumen und an den Oberflächen, Füllfaktor und mangelhafte Einkopplung der Lichtleistung (Reflexion) bewirkt wird. Übrig bleiben in diesem Fall 15,5 % elektrische Leistung. Diese Aufstellung zeigt, daß mehr als 70% der Verluste grundsätzlicher Natur, d.h. unvermeidbar sind. Der Wirkungsgrad einer Solarzelle ist also theoretisch begrenzt.

Zahlen für Si-p/n: theoretischer Wirkungsgrad $\eta = 28$ %
                            maximal erreicht $\eta = 24{,}2$%
                            typisch für käufliche Zellen $\eta = 14$ % .

Es gibt zahlreiche theoretische Berechnungen des idealen Wirkungsgrads, die alle zu ähnlichen Ergebnissen führten. Bei solchen Rechnungen werden als Verluste lediglich strahlende Rekombinationsprozesse zwischen den Bändern berücksichtigt. Für Si ist dieser Mechanismus nicht wichtig, weil Si ein indirekter Halbleiter ist, bei dem die k-Auswahlregel den Übergang verbietet. Bei einem direkten Halbleiter wie z.B. GaAs ist dieser Rekombinationsprozeß jedoch ein unvermeidbarer wichtiger Verlustmechanismus. Abb. 5 zeigt ein Beispiel einer solchen Rechnung.

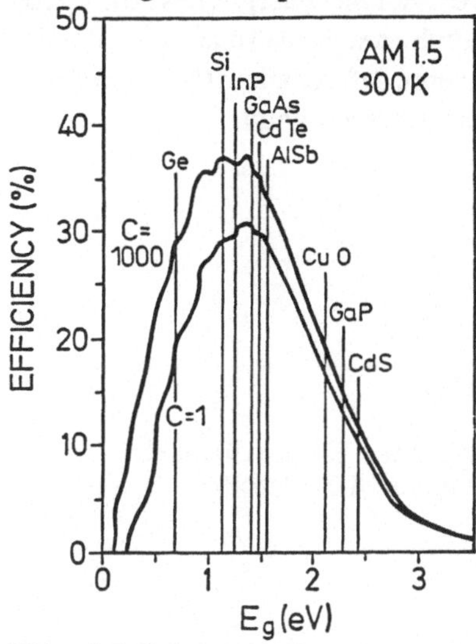

Abb. 5

Idealer Wirkungsgrad von Solarzellen als Funktion der Energielücke für normales (1sun) und für konzentriertes (1000 suns) Sonnenlicht [1]

Offensichtlich hängt der Wirkungsgrad nicht sehr empfindlich vom Wert der Energielücke ab: Für gute Zellen kann man Halbleiter mit Energielücken zwischen 1 und 2 eV benutzen. Günstig liegen vor allem Si, GaAs und CdTe, die in der Tat auch die bevorzugten Materialien in der Photovoltaik sind. Der durch eine einfache Zelle mit AM1,5 und $P_L = 1$ kW/m^2 maximal erreichbare Wert beträgt etwa 31%.

Der generelle Verlauf der Kurve ist leicht zu verstehen. Ist E_G groß (z.B.CdS), so ist η klein, weil das Licht unvollständig absorbiert wird. Bei Halbleitern mit kleinem E_G (z.B. Ge) wird zwar mehr absorbiert, aber die Überschußenergie und damit die Thermalisierungsverluste sind höher. Außerdem wird in diesem Fall U_L erniedrigt, weil die Sättigungsstromdichte j_S größer ist (siehe Bez. (2)).

Mit konzentriertem Sonnenlicht lassen sich höhere Wirkungsgrade erreichen (maximal 37%). Diese Zunahme entsteht primär dadurch, daß U_L entsprechend der Bez. (2) mit der Strahlungsleistung etwas zunimmt. Es ist interessant festzustellen, daß man im Labor den idealen Wirkungsgraden schon recht nahe gekommen ist: Si 24,2% gegen 28%, GaAs 24,8% gegen 29%.

4 Verbesserte Zellkonstruktionen

In Abb. 2 ist die einfachste Si-p/n-Solarzelle dargestellt. Es wurden viele Konfigurationen vorgeschlagen und erprobt, die zu höheren Wirkungsgraden führten. Als Beispiele seien hier zwei Entwicklungen gezeigt, die inzwischen Standard sind. Weitere Beispiele, bei denen insbesondere die Lichteinkopplung verbessert und die Oberflächenrekombination vermindert wurden, werden im Kapitel "Hocheffiziente Silizium-Solarzellen" diskutiert.

4.1 Violet Cell

Der hochdotierte und dünne n-Bereich hat hohe Verluste durch Oberflächenrekombination zur Folge. Dies betrifft naturgemäß das Licht hoher Photonenenergie, das im n-Gebiet absorbiert wird. Erhebliche Verbesserung wurde dadurch erreicht, daß man den n-Bereich dünner machte und die Dotierung erniedrigte. Abb. 6 zeigt, daß vor allem für kurzwelliges Licht (hohe Photonenenergie) die Ausbeute deutlich verbessert wurde.

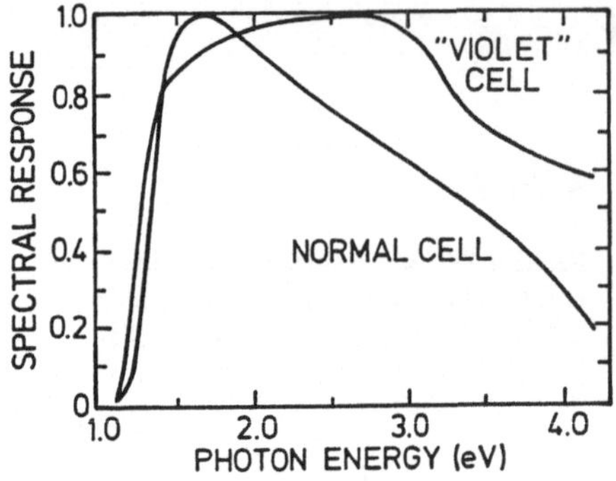

Abb. 6

Spektrale Empfindlichkeit von n/p Si-Solarzellen

4.2 Back-Surface-Field-Zelle (BSF)

Ein starker Verlustmechanismus kann dadurch entstehen, daß an der Rückseite des p-Bereichs Oberflächenrekombination stattfindet. Dadurch wird am rückwärtigen Kontakt die Konzentration der Minoritätsträger abgesenkt. Dies verändert also in Gl. (4) die Randbedingung bei x=0. Anhand von Abb. 2 kann man sich leicht vorstellen, daß dadurch das Konzentrationsgefälle $n_{pL}(x)$ so verändert wird, daß ein Diffusionsstrom von Elektronen zum rückwärtigen Kontakt fließt und damit verloren geht. Das schematische Bandprofil in Abb. 7 zeigt, wie man diesen Verlust reduzieren kann: Vor dem rückwärtigen Metallkontakt wird ein stärker p-dotierter Bereich (p^+) eingebaut. Dadurch entsteht eine Energieschwelle, die die Elektronen in den p-Bereich von der Grenzfläche zurücktreibt (confinement of minority carriers). Dieser p^+-Bereich verbessert die Spektralantwort im langwelligen Bereich. Es ist offensichtlich, daß dadurch j_K ansteigt. Da sich die eingebaute Potentialschwelle insgesamt erhöht, ergibt sich auch eine Zunahme von U_L.

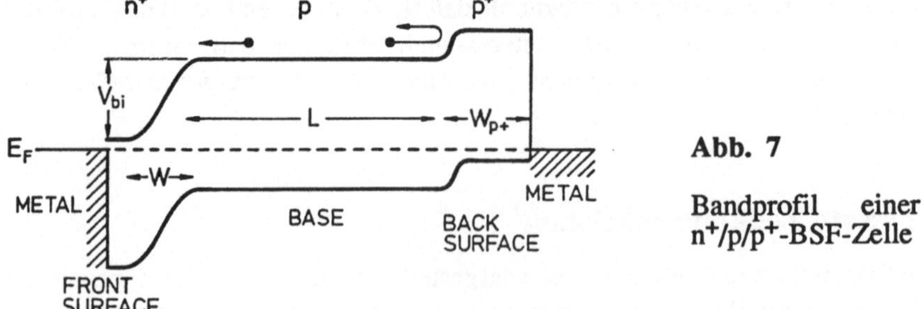

Abb. 7

Bandprofil einer $n^+/p/p^+$-BSF-Zelle

Literatur:

[1] S. M. Sze, Physics of Semiconductor Devices (2nd ed.), J.Wiley &Sons (1985)
[2] H. J. Hovel, Solar Cells, in Semiconductor and Semimetals Vol.11 , Eds. R. K. Willardson and A. C. Beer, Academic Press, 1975

Photovoltaik und Photosynthese

P. Fritzsch
Technische Universität Chemnitz, Fachbereich Physik
Lehrstuhl für Optische Spektroskopie und Molekülphysik
Postfach 964, 09009 Chemnitz

Einleitung

Unendlich lange, bevor der Mensch den inneren photoelektrischen Effekt an anorganischer Materie fand, und, darauf basierend, Solarzellen als Direktwandler von elektromagnetischer in elektrische Energie baute, hat die Natur bereits in Gestalt des Photosyntheseprozesses – Basis allen Lebens schlechthin – photovoltaische Prinzipien für die Bereitstellung von Prozeßenergie "verwendet". Wie dieser natürliche Mechanismus beschaffen ist, und mit welcher Effizienz er arbeitet, soll im folgenden dargestellt werden. Dabei wird auch untersucht, inwieweit uns die Natur Anregungen geben kann für die Konstruktion effizienter, insbesondere organischer, Solarzellen.

1 Der Photosyntheseprozeß

Dieser Prozeß wandelt sowohl anorganische in organische Substanz als auch Strahlungs- in chemische Energie. Die Bruttogleichung für den Gesamtprozeß lautet

$$6\,CO_2 + 12\,H_2O \longrightarrow C_6H_{12}O_6 + 6\,H_2O + 6\,O_2.$$

Die Energie, die dabei durch Lichtabsorption bereitgestellt werden muß, beträgt 686 kcal pro Mol Glukose ($C_6H_{12}O_6$). Bezugsgröße ist jedoch meist die zur Assimilation von 1 Mol CO_2 erforderliche Energiemenge, also 114,5 kcal. Man weiß, daß – unter Laborbedingungen – mindestens 8 Photonen absorbiert werden müssen, um ein Molekül CO_2 zu "verarbeiten", folglich 8 mol Photonen für ein mol CO_2 (1 mol Photonen = $6 \cdot 10^{23}$ Photonen).

Im Falle von rotem Licht hat ein mol Photonen einen Energieinhalt von etwa 41 kcal, 8 mol Photonen also 328 kcal, die Energieausnutzung beträgt damit 114,5:328=0,349, d.h. 34,9 %. Bei blauem Licht erhält man einen entsprechenden Wert von ungefähr 22,6 %. Unter idealen Bedingungen stellt die Photosynthese somit einen effizienten Energiewandlungsprozeß dar. Beim natürlichen Prozeß sind die Wirkungsgrade deutlich niedriger, typischerweise im Bereich von 1 bis 2 %.

Der Prozeß der Photosynthese besteht – stark vereinfacht – aus zwei funktionell und räumlich getrennten Teilprozessen: dem energiewandelnden Photo- und dem substanzbildenden Dunkelprozeß (Abb. 1). Die Lichtreaktion (Photoprozeß) umfaßt die Teilschritte der Lichtabsorption und der Bildung elektronischer Anregungszustände, der Aus-

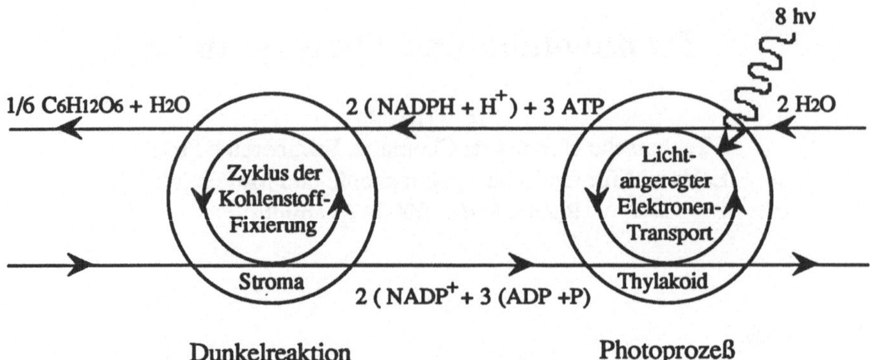

Abb. 1 Darstellung der Teilreaktionen des Photosyntheseprozesses für den Fall, daß genau 8 Photonen zur Fixierung eines C-Atoms benötigt werden (nach Bolton [8], verändert). (P: Phosphor, ADP: Adenosintriphosphat, NADP: Nikotinsäureamid-Adenin-Dinucleotid-Phosphat)

breitung der Anregungsenergie, des Energieeinfangs, der Erzeugung und Trennung positiver und negativer Ladungen, des Aufbaus eines elektrischen und eines Protonengradienten und der photolytischen Wasserspaltung.

Die photooxidative Wasserspaltung, möglicherweise der wichtigste Teilprozeß der Photosynthese überhaupt, stellt einen raffinierten biochemischen Verzögerungsmechanismus dar, der hier nicht näher beschrieben werden soll; es sei dazu auf die Literatur ([1]) verwiesen.

3 Der Photosyntheseapparat

Um die folgenden Darlegungen verstehen zu können, muß kurz auf den Aufbau des Photosyntheseapparates der grünen Pflanzen eingegangen werden, s. z.B. [2]. Einen Überblick dazu gibt die Abb. 2.

Der gesamte photosynthetische Prozeß läuft in den Chloroplasten der grünen Zellen ab, wobei die Matrix (Stroma) der Ort der chemischen oder Substanzumwandlung ist, während die Photoprozesse in den Doppelmembranen (Thylakoiden) ablaufen, die zu 50 % aus Lipiden und zu 50 % aus Proteinen und Pigmenten bestehen.

Der Thylakoid selbst setzt sich insbesondere aus dem Lichtsammelsystem (LHS), den beiden Photosystemen I und II, jeweils aus Antennenpigmenten und Reaktionszentrum (RZ) bestehend, und dem Plastochinonpool, der als Elektronen- und Protonenüberträger wirkt und die beiden Photosysteme verbindet, zusammen. Des weiteren ist dem Photosystem II noch das wasserspaltende und sauerstofffreisetzende Aggregat vorgeschaltet.

Ein Chloroplast umfaßt etwa 10^9 Pigmentmoleküle, ein Thylakoid, der eine Absorptionseinheit darstellt, 10^5 bis 10^6. 300 bis 500 Moleküle (eine sogenannte photosynthetische

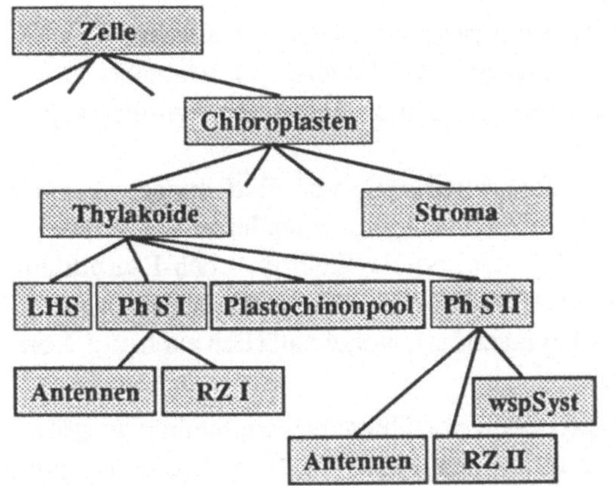

Abb. 2

Hierarchie des funktionellen Aufbaus des Photosyntheseapparates der grünen Pflanzen (LHS: lichtsammelndes System, PhS: Photosystem, RZ: Reaktionszentrum, wspSyst: wasserspaltendes System)

Einheit) sind mindestens erforderlich, um den Photosyntheseprozeß ablaufen zu lassen, während die Reaktionszentren samt Antennensystem jeweils 41 Pigmentmoleküle enthalten.

Die Reaktionszentren sind Proteinknäuel aus fast 1200 Aminosäuren, in die Farbstoffmoleküle, beim Photosystem I das Chlorophyll P700, im Falle des Photosystems II das P680, bezeichnet jeweils nach der Wellenlänge des Absorptionsmaximums, eingelagert sind. Die (fokussierenden) Antennenmoleküle der Zentren bewirken eine etwa 300-fache Konzentration des auf sie auftreffenden Lichtes (Abb. 3).

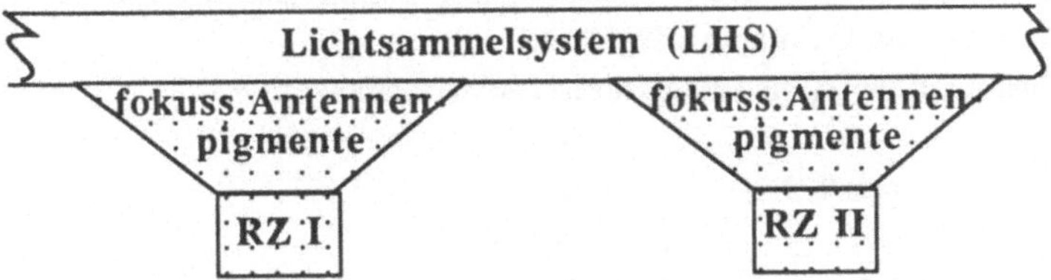

Abb. 3 Schema zur Verdeutlichung des funktionellen Zusammenhanges von Lichtsammelsystem (LHS), Antennenpigmenten und Reaktionszentren

3 Energietransport und Energiewandlung

Hierzu sollen im folgenden die Strahlungsabsorption, die Energie- oder Erregungsleitung und der Elektronentransfer, zusammen oft als photosynthetischer Primärenergietransport bezeichnet, etwas genauer betrachtet werden. Einen Einblick in mögliche Prozesse bei der Absorption von elektromagnetischer Strahlung durch das Chlorophyll und anschließender Energie- bzw. Erregungsweiter- oder -abgabe vermittelt die Abb. 4.

Die von den Pigmentmolekülen im LHS (s. Abb. 3) absorbierte Energie muß über die Antennenpigmente bis zu den Reaktionszentren weitergeleitet werden, da erst die dort vorhandenen Chlorophyll-a-Moleküle einen Elektronenstrom auszulösen vermögen. Als

Mechanismen für diesen Energie- bzw. Erregungstransport werden diskutiert:

- der Exzitonentransport (Wanderung eines ursprünglich lokalisiert erzeugten elektronischen Anregungszustandes von Molekül zu Molekül, insbesondere zwischen kleineren, eng aneinander gelagerten Einheiten),
- die induktive Resonanz (Dipol-Dipol-Wechselwirkung, vor allem zwischen höhermolekularen Einheiten, die eine bestimmte Entfernung voneinander aufweisen) sowie
- Transport gemäß den Vorstellungen des Bändermodells (Elektron-Loch-Paarbildung, Anwendung dieses Modells beruht auf der Vorstellung einer quasikristallinen Anordnung der Chlorophyllmoleküle in den Thylakoiden), wobei natürlich auch eine Kombination dieser Prozesse denkbar ist.

Für die Effizienz des Energietransfers zwischen verschiedenen Pigmenten in grünen Pflanzen werden Werte zwischen 70 und 100 % angegeben, [4]. Die Reaktionszentren stellen die Orte der eigentlichen Energiewandlung dar, denn die Chlorophylle dieser Zentren sind aufgrund ihrer "Umgebung", insbesondere der vorhandenen räumlichen Nähe von Elektronen-Donator- und -Akzeptor-Molekülen, in der Lage, letztendlich einen Elektronenstrom zu erzeugen. Im Falle des Reaktionszentrums des Photosystems II besteht der Elektronentransportapparat, Untersuchungen an photosynthesefähigen Bakterien zufolge, ([5]), aus

- dem Chlorophyllpigment P680 als primärer Elektronenquelle,
- dem sogenannten Z-Komplex (= Aminosäure Tyrosin) als sekundärem Elektronendonator,
- dem Pigment Phaeophytin als zwischengeschaltetem Elektronenakzeptor,
- dem Plastochinon Q_A als primärem und
- dem Plastochinon Q_B als sekundärem Elektronenakzeptor.

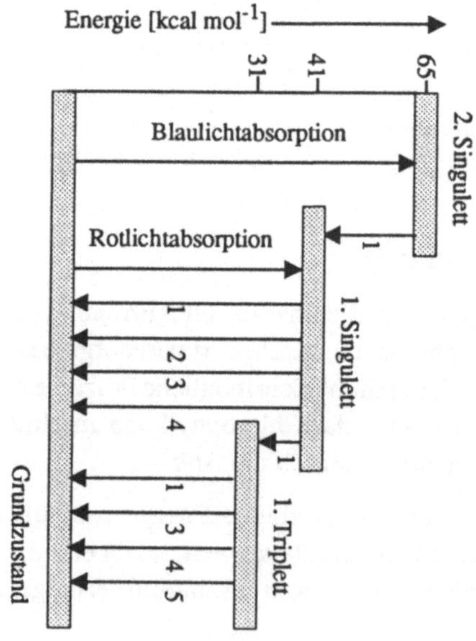

Abb. 4

Termschema des Chlorophylls und photophysikalische Primärprozesse
1 - Wärme
2 - Fluoreszenz
3 - Anregungsenergie
4 - photochemische Arbeit
5 - Phosphoreszenz
bei der Absorption von Lichtquanten
(nach Borris und Libbert [3])

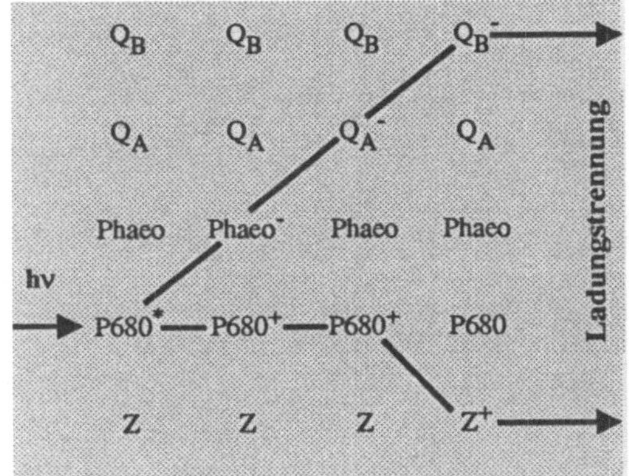

Abb. 5

Indem innerhalb der Elektronentransportkette schrittweiser Elektronentransport, verbunden mit einer Zunahme des räumlichen Abstandes der getrennten Ladungen, erfolgt, wird die durch Absorption eines Photons erhaltene Energie gespeichert. (P680*: angeregter Zustand des Chlorophylls P680)

In Abb. 5 wird gezeigt, wie mit jedem Teilschritt des Elektronentransfers im Reaktionszentrum II die räumliche Entfernung zwischen den Ladungen wächst.

Der Prozeß als Ganzes ist aus Abb. 6 ersichtlich. Der gesamte Elektronentransfer wird nur möglich aufgrund einer ganz spezifischen (unsymmetrischen, Rekombinationsverhinderung!) Anordnung einer Vielzahl von Redoxfaktoren bezüglich des zentralen P680-Pigments. Die beiden Photosysteme I und II arbeiten kooperativ in Serie, wodurch der gesamte Prozeß in der Lage ist, Elektronen von einem Redoxniveau, das dem der H_2O-Oxidation entspricht (E_0=+0,8V), auf ein solches negatives Potential (– 0,32V) anzuheben, welches die Reduktion von NADP+ (s. Abb. 1) ermöglicht. Im Endergebnis entsteht der sogenannte energiereiche Membranzustand, gekennzeichnet sowohl durch einen Protonengradienten als auch ein elektrisches Feld über die Membran hinweg, wobei letzteres wegen der geringen Dicke der Membran von etwa 10^{-6} cm Feldstärken bis zu 10^5 Vcm^{-1} aufweisen kann.

4 Wirkungsgrad der Photosynthese

Zu Beginn dieser Betrachtungen war der maximale Wirkungsgrad des Photosyntheseprozesses (Laborbedingungen) zu etwa 35 % (rotes Licht) bzw. 23 % (blaues Licht) angegeben worden. Die allgemeine thermodynamische Abschätzung (Wechselwirkung zwischen einem Photonenfeld und einem Zwei-Niveau-System, [6]) ergab, daß fast 70 % der Strahlungsenergie in chemische Arbeit umwandelbar sein müßten.

Verlustmechanismen der photosynthetischen Energiewandlung sind insbesondere, [7]:
- die Tatsache, daß das Licht nur zwischen einer minimalen und einer maximalen Wellenlänge (400-700 nm) verwertet wird (Solarzellenanalogie!),
- das Vorhandensein einer starken Kopplung zwischen Licht- und Dunkelreaktion und
- die Existenz irreversibler Verluste in den Elektronentransportketten.

Die Gesamtheit dieser Verluste führt, gemeinsam mit den in der Natur wirkenden Bedingungen für den Photosyntheseprozeß, dazu, daß dort nur ein Maximalwert des Wirkungsgrades von etwa 5 % beobachtet wird. Es darf nicht unerwähnt bleiben, daß der Wirkungs-

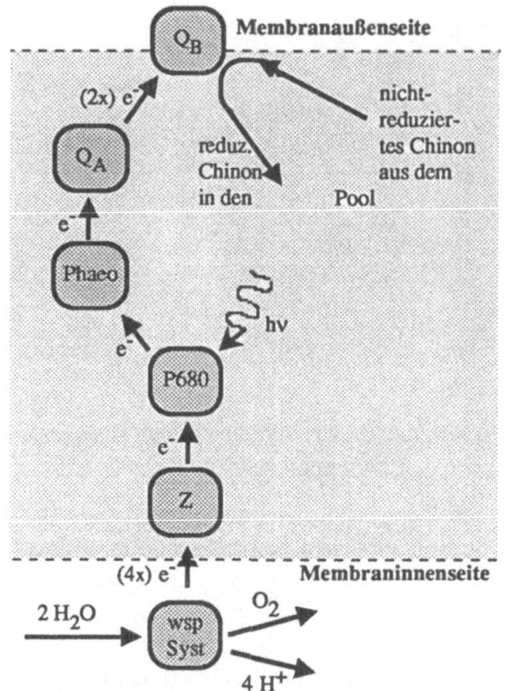

Abb. 6

Stark vereinfachtes Sche-
ma des Elektronentrans-
ferprozesses im
Reaktionszentrum II im
Zusammenspiel mit der
wasserspaltenden Reak-
tion

grad des Photosyntheseprozesses bis heute eine umstrittene Größe ist (s. auch das Beispiel im nächsten Abschnitt).

5 Photosynthese und Solarzellen-Design

Es spricht manches dafür, die "Arbeit" der Proteine der Reaktionszentren mit der einer photovoltaischen Zelle zu vergleichen, da in beiden Fällen eine Ladungstrennung über eine durch die vorhandene Struktur festgelegte Distanz hinweg erfolgt. Im Falle der "biologischen Solarzelle" wird dabei das Licht durch Chlorophyll- und andere Pigmentmoleküle absorbiert, anschließend die Energie des erzeugten angeregten Zustandes über das Antennensystem zu den Chlorophyll-Spezies P680 bzw. P700 transportiert, wo unter für diesen Prozeß optimalen Bedingungen eine Ladungstrennung erfolgt.

Bolton, [8], behauptet, daß sich, würde man an beiden Seiten einer Thylakoid-Membran dünne Drähte zur Messung des photovoltaischen "Ertrages" anbringen können, eine elektrische Energiemenge nachweisen ließe, die 16 % der eingestrahlten Sonnenenergie entspräche. Diese Abschätzung erfolgt allerdings unter Maximalbedingungen; insbesondere wird hierbei angenommen, daß 8 Photonen für die Auslösung des Photosyntheseprozesses auf Molekülebene ausreichend seien, und der Füllfaktor der hypothetischen Solarzelle den Wert 0,9 besitze. In dieser Arbeit wird übrigens der weiter oben abgeschätzte Maximalwirkungsgrad der Photosynthese für rotes Licht (700 nm) als derjenige angesetzt, der lediglich für die Wandlung von Licht in den angeregten Zustand der Chlorophyllmoleküle der Reaktionszentren gilt. Es ist naheliegend zu untersuchen, inwieweit die biologische Sonnenenergie-Nutzung Anregungen für die Entwicklung neuartiger Solarzellen geben kann, umgekehrt wären Studien an einfachen, künstlichen Modellsystemen sicher aufschlußreich für ein besseres Verständnis des komplizierten natürlichen Photosynthesevorganges. Ein dabei besonders interessierender Aspekt ist der gelungene "Trick" der Natur, den schnellen Elektronen-Vorwärtstransfer mit der fast völligen Verhinderung unerwünschter Rückwärtsreaktionen zu verbinden, ins Vokabular der Solarzelle übertragen: jegliche Rekombinationsprozesse nahezu auszuschalten.

Zwei hauptsächliche Richtungen in der Forschungsarbeit zu biokompatiblen Solarzellen sind heute

- die Untersuchung von Solarzellen-Strukturen unter Verwendung isolierter, natürlicher Substanzen bzw. Moleküle, etwa Pigmentmoleküle von Photosynthesebakterien, und

- die Synthese und der Einsatz einfacher chemischer Moleküle, die einen Elektronentransfer über Entfernungen ermöglichen, die denen der Reaktionszentren der natürlichen Photosysteme entsprechen. Die letztgenannten Moleküle müßten aus durch starre chemische Brücken verbundene Elektronen-Donatoren und -Akzeptoren bestehen.

1990 wurde über die Synthese eines Moleküls mit 2 Porphyrin-Ringen im Zentrum berichtet, [9], welches in der Lage war, durch Ladungstrennung etwa 50 % der ursprünglichen Anregungsenergie 55 µs lang zu speichern.

Es gibt eine Reihe von Vorschlägen für "biologische" Solarzellenstrukturen, die zum heutigen Zeitpunkt sämtlich hypothetischen Charakter besitzen. Ein Beispiel für eine solche Anordnung zeigt die Abb. 7 [10].

Etwas konkretere Ergebnisse gibt es dagegen bereits in der erstgenannten Forschungsrichtung. So wurden beispielsweise Langmuir-Blodgett-Schichten von natürlichen Proteinen und Polypeptiden zwischen ITO-Glas und Aluminium plaziert, was zu eindeutigem photovoltaischen Verhalten der Strukturen führte, [11]. Im Falle der Polypeptide wurden bei einer Beleuchtung von 3 mWcm^{-2} (400 nm) Leerlaufspannungen von 0.6 V und Kurzschlußströme von 110 nAcm^{-2} gemessen. In einer Struktur ITO/LCP (=Liquid Crystal Porphyrines)/ITO wurden unter 150 mWcm^{-2}-Beleuchtung durch eine Xenon-Lampe stabile Photoströme bis zu 0,4 mAcm^{-2} gemessen, [12].

Abschließend soll die Frage aufgeworfen werden, ob man nicht bei der bisherigen Entwicklung organischer Solarzellen zu sehr nach "anorganischem Vorbild" gearbeitet hat. Wenn man sich vor Augen hält, daß die Natur – wie wir gesehen haben – ein bis ins kleinste Detail ausgetüfteltes System für die effiziente Solarenergiewandlung geschaffen hat, so scheinen doch Zweifel angebracht, ob das bis heute verwendete Design für organische Solarzellen die "Mentalität" dieser Substanzen ausreichend berücksichtigt. Hier sollten durchaus Ansatzpunkte für weitergehende Forschungsarbeiten vorhanden sein.

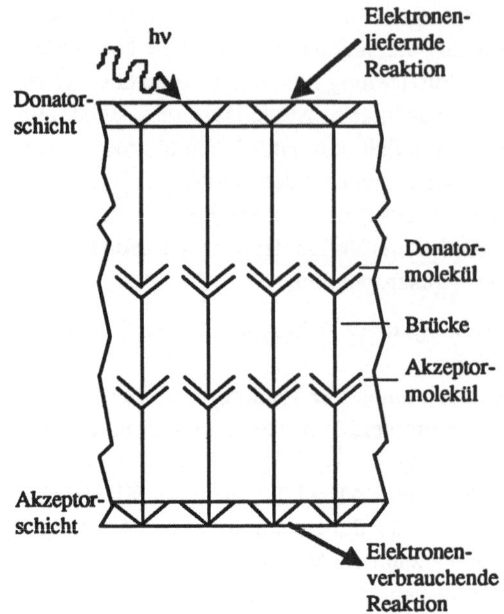

Abb. 7

Denkbare Struktur einer
molekularen Solarzelle
zur Realisierung eines
gerichteten Elektronen-
transfers von der Dona-
torschicht zur Akzeptor-
schicht (nach [10])

Literatur

[1]   G. W. Brudvig et al., in: Annual Review of Biophysics and Biophysical Chemistry,
      Vol. 18, Ann. Reviews Inc., 1989

[2]   P. Hoffmann, Photosynthese, Akademie Verlag, Berlin 1987

[3]   H. Borris, E. Libbert, Wörterbuch der Biologie - Pflanzenphysiologie, G. Fischer
      Verlag, Jena 1984

[4]   R. R. Alfano, Biological Events Probed by Ultrafast Laser Spectroscopy, Academic
      Press, New York, London 1982

[5]   G. Renger, Govindjee, Photosynth. Research 6, 33-55, 1985

[6]   R. S. Knox, Biophys. J. 9, 1351-1362, 1969

[7]   G. Renger, in: Biophysik (W. Hoppe), Springer Verlag, Berlin 1982

[8]   J. R. Bolton, Conf. Rec. IEEE Photovolt. Spec. Conf. 1984, 17th, 759-763

[9]   nach einer Information der Zeitschrift "bild der wissenschaft" 27(12), 161, 1990

[10] nach Vorstellungen, die an der TU München in der Arbeitsgruppe von Prof. M.
      Michel-Beyerle entwickelt wurden, s. "bild der wissenschaft" 26(2), 62-64, 1989

[11] H. Sasabe et al., Synth. Metals 28, C787-C792, 1989

[12] B. A. Gregg et al., J. Phys. Chem. 94, 1586-1598, 1990

Teil 2
Materialien für die Photovoltaik

Dünnschichtsolarzellen aus polykristallinen Verbindungshalbleitern

H. W. Schock
Universität Stuttgart, Institut für Physikalische Elektronik
Pfaffenwaldring 47, 70569 Stuttgart

1 Einleitung

Das heute am häufigsten verwendete Material für Solarzellen ist ein- oder multikristallines Silizium. Aufgrund seiner spezifischen physikalischen Eigenschaften, d.h. der indirekten Bandstruktur und der daraus resultierenden geringen optischen Absorption, ist kristallines Silizium nicht von vornherein für Solarzellen geeignet. Jedoch ist es aufgrund einer hochentwickelten Technologie möglich, Siliziumsolarzellen in großem Umfang herzustellen und sie auch in leistungsstarken photovoltaischen Anlagen einzusetzen. Ein Hauptproblem stellen jedoch immer noch die relativ hohen Herstellungskosten dar.

Eine wichtige Möglichkeit zur Reduktion der Kosten von Solarzellenmodulen bietet die Dünnschichttechnik. Voraussetzung hierfür sind geeignete Halbleitermaterialien. Amorphes Silizium ist hier einer der wichtigsten Kandidaten, jedoch ist die Stabilität der elektronischen Eigenschaften des Materials ein prinzipielles Problem, das durch technologische Kunstgriffe gelöst werden muß.

Daneben existieren eine Vielzahl von halbleitenden Verbindungen, die sich aufgrund ihrer Eigenschaften sehr gut für Solarzellen eignen. Es ist jedoch noch sehr viel Grundlagenforschung notwendig, bevor über deren wirtschaftliche Anwendbarkeit entschieden werden kann. Aus der Vielzahl der in Frage kommenden Materialien wurden bisher nur wenige intensiv untersucht. Die bisherigen Arbeiten und Ergebnisse zeigen jedoch, daß Verbindungshalbleiter Impulse für die wirtschaftliche Entwicklung der Photovoltaik geben können.

2 Auswahl photovoltaischer Materialien

Kriterien für die Auswahl photovoltaischer Materialien sind in Tabelle 1. aufgelistet. Dabei sind sowohl die physikalischen Eigenschaften, als auch die Möglichkeiten zur großtechnischen Herstellung berücksichtigt [1,2,3].

Für Dünnschichtsolarzellen ist ein wichtiges Kriterium der optische Absorptionskoeffizient. Dieser sollte möglichst hoch sein, um den Sammlungsbereich für den Photostrom

Tab. 1 Kriterien für die Auswahl photovoltaischer Materialien für Dünnschichtsolarzellen

<table>
<tr><td>

Physikalische Eigenschaften:
* Geeignete optische Bandlücke 1.0<Eg<2.0 eV
* großer optischer Absorptionskoeffizient
* große Diffusionslänge der Minoritätsträger
* geringe Oberflächen-Rekombinationsgeschwindigkeit
* Dotierbarkeit

</td><td>

$\alpha > 2 \cdot 10^4$ cm^{-1}
$L > 1$ μm
S kleinstmöglich
N_D, N_A

</td></tr>
<tr><td colspan="2">

Technische Kriterien:
* Verfügbarkeit der Elemente
* Möglichkeit der Abscheidung auf billigen Substraten
  mit großem Flächendurchsatz und guter Materialausbeute
* Sicherheit bei Produktion und beim Betrieb der Anlage
* Reproduzierbarkeit

</td></tr>
</table>

klein zu halten. Die Absorptionskoeffizienten verschiedener Halbleitermaterialien in Abhängigkeit von der Photonenenergie sind in Abb. 1 aufgetragen.

Eines der wichtigsten Auswahlkriterien ist der Bandabstand des Halbleiters. Je nach Bandabstand wird der Wirkungsgrad durch die nicht absorbierten Photonen oder durch die geringe Ausgangsspannung begrenzt. Der Verlauf des theoretisch größtmöglichen Wirkungsgrades in Abhängigkeit vom Bandabstand des Halbleiters ist in Abb. 2 dargestellt.

Einen Ausweg bieten hier sogenannte Tandemsysteme, wo für die verschiedenen Energiebereiche des Sonnenspektrums Solarzellen mit angepaßten Energielücken eingesetzt

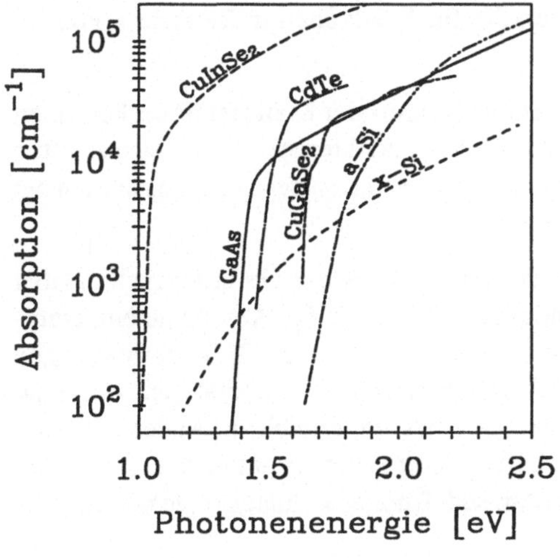

Abb. 1

Spektrale Absorptionskoeffizienten verschiedener Halbleitermaterialien

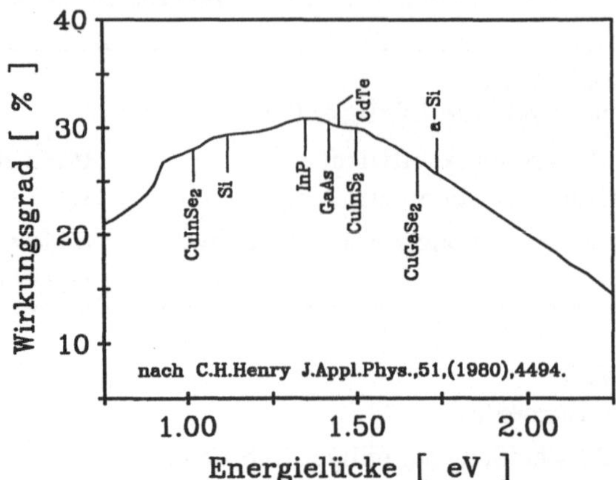

Abb. 2   Theoretisch mögliche Wirkungsgrade in Abhängigkeit vom Bandabstand des
Halbleiters

werden, d.h. für den blauen Anteil eine Zelle mit Absorber mit weiter Energielücke, für
den roten Anteil eine Zelle mit kleiner Energielücke des Absorbers. Dadurch ist eine Steigerung des theoretischen Wirkungsgrades der Einzelzelle von etwa 24 % auf 35% bei
Aufteilung auf 2 Zellen möglich [4]. Eine noch weitere Aufteilung des Spektrums ist prinzipiell möglich und bringt theoretisch eine weitere Verbesserung des Wirkungsgrades,
jedoch ergeben sich bei der Aufteilung des Spektrums Verluste, die den Gewinn kompen-
sieren.

Im Hinblick auf die Realisierung kostengünstiger Solarmodule eröffnen die Dünnschicht-
solarzellen, mit ihren technologischen Möglichkeiten, neue Perspektiven. Amorphe
Halbleiter und einige Verbindungshalbleiter, die für Solarzellen in Betracht kommen,
sind in Tabelle 2 aufgelistet.

Die amorphen Legierungen von Silizium mit Germanium oder Kohlenstoff decken einen
weiten Bereich des Sonnenspektrums ab und sind aufgrund ihrer optischen Eigenschaften
sehr gut geeignet. Problematisch sind die schlechteren elektronischen Eigenschaften bei
größeren Anteilen von Germanium und Kohlenstoff.

Von den Verbindungshalbleitern kommen vor allem Chalkogenide in Betracht. Dabei
zeichnen sich die II/VI und I/II/VI$_2$-Verbindungen durch niedrige Abscheidetemperaturen und geringe Oberflächenrekombinationsgeschwindigkeiten aus. III/V-Verbindungen
(z.B. GaAs) benötigen in der Regel wesentlich höhere Abscheidetemperaturen, um dünne
Schichten mit ausreichender elektronischer Qualität zu erreichen. Außerdem sind
Defekte und Oberflächen in diesen Materialien elektrisch sehr aktiv, d.h. sie stellen
Rekombinationszentren für den Photostrom dar, sodaß hohe Wirkungsgrade nur mit sehr

Tab. 2　Halbleiter, die für Dünnschichtsolarzellen in Betracht kommen

Halbleiter	Bandabstand	Leitungstyp
a-(Si,C)	1.75 - 3.0	p/n durch Fremddotierung
a-(Si,Ge)	1.0 - 1.75	p/n durch Fremddotierung
CdTe	1.5	p/n durch Eigendefekteoder Fremddotierung
CdSe	1.7	n durch Eigendefekte
ZnTe	2.26	p durch Eigendefekte undFremdotierung
Cu_2S	1.2	p durch Eigendefekte
$CuInSe_2$	1.04	p/n durch Eigendefekte
$CuGaSe_2$	1.68	p durch Eigendefekte
$CuInS_2$	1.5	p/n durch Eigendefekte
$Cu(In,Ga)Se_2$	1,04-1.68	p durch Eigendefekte
FeS_2	0.8	p/n durch Eigendefekte
$FeSi_2$	0.9	p durch Eigendefekte
WSe_2	1.3	p/n durch Eigendefekteoder Fremdotierung

defektarmen Schichten erreicht werden. Diese lassen sich aber nur mit sehr aufwendigen Verfahren auf einkristallinen Substraten herstellen, wie z.B. Flüssigphasen und Molekularstrahlepitaxie oder MOCVD.

Da Halbleiterdünnschichten nur mit begrenzter Leitfähigkeit hergestellt werden können, müssen zur Ableitung des Stroms noch zusätzlich transparente leitende Schichten eingesetzt werden. Anforderungen an diese Schichten sind hohe Leitfähigkeit und Transparenz im Bereich der vom Absorbermaterial absorbierten Lichtwellenlängen. Die Energielücke

Tab. 3　Fenstermaterialien

Material	Bandabstand [eV]	Bemerkungen
In_2O_3	3.2	
SnO_2	3.3	
$In_2O_3{:}SnO_2$	3.2	
ZnO	3.2	
CdS	2.42	Pufferschicht

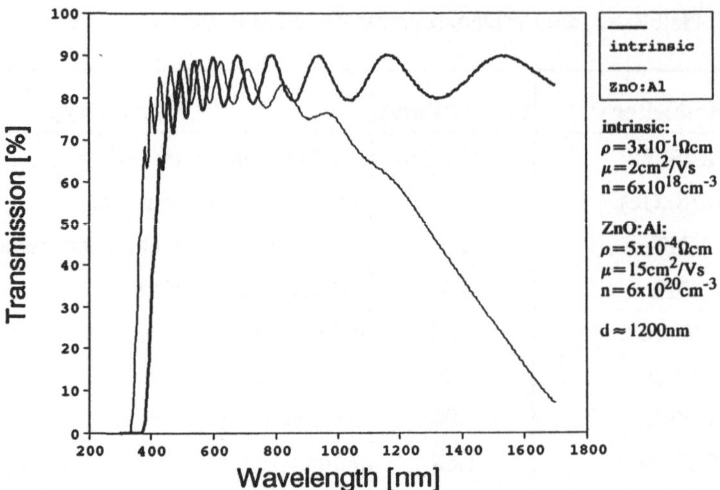

Abb. 3 Wellenlängenabhängige Transmission von ZnO-Schichten mit verschiedenen Leitfähigkeiten

des Fenstermaterials sollte möglichst groß sein, damit auch der kurzwellige Anteil des Sonnenspektrums noch in den Absorber eindringen kann. Ein Liste der Fenstermaterialien ist in Tabelle 3 aufgestellt.

Ein vielfach eingesetztes Material ist ZnO neben SnO_2 und ITO (Indium-Zinn-Oxid). Die optische Transmission von ZnO-Dünnschichten mit verschiedener Leitfähigkeit ist in Abb. 3 dargestellt. Bei hoher Dotierung ist aufgrund der Absorption durch freie Ladungsträger ein Abfall der Transparenz zu großen Wellenlängen zu beobachten.

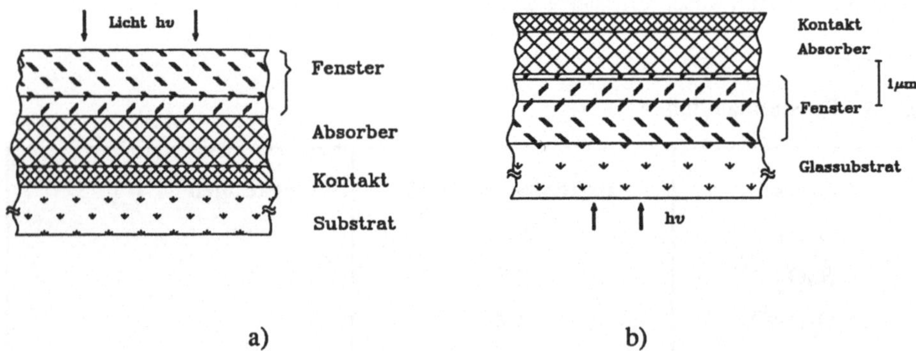

Abb. 4 Prinzipielle Struktur einer Solarzelle mit p/n-Heteroübergang:
a) Vorderwandzelle, b) Rückwandzelle

Für Solarzellen mit kleinem Bandabstand des Absorbers ist dieser Verlust mit in Betracht zu ziehen.

3 Dünnschichtsolarzellen aus Verbindungshalbleitern

Viele der Chalkogenid-Verbindungen lassen sich nur in p-leitender Form herstellen oder lassen sich nur schwer gezielt dotieren. Daher werden oft sogenannte "Heteroübergänge" angewendet. Ein zweites n-leitendes Material dient auf der sogenannten Absorberschicht als Fenster und hat nur die Funktion, den im Absorber erzeugten Photostrom zu sammeln. Die schematischen Strukturen von Heteroübergangs-Solarzellen sind in Abb. 4 a,b dargestellt.

Je nach technologischen Randbedingungen werden Vorderwand- oder Rückwandzellen hergestellt. Rückwandstrukturen, die durch das transparente Substrat hindurch beleuchtet werden, haben den Vorteil, daß im Fall von Glassubstraten keine zusätzliche Frontabdeckung notwendig ist. Solarzellen auf der Basis von CdTe sind derartig aufgebaut. Für Zellen mit Chalkopyrithalbleitern wie z.B. $CuInSe_2$ wird bevorzugt die Vorderwandstruktur angewendet, da es andernfalls Probleme mit der Interdiffusion der Materialien an

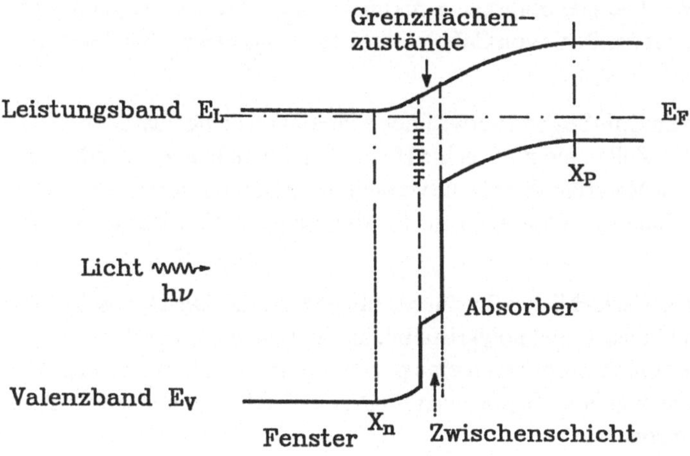

Abb. 5   Bändermodell eines Heteroübergangs

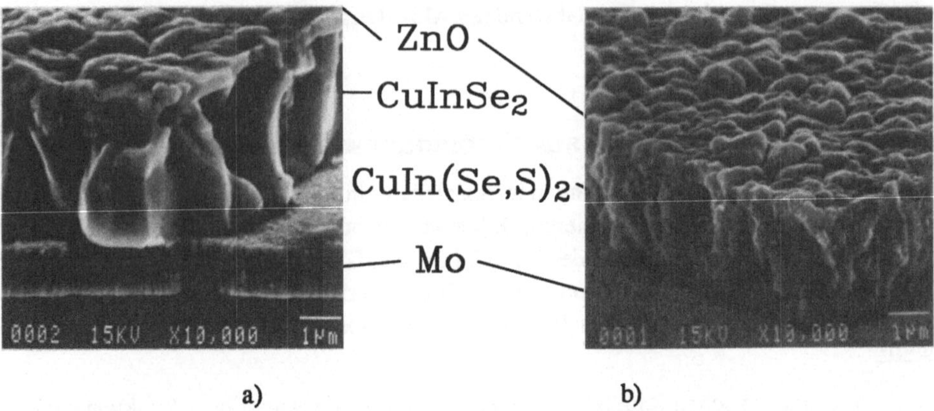

Abb. 6	Rasterelektronenmikroskop-Bild von Querschnitten durch polykristalline Dünnschichtsolarzellen (CuInSe$_2$ und CuIn(S,Se)$_2$). Beide Zellen liefern Wirkungsgrade um 15%

der Heterogrenzfläche gibt. Die typische Dicke der einzelnen Schichten ist etwa 1 µm. An der Heterogrenzfläche sind die jeweiligen Schichten schwächer dotiert.

Durch die im Absorber sich ausbildende Feldzone soll eine verbesserte, vom elektrischen Feld unterstützte Sammlung der Ladungsträger bewirkt werden. Begrenzend auf die Leerlaufspannung und den Photostrom können sich Grenzflächenzustände zwischen Fenster- und Absorberschicht auswirken. Sie entstehen aufgrund von Fehlanpassung der Kristallgitter an dieser Grenzfläche. Diese Verluste können durch Einfügen einer Anpassungsschicht verringert werden. Die elektronische Struktur eines p/n-Heteroüberganges am Beispiel einer Solarzelle auf der Basis von CuInSe$_2$ wird durch das Energiebändermodell in Abb. 5 veranschaulicht.

Neuere Untersuchungen an CuInSe$_2$ und verwandten Materialien deuten darauf hin, daß es sich bei hocheffizienten Zellen nicht um echte Heteroübergänge handelt, sondern die Oberfläche des p-leitenden Materials durch eine veränderte Zusammensetzung n-leitend wird. Die Pufferschicht dient dann nur noch zur Passivierung der Oberfläche des p/n-Übergangs.

Das Bändermodell in Abb. 5 ist idealisiert für einkristallines Material. Die Dünnschichten für diese Solarzellen sind in der Regel polykristallin, die typischen Korngrößen sind im Bereich weniger µm. Der Querschnitt durch eine polykristalline Dünnschichtsolarzelle im Rasterelektronenmikroskop-Abb. 6 gibt einen Eindruck von der komplexen Struktur eines derartigen Bauelements.

Der Wirkungsgrad von polykristallinen Solarzellen hängt zusätzlich vom Einfluß der Korngrenzen ab. Deshalb sind für Dünnschichtsolarzellen besonders Materialien geeignet, deren Korngrenzen elektronisch möglichst wenig aktiv sind, d.h. keine

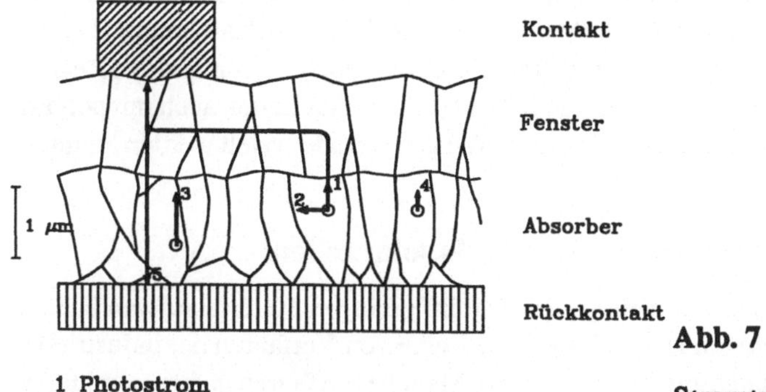

Abb. 7

1 Photostrom
2 Rekombination an der Korngerenze
3 Grenzflächenrekombination
4 Volumenrekombination
5 Kurzschluß

Stromtransport und Verlustprozesse in einer polykristallinen Dünnschichtsolarzelle

"Senken" für den Photostrom bilden. Die Pfade für den Stromtransport und die Verlustprozesse in der Solarzelle sind in Abb. 7 illustriert.

Die Korngrenzen können nicht nur die Reduktion des Photostroms bewirken. Durch geladene Zustände in den Korngrenzen und damit verbundene Bandverbiegung und Tunnelprozesse wird auch der Sperrstrom und damit die Leerlaufspannung beeinflußt [3,5]. Durch die einfache graphische Konstruktion in Abb. 8 kann der Einfluß der Korngrenzen auf die Sammlung des Photostroms verdeutlicht werden. Je nach Absorptionslänge $1/\alpha$ und Korndurchmesser bestehen verschieden große Bereiche, aus denen keine photogenerierten Ladungsträger gesammelt werden können. Unter der Annahme sehr großer

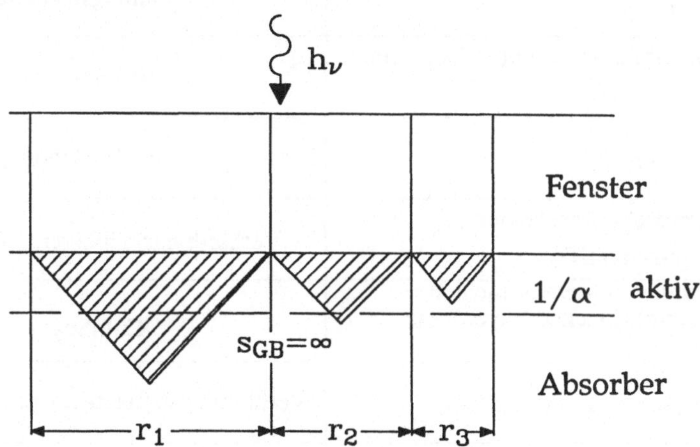

Abb. 8   Einfluß der Korngrenzen auf die Sammlung des Photostroms

Rekombinationsgeschwindigkeit an den Korngrenzen kann der Photostrom nur aus den
schraffierten Bereichen gesammelt werden. Bei den Chalkogenid-Halbleitern (Schwe-
fel-, Selen- und Tellurverbindungen, siehe Tabelle 2) wurde jedoch nur geringe Rekombination an den Korngrenzen beobachtet, sodaß mit diesen Materialien auch mit polykristallinen Schichten mit kleinen Kristalliten hohe Wirkungsgrade erzielt werden konnten.

4 Herstellungsverfahren für Dünnschichtsolarzellen.

Der Hauptvorteil der Dünnschichtsolarzellen liegt im geringen Materialaufwand und in
der vorteilhaften großflächigen Herstellung. Eine Reihe von Verfahren der industriellen
Beschichtungstechnik können angewandt werden. Manche Verfahren liefern unmittelbar
Schichten mit Halbleiterqualität für die Anwendung in Solarzellen. Bei anderen Verfah-
ren ist ein weiterer Temperschritt bei hoher Temperatur erforderlich. Verfahren für die
Herstellung von Dünnschichtsolarzellen sind in Tabelle 4 aufgelistet.

Tab. 4 Herstellungsverfahren für Dünnschichtsolarzellen

Abscheideverfahren	Material
Chemische Abscheidung aus der Gasphase mit Plasmaunterstützung (PECVD)	Amorpes Silizium
Chemische Abscheidung aus der Gasphase CVD mit Photonenunterstützung (Photo-CVD)	Amorpes Silizium
Hochvakuumaufdampfen (Physical Vapour Deposition PVD)	Verbindungshalbleiter
Kathodenzerstäubung (Sputter Deposition, SPD)	Fensterschichten
Spray-Pyrolyse (SP)	Fensterschichten, Verbindungshalbleiter
Elektrochemische Abscheidung (Electrodeposition,ED)	Verbindungshalbleiter, z.B. CdTe
Umwandlung von Metallschichten (Selenisierung) (Stacked Layer Reaction,SLR)	$CuInSe_2$
Siebdruck (Screen Printing,SPR)	Verbindungshalbleiter z.B. CdTe, CdS
Chemische Abscheidung (Chemical Bath Deposition, CBD)	Pufferschichten im Fenster

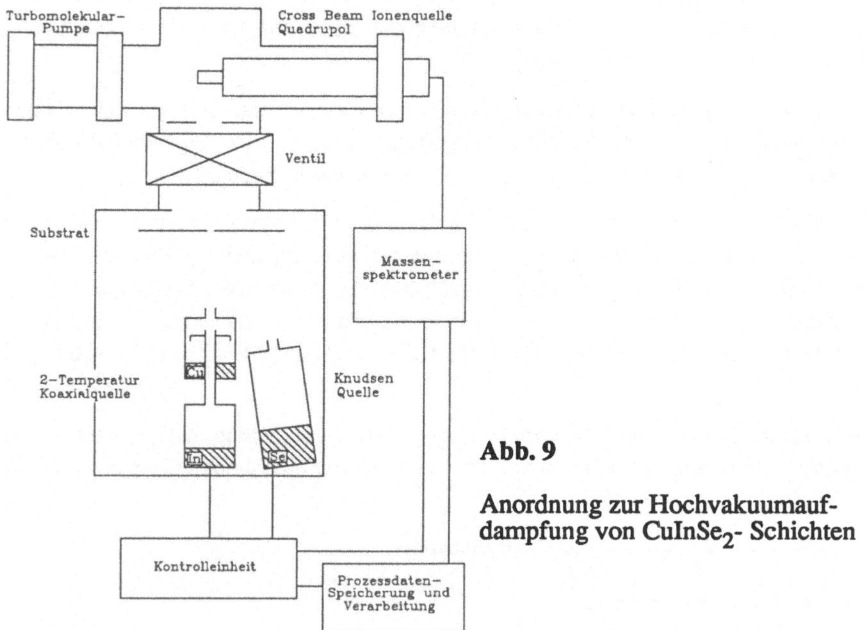

Abb. 9

Anordnung zur Hochvakuumauf-dampfung von $CuInSe_2$- Schichten

Beim Hochvakuum-Aufdampfen werden bei einem Druck von etwa 10^{-6} mbar die aus einem Tiegel verdampften Elemente auf ein geheiztes Substrat niedergeschlagen (z.B. Cu, In, Se bei etwa 400 °C Substrattemperatur). Die Vakuumapparatur und die Prozeß-kontrolle ist relativ aufwendig, jedoch liefert das Verfahren Schichten mit guter Halblei-terqualität. Eine Anordnung für das Aufdampfen von $CuInSe_2$-Schichten im Hochva-kuum ist in Abb. 9 dargestellt.

Die Regelung der Aufdampfrate erfolgt in diesem Fall über die direkte Messung der Par-tialdrücke der Elemente mittels eines Massenspektrometers. Die Kathodenzerstäubung, bei der mit Hilfe von Ionen aus einer Gasentladung Material abgetragen wird, das sich

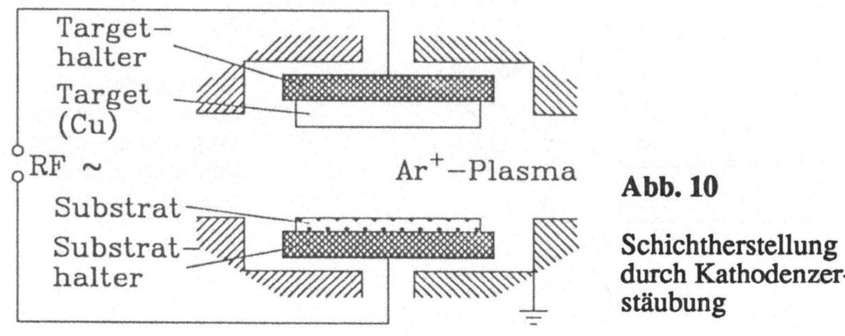

Abb. 10

Schichtherstellung durch Kathodenzer-stäubung

dann auf einem Substrat niederschlägt, ist sehr gut kontrollierbar. Die schematische Anordnung ist Abb. 10 zu entnehmen.

Durch die Beteiligung hochenergetischer Teilchen bei der Abscheidung enthalten Halbleiterschichten, die mit diesem Verfahren hergestellt wurden, in der Regel viele Defekte. Das Verfahren eignet sich deshalb vor allem für Kontaktschichten.

Spray-Pyrolyse ist ein apparativ einfaches Verfahren. Durch Aufsprühen einer Lösung aus Verbindungen, die Elemente der Schicht enthalten, auf ein geheiztes Substrat entsteht durch Reaktion der Verbindungen und gleichzeitiges Verdampfen der flüchtigen Anteile die gewünschte Schicht. Dieses Verfahren wird erfolgreich für CdTe und CdS angewendet. Für CdS besteht die Spraylösung z.B. aus Cd-Ionen und Thioharnstoff in wäßriger Lösung.

Elektrochemische Abscheidung ist vom Prinzip her ein sehr kostengünstiges Verfahren, jedoch müssen die so abgeschiedenen Schichten noch einer Nachbehandlung unterzogen

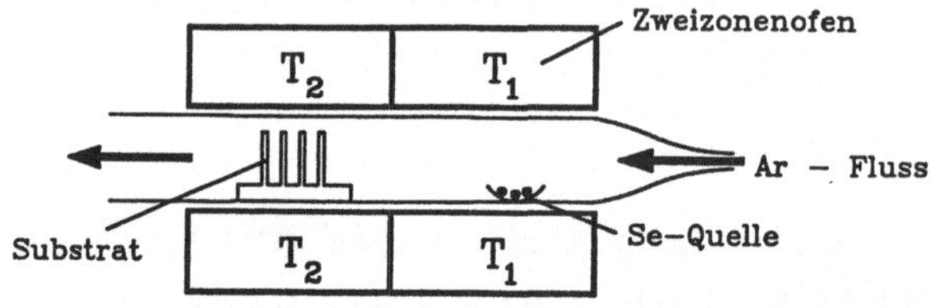

a) Offenes Selenisierungssystem

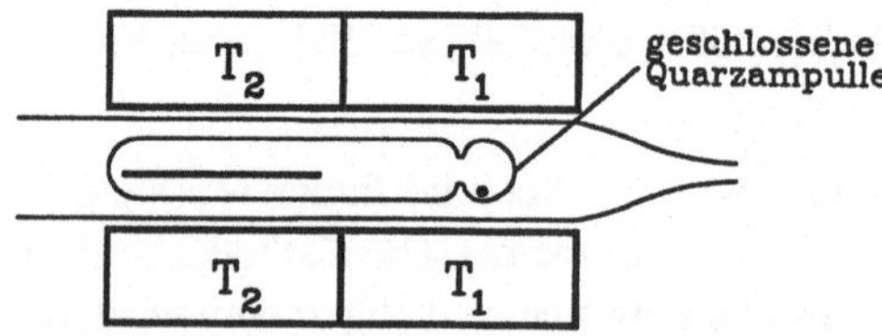

b) Geschlossenes Selenisierungssystem

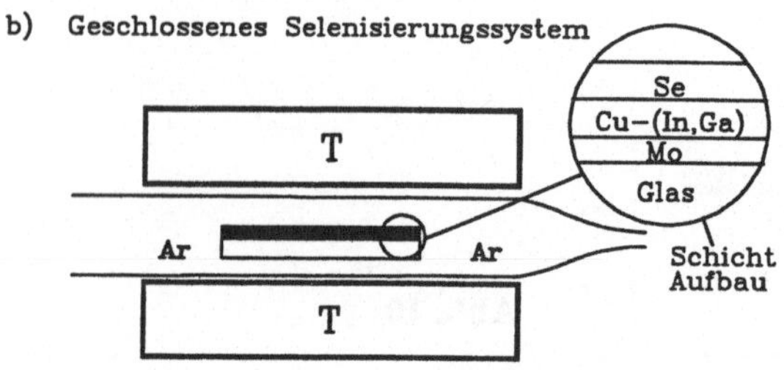

c) Reaktives Heizen

Abb. 11

Verschiedene Verfahren zur Herstellung von CuInSe$_2$-Schichten durch Selenisierung

werden. Dasselbe gilt für siebgedruckte Schichten, die gute photovoltaischen Eigenschaften erst nach einem Sinterprozeß erhalten.

$CuInSe_2$ kann auch gut durch einen Temperprozeß aus Schichten der Einzelelemente hergestellt werden (SLR). Bei dieser sogenannten "Selenisierung" wird Selen entweder aus der Gasphase oder aus einer zusätzlich aufgebrachten Schicht zur Verfügung gestellt. Verschiedene Selenisierungsverfahren sind Abb. 11 zu entnehmen.

Ein wesentlicher Vorteil der Dünnschicht-Technologien ist auch die Möglichkeit zur selektiven Abscheidung oder Strukturierung der einzelnen Dünnschichten, so daß eine beliebige Dimensionierung und Integration von Einzelzellen auf einem gemeinsamen Substrat möglich ist.

5 Dünnschichtsolarzellen aus polykristallinen Verbindungshalbleitern

Die Aktivitäten auf dem Gebiet der polykristallinen Dünnschichtsolarzellen sind im Vergleich zu anderen Technologien gering, trotzdem wurden in letzter Zeit erhebliche Fortschritte erzielt. Herausragende Materialien sind $CuInSe_2$ und CdTe in Kombination mit (Zn,Cd)S oder ZnO als Fenstermaterial [1].

Tab. 5 $Cu(In,Ga)Se_2$-Solarzellen /1,9,10,11/

Zellentyp	Prozeß für Absorber Deposition	U_{II} [mV]	j_k [mA/cm^2]	FF	Eff. [%]	Fläche [cm^2]	Labor/ Hersteller
ZnO/CdS/CuIn(Ga)Se$_2$		508	41	0.68	14.1	3.5	ARCOSolar
ZnO/CdS/CuInSe$_2$	SVR	483	35.6	0.67	12.4	1	ISET
ZnO/CdS/CuInSe$_2$	PVD	513	40.4	0.72	14.8	0.33	IPE,Uni.Stuttgart IM Stockh.
CdS/CuInSe2	PVD	446	38.9	0.65	11.3	0.93	NREL (SERI)
ZnO/ZnCdS/ CuIn$_{0.73}$Ga$_{0.27}$Se$_2$	PVD	555	35.3	0.66	12.9	0.96	Boeing
(Zn,Cd)S/ CuIn$_{0.6}$Ga$_{0.4}$Se$_2$	PVD	645	28	0.68	12.4	0.38	IPE, Uni.Stuttgart
ZnO/ZnCdS/CuGaSe$_2$	PVD	756	13.7	0.6	6.2	0.4	IPE, Uni.Stuttgart
ZnO/CdS/CuInS$_2$	PVD	655	24.5	0.64	10.3	0.25	IPE, Uni.Stuttgart
ZnO/CdS/CuIn(Se,S)$_2$	PVD	614	33.5	0.74	15.2	0.15	IPE, Uni.Stuttgart

SVR solid vapor reaction (selenization), PVD physical vapour deposition (coevaporation)

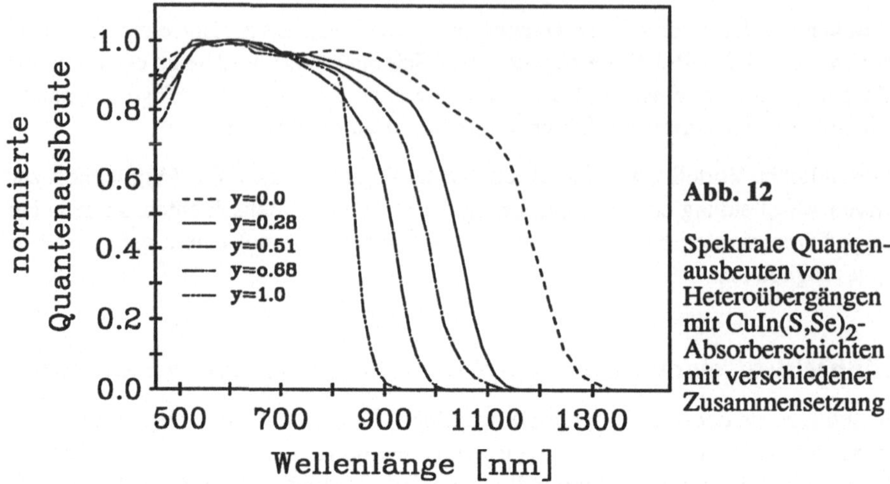

Abb. 12

Spektrale Quanten-
ausbeuten von
Heteroübergängen
mit CuIn(S,Se)$_2$-
Absorberschichten
mit verschiedener
Zusammensetzung

Sehr hohe Wirkungsgrade wurden mit Cu(In,Ga)Se$_2$ Solarzellen erreicht. Ein weiteres
Argument für dieses Material ist der geringe Gehalt an Cadmium. Bei der Herstellung
muß die Zusammensetzung, insbesonders das Verhältnis der Metalle genau eingehalten
werden, jedoch können recht große Abweichungen von der stöchiometrischen Zusammensetzung toleriert werden (bis ca 5% In- Überschuß). Außerdem stabilisiert sich die
Zusammensetzung selbständig bei entsprechender Prozeßführung. Bevorzugte Struktur
ist die Vorderwandzelle mit ZnO-Fenster und sehr dünner (etwa 20 nm) CdS-Schicht. Der
Stand von labormäßig hergestellten Zellen ist in Tabelle 5 aufgelistet.

Die Ergebnisse spiegeln das große Entwicklungspotential dieser Solarzellentypen wider.
Durch Variation der Zusammensetzung z.B im System CuInSe$_2$/CuGaSe$_2$/CuInS$_2$ können Solarzellen mit verschiedenen Spektralempfindlichkeiten und entsprechenden Aus-
gangsspannungen realisiert werden.

Die Flexibilität dieses Mischhalbleitersystems wird durch die spektralen Quantenausbeuten in Abb. 12 und die I/U-Kennlinien in Abb. 13 demonstriert [6].

Weitere Verbesserungen sind aufgrund der Materialeigenschaften möglich, d.h. die theoretischen Grenzen sind noch nicht erreicht. Für systematische Optimierungen sind jedoch
noch grundlegende Materialuntersuchungen notwendig, wie sie für die in der Mikro- und
Optoelektronik verwendeten Halbleiter wie Si und GaAs bereits vorliegen. Außerdem
muß für die Optimierung des Herstellungsprozesses noch fertigungstechnisches Know-
How angesammelt werden.

6 Andere Materialien

Lange Zeit war das System Cu_2S-CdS die beste Option für Dünnschichtsolarzellen. Obwohl beachtliche Erfolge bei der Herstellung von Modulen erreicht wurden wurde diese Entwicklung Mitte der 80-er Jahre eingestellt[2], vor allem wegen des begrenzten Wirkungsgrades von etwa 7% im Modul.

Neben den oben beschriebenen Materialien wurden in kleinem Umfang auch andere Materialien untersucht, insbesonders Verbindungen auf häufigen Elementen wie z.B. FeS_2, und $FeSi_2$. Es konnten zwar vorteilhafte Halbleitereigenschaften nachgewiesen werden, jedoch blieben die bisher erreichten Wirkungsgrade recht klein. Vielversprechend sind auch andere Chalkopyrit- Halbleiter wie zum Beispiel $CuInS_2$, $AgGaSe_2$ und $CuGaTe_2$ [6]. Dünne abgespaltene Kristalle aus WSe_2 in Verbindung mit ZnO als Heteroübergang ergab bisher 8 % Wirkungsgrad[7]. Als natürliche Mineralien kommen auch sulfidische Verbindungen vor wie $Cu_{12}Sb_4S_{13}$ [8].

7 Zusammenfassung und Ausblick

Dünnschichtsolarzellen bieten erhebliche Vorteile bezüglich Materialaufwand und Flexibilität der Materialauswahl, so daß Entwicklungen auf diesem Gebiet die Möglichkeiten zur Herstellung kostengünstiger Solarmodule erweitern.

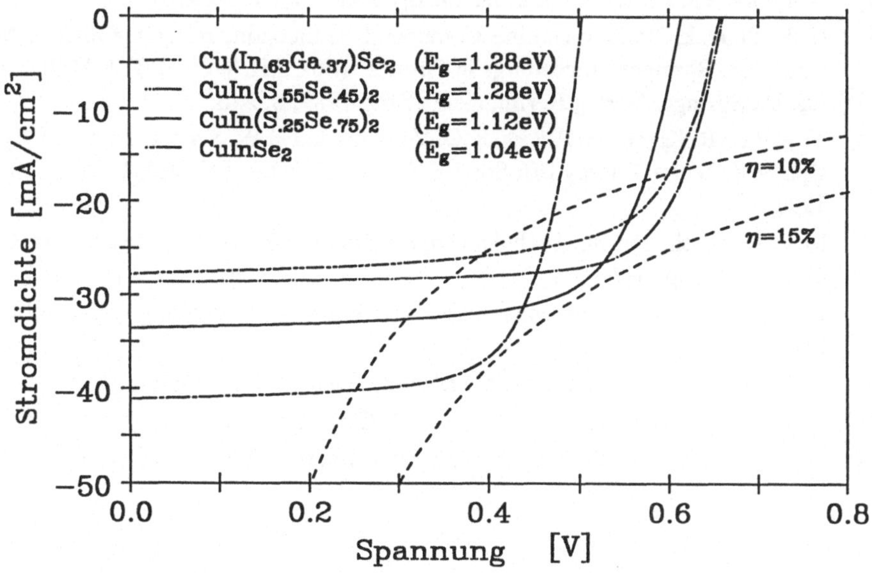

Abb. 13   IU-Kennlinien von Heteroübergängen mit Cu(In,Ga)(S,Se)$_2$-Absorberschichten mit verschiedener Zusammensetzung

Aus der Vielzahl photovoltaischer Materialien wurden bisher noch wenige intensiv untersucht. Weitere grundlegende Materialforschungen sind daher notwendig, um das Potential der verfügbaren Materialien voll abschätzen zu können.

Die im Labor erreichten Wirkungsgrade von Zellen von $CuInSe_2$ und CdTe lassen diese Technologien konkurrenzfähig mit Siliziumtechnologien erscheinen. Bei Produktion in großem Stil werden erhebliche Kostenvorteile erwartet. Voraussetzung ist, daß die Materialien in ausreichender Menge zur Verfügung stehen, was jedoch laut Aussagen der Experten der Fall ist. Die großen Fortschritte der letzten Jahre auf diesem Gebiet lassen erwarten, daß polykristalline Zellen einen erheblichen Beitrag zur Entwicklung der Photovoltaik liefern können.

Literatur

[1]   H.W. Schock, Proc. 10th EC Photov. Solar Energy Conf. Lisbon 1991, Kluwer Acad.Publ.,Dordrecht, 1991, p. 777.

[2]   W.H. Bloss, F.Pfisterer and H.W. Schock, "Polycrystalline II-VI-Related Thin Film Solar Cells", in "Advances in Solar Energy, Vol.4" (Ed. K.W. Boer), Plenum Publ. Corp., 1988, p.201.

[3]   A.L.Fahrenbruch, R.H. Bube, "Fundamentals of Solar Cells", (Academic Press, New York, 1983).

[4]   N.A. Gokcen, J.J. Loferski, Solar Energy Mater. 1, 271, (1979).

[5]   H.W. Schock, "Polycrystalline Compound Semiconductor Thin Films in Solar Cells", in "Springer Proceedings in Physics" (Eds. J.H. Werner, H.J. Möller, H.P. Strunk, Springer Verlag Berlin, Heidelberg, 1989, S. 246.

[6]   T. Walter, R. Klenk, M. Ruckh, K.O. Velthaus and H.W. Schock, Proc. Int. Symp. Opt. Mat. Techn. Energy Eff. Sol. En. Conv. XI, EOS/SPIE Vol. 1729, Toulouse, 1992.

[7]   M. C. Lux Steiner et. al., Technical Digest, 3rd Int. Photov. Science and Eng. Conf, Tokyo, 1987, p. 687.

[8]   H. Dittrich, Zentrum für Solarenergie und Wasserstofforschung, wird veröffentlicht.

[9]   H.W. Schock. Proc. 11 PVAR&D Meeting, Denver, May 1992

[10] Photovoltaic Insiders Report, XI No 6, R. Curry Ed., p. 4

[11] H.W. Schock et al., Proc. 12 Photov. Solar Energy Conference, Montreux 1992, wird veröffentlicht.

Amorphe Materialien für Dünnschichtsolarzellen

W. Fuhs
Fachbereich Physik der Universität Marburg
Renthof 5, 35037 Marburg

1 Einleitung

Dünnschichtsolarzellen bieten Aussicht auf eine erhebliche Kostensenkung. In derartigen Zellen ist die aktive Schicht des Halbleiters, die das gesamte Sonnenlicht absorbiert, typisch 1µm dick. Dies entspricht der Ausdehnung von Raumladungszonen in üblichen Halbleiterbauelementen (z. B. p/n-Übergängen). Die Diffusion der Minoritätsträger spielt deshalb eine untergeordnete Rolle, die Trägerkollektion erfolgt überwiegend durch Drift in dem eingebauten elektrischen Feld. Da man dazu keine extrem langen Lebensdauern benötigt, sind die Anforderungen an die Materialqualität, z. B. die Reinheit, erheblich geringer. Man verspricht sich von Dünnschichtsolarzellen Vorteile vor allem in folgender Hinsicht:

- Materialersparnis
- einfachere Technologie (billige Substrate, Beschichtungstechniken, Reinheit)
- günstigere Produktionstechniken (Herstellung großer Flächen)
- neue Zelltypen: Dünnschichttechnologie erlaubt die Herstellung neuer Zelltypen wie z. B. Tandemzellen (Multigapzellen).

Für Dünnschichtsolarzellen bieten sich Halbleiter an, die in der Lage sind, das Sonnenlicht in einer Schichtdicke von weniger als 1µm zu absorbieren. Dies können nur direkte Halbleiter sein. Besonders vielversprechend erscheinen derzeit:

- GaAs,
- CdTe,
- $CuInSe_2$,
- amorphe Halbleiter (a–Si:H und verwandte amorphe Legierungen) und
- polykristallines Silicium (pc-Si).

pc-Si ist ein Sonderfall. Es ist ein indirekter Halbleiter und hat deshalb eine niedrige Absorptionskonstante im sichtbaren Spektralbereich. Durch geschickte Lichteinkopplung (Lichtfallengeometrie) kann aber der Lichtweg des schwach absorbierten Lichts erheblich verlängert werden. Deshalb ist die für pc-Si erforderliche Schichtdicke deutlich niedriger, als man zunächst vermuten würde. Modellrechnungen zeigen, daß man bei polykristallinem Si eine Schichtdicke von lediglich 30 - 40 µm braucht. In einer solchen

Zelle spielt die Diffusion der Minoritätsträger die dominierend Rolle. Um die Rekombinationsverluste zu minimalisieren, müßten die Kristallite orientiert wachsen (Korngrenzen senkrecht auf dem Substrat). Derzeit weiß noch niemand, mit welchen Verfahren man
solche Filme herstellen kann.

Am weitesten entwickelt erscheinen die Solarzellen aus amorphem Silicium (a–Si:H),
für zusammenfassende Darstellungen siehe [1-3]. Solche Zellen werden für verschiedene Anwendungen produziert und angeboten und beherrschen den "consumer market".

In diesem Kapitel werden die Herstellung und physikalische Eigenschaften amorpher
Halbleiter diskutiert. Dabei wird sich die Diskussion weitgehend auf solche Eigenschaf-
ten beschränken, die für Anwendungen in Solarzellen wichtig sind. Es wird sich zeigen,
daß die Vorteile von a–Si:H gegenüber pc-Si nicht in den verbesserten elektronischen
Eigenschaften liegen, sondern trivialerweise in der Möglichkeit, den Halbleiter in großen
Flächen herzustellen.

Ein großer Vorteil des a–Si:H gegenüber den anderen oben genannten Materialien ist,
daß es sich auch für zahlreiche andere Anwendungen empfiehlt, die zum Teil schon als
Produkte realisiert sind: Elektrofotographie, optische Sensoren, Bildzeilen, Displays,
Feldeffekttransistoren, schnelle Schalter. Diese Anwendungen haben zwar nicht direkt
mit Solarzellen zu tun, aber das große Interesse an dem Material führt zu einer größeren
Breite der Forschungsanstrengungen, die dann indirekt auch wieder der Solarzellenfor-
schung zugute kommt.

2 Struktur und Herstellung von a-Si:H

Amorphe Festkörper unterscheiden sich von den kristallinen Festkörpern dadurch, daß
die Anordnung der Atome nicht periodisch sondern ungeordnet ist. In einem Si-Kristall ist
jedes Atom von vier nächsten Nachbarn umgeben (tetraedrische Nahordnung). Aufgrund
der periodischen Anordnung ergibt sich eine strenge Korrelation der Atomlagen über
makroskopische Entfernungen hinweg (Fernordnung). Amorphe Stoffe sind nun nicht
völlig ungeordnet: Sie besitzen eine *Nahordnung aber keine Fernordnung*. Die Nahordnung ist wesentlich durch die chemische Bindung der Atome bestimmt. Durch geringfü-
gige Schwankungen der Bindungswinkel und Bindungslängen (maximal 10%) entsteht
bei Erhaltung der Nahordnung ein ungeordnetes Netzwerk, bei dem die Anzahl nächster
Nachbarn die gleiche wie im Kristall ist. Da beim Aufbau einer solchen Struktur starke
innere Spannungen entstehen, bleiben zahlreiche Bindungen zwangsläufig offen. Diese
nicht-abgesättigten freien Si-Bindungen (dangling bonds db) sind die einzigen bislang
identifizierten tiefen Defekte in amorphem Silicium. Ihre Anzahl begrenzt die Lebensdauer der lichterzeugten Ladungsträger und damit den Wirkungsgrad von Solarzellen.

Amorphes Silicium kann nicht einfach wie ein Glas durch schnelles Abkühlen einer Si-
Schmelze hergestellt werden. Man erhält den amorphen Zustand durch Abscheidung aus

der Gasphase auf Unterlagen, deren Temperatur erheblich unterhalb des Schmelzpunktes liegt. Solche Verfahren sind: thermisches Verdampfen, Sputtern, CVD (thermische Zersetzung von Silan (SiH_4)), Photo-CVD (photothermische Zersetzung von Silan) und PECVD (plasmaunterstützte thermische Zersetzung, Plasmadeposition). Es gibt keinen grundsätzlichen Unterschied in der Mikrostruktur von amorphem Silicium, das nach verschiedenen Verfahren hergestellt wurde. Vielmehr entsteht in allen Fällen ein ungeordnetes Netzwerk. Die Verfahren unterscheiden sich jedoch erheblich in der Anzahl und Art der Defekte (freie Bindungen und gröbere Defekte wie innere Hohlräume). Die defektärmsten Filme entstehen durch Plasmadeposition (PECVD), die sich deshalb für technische Anwendungen weitgehend durchgesetzt hat.

Fig. 1 veranschaulicht das Prinzip der *Plasmadeposition* von amorphem Silicium. Bei diesem Verfahren wird Silan (SiH_4) oder Gasgemische aus Silan mit Edelgasen oder Wasserstoff in einer Glimmentladung zwischen zwei Kondensatorplatten zersetzt. Aus den Zersetzungsprodukten (z. B. SiH, SiH_2, SiH_3, H) entsteht auf dem Substrat S der amorphe Film. Einzelheiten über den Mechanismus des Filmwachstums sind weitgehend unbekannt. Es ist klar, daß dabei einmal die Plasmachemie zum andern aber auch der Wachstumsprozeß auf dem Substrat eine Rolle spielen. Wichtigste Parameter, die die Filmeigenschaften bestimmen, sind der Gasdruck während der Entladung, die Strömungsgeschwindigkeit des Gases, die elektrisch eingekoppelte Hochfrequenzleistung, Frequenz (meistens 13,6 MHz) und vor allem die Substrattemperatur. Optimale Filmeigenschaften ergeben sich mit kleinen Leistungen und bei Temperaturen um 250 °C. Die Abscheiderate beträgt typisch 0,5-1 µm/h.

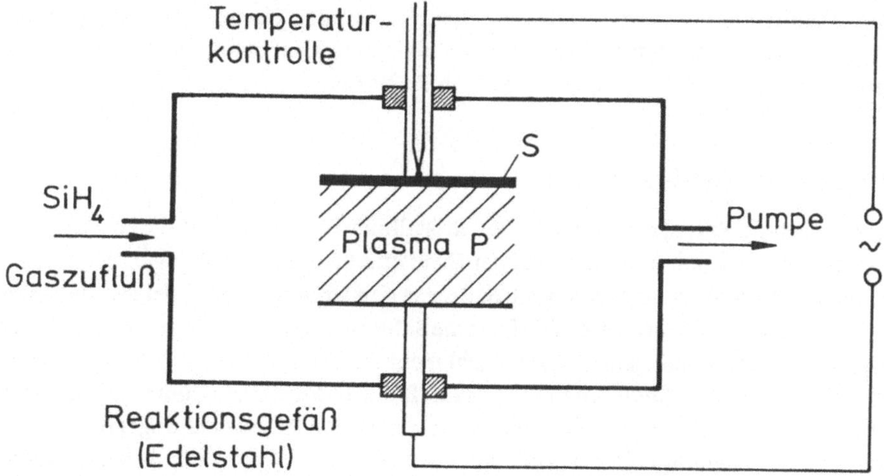

Abb. 1 Schematische Anordnung zur Herstellung amorpher Filme durch Plasmadeposition (PECVD)

Filme, die durch PECVD bei optimalen Bedingungen hergestellt wurden, zeichnen sich durch eine niedrige *Defektdichte* aus ($N_D < 10^{16}$ cm^{-3}). Ursache dafür ist der Einbau von Wasserstoffatomen, die zum einen freie Bindungen der Si-Atome absättigen, zum anderen die mittlere Koordinationszahl (Zahl der Si-Si Bindungen) erniedrigen und damit den Aufbau eines spannungsfreieren ungeordneten Netzwerks begünstigen. Je nach Wahl der Depositionsparameter enthalten die Filme 4-40 Atom-% Wasserstoff, sodaß man häufig dieses Material nicht als amorphes Silicium sondern zutreffender als Silicium-Wasserstoff- Legierung, *a*-Si:H,bezeichnet. Alle Filmeigenschaften hängen vom Wasserstoffgehalt ab. Die Infrarot-Absorptionsspektren der Filme zeigen Strukturen entsprechend den verschiedenen lokalen Bindungskonfigurationen des Wasserstoffs. In optimierten Filmen beträgt der *Wasserstoffgehalt um 10-15* Atom-% und die IR-Spektren zeigen, daß er überwiegend in SiH-Konfiguration gebunden ist (IR-Absorption bei 2000cm^{-1}). Optimierte Filme erscheinen zwar homogen, NMR-Untersuchungen deuten aber darauf hin, daß der Wasserstoff inhomogen verteilt ist.

Die Technik der Plasmadeposition erscheint aus folgenden Gründen attraktiv für Anwendungen:

- leistungsarme Filmdeposition,
- niedrige Prozeßtemperatur (typisch 250 °C),
- beliebige, billige Substrate verwendbar (auch flexible),
- geeignet zur Herstellung großer Flächen,
- automatisierbar und zur Massenproduktion geeignet,
- flexibles Verfahren.

Die Benutzung anderer Prozeßgase erlaubt die Herstellung von modifizierten amorphen Filmen (Dotierung mit P bzw. B, a–Si$_{1-x}$Ge$_x$:H aus Silan/German- Mischungen oder a–Si$_{1-x}$C$_x$:H aus Silan/Methan-Mischungen). Im Hinblick auf die Entwicklung von Tandemzellen bietet dieses Verfahren deshalb große Vorteile.

3 Elektronische Eigenschaften

Die optischen Spektren, $\varepsilon_1(\omega)$ und $\varepsilon_2(\omega)$, kristalliner Halbleiter sind durch Strukturen gekennzeichnet, die mit Singularitäten der Bandstruktur zusammenhängen. Kennzeichnend für den Einfluß der Unordnung ist, daß diese Feinstruktur in den Spektren der amorphen Halbleiter verschwunden ist. Die Ursache dafür ist, daß in einer ungeordneten Struktur die Wellenzahl k keine gute Quantenzahl mehr ist. Daraus folgt, daß die Angabe der energetischen Struktur durch den E(k)-Verlauf (Bandstruktur) ihren Sinn verliert, ebenso wie daraus abgeleitete Größen wie die effektive Masse und die Auswahlregel für optische Übergänge (k-Erhaltung). Der Ausfall der k-Auswahlregel macht sich besonders stark bemerkbar bei einem Halbleiter wie Si, der im kristallinen Zustand eine indirekte Energielücke besitzt und deshalb bei der Photonenenergie, die der Energielücke entspricht, nur schwach absorbiert. Die Absorption ist hier durch die k-Auswahlregel behindert.

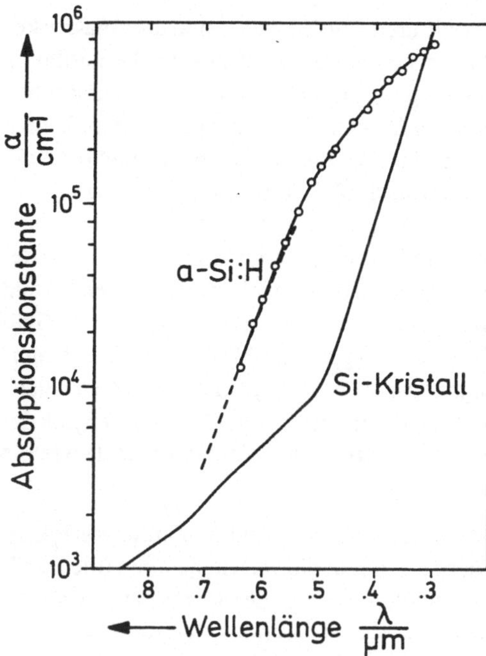

Abb. 2

Absorptionsspektren von amorphem und kristallinem Silicium

Da der Verlust der Fernordnung in dem amorphen Zustand mit einem Verlust dieser Auswahlregel verknüpft ist, kann die optische Absorption im Bereich der Energielücke beträchtlich ansteigen. Fig. 2 zeigt einen Vergleich der Absorptionsspektren von amorphem und kristallinem Si im sichtbaren Spektralbereich. Während c-Si eine indirekte Energielücke von 1,1 eV besitzt, beträgt die *Energielücke bei a–Si:H um 1,7 eV*, abhängig von den Präparationsbedingungen und hier insbesondere dem Wasserstoffgehalt der Filme. Solche Daten zeigen, daß das Sonnenlicht in einem *a*–Si:H-Film mit einer Dicke von 1 µm fast vollständig absorbiert werden kann, während man bei kristallinem Si dazu eine Dicke von mehr als 100 µm benötigt. Diese starke optische Absorption des *a*–Si:H ist die grundlegende Voraussetzung für optoelektronische Anwendungen der dünnen amorphen Filme z. B. in Solarzellen.

Die elektronischen Eigenschaften amorpher Filme hängen empfindlich von der Dichte und der energetischen Verteilung N(E) der lokalisierten Zustände im Bereich der Energielücke ab. Diese Zustände bestimmen den detaillierten Verlauf der Absorptionskante, den Ladungstransport, die Dotierbarkeit, Lebensdauern, Diffusionslängen und die Ausdehnung und das Potentialprofil von Raumladungszonen in Bauelementen. Fig. 3 zeigt ein Modell der Zustandsdichteverteilung, das sowohl intrinsische als auch extrinsische Zustände enthält. Innerhalb des Valenz-und Leitungsbandes ändert sich die Zustandsdichte nur wenig gegenüber dem kristallinen Si. In den optischen Spektren besteht der wesentliche Einfluß der Unordnung in einer Verschmierung und Verbreiterung der durch

Auswahlregel und Bandstruktur bewirkten Strukturen. Die Zustände sind über makroskopische Entfernungen ausgedehnt, sie sind aber wegen des Verlustes der Fernordnung keine Blochzustände wie im Kristall. Beim Übergang vom kristallinen in den amorphen Zustand finden die wesentlichen Änderungen im Bereich der (kristallinen) Bandkanten statt: Als Folge der Unordnung werden die Zustände lokalisiert. *Lokalisierung* bedeutet dabei, daß diese Zustände lediglich durch thermisch aktivierte Tunnelprozesse (Hopping), d. h. mit sehr kleiner Beweglichkeit, am Ladungstransport beteiligt sein können. Theoretische Arbeiten deuten darauf hin, daß im Leitungsband und im Valenzband der Übergang von ausgedehnten zu lokalisierten Zuständen bei den scharfen Energien E_C und E_V erfolgt. Diese Energien bezeichnet man als *Beweglichkeitskanten*, weil hier die Trägerbeweglichkeit (von Werten um $10\,cm^2/Vs$ in den ausgedehnten Zuständen der Bänder) um Größenordnungen abfällt. Da der Ladungstransport bevorzugt in den Zuständen nahe der Beweglichkeitskante stattfindet, spielen diese Energien (E_C und E_V) in der Physik der amorphen Halbleiter eine ähnliche Rolle als Referenzenergie (Transportkanal) wie die Bandkanten bei den Kristallen.

Ein Charakteristikum der Zustandsdichte amorpher Halbleiter sind Ausläufer von lokalisierten Zuständen, die sich von beiden Bändern aus tief in die verbotene Zone (die Bandlücke) hinein erstrecken. Ursache dieser Zustände sind von der Unordnung bewirkte

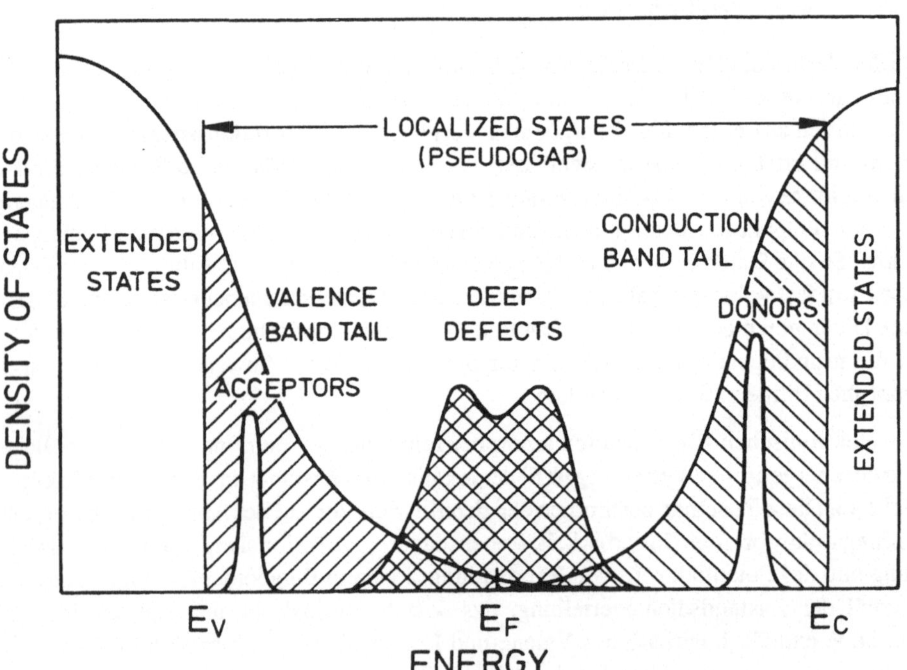

Abb. 3 Zustandsdichteverteilung in *a*–Si:H im Bereich der Energielücke (schematisch)

Potentialfluktuationen, die zu einer Schwächung von Si-Si Bindungen führen. Die meisten Autoren gehen davon aus, daß die Zustandsdichte annähernd exponentiell mit dem energetischen Abstand von den Beweglichkeitskanten abfällt. Ein Argument dafür ist der exponentielle Verlauf der Absorptionskante im Bereich $\alpha < 10^3\,\mathrm{cm}^{-1}$: $\alpha(\omega) \sim \exp(h\nu/E_0)$. Der sogenannte *Urbachparameter* E_0 wird mit der charakteristischen Energie für den Abfall der Zustandsdichte im Valenzbandausläufer identifiziert. E_0 ist ein wichtiger Materialparameter des amorphen Halbleiters, weil er ein Maß für die integrierte Zustandsdichte im exponentiellen Bandausläufer und damit für die Konzentration der *schwachen Bindungen* ist.

Zusätzlich zu diesen Zuständen in den Bandausläufern erwartet man tiefe Energiezustände von spezifischen Defekten. Diese entstehen als Defekte der amorphen Netzwerkstruktur z. B. durch interne Spannungen oder auch einfach durch ungünstige Depositionsbedingungen. Eine Fülle von möglichen einfachen und gröberen intrinsischen Defekten ist denkbar. Der einfachste ist eine *nicht-abgesättigte Si-Bindung (Si-dangling bond db)*. Dies ist der einzige bislang identifizierte Netzwerkdefekt in *a*–Si:H. In undotierten Filmen liegt sein neutraler und damit paramagnetischer Zustand nahe der Mitte der Energielücke. Er begrenzt als *Rekombinationszentrum* die Lebensdauern von Überschußladungsträgern. In optimierten Filmen werden im ausgetemperten Zustand nach der Herstellung mit verschiedenen Verfahren Werte unter $10^{16}\,\mathrm{cm}^{-3}$ gemessen.

Nur wenig ist bekannt über Zustände in der Energielücke durch extrinsische Defekte, die von *Verunreinigungen* herrühren. In den hydrogenierten amorphen Halbleitern ist Wasserstoff mit einer Konzentration von typisch 10 Atom-% das dominante Fremdatom. Der bindende und antibindende Zustand der Si-H-Bindung liegt innerhalb der Energiebänder und ist so elektronisch nicht wirksam (Absättigung freier Si-Bindungen). Es ist bekannt, daß die unter normalen Bedingungen hergestellten Filme Sauerstoff, Stickstoff und Kohlenstoff in einer Konzentration um $10^{19}\,\mathrm{cm}^{-3}$ enthalten. Bislang wurden aber keine Bandlücken-Zustände identifiziert. Die einzigen bekannten Zustände von Fremdatomen sind die bei substitutioneller Dotierung entstehenden Akzeptor- und Donatorzustände nahe den entsprechenden Energiebändern.

Es hat sich herausgestellt, daß in hydrogenierten Halbleitern (vor allem *a*–Si:H) tiefe Defekte durch Aufbrechen von schwachen Bindungen entstehen, wenn die Bandausläufer mit Ladungsträgern besetzt werden. Dieses Verhalten wurde bei längerer Belichtung (Staebler-Wronski-Effekt), Injektion von Ladungsträgern über die Kontakte (z. B. bei Durchlaßpolung von pin-Dioden), Majoritätsträger in der Anreicherungsrandschicht von Feldeffekttransistoren, Bestrahlung mit niederenergetischen Elektronen und Dotierung beobachtet. Es zeigte sich, daß die energetische Lage der Defektzustände von der Lage der Fermienergie abhängt. Die in Abb. 3 dargestellte Zustandsdichte ist deshalb nicht generell gültig und auch nicht stabil, sondern hängt von der Geschichte des Films ab (der Temperatur, der Belichtung, der Dotierung etc.).

Für alle Bauelementanwendungen ist entscheidend, daß die Filme dotierbar sind. Darunter versteht man, daß die elektrische Leitfähigkeit durch gezielten Einbau von Fremdatomen in einem weiten Bereich verändert werden kann. In der Historie dieses Forschungsgebiets gab es lange Zeit erregte Debatten darüber, ob amorphe Halbleiter überhaupt dotierbar sind. Die zahlreichen experimentellen Fehlschläge wurden damit erklärt, daß sich in einem amorphen Netzwerk die lokale Struktur stets so anpassen kann, daß alle Valenzen eines Fremdatoms befriedigt werden können. Die Entdeckung der Dotierbarkeit von a–Si:H um 1975 stellte deshalb eine wissenschaftliche Sensation dar und eröffnete viele neue Anwendungsmöglichkeiten des Materials in Bauelementen wie p/n-Übergängen, Schottkydioden und Solarzellen. Das Verfahren besteht darin, daß man Silan (SiH_4) in der Gasentladung kontrollierte Mengen von Phosphin (PH_3) für n-leitende Filme bzw. Diboran ($B_2 H_6$) für p-leitende Filme beimischt.

Fig. 4 zeigt exemplarisch Ergebnisse aus verschiedenen Laboratorien. Die Leitfähigkeit kann über nahezu 10 Größenordnungen variiert werden. Die maximal erreichbaren Werte liegen für die Phosphordotierung bei $10^{-2}\ \Omega^{-1}\ cm^{-3}$, d. h. die Fermienergie kann bis auf 0,25 eV an die Beweglichkeitskante des Leitungsbandes herangeschoben werden. Dieser höchste Wert begrenzt in den pin-Solarzellen den Wert der Leerlaufspannung.

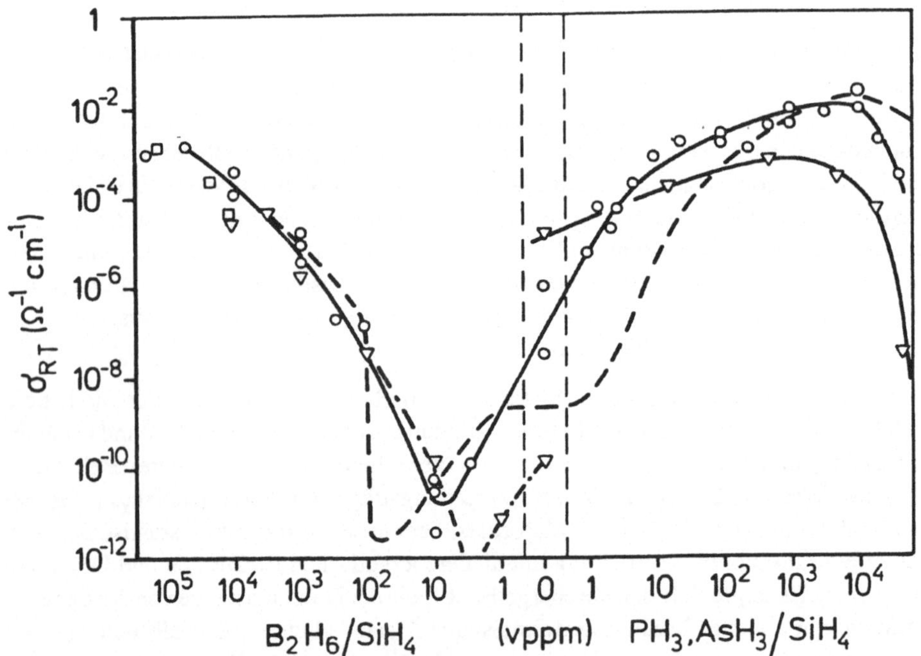

Abb. 4   Elektrische Dunkelleitfähigkeit von a–Si:H bei 300 K als Funktion der Konzentration der Dotiergase

Es ist offensichtlich, daß frühere Dotierversuche fehlschlugen, weil in den damals zugänglichen amorphen Filmen eine hohe Zustandsdichte in der Energielücke die Verschiebung der Fermienergie behinderte: Fast alle der z. B. bei Phosphordotierung abgespaltenen Elektronen wurden zur Besetzung der Zustände an der Fermienergie verbraucht. Erst die Absenkung der Zustandsdichte durch geeigneten Einbau von Wasserstoffatomen ermöglichte es, die Fermienergie in den Filmen fast frei zu verschieben.

Die hohe optische Absorption der Filme ist mit einer hohen Photoleitfähigkeit verbunden. Auch das ist eine direkte Folge der niedrigen Zustandsdichte in optimierten Filmen. Vor allem tiefe Defekte erniedrigen den Wert der Photoleitung, d. h. der Lebensdauer der Majoritätsträger. Für die Verwendbarkeit des Materials in Solarzellen ist eine hohe Photoleitfähigkeit sicherlich eine wichtige Voraussetzung. Man darf jedoch dabei nicht vergessen, daß die Photoleitfähigkeit durch die Eigenschaften der Majoritätsträger bestimmt ist, während für den photovoltaischen Effekt Majoritäts- und Minoritätsträger wichtig sind. Der Wert der Photoleitfähigkeit kann deshalb nicht einfach zur Bewertung der Eignung eines Materials für photovoltaische Anwendungen herangezogen werden.

Bei den amorphen Halbleitern ergibt sich eine weitere Komplikation dadurch, daß der Wert der Photoleitung durch die Lage der Fermienergie bestimmt wird: Die Photoleitfähigkeit ist am geringsten, wenn das Ferminiveau in der Mitte der Energielücke liegt und wächst sowohl für n-leitende als auch p-leitende Filme (wenn auch schwächer) um Größenordnungen an, wenn das Ferminiveau durch Dotierung zu den Bändern verschoben wird. Durch Dotierung werden die relevanten Defektzustände (dangling bonds) umbesetzt und dadurch die Trägerlebensdauern verändert. Wird z. B. die Fermienergie zum Leitungsband verschoben, so werden die Zustände negativ geladen und fallen für den Einfang von Elektronen aus. Dadurch steigt die Lebensdauer der Majoritätsträger an. Die Lebensdauer der Minoritätsträger nimmt dadurch jedoch erheblich ab, da nun die Löcher von den negativ geladenen Zentren effektiv eingefangen werden können. Umgekehrt wächst die Lebensdauer der Löcher bei p-Dotierung an, wenn die Defekte positiv geladen vorliegen, während die der Elektronen (dann Minoritätsträger) entsprechend abnimmt. Das zeigt sofort, daß es wenig Sinn macht, Solarzellen aus *a*–Si:H als einfache p/n-Übergänge zu realisieren.

4 pin - Solarzelle

Fig. 5 zeigt den typischen Aufbau einer pin-Solarzelle zusammen mit der I-U- Kennlinie im 4. Quadranten [4]. Diese Anordnung besteht im wesentlichen aus einem undotierten *a*–Si:H Film (i-Schicht) mit einer Dicke von etwa 0,6 µm, der von sehr dünnen hochdotierten p- und n-leitenden Filmen eingeschlossen ist: pin-Struktur. Das Licht fällt durch das Glassubstrat und die transparente Elektrode (TCO = transparent conducting oxide) ein. Derartige Strukturen werden durch Deposition in mehreren gekoppelten Reaktions-

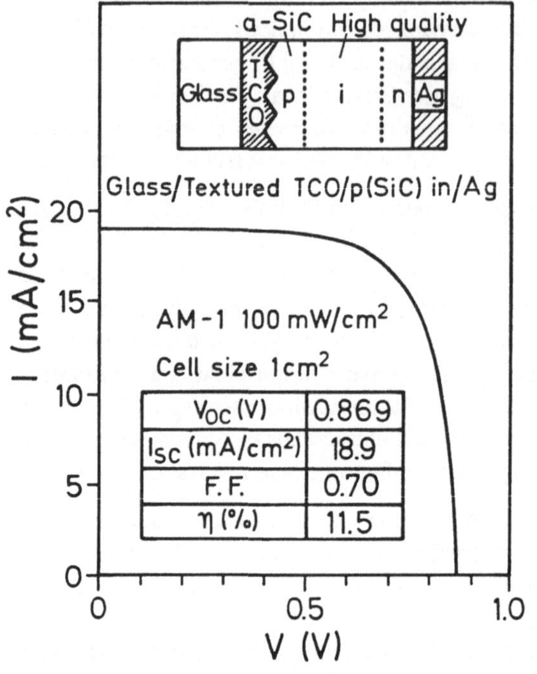

V_{OC} (V)	0.869
I_{SC} (mA/cm²)	18.9
F. F.	0.70
η (%)	11.5

Abb. 5

Struktur und Kennlinie
einer pin-Solarzelle
(Ohnishi et al. 1985)

kammern hergestellt. Zahlreiche Laboratorien berichteten über Wirkungsgrade um 11 %
auf einer Fläche von typisch 1 cm². Die hier gezeigte Zelle erreichte einen Wert von
11,5 % durch geeignete Strukturierung der transparenten TCO- Elektrode und durch Verwendung eines reflektierenden Silber-Rückkontaktes. Diese Maßnahmen dienen der Verbesserung der Lichteinkopplung und führen zu einer verbesserten Nutzung des langwelligen Lichts.

Anders als bei den kristallinen Si- Zellen erfolgt der Einfang der lichterzeugten Träger
ausschließlich durch Drift in der Feldzone. Wegen der niedrigen Beweglichkeit und kurzen Lebensdauer ist die Diffusionslänge erheblich kleiner als die Dicke der i-Schicht. Deshalb muß sich die Feldzone über die gesamte i-Schicht erstrecken. Da die Ausdehnung
von Raumladungszonen durch die Zustandsdichte in der Energielücke festgelegt ist, ist es
erforderlich, deren Wert durch Optimierung der Deposition entsprechend zu erniedrigen.
Für eine Breite der Feldzone von 0,5 µm benötigt man Defektdichten unter 10^{16} cm^{-3}.
Optimal wäre es, wenn es gelänge, die Dicke der i-Schicht gleich der Absorptionstiefe des
Sonnenlichts zu machen. In der Praxis muß man jedoch einen Kompromiß zwischen der
Einfanglänge und der Absorptionstiefe des Sonnenlichts eingehen. Dies führt für optimierte Zellen auf eine Dicke der i-Schicht von 0,5 - 0,7 µm. Die Qualität der i-Schicht ist
damit entscheidend für einen hohen Wirkungsgrad: Die Defektdichte bestimmt sowohl
die Feldverteilung als auch die Lebensdauer der Ladungsträger.

Zur Erzeugung einer hohen Leerlaufspannung ist eine hohe Dotierung der Randschichten mit Phosphor bzw. Bor erforderlich. Diese Filme haben eine Dicke von 0,02 - 0,05 µm. Die Qualität der hochdotierten Filme ist generell schlecht, insbesondere die der Bor-dotierten Schicht. Ursache dafür ist, daß Dotierung generell mit der Erzeugung von Defekten verbunden ist. Hinzu kommt, daß sich bei Bor-Dotierung die Struktur der Filme z. B. durch Bildung von inneren Hohlräumen erheblich verändert. Die Ersetzung des Bor-dotierten a–Si:H (B)-Films durch eine Silicium-Kohlenstoff-Legierung, a–Si$_{1-x}$C$_x$:H (B), mit einer etwas größeren Bandlücke brachte deshalb einen entscheidenden Fortschritt in der Zellentwicklung und führte erstmals 1982 zur Überschreitung der magischen 8%-Barriere [5]. Inzwischen sind alle hocheffizienten Zellen von diesem Typ.

Die Dünnfilmtechnik bietet ein hohes Entwicklungspotential für Stapelzellen (Tandem-zellen, Multigapzellen). Solche Zellen sind deshalb besonders interessant, weil sie die grundsätzliche theoretische Begrenzung des Wirkungsgrades von Monozellen durchbre-chen. Dies geschieht dadurch, daß man Zellen als Mehrschichtstruktur elektrisch und optisch koppelt, deren aktive i-Schichten unterschiedliche Energielücken haben und daher in verschiedenen Spektralbereichen absorbieren. Die praktische Entwicklung sol-cher Tandemzellen steckt noch in den Anfängen. Mögliche Materialien sind a–Si/Ge:H-Legierungen mit Energielücken von 1 - 1,7 eV und a–Si/C:H-Legierungen mit Energie-lücken von 1,7 - 2,6 eV. Diese Filme lassen sich durch Plasmadeposition aus geeigneten Gasgemischen herstellen.

5 Stabilität

Das schwierigste und wichtigste Problem der Entwicklung der amorphen Si-Zellen ist derzeit die Stabilität. Derzeit degradieren die Zellen bei Lichteinstrahlung zum Teil beträchtlich. Die Abnahme des Wirkungsgrades erfolgt meistens im wesentlichen wäh-rend der ersten 100 Betriebsstunden. Es ist aber unklar, wann und ob sich der Effekt sättigt. Die Änderungen bestehen vor allem in einer Abnahme des Füllfaktors und des Kurz-schlußstroms, während die Leerlaufspannung weitgehend konstant bleibt. Die Effekte lassen sich bei Temperaturen von 150-180 °C wieder vollständig ausheilen. Für ein Ver-ständnis des Effekts ist die Beobachtung wichtig, daß fast keine Degradation beobachtet wird, wenn die Zelle während der Bestrahlung in Sperrichtung geschaltet ist. In diesem Betriebszustand werden die durch das Licht generierten Träger in dem hohen elektrischen Feld effektiv extrahiert und damit die Rekombination in der i-Schicht unterbunden. Die-ses Ergebnis zeigt, daß die Instabilität mit der Rekombination der Ladungsträger ver-knüpft ist.

Diese Erscheinungen hängen eng mit den lichtinduzierten Änderungen von elektroni-schen Eigenschaften der a–Si:H Filme zusammen, über die zuerst 1977 von Staebler und Wronski als Abnahme von Photo- und Dunkelleitfähigkeit berichtet wurde. Inzwischen hat sich herausgestellt, daß der wesentliche Effekt in der Erzeugung von Defekten durch Aufbrechen von Si-Si-Bindungen besteht. Dies geschieht nicht nur bei Belichtung sondern auch bei Trägerinjektion jeglicher Art. Man stellt sich die Defekterzeugung derzeit so vor, daß es in der amorphen Struktur als Folge der Unordnung schwache Bindungen gibt, die aufbrechen können, wenn sie mit einem Elektron oder einem Loch besetzt werden. Die Energiezustände dieser schwachen Bindungen werden mit dem exponentiellen Bandausläufer des Valenzbands identifiziert. Ein Teil der aufgebrochenen Bindungen kann durch den reichlich vorhandenen Wasserstoff stabilisiert werden. Andere Modellvorstellungen gehen davon aus, daß der erste Schritt in einer ladungsinduzierten Freisetzung von Wasserstoffatomen besteht, die dann schwache Bindungen aufbrechen. In diesen Modellen ist die Instabilität letztlich eine Folge der Existenz schwacher Bindungen, also der Unordnung und der Anwesenheit von beweglichem Wasserstoff. Es gibt derzeit noch sehr viele ungelöste physikalische Fragen über die Natur dieses Effekts. So ist es z. B. nicht klar, inwieweit Inhomogenitäten oder Fremdatome wie O, N oder C eine wichtige Rolle spielen.

In zahlreichen Arbeitsgruppen wird derzeit versucht, die Stabilität der Filme zu verbessern. Einen Ansatzpunkt dazu geben die oben geschilderten Modellvorstellungen: höhere Reinheit der Filme, Reduzierung der Anzahl der schwachen Bindungen, d. h. Erniedrigung des Urbachparameters, Erniedrigung des Wasserstoffgehalts. Ein anderer Ausweg könnte darin bestehen, Zellstrukturen zu finden, die die Defekterzeugung unterbinden. Es wurde z. B. berichtet, daß dünne Solarzellen erheblich langsamer (weniger?) degradieren als dicke Zellen, wegen der höheren Feldstärke in der i-Schicht. Da dünne Zellen aber weniger Licht absorbieren, müssen zur Erzielung eines hohen Wirkungsgrades dünne Zellen gestapelt werden. Es bietet sich dabei an, für die Zellen Materialien mit verschiedener Energielücke zu verwenden (Tandemzellen, Multigapzellen).

Literatur

[1] Joannopoulos und Lucovsky (Herausg.): Hydrogenated Amorphous Silicon I, II, Topics in Applied Physics, Vol 55 und 56, Ed., Springer, 1984

[2] J. I. Pankove (Herausg.): Hydrogenated Amorphous Silicon, in: Semiconductors and Semimetals, Vol. 21 A-D, Vol., Academic Press, 1985

[3] J. Kanicki (Herausg.): Amorphous and Microcrystalline Semiconductor Devices, Artech House, 1992

[4] Ohnishi et al., 6th EC Photovoltaic Conf., London, 1985

[5] Tawada et al., Solar Energy Materials 6 (1982), 299

Dünnschicht-Depositionstechniken

K. Schade, G. Suchaneck
Technische Universität Dresden, Institut für Festkörperelektronik
Mommsenstr. 13
01069 Dresden

1 Einleitung

Bereits im Altertum wußte der Mensch dünne Schichten, deren Dicken so gering sind, daß ihr physikalisches Verhalten stark von dem einer massiven Probe gleichen Materials abweicht, zu nutzen.

Hochtechnologien wie die Mikroelektronik, Raumfahrt- und Wehrtechnik haben in den Industriestaaten zu einem enormen Entwicklungsschub der Dünnschichttechnik geführt, worauf sich die Solartechnik stützen kann. Spezifische Anforderungen wie geringe Kosten, großflächige Deposition, Stabilität über lange Betriebszeiten (> 10 Jahre) und Umweltverträglichkeit machen aber Weiterentwicklungen dieser materialsparenden Technik unumgänglich.

In der Photovoltaik kommen vor allem

- amorphe (a) oder mikrokristalline (μc) dielektrische Schichten
- amorphe (*a*), mikro- (mc), poly- (pc) und einkristalline (c) Halbleiterschichten
- mikro- und polykristalline, elektrisch leitende, meist transparente Metall- und Metalloxidschichten

mit Schichtdicken von wenigen Atomlagen bis einige hundert Mikrometer zum Einsatz. Einige typische Beispiele angewendeter Schichtmaterialien zeigt Tabelle 1. Die Vielfalt der angewendeten Depositionstechniken läßt eine umfangreiche Diskussion innerhalb dieses Beitrages nicht zu. Wir beschränken uns deshalb auf einen kurzen Überblick der Depositionsverfahren in der Photovoltaik sowie auf zusammenfassende Betrachtungen zum Zerstäuben und der chemischen Gasphasenabscheidung, den gegenwärtig bedeutsamsten Produktionsverfahren für Dünnschicht-Solarzellen. Der interessierte Leser sei auf weiterführende Literatur [1,2,4,6] verwiesen.

2 Überblick über Verfahren zur Deposition dünner Schichten

Das aus einer Vielzahl möglicher Depositionstechniken (Abb. 1) gewählte Verfahren hat Anforderungen hinsichtlich

- der Wirtschaftlichkeit (hohe Raten) und Reproduzierbarkeit
- der Homogenität der Schichteigenschaften und -dicke über große Flächen

Tab. 1 Typische Schichtmaterialien und -dicken

Funktion	d in μm	Material	Deposition
Primärpassivierung	0,5-1,5	SiO_2	therm. Oxydation
Tunneloxid	0,002...	SiO_2	therm. Oxydation
Inversionsschicht	$\approx$0,08	Si_3N_4	PECVD
Leitbahnen, Kontakte	0,01-0,3	ITO (indium-tin oxide)	reakt. Zerstäuben, Sol-Gel-Deposition, Sprühpyrolyse
	...2	ZnO	MOCVD, Zerstäuben, Sprühpyrolyse
	...0,1-4	Al,Mo,Au Ni,Cr,Ti,Pd	Bedampfen, LPCVD
	20-50	Au,Ag,Pt,Pd	Siebdruck
Dielektrika	0,05-0,5	SiO_2, Al_2O_3, TiO_2, ZrO_2	Sol-Gel-Deposition
Antireflexschichten	$\approx$0,07	a-C:H	PECVD
	0,06-0,08	TiO_2	Bedampfen, LPCVD, Sol-Gel-Deposition
	0,06-0,08	Si_3N_4,Ta_2O_5	CVD, Zerstäuben
	0,075	SiO_X	Bedampfen,Zerstäub.
aktive halbleitende Schichten	0,5-3	a-Si:H	CVD, PECVD, H-Jet-Radikalenreaktion
	50-300	pc-Si	LPCVD
	0,1-5	GaAs,GaAlAs	VPE,MOVPE,LPE,MOCVD
	1-10	CdS,$CuInSe_2$, $CuGaSe_2$,ZnSe CdSe,ZnTe,	Bedampfen, Zerstäuben, galvanische Abscheidung, Selenisierung
	3-5	CdTe	CSS
	3-4	CdS	Sprühpyrolyse
	10-30	CdSe, CdS	Siebdruck
	0,03-0,2	Cu_2S CdS	Verdrängungsreakt. Elektrophorese
Zwischenschicht	< 0,1	ZnSe, ZnCdS	wie akt. Halbleiter

- vorgegebener Schichtstruktur und damit verbundener optischer, elektronischer und physikalisch-chemischer Schichteigenschaften
- der Begrenzung durch das Substrat
- der Kompatibilität mit dem Fertigungsprozeß zu erfüllen.

Verfahren der Dünnschichttechnik lassen sich in zwei Gruppen unterteilen:

- Schichtbildung durch chemische Reaktion der Substratoberfläche mit dem umgebenden Medium (*Aufwachsen*),
- Schichtbildung durch Anlagerung kondensierbarer Teilchen an der Schichtoberfläche (*Abscheidung*).

Der Depositionsprozeß von dünnen Schichten besteht aus drei Elementarprozessen:

- Erzeugung eines Teilchengemisches aus Atomen, Molekülen oder Ionen,
- Transport der Teilchen durch ein gasförmiges, flüssiges oder festes Medium zur Schichtoberfläche sowie Abtransport der Nebenprodukte der Schichtbildung,
- Kondensation der Teilchen an der Schichtoberfläche und Schichtbildung.

Der Siebdruck und die Elektrophorese sind keine Dünnschicht- Depositionsverfahren. Sie werden als kostengünstige Verfahren der Schichtherstellung mit in die Betrachtung einbezogen.

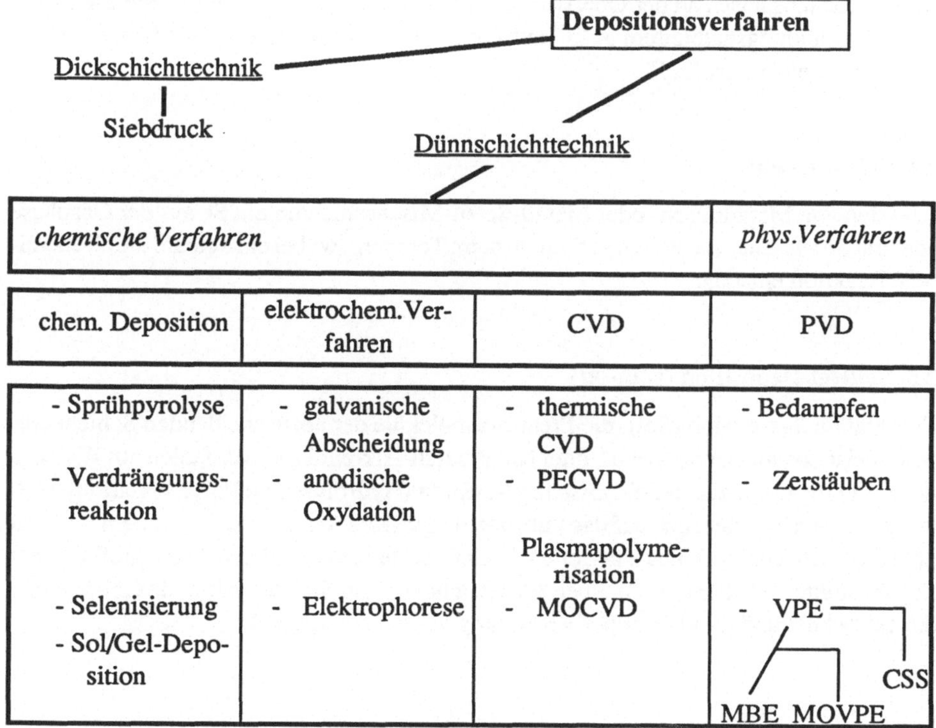

Abb. 1 Dünnschicht-Depositionstechniken (Auswahl)

2.1 Siebdruck

Eine pastenartige Mischung von feindispersen Pulvern der Schichtkomponenten und
flüssiger Reaktanden, eines organischen Binders sowie einer Glasbasis wird mit dem
Siebdruckverfahren (Durchdruck durch ein fotolithografisch strukturiertes Drucksieb)
auf ein Substrat aufgebracht und in einem Sinterprozeß bei 750 bis 1000°C unterzogen.
Spezielle Anforderungen an die thermische und mechanische Belastbarkeit und die Ober-
flächenrauhigkeit begrenzen die Substratwahl [2,5].

2.2 Sprühpyrolyse

Salzlösungen von Metallen (meist Chloride oder Acetate) werden als feines Aerosol auf
das heiße Substrat gesprüht, auf dessen Oberfläche die Reaktion mit Wasser zu Oxid-, mit
schwefelorganischen oder mit selenorganischen Verbindungen zu entsprechend Sulfid-
oder Selenidschichten erfolgt [2].

2.3 Verdrängungsreaktion

Durch Ionenaustausch an der Oberfläche wird in einem wäßrigen oder festen Elektrolyt
Cd in Verbindungshalbleitern A^2B^6 auf Grund der Spannungsreihe der Metalle durch
zwei Cu-Ionen ersetzt [2,4].

2.4 Selenisierung

Reaktion von Metallmisch- oder Metall-Selen-Mischschichten mit Se aus der Gasphase
oder mit Se aus einer zusätzlichen Schicht beim Tempern, wobei ein Selenid durch chemische Reaktion entsteht.

2.5 Sol/Gel-Deposition (spin-on)

Eine stabile Suspension (Sol), die Precursormoleküle der abzuscheidenden Schicht enthält (meist Lösungen von Metall- oder Nichtmetall-Alkoxiden in Alkoholen mit Wasser),
wird zum Ingangsetzen der chemischen Reaktion (Hydrolyse und Polymerisation) geal-
tert und durch Tauchen u.ä. auf das Substrat aufgebracht (dip coating). Auf dem Substrat
geht das Sol in ein Zwei-Phasen-Gemisch (Gel), bestehend aus einem festen Stoff und mit
Lösungsmittel gefüllten Poren, über. Es entsteht eine am Substrat haftende Gel-Schicht,
die getrocknet und durch Temperbehandlung verdichtet wird [6].

2.6 Galvanische Abscheidung

Elektrochemische Reduktion von Metallionen an der Kathode einer Elektrolytzelle. Metallionen aus der Lösung nehmen Elektronen auf und schlagen sich an der Kathode nieder. Für die Abscheidung von Metallchalcogeniden enthält der Elektrolyt neben dem entsprechenden Metallsalz S oder Se, z.B. aus H_2SeO_3, mit dem das sich abscheidende Metall reagiert.

2.8 Anodische Oxydation

Die in ein Elektrolyt getauchte Oberfläche des als Anode geschalteten Substrates wird beim Stromdurchgang (Gleichspannung 10-600 V, Stromdichte 0,01-10 mA/cm^2 [2]) elektrochemisch zu einer Oxid- (in Säuren und Basen), Nitrid- (in NH_3) oder Sulfidschicht (in Na_2S) umgewandelt. Die erreichbare Schichtdicke ist dem angelegten Anodenpotential proportional (d/U = 0,3-3 nm/V) und wird durch die Durchbruchsspannung des Schichtmaterials ($1-5\cdot10^6$ V/cm) auf Werte von meist < 1µm begrenzt [2,4].

2.9 Elektrophorese

Kolloide durch Zerkleinern in einer Kugelmühle oder durch chemische Reaktion hergestellte Teilchen (Durchmesser 0,01-20 µm) werden in einer Flüssigkeit dispergiert, wobei sie aus dem Lösungsmittel Oberflächenladungen aufnehmen. Durch Anlegen einer Elektrodenspannung von 10-1000 V bewegen sie sich bei Stromstärken von einigen mA/cm^2 zum in das Bad getauchte Substrat, wo sie als loser Niederschlag, der nachfolgend getrocknet und durch Tempern verdichtet wird, abgeschieden werden.

2.10 CVD (chemical vapor deposition)

Die Chemische Gasphasenabscheidung ist ein chemischer Prozeß in der Gasphase nahe der Oberfläche der aufwachsenden Schicht, wobei eine oder mehrere flüchtige Verbindungen in einen festen Stoff, der sich als Schicht auf dem Substrat niederschlägt, und in flüchtige Nebenprodukte umgesetzt werden.

Je nach Betriebsdruck des Reaktors bei der Deposition spricht man von Normaldruck-CVD (APCVD = atmospheric pressure CVD) oder von Niederdruck-CVD (LPCVD = low pressure CVD).

Neben binären gasförmigen Verbindungen (Hydride, Chloride, Bromide u.a.) dienen auch metallorganische Verbindungen als Reaktanden (**MOCVD**).

Die chemische Reaktion kann zusätzlich durch ein Niederdruckplasma (**PECVD**), durch Licht (Photo-CVD), durch Teilchenstrahlen (Elektronen, Ionen, Gammastrahlen (Radiolyse) u.a.) oder akustische Wellen aktiviert werden. Dabei wird auch der chemische Reaktionsmechanismus, sowohl die Generation kondensierbarer Teilchen als auch die im Prozeß der Schichtbildung ablaufende Oberflächenreaktion, verändert (s. Abschnitt 3).

Auch Kombinationen, z.B., MO-PECVD oder die chemische Gasphasenabscheidung durch Reaktion von in einer Niederdruck-Mikrowellenentladung erzeugtem atomaren Wasserstoffs mit Monosilan:

$$SiH_4 + H \rightarrow SiH_3 + H_2$$

sind bekannt.

Entstehen in einer Niederdruckentladung aus polymerisierbaren Monomeren Radikale und Ionen, die organische oder anorganische Polymerisate auf dem Substrat bilden, so spricht man von *Plasmapolymerisation*. Plasmapolymerisate unterscheiden sich von PECVD-Schichten durch eine weniger starke Vernetzung und damit einen höheren Gehalt an Wasserstoff oder Halogenen.

2.11 Bedampfen (PVD - physical vapor deposition)

Das Bedampfen ist ein Vakuumbeschichtungsverfahren, bei dem durch Erhitzen des Schichtmaterials ein Dampfstrahl erzeugt wird und die erzeugten Dampfatome sich anschließend durch Kondensation auf dem Substrat und benachbarten Wänden als Schicht niederschlagen. Zum Erhitzen des Aufdampfmateriales (chemische Elemente, chemische Verbindungen (Oxide, Fluoride u.a. Halogenide, Sulfide, Selenide, Telluride, Verbindungshalbleiter $A^N B^{8-N}$ usw.) dienen widerstands- und induktionsgeheizte Verdampfer, Elektronenstrahlverdampfer, Laser- und Ionenstrahlen sowie Bogenentladungen. Elektronenstrahlverdampfer zeichnen sich durch eine hohe Leistungsdichte, durch Steuerung der Verdampfungsrate über die Stromdichte im Elektronenstrahl (bis 10 A/cm^2) und die Energie der Elektronen (5-20 keV) sowie durch lokale Erwärmung des Aufdampfmaterials und damit praktisch fehlender Reaktion mit dem Tiegelmaterial (Senkung der Verunreinigungen in der Schicht und Verdampfen hochschmelzender Metalle und Verbindungen) aus [2,4,6].

Einige Elemente wie Bi, C, P, As, Sb, S, Se, Te und eine begrenzte Anzahl ihrer Verbindungen bilden mehratomige Cluster in der Dampfphase. Verbindungen dissoziieren in der Regel beim Verdampfen. Eine Ausnahme bilden einfache Halogenide wie MgF_2, CaF_2, AlF_3, LaF_3, CeF_3, NdF_2, ThF_4, PbF_2 und einige Oxide wie B_2O_3, SiO, GeO, SnO, PbO [2,4].

Beim *reaktiven Verdampfen* (reactive evaporation) reagiert das verdampfte Material mit einem Gas im Reaktionsraum bei 10^{-2}-10^{-1} Pa. Wird das Reaktionsgas durch eine Gasentladung aktiviert spricht man von *aktiviertem reaktiven Verdampfen* (activated reactive evaporation, ARE).

2.12 Zerstäuben

Durch Wechselwirkung von in einer Niederdruckgasentladung erzeugten und im Dunkelraum vor der Kathode beschleunigten Ionen sowie von durch Umladungsstöße entstandenen schnellen Atomen werden Atome und Moleküle des Schichtmaterials aus einem auf der Kathode aufgebrachten Target emittiert. Die auf diese Weise abgestäubten Atome und Moleküle schlagen sich als Schicht auf den Elektroden- und Wandflächen nieder.

Auch das *Zerstäuben* kann reaktiv, d.h. unter Zusatz eines reaktiven Gases, das eine chemische Verbindung mit den zerstäubten Komponenten eingehen kann, ausgeführt werden.

2.13 Gasphasenepitaxie (VPE - vapor phase epitaxy)

Die Gasphasenepitaxie ist die Kondensation eines Stoffes, der in der Dampfphase vorliegt, bzw. die thermische Zersetzung einer gasförmigen Verbindung auf einem vorgegebenen einkristallinen Substrat. Es entsteht eine flächenhafte, einkristalline Schicht, deren Struktur durch die Kristallstruktur des Substrates bestimmt wird.

Zur Herstellung einkristalliner Schichten der Verbindungshalbleiter A^3B^5 und A^2B^6 kommen auch gasförmige und verdampfte flüssige metallorganische Verbindungen zum Einsatz (**MOVPE**).

Werden die Komponenten des aufwachsenden Kristalls durch Molekularstrahlen im Ultrahochvakuum zur Substratoberfläche transportiert spricht man von Molekularstrahlepitaxie (**MBE** - molecular beam epitaxy). Auf Grund der hohen Kosten dieses Verfahrens ist die Anwendung auf Solarzellen mit Konzentratoranordnung und Hochleistungszellen für die Raumfahrt beschränkt.

Die Sublimation (Verdampfen aus der festen Phase)-Kondensation im quasi-geschlossenen Raum (**CCS** = closed space sublimation) im Vakuum oder einer Schutzgasatmosphäre wurde ursprünglich als Verfahren zur Deposition von Epitaxieschichten mit hoher Reinheit und Perfektion entwickelt. Ein quasigeschlossener Raum wird durch ein Container mit heißeren Wänden, so daß die Wände die Gasmoleküle reflektieren, oder einem durch Sublimationsgut und Substrat abgeschlossenen Raum in einem Temperaturfeld realisiert. Eine Schutzgasatmosphäre regelt die Transportrate in der Dampfphase zum Substrat und beeinflußt damit die Schichtstruktur (Kristallinität, Korngröße). Das Verfahren zeichnet sich durch hohe Raten (bis einige mm/h) bei relativ geringen Substrattemperaturen (ca. 60-70% der Schmelztemperatur der Verbindung) aus und dient in der Photovoltaik der Deposition polykristalliner Schichten der Verbindungshalbleiter A^2B^6 auf Glassubstraten.

2.14 Flüssigphasenepitaxie (LPE - liquid phase epitaxy)

Bei der Flüssigphasenepitaxie erfolgt meist die Deposition der schwerer schmelzenden Komponenten aus der Schmelze bzw. den schmelzflüssigen Lösungen der bei der niedrigsten Temperatur schmelzenden. Die LPE ist wesentlich kostengünstiger als die VPE. Die Reproduzierbarkeit des Depositionsprozesses ist allerdings geringer, eine zusammenhängende Schicht wird erst bei größeren Schichtdicken als bei der VPE erreicht. Dieses Verfahren findet vor allem bei einfachen Schichtstrukturen der Verbindungshalbleiter A^3B^5 Anwendung.

Schichtstruktur und Schichteigenschaften werden wesentlich von den verwendeten Depositionstechniken beeinflußt. Von besonderer Bedeutung ist dabei der Energieeintrag auf die Oberfläche der aufwachsenden Schicht durch thermische Aktivierung und durch den Beschuß mit energiereichen Teilchen (Tab.2). Bei vorwiegend thermischer Aktivierung des Depositionsprozesses erfolgt die Ausbildung kristalliner Strukturen bei Substrattemperaturen größer als 35-40% der Schmelztemperatur des abzuscheidenden Materiales. Der Beschuß mit energiereichen Teilchen kann als Erhöhung der effektiven Substrattemperatur betrachtet werden [3].

3 Zerstäuben

3.1 Einleitung

Das Zerstäuben (Sputtern) stellt ein universelles Verfahren zur Deposition dünner Schichten dar, da die Erzeugung kondensierbarer Teilchen nicht durch thermische Aktivierung erfolgt. Folgende Vorteile dieses Depositionsverfahrens haben zu zahlreichen Anwendungsgebieten geführt:

- praktisch keine Begrenzung der Auswahl zu zerstäubender Materialien,
- relativ geringe thermische Belastung des Substrates, damit geringe Einschränkungen bei der Substratwahl,
- gute Haftfestigkeit und hohe Dichte der Schichten durch relativ hohe Energie auftreffender Teilchen (3-15 eV [1]),
- homogene Beschichtung mit hohen Raten auf großen Flächen realisierbar,
- für die Beschichtung von Formteilen und strukturierten Substraten ausreichende Tiefenstreuung,
- Kompabilität mit anderen Vakuumverfahren (in-situ Ionenätzen, Glimmreinigen u.a.).

3.2 Prozeßgaszusammensetzung

Als Arbeitsgas dient in der Regel Argon als kostengünstiges, leicht ionisierbares Gas mit ausreichend hoher Sputterausbeute. Beim reaktiven Zerstäuben häufig verwendete Gas-

Tab. 2: Zusammenhang zwischen der Aktivierung kondensierbarer Teilchen und der Schichtstruktur

Aktivie-rung	Transport kondensier-barer Teichen	Schichtstruktur
groß	Volumendiffusion	poly- und einkristalline Schichten
mittel	Oberflächendiffusion adsorbierter Teilchen	kolumnare (Säulen-)Struktur mit Korngrenzen
	mittlerer Diffusionsweg adsorbierter Teilchen $\approx$ charakt. Länge der Substratunebenheiten	säulenförmiges Gefüge in relativ dichter Matrix
klein	verschwindende Oberflächendiffusion adsorbierter Teilchen	sich mit der Schichtdicke verbreiternde säulenförmige Kristallite mit Mikroporen

zusätze sind O_2 (Oxide), N_2 oder NH_3 (Nitride), O_2/N_2 (Oxynitride), CH_4, C_2H_6 oder C_2H_4 (Karbide), SiH_4 (Silizide), H_2S (Sulfide), Se (Selenide), metallorganische Verbindungen (Verbindungshalbleiter A^3B^5 und A^2B^6), Hg (A^2B^6). Durch Stöße mit Argon chemisch aktivierte Restgasmoleküle werden wie auch die auftreffenden Argonionen in die Schicht eingebaut. Dadurch bedingt sind hohe Anforderungen an die Reinheit der Arbeitsgase und den Restgasgehalt im Reaktor.

3.3 Sputterausbeute

Die Sputterausbeute, d.h. die Anzahl der pro auftreffendem Ion emittierten Targetatome, ist abhängig von der Ladung der auftreffenden Teilchen, ihrer Energie und Masse, ihrem Einfallswinkel und dem Targetmaterial. Für Argonionen sind Tabellen in [1,4] zu finden. Eine umfangreiche grafische Zusammenstellung enthält [7]. Zum Zerstäuben muß die Energie der einfallenden Ionen einen Schwellwert von 20-40 eV überschreiten, das Maximum der auf die Ionenenergie bezogenen Sputterausbeute befindet sich im Bereich 200-500 eV [1]. Die Abhängigkeit der Sputterausbeute von Argon-Ionen vom Atomgewicht des Targetmaterials zeigt ein periodisches mit der Elektronenstruktur (dem Periodensystem der Elemente) korreliertes Verhalten. Allerdings variieren die Werte von der geringen Sputterausbeute des Graphit abgesehen nur um den Faktor 5 bis 7 [1,4]. Diese Abhängigkeit der Sputterausbeute vom Atomgewicht führt zur Anreicherung der schwächer zerstäubten Komponente an der Targetoberfläche von Legierungen und zu einer Veränderung der Sputterausbeute im Vergleich zur gewichteten Summe der Ausbeuten der Komponenten [4]. Beim Zerstäuben von Verbindungen können sowohl Moleküle der Verbindung und ihrer Bruchstücke als auch Atome entstehen. Der Anteil abgestäubter geladener Targetatome ist gering (0,01-5% bei Metallen für Primär-Ionen-Energien von 0,5-5 keV [19]).

3.4 Magnetronzerstäuben

Hohe Abscheideraten erfordern hohe Stromdichten bei Drücken < 1 Pa (mittlere freie Weglänge der abgestäubten Teilchen > Abstand Target-Substrat und somit geringe Streuung auf dem Weg zum Substrat) bei möglichst geringer Entladungsspannung (geringe Strahlenschäden). Diese Anforderungen erfüllen unselbständige Entladungen mit einer zusätzlichen Elektronenquelle, z.B. in Form einer Glühkathode, deren Standzeit in reaktiven Gasen begrenzt ist und die zu zusätzlichen Verunreinigungen in der Schicht führen kann, und magnetfeldgestützte selbständige Entladungen.

Das Magnetronzerstäuben ist eine technische Anwendung des Einflusses von Magnetfeldern auf die Elektronenbahnen im Niederdruckplasma. Bei Drücken < 1 Pa wird die mittlere freie Weglänge der Elektronen in der Entladung vergleichbar mit dem Elektrodenabstand, es steigt die Anzahl der Elektronen, die an der Kathode durch Ionenbeschuß generiert (Sekundärelektronen), strahlartig das Plasma stoßfrei durchqueren und an der Gegenelektrode mit dem Substrat, ohne durch Generation neuer Elektronen zum Plasmaerhalt beizutragen und oft Strahlenschäden in der Schicht erzeugend, verloren gehen. Das Anlegen eines homogenen Magnetfeldes $\mathbf{B}$ zwingt durch die Lorentz-Kraft

$$\mathbf{F} = q \cdot \mathbf{v x B}$$

die Elektronen auf eine kreisförmige Bahn mit dem Radius

$$r_c = m_e \cdot v/q \cdot B$$

und der Umlauffrequenz (Zyklotronfrequenz)

$$\Omega_c = e \cdot B/m_e \; .$$

Besitzt das Elektron eine Geschwindigkeitskomponente $v_{\parallel}$ parallel zum Magnetfeld, so beschreibt das Elektron eine Schraubenbahn, deren Achse mit $\mathbf{B}$ zusammenfällt. Ein homogenes Magnetfeld $\mathbf{B} \parallel \mathbf{E}$ bewirkt somit in einer Planardiode eine Erhöhung der Elektronendichte durch Verringerung der Elektronenverluste an den Elektrodenflächen und das Einfangen von zu den Wandflächen gestreuten Elektronen (Abb. 2a).

Für homogene Felder $\mathbf{B} \parallel \mathbf{E}$ wird die Schraubenbewegung von einer Driftbewegung mit der Geschwindigkeit

$$v_d = (\mathbf{E x B}) / B^2$$

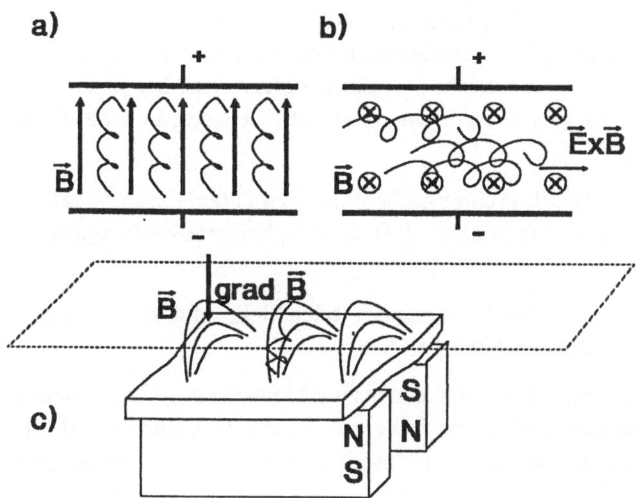

Abb. 2 Einfluß von Magnetfeldern auf die Elektronenbahnen in Niederdruckentladun-
gen (a) B∥E, (b) B⊥E, (c) Magnetron mit magnetischem Plasmaeinschluß

überlagert, so daß eine Zykloidenbahn entsteht. Der dabei entstehende **ExB**-Driftstrom
beträgt ein Vielfaches des Stromes durch die Entladung [6]. In einer Planardiode bildet
sich auf Grund der **ExB**-Drift ein der Zunahme der Elektronendichte entsprechender,
optisch sichtbarer Plasma"stau" aus (Abb. 2b). Die Ausbildung einer solchen inhomoge-
nen Elektronendichteverteilung wird vermieden, wenn der **ExB**-Driftweg, wie im
Magnetron mit elektrostatischem Plasmaeinschluß, geschlossen wird, wobei ein
geschlossenes Plasmaband

- um eine zylindrische Elektrode (Postmagnetron) oder
- um eine zweiseitig abgeflachte zylindrische Elektrode (Bandmagnetron) entsteht [4,6].

Magnetrons mit magnetischem Plasmaeinschluß besitzen hinter dem Target einen Spalt
zwischen Nord- und Südpol, so daß vor dem Target ein tunnelförmiges geschlossenes
Magnetfeld entsteht (Abb. 2c). In Bereichen mit **B** parallel zur Targetoberfläche werden
Elektronen durch die **ExB** Drift transportiert, in Bereichen grad **B**∥**B** werden sie reflek-
tiert. Es entsteht ein schlauchförmiges geschlossenes Plasmaband, das je nach Bauart des
Magnetrons verschiedene geometrischen Formen besitzt [4,6]:

- kreisförmig (Ringspalt-Planarmagnetron)
- rechteckig (Racetrack-Magnetron),

- in einer konischen Vertiefung (S-gun),
- über eine zylindrische Elektrode in Koaxialreaktoren.

Die Länge des magnetfeldgeführten Plasmabandes kann bei der Beschichtung großer ebener Flächen mehrere Meter betragen. Mit Leistungsdichten an der Kathode im Plasmabandbereich bis 200 W/cm^2 werden bei Stromdichten von einigen hundert mA/cm^2 Depositionsraten von einigen μm/min erreicht [4]. Ein Problem stellt bei hohen Leistungsdichten die Kühlung des Targets dar, da mehr als 95% der Leistung an der Kathode in Wärme umgesetzt wird [7].

Das schlauchförmige Plasmaband bedingt einen grabenförmigen Targetabtrag, so daß die Materialausnutzung des Targets allgemein gering ist (20-30%, bei Relativbewegung der Magnetfeldanordnung bis 50%).

Magnetfelder im Magnetron werden durch Permanent- oder Elektromagneten erzeugt. Die magnetische Flußdichte beträgt 5-100 mT [4,6].

Auf Grund der Einfachheit der Leistungszufuhr kommt zum Magnetronzerstäuben leitfähiger Schichten meist der Gleichspannungsbetrieb zum Einsatz. Der Betrieb mit HF-Spannung hat auch halbleitende und nichtleitende Materialien dem Verfahren zugänglich gemacht.

4 Chemische Gasphasenabscheidung

Dem gegenwärtigen Stand der Technik entsprechend haben auf Grund

- geringer Prozeßtemperaturen,

- der Trennung von Reaktandenquelle und Reaktionszone,

- der technischen Beherrschbarkeit der Regelung von Gasströmen,

- der Nutzbarkeit der Reaktandenquelle über einen längeren Zeitraum

Verfahren der chemischen Gasphasenabscheidung (CVD) eine breite Anwendung gefunden. Hohe Anschaffungs- und Betriebskosten der technologischen Ausrüstungen für die CVD sind allerdings auch ein Nachteil beim gegenwärtigen Produktionsvolumen von Solarzellen.

4.1 Thermische CVD

Dem Reaktionsraum, der sich unter Normaldruck (AP), reduziertem Druck von 1-3·10^4 Pa (RP) oder Niederdruck von 10-250 Pa (LP) befindet, werden thermische Energie und die Reaktanden (bei Normaldruck auf < 1% in N$_2$ verdünnt) zugeführt. Durch homogene Gasphasenreaktion entstehen Precursormoleküle für die Schichtbildung aber auch pulverförmige Reaktionsprodukte, die die Schichtqualität vermindern. Die Bildung der

Schicht erfolgt durch heterogene Reaktion auf der Substratoberfläche. Die Depositionsbedingungen werden so gewählt, daß die Pulverbildung durch homogene Gasphasenreaktion vernachlässigt werden kann. Folgende Reaktionstypen werden unterschieden [4,6]:

- Thermische Zersetzung (Pyrolyse):

$$SiH_4 \xrightarrow{580\text{-}650°C,LP} pc\text{-}Si + 2\,H_2.$$

Neben Hydriden werden Chloride, Iodide, Karbonyle und metallorganische Verbindungen wie z.B., $Si(OC_2H_5)$ zur Deposition von SiO_2-Schichten, verwendet.

- Reduktion:

$$SiCl_4 + 2\,H_2 \xrightarrow{1100\text{-}1280°C,AP,RP} c\text{-}Si + 4\,HCl.$$

Analoge Reaktionen dienen der Deposition von Al, Ta, Cr, Ni, Rhe, W, Mo, Nb, B u.a.. Durch Reduktion von Chloriden erzeugte W-, Ni- und Rhe-Schichten mit dendritischer poröser Struktur werden als selektive Absorber für die solarthermische Energieumwandlung angewendet.

- Oxydation:

$$SiH_4 + O_2 \xrightarrow{350\text{-}450°C,AP} SiO_2 + 2\,H_2.$$

Analog erfolgt die Deposition von Al_2O_3-, SnO_2-, ZnO-, TiO_2-, PSG- und BPSG (Borphosphorsilikatglas) -Schichten, wobei auch die Hydrolyse von Chloriden zur Anwendung kommt, z.B.,

$$TiCl_4 + 2\,H_2O \xrightarrow{130\text{-}150°C,\ AP} TiO_2 + 4\,HCl.$$

Die Oxydation von Chloriden erfordert höhere Temperaturen als die von Hydriden. Einige metallorganische Verbindungen lassen sich schon bei niedrigen Temperaturen oxydieren, z.B., $Al(CH_3)_3$ bei 570°C im Niederdruckreaktor [6].

- Ammonolyse:

$$3\,SiH_2Cl_2 + 4\,NH_3 \xrightarrow{750\text{-}900°C,LP} Si_3N_4 + 6\,HCl + 6\,H_2.$$

Der CVD-Prozeß läßt sich mit den Gesetzen der Thermodynamik und der Reaktionskinetik beschreiben. Die Thermodynamik bestimmt die Durchführbarkeit eines Prozesses und den möglichen Endzustand im chemischen Gleichgewicht ausgehend von der Minimalisierung der totalen freien Enthalpie (der Gibbs'schen freien Energie). Reaktionskinetische Betrachtungen bestimmen den limitierenden Prozeß beim Massentransport und kinetische Beschränkungen des Reaktionsablaufes.

Der Massentransport wird durch eine Reihe dimensionsloser gaskinetischer und reaktionskinetischer Parameter bestimmt, die aus der Lösung der entsprechenden Transportgleichungen resultieren und die als Ähnlichkeitskriterien für die Aufskalierung dienen können [6].

Stark vereinfachend benutzen wir in dieser Arbeit zur Systematisierung der Depositionsbedingungen die Prozeßgaszusammensetzung, den Druck als bestimmende Größe für

Gasfluß, Wärme- und Massentransfer und die Energieaufnahme der schichtbildenden Teilchen, charakterisiert durch die mittlere Verweilzeit in der Reaktionszone und die Substrattemperatur.

Tabelle 3 zeigt eine Auswahl von Depositionsparametern für CVD- und PECVD-Hochrateschichten (Rate $\geq$ 50 nm/min).

Tab. 3 Depositionsparameter für die Hochraten-CVD

Verfahren	Material	Reaktanden	Reakt.-verhält.	p (Pa), T (°C)	Verweilzeit1(s)	Rate(nm/min)
APCVD	c-Si	$SiHCl_3/H_2$		10^5, 1135		5000
	pc-Si	$SiHCl_2/H_2$, $SiCl_4/H_2$		10^5, 1200		$2\text{-}5 \cdot 10^3$
	$a\text{-}SiO_2\text{:}H$	$TEOS/O_2$	0,2-0,4	10^5, 700-800		50-200
	$a\text{-}SiO_2\text{:}H$	TEOS O_3/O_2	0,01-0,04	10^5, 300-500		100-250
	$a\text{-}SiO_2\text{:}H$	O_2/SiH_4	6-150	10^5, 350-450	0,2-3	600-900
LPCVD	$a\text{-}SiO_2\text{:}H$	O_2/SiH_4	1,5	45-60, 400	0,38-0,5	200-400
	W	WF_6/SiH_4	1-5	23-36,		
		WF_6/H_2	0,01-0,25	23-36,		
	W	$WF_6/$		19-43,		
		$SiCl_2\,H_2$	0,03	450-650	0,05	200-400
	W(selek.)	WF_6/H_2	0,01	13-26,		
	WSix	$WF_6/$		20-45,		
		$SiH_2\,Cl_2$	0,03	450-650	0,1-0,15	200-400
PECVD	a-Si:H	SiH_4		5-160, 200-300	10-3-0,1	10-400
	c-Si	AsH_3/SiH_4	$10^{-6}\text{-}10^{-4}$	0,8; 750-800	2,2.10-3	65-70
	$a\text{-}SiN_x\text{:}H$	SiH_4/N_2	0,01-0,04	260-670, 260-400	0,05	120-380
	$a\text{-}SiO_2\text{:}H$	$SiH_4/N_2\,O$	0,01-0,04	215-320, 350-400	0,002- 0,05	150-540
	$a\text{-}SiO_2\text{:}H$	$TEOS/O_2$	0,05	266, 400	0,022	200

[1] Bei der PECVD Produkt aus HF-Leistungsdichte und Verweilzeit in Ws/cm^2

4.2 Plasma-CVD

Kondensierbare Teilchen werden im Niederdruckplasma durch Elektronenstoß (Primär-reaktion), z.B. durch Dissoziation

$$SiH_4 + e^- \rightarrow SiH_n (n \leq 3) + a\,H + \text{ß}\,H_2 + e^-$$

oder dissoziative Ionisation

$$SiH_4 + e^- \rightarrow SiH_n^{\;+} (n \leq 3) + a\,H + \text{ß}\,H_2 + 2e^-,$$

erzeugt. Die durch Elektronenstoß entstandenen Radikale und Ionen reagieren weiterhin in Radikal-Molekül-, Radikal-Radikal-, Ionen-Molekül- und Ionen-Radikal-Reaktionen miteinander (Sekundärreaktion), wobei sowohl Precursor-Moleküle zur Schichtbildung als auch störende Partikel entstehen können. Da diese Prozesse auch bei niedrigen Gastemperaturen ablaufen, kann die Substrattemperatur ausgehend von den gewünschten Schichteigenschaften (z.B. Einbau von in den Reaktanden enthaltenen Komponenten (Wasserstoff, Chlor, Kohlenstoff u.a.) durch die Oberflächenreaktion) optimiert werden. Eine Auswahl von Primär- und Sekundärreaktionen für das SiH_4-Molekül enthält [1]. Besonderheiten der PECVD im Vergleich mit der CVD zeigt Tabelle 4.

Tab. 4   Vergleich der CVD und der PECVD

	CVD	PECVD
Aktivierung der chem. Reaktion	thermisch	Elektronenstoß
Substratbeschuß	möglich	vorhanden
Energie auftreffender Teichen	klein	kann hoch (>100eV) sein
Bereiche der Reaktionszone	1. Gebiete erzwun-gener Konvektion 2. diffusionsbe-stimmte Gebiete	1. Plasmavolumen 2. Raumladungszone
Schichtzusammensetzung	nahezu stöchiome-trisch	variabel

Da die Substrattemperatur bei der PECVD nur die Schichtbildung auf der Substratoberfläche charakterisiert, würde in Tabelle 3 als Maß für die Energieaufnahme der Teilchen in der Gasphase das Produkt aus HF-Leistungsdichte und Verweilzeit zwischen den Elektroden angegeben.

Wegen der Pulverbildung durch Plasmapolymerisation sind die Depositionsparameter nicht unabhängig voneinander wählbar. So sollte, z.B., zur Hochratedeposition von a-Si:H Druck, HF-Leistungsdichte und Verweilzeit in erster Näherung der Bedingung $P''_{HF} \cdot t_V < 8 \cdot 10^{-5} \, p^{3/2} \, \mathrm{Ws/cm^2 \, Pa^{3/2}}$ genügen.

Ausblick

Solarstrom ist derzeit nur mit Subventionen bezahlbar. Ein Grund hierfür ist das Fehlen ausgereifter Technologien der Beschichtung großer Flächen in Massenproduktionsanlagen. Solarzellen aus a-Si:H sind beim gegenwärtigen Entwicklungsstand der lichtinduzierten Degradation unterworfen. Da diese in sehr dünnen a-Si:H-Solarzellen wesentlich geringer ist, ist im Bereich der lokalen Energieversorgung der Einsatz in Tandemzellen zur Absorption des kurzwelligen Lichtanteils möglich. Schmaler-bandige Halbleiter, z.B. $CuInSe_2$, erfordern ein Wechsel des Depositionsverfahrens. Die großflächigen Kontakte der Zellenbeschaltung sollten kostengünstig und zuverlässig sein. Die Solarzellentechnologie muß daher lernen, die unterschiedlichsten Depositionsverfahren in einem Fertigungszyklus zu vereinen.

Literatur

[1] Schade, K., Suchaneck, G., Tiller, H.-J.: Plasmatechnik - Anwendung in der Elektronik. Verlag Technik, Berlin, 1990

[2] Chopra, L.K., Das, S.R.: Thin film solar cells. Plenum Press, N.-Y. - London, 1983

[3] Zarowin, C.B.: A theory of plasma-assisted transport processes. J. Appl. Phys. 57 (1985)3.- S.929-942

[4] Haefner, R.A.: Oberflächen- und Dünnschichttechnologie. Teil I: Beschichtungen von Oberflächen. Springer, Berlin-Heidelberg, 1987 Teil II: Oberflächenmodifikation durch Teilchen und Quanten. Springer, Berlin-Heidelberg, 1991

[5] Pitt, K.E.G.: Dickfilmtechnik. Franzis-Verlag, München, 1983

[6] Thin film processes II./Eds. J.L. Vossen, W. Kern. Academic Press, London, 1991

[7] Sputtering by particle bombardment I./Ed. R. Behrisch, Topics in Applied Physics, Vol. 47. Springer, Berlin-Heidelberg, 1981

Theoretische Simulationen
von Halbleiterstrukturen

T. Frauenheim, P. Blaudeck, E. Fromm
Technische Universität Chemnitz, Fachbereich Physik
Lehrstuhl für Theoretische Physik I + II
Postfach 964, 09009 Chemnitz

Einleitung

Theoretische Simulationen von kristallinen und amorphen Halbleiterstrukturen werden nicht zum Selbstzweck durchgeführt. Gemeinsam mit experimentellen Untersuchungen bilden sie die notwendige Voraussetzung für ein grundlegendes physikalisches Verständnis von Strukturbildungsprozessen, der Stabilität sowie Struktur/Eigenschaftskorrelationen dieser Materialien auf mikroskopischem, d. h. molekularem Niveau.

Die Grundvoraussetzung für die durchzuführenden Computersimulationen mittels der Monte Carlo (MC)- und Molekulardynamik (MD)- Methoden für endliche Temperaturen bildet eine möglichst genaue Kenntnis der Gesamtenergie der Struktur bzw. der chemischen Bindungs- und Repulsionskräfte zwischen den Atomen als Funktion der Koordinaten aller Atome. Diese können entweder mittels klassischer empirischer Potentialmodelle oder über quantenmechanische Methoden im Rahmen des Dichtefunktional-Formalismus in Lokaler-Dichte-Näherung (LDA) berechnet werden.

1 Motivation, Zielstellung

Ausgangspunkt für alle Arbeiten zur Struktursimulation von amorphen Halbleitern ist der Wunsch, die physikalischen Eigenschaften dieser Substanzen konsistent auf der Grundlage der atomaren Struktur zu erklären. Da aus der großen Vielzahl experimenteller Analysemethoden nur strukturgemittelte bzw. indirekte Aussagen über short range order (sro), medium range order (mro) sowie Clustereffekte und Atomverteilungen abgeleitet werden können, schlug Zachariasen (*J. Am. Chem. Soc.* 54 (1932), 3841) vor, sich die kovalenten amorphen Strukturen als kontinuierliche Zufallsnetzwerke vorzustellen, um so ihren atomaren Aufbau in Korrelation der theoretisch berechneten zu den experimentellen physikalischen Eigenschaften anhand von Strukturmodellen besser zu verstehen. Seit dieser Zeit entstanden bis heute für die unterschiedlichsten Materialien auf der Grundlage verschiedener Methoden energetisch relaxierte Modellstrukturen, die gegenwärtig mit folgenden Zielstellungen untersucht werden:

* Grundlegendes Strukturverständnis der physikalischen Eigenschaften amorpher Halbleiter auf mikroskopischem, d. h. molekularem Niveau.

* Untersuchung der Stabilität und physikalischer Eigenschaften von Mikroclustern, kleinsten (Nano-) Kristalliten sowie Makromolekülen und Fullerenen, z.B. C_{60}.

* Optimierung der Stabilität und Dotierbarkeit (Effizienz) amorpher Halbleiter durch Minimierung lokalisierter elektronischer Defekte mit dem Ziel der Unterdrückung des Staebler-Wronski-Effekts.

* Bandgap Engineering: Suche nach stabilen Halbleitermischstrukturen (einschließlich Hydrogenierung) mit definiert einstellbarer defektfreier elektronischer Energielücke.

* Untersuchung grundlegender Mechanismen des Kristall- und Schichtwachstums.

2 Methoden der Computersimulation

Nach der Vorgabe bestimmter Randbedingungen für die zu erzeugende Struktur

* Dichte
* Komposition (Zusammensetzung)
* Temperatur-Zeit-Verlauf der Abkühlung
* Endtemperatur

besteht das prinzipielle Ziel der Computersimulationen darin, eine realistische Gleichgewichtsstruktur aufzufinden, die einer Konfiguration

* minimaler Verzerrungsenergie bzw.
* maximaler Bindungsenergie

entspricht. Die beiden prinzipiellen Möglichkeiten, dies auf unterschiedlichem Weg praktisch zu realisieren, bestehen in der Durchführung von Monte Carlo-Simulationen und Molekulardynamik-Rechnungen für endliche Temperaturen. Als unabdingbare Voraussetzung für solche Rechnungen muß eine möglichst genaue Kenntnis der Gesamtenergie der jeweiligen Struktur als Funktion der Koordinaten aller Atome vorliegen

$$E_{tot}\left(R_1, R_2, ..., R_N\right) \quad , \tag{1}$$

aus der man die in der Molekulardynamik wirkenden Kräfte durch Gradientenbildung an den jeweiligen Atomorten erhält

$$F_1 = -\frac{\partial E_{tot}}{\partial R_1} \quad . \tag{2}$$

Diese Energien zu berechnen, stehen uns zwei unterschiedliche theoretische Konzepte zur Verfügung; ein klassisches, basierend auf der Konstruktion empirischer Modellpotentiale und ein quantenmechanisches auf der Grundlage der Dichtefunktional-Theorie. Beide werden im Abschnitt 3 noch ausführlich erläutert. Um den unverantwortlich hohen Rechenaufwand, der bei Simulationen von sehr (unendlich-) ausgedehnten Strukturen entstehen würde, zu reduzieren, beschränken sich alle Rechnungen zu amorphen Halbleitern auf die realistische Simulation der Struktur einer amorphen Grundzelle (50....500 Atome). Diese wird dann mit dem Ziel, ein ausgedehntes Material zu beschreiben, periodisch fortgesetzt.

2.1 Monte Carlo-Simulated Annealing (MC-SA)

Die entscheidende quantitative physikalische Größe für die Realisierbarkeit einer Struktur bei vorliegenden Randbedingungen ist in diesem Verfahren die Gesamtenergie selbst. Das Schema des Metropolis-Algorithmus (N. Metropolis u. a. *J. Chem. Phys.* <u>21</u> (1953), 1087) ist im nachfolgenden Flußbild dargestellt.

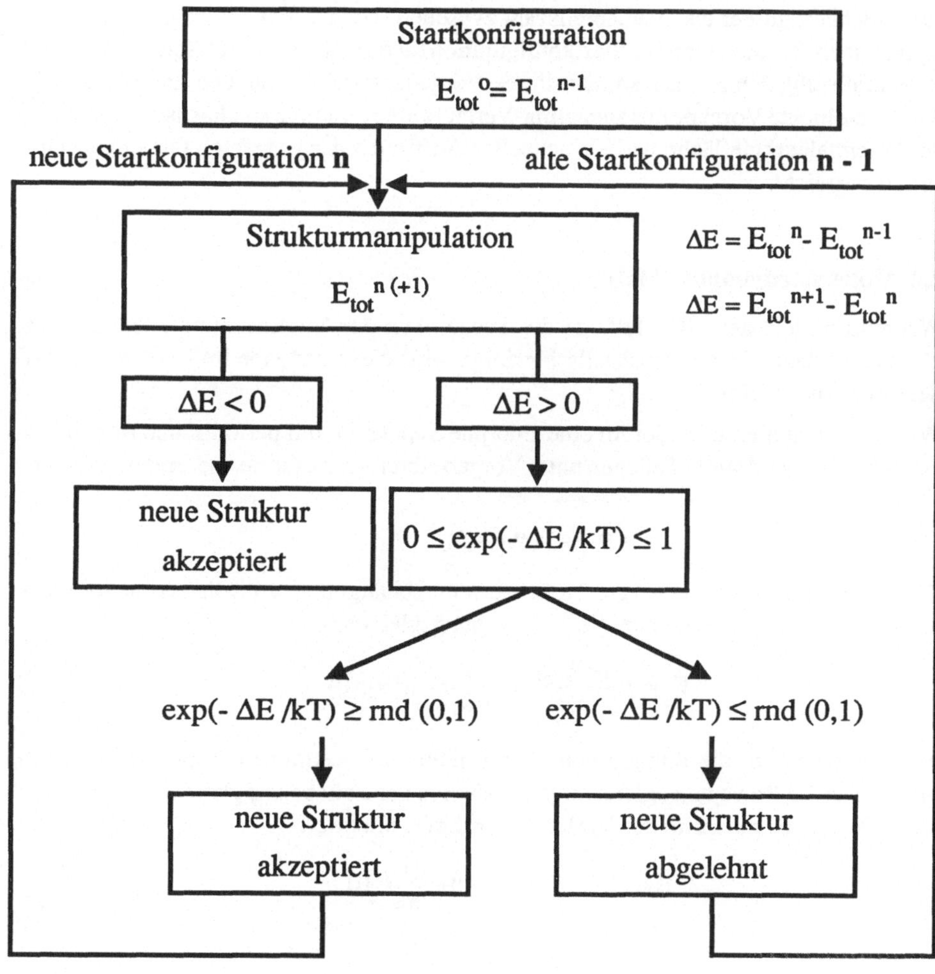

Dabei beginnt die Rechnung mit der Wahl einer zufällig vorgegebenen Startkonfiguration, z. B. einem Hartkugelgas mit definierter Dichte, Zusammensetzung und maximalen Nächsten-Nachbar-Abständen, deren Gesamtenergie nach Berechnung entsprechend Abschnitt 3 bekannt ist. Die Struktur wird nun schrittweise nach einem vorgegebenen Schema manipuliert. Wir nehmen hier an, daß diese Manipulationen durch eine stochastische Verschiebung aller Atome unter Wahrung gewisser minimaler Abstände erreicht werden. Die Energie der neu erzeugten Struktur kann hiernach wiederum berechnet werden. Ist nun, nach einem Vergleich der Energien der alten mit der aktuellen Struktur, die aktuelle Struktur energetisch günstiger, dann wird diese als neue Startkonfiguration akzeptiert und der nächste Monte Carlo-Schritt eingeleitet. Ist die neu erzeugte Struktur dagegen energetisch ungünstiger, dann wird sie nicht a priori verworfen, sondern sie wird unter Berücksichtigung einer auch für Herstellungsprozesse charakteristischen realistischen Temperatur mit einer Boltzmann-Wahrscheinlichkeit gewichtet. Ist diese Wahrscheinlichkeit größer als eine Zufallszahl zwischen 0 und 1, dann wird die energetisch ungünstigere Struktur als neue Startkonfiguration für den nächsten MC-Schritt akzeptiert, andernfalls abgelehnt. Im Rahmen dieses Vorgehens (MC-simulated annealing) wird durch geschickte Vorgabe des annealing-Verlaufs eine effektive stochastische Abtastung der Potentialenergiefläche und ein schnelles Auffinden der gesuchten Gleichgewichtsstruktur erreicht.

2.2 Molekulardynamik (MD)

Während mittels der MC-Methode die Suche nach der Minimalenergiekonfiguration eines amorphen Clusters stochastisch erfolgt, wird diese Aufgabe im Rahmen der MD deterministisch gelöst.

Wir betrachten hierzu wiederum eine amorphe Superzelle mit periodischen Randbedingungen, bestehend aus N Teilchen unter Vorgabe ihrer Anfangsorte und -impulse zur Zeit $t = 0$

$$\{R_i(t{=}0), P_i(t{=}0)\}. \tag{3}$$

Die Kenntnis der Gesamtenergie der Struktur in Abhängigkeit von allen Atomkoordinaten vorausgesetzt, müssen nun die N Bewegungsgleichungen

$$F_l = m_l \frac{\partial^2 R_l(t)}{\partial t^2} = - \frac{\partial}{\partial R_l} E_{tot}(\{R_i(t)\}) \tag{4}$$

gelöst werden, um die Bahnkurven aller Teilchen zu bestimmen. Dies wird möglich, indem man die Bewegungsgleichungen bezüglich der Zeitabhängigkeit diskretisiert und numerisch, z. B. mit Hilfe des Verlet-Algorithmus integriert

$$R_l(t{+}h) = R_l(t) + h v_l(t) + \frac{h^2}{2m_l} F_l(t)$$

$$v_l(t{+}h) = v_l(t) + \frac{h}{2m_l}(F_l(t{+}h) - F_l(t)) \ . \tag{5}$$

Hieraus folgen schließlich die Phasenraumbahnen aller N Teilchen

$$\{R_i(t), P_i(t)\}. \tag{6}$$

Starten wir unsere Rechnung mit dem oben erwähnten Hartkugelgas, dann besitzt die zugehörige Struktur eine für kovalente Systeme sehr hohe potentielle Energie, die im MD-Simulationsprozeß in kinetische Energie umgewandelt wird

$$W^{pot} \overset{MD}{\rightarrow} W^{kin}. \tag{7}$$

Dabei kann dem System nach dem Gleichverteilungssatz eine mittlere thermische Energie von

$$\sum_l \frac{m_l}{2} v_l^2 = \frac{3}{2} NkT \tag{8}$$

und dementsprechend auch eine Temperatur zugeordnet werden, die realistische Werte im allgemeinen weit übersteigt ($2 * 10^4$ K).

Die Relaxation in einen Gleichgewichtszustand für die amorphe Struktur erfolgt nun in 4 Stufen in folgender zeitlichen Reihenfolge:

1) Equilibrierung der realistischen Ausgangskonfiguration für hohe Temperaturen in der flüssigen Phase. Um statistisch verläßliche Informationen über die physikalischen Eigenschaften der Struktur zu erhalten, muß diese aus unserem zufällig gewählten Anfangszustand (z. B. dem Hartkugelgas) in einem 1. Schritt in einen Gleichgewichtszustand relaxiert werden, der einer physikalisch realistischen Ausgangsstruktur entspricht, wobei die Erhaltungssätze der klassischen Mechanik für ein abgeschlossenes System gelten und das Vielfachtheorem erfüllt wird.

Dies erreicht man, indem man dem System durch Skalierung der Geschwindigkeiten aller Atome in diskreten Zeitschritten solange kinetische Energie entzieht, bis sich die Temperatur um die Starttemperatur stabilisiert.

$$t_1 = 10^{-14} \text{ s}$$

2) In einem ersten Gleichgewichtslauf (konstante mittlere Temperatur) läßt man das System sich nun in der flüssigen Phase zeitlich entwickeln, um alle Freiheitsgrade für Elementaranregungen des Systems in der dynamischen strukturellen Relaxation zu berücksichtigen.

$$t_2 = 10^{-13} \text{ s}$$

3) Im nun folgenden eigentlichen Equilibrierungslauf wird das System durch schrittweise Skalierung der Teilchengeschwindigkeiten auf die gewünschte Endtemperatur des amorphen Zustandes abgekühlt (besser: "abgeschreckt"), $T \rightarrow T_{amorph}$; $\Delta T = 10^{16}$ K/s.

Dadurch wird der Bewegungsraum für die Atome in der sehr komplizierten Gesamtpotentialenergie-Landschaft der miteinander wechselwirkenden Atome immer weiter eingeschränkt, bis die Atome in einer metastabilen Struktur hängen bleiben (einfrieren).

4) In einem nachfolgenden 2. Gleichgewichtslauf für $T = T_{amorph}$ zur Bestimmung der Bahnkurven $\{R_i(t)\}$ der N Teilchen im metastabilen Bindungsverband können nun die mikrokanonischen Enseblemittelwerte der für das System charakteristischen physikalischen Größen auf Grund der Ergodizität des Systems über die Zeitmittelwerte im MD-Lauf berechnet werden.

$$\langle A \rangle_{N,V,E=konst.} = \overline{A}^{\,t} \tag{9}$$

$$t_4 = 10^{-13} \text{ s} \; .$$

Vergleicht man noch einmal beide Simulationsmethoden zusammenfassend, so ist, wenn überhaupt, nur über die MD der Einfluß von Prozeßparametern der Abscheidung auf die sich ausbildende Struktur beschreibbar (realistische Prozeßtemperatur, Druck, Entwicklungszeit, Abkühlrate).

Während in der MC-Methode nur die Endstruktur physikalisch relevant ist und zur weiteren Auswertung zur Verfügung steht (Strukturstatistik, Diffraktionsdaten, elektronische Zustandsdichte), können mittels MD-Simulationen auch die dynamischen Eigenschaften der Struktur (z. B. die Schwingungsspektren oder Diffusionsprozesse) untersucht werden.

Aus einem Vergleich der theoretisch berechneten Daten mit experimentellen Resultaten erhält man als sehr wichtiges Ergebnis ein fundierteres Strukturverständnis der physikalischen Eigenschaften auf atomarer bzw. molekularer Grundlage.

3 Klassische und quantenmechanische Konzepte

Für die Berechnung der Gesamtenergie einer Struktur in Abhängigkeit von den Koordinaten aller Atome existieren zwei unterschiedliche theoretische Zugänge, ein klassischer, basierend auf der Konstruktion empirischer Modellpotentiale, und ein quantenmechanischer auf der Grundlage der Dichtefunktional-Theorie.

3.1 Empirische interatomare Potentiale

Den Ausgangspunkt für die Konstruktion empirischer Potentiale bildet im allgemeinen eine Entwicklung der potentiellen Gesamtenergie des Systems nach Beiträgen, die von der wachsenden Zahl der miteinander wechselwirkenden Teilchen abhängen.

$$E_{tot}(\{R_i\}) = \sum_i^N V_1(R_i) + \sum_i^N \sum_{<j}^N V_2(R_i,R_j) \tag{10}$$

$$+ \sum_i^N \sum_{<j}^N \sum_{<k}^N V_3(R_i,R_j,R_k) + ...$$

Der erste Summand in dieser Entwicklung ist dabei für uns uninteressant; er beschreibt die Wechselwirkung jedes Teilchens mit einem äußeren Feld. V_2 ist der sogenannte Zwei-

Teilchen-Beitrag, auch als Paarpotential bezeichnet.

Paarpotentiale (z.B. Lennard-Jones-und Morsepotentiale) liefern eine gute Beschreibung der Struktur in metallischen, dichtgepackten Systemen mit maximaler nächster Nachbarkoordination. Der dritte Summand, V_3, schließlich ist unverzichtbar bei der Beschreibung kovalenter Strukturen.

Drei-Teilchen-Potentiale sind notwendig für die korrekte Erfassung gerichteter Bindungen; sie stabilisieren im Gegensatz zu V_2 mehr "offene" Systeme.

Für die Konstruktion interatomarer Potentiale unter Einbeziehung der Drei-Teilchen-WW existieren zwei unterschiedliche Konzepte:

Das Verzerrungsenergiekonzept und das Bindungsenergiekonzept, für die hier einige grundlegende Arbeiten erwähnt seien:

Verzerrungsenergiekonzept	Bindungsenergiekonzept
P.N. Keating, *Phys. Rev. B* <u>145</u> (1966), 637	F.H. Stillinger, A.T. Weber *Phys. Rev. B* <u>31</u> (1985) 5262 R. Biswas, D.R. Hamann, *Phys. Rev. B* <u>36</u> (1987), 6434 J. Tersoff, *Phys. Rev. B* <u>37</u> (1988), 6991 und <u>38</u> (1988), 9902

Während das Keating-Potential den Energieverlust einer leicht gestörten Struktur – die Verzerrungsenergie – gegenüber einer idealen Kristallstruktur beschreibt, sind die Bindungsenergie-Potentiale den Erfordernissen der energetischen Beschreibung amorpher Systeme mit teilweise erheblichen Störungen in der lokalen Struktur besser angepaßt.

Sie erlauben außerdem auf der Grundlage einer realistischen Erfassung der interatomaren Bindungskräfte die Gleichgewichts-Minimalenergiekonfiguration einer amorphen bulk-Struktur mit molekulardynamischen Methoden aufzufinden.

3.2 Das Keating-Potential

$$V_{KP} = \frac{3}{16} \frac{\alpha}{d^2} \sum_{l,i} \left(r_{li}^2 - d^2 \right)^2 \tag{11}$$

$$+ \frac{3}{8} \frac{\beta}{d^2} \sum_{l,i,j} \left(r_{li}\, r_{lj} - d^2 \cos\theta \right)^2$$

ist ein Maß für die Verzerrungsenergie ($V_{KP} > 0$) einer Struktur, in der die Bindungslängen und Bindungswinkel gegenüber einer idealen unverzerrten Struktur ($V_{KP}=0$) abweichen. α, β -Kraftkonstanten für die Bindungslängen- und Bindungswinkeldeformation (bestimmbar in Anpassung an elastische Konstanten des Kristalls) d, Θ -Gleichgewichts-Bindungslänge bzw. -Winkel der ungestörten Kristallstruktur r_{li} -Differenzvektor der Position des l-ten Atoms und seiner i kovalent gebundenen Nachbarn. Dieser Potentialansatz hat sich vor allem bei der Berechnung elastischer Eigenschaften und von Phononenspektren in Materialien mit Diamantstruktur bewährt. Ebenfalls wurde er benutzt, um ideal tetraedrisch koordinierte Zufallsnetzwerke in Anwendung auf die Charakterisierung von amorphen Siliciumstrukturen zu erzeugen, F. Wooten, D. Weaire (1987) *Sol. St. Phys.* 40.

3.3 Das Tersoff-Potential

als Vertreter des Bindungsenergiekonzeptes schließlich versucht in realistischer Weise die koordinationsabhängigen Bindungskräfte zwischen den Atomen für weite Bereiche von Bindungsgeometrien zu modellieren. Die Gesamtenergie des Systems wird hierfür als Summe von Paarbindungsbeiträgen V_{ij} aufgeschrieben.

$$E = \sum_i E_i = \frac{1}{2} \sum_{i \neq j} V_{ij}. \tag{12}$$

Die Paarbindungs-Energien können durch folgenden Ausdruck dargestellt werden

$$V_{ij} = f_c(r_{ij}) \left[a_{ij} f_R(r_{ij}) + b_{ij} f_A(r_{ij}) \right]. \tag{13}$$

Hierbei sind

$$f_R(r) = A e^{-\lambda_1 r} \qquad \text{ein repulsives Paarpotential}$$

$$f_A(r) = -B e^{-\lambda_2 r} \qquad \text{ein attraktives Paarpotential}$$

so daß $f_R + f_A$ einem Morsepotential entspricht, dessen Potentialminimum die Bindungslänge und die Bindungsenergie bestimmt.

$$\begin{aligned} f_c(r) &= \frac{1}{2} - \frac{1}{2}\sin\left(\frac{\pi}{2}\left(\frac{r\text{-}R}{D}\right)\right) & \text{für } R\text{-}D < r < R\text{+}D \\ &= 1 & \text{für } r \leq R\text{-}D \\ &= 0 & \text{für } r \geq R\text{+}D \end{aligned} \tag{14}$$

ist eine glatte Abschneidefunktion, die zur Erleichterung der Numerik die Reichweite des Potentials einschränkt.

Der Faktor a_{ij} wurde in den bisherigen Tersoff-Arbeiten gleich "Eins" gesetzt, und b_{ij} repräsentiert ein Maß für die koordinationsabhängige Bindungsstärke, die die Lage und Tiefe des Potentialminimums steuert. Der Ansatz für b_{ij} wurde dabei so gewählt, daß die für verschiedene Koordinationen bestimmten Bindungsenergien und Bindungslängen quantitativ korrekt reproduziert werden,

$$b_{ij} = \left(1+b^n \xi_{ij}^n\right)^{-\frac{1}{2n}}, \quad b_{ij} \le 1. \tag{15}$$

In diesem Ausdruck ist ξ_{ij} die eigentlich interessante Größe. Sie charakterisiert die effektive Koordination eines Atoms,

$$\xi_{ij} = \sum_{k \ne i,j} f_c(r_{ik}) \, g(\theta_{ijk}) \quad , \tag{16}$$

in der der Einfluß der nächsten Nachbar-Umgebung der Atome i und j (Abstände und Winkellage) auf die Bindungsstärke i-j berücksichtigt wird. Für Si und C wird $\lambda_3 = 0$ gesetzt und

$$g(\theta_{ijk}) = 1 + \frac{c^2}{d^2} - \frac{c^2}{d^2 + (h - \cos\,\theta_{ijk})^2} \tag{17}$$

enthält die Winkelabhängigkeit der Bindungsbeiträge, mit h als dem Kosinus des optimalen Winkels für die stärkste Bindung; es gilt $g(\theta_{ijk}) \ge 1$. Tersoff gibt für dieses Potential in Anwendung auf die Simulation von amorphen Silicium- und Kohlenstoff-Strukturen je 12 bzw. 11 empirische Parameter an.

Während die parametrisierten empirischen Potentialansätze vor allem zur Beschreibung der physikalischen Eigenschaften von kristallinen und amorphen bulk-Strukturen erfolgreich eingesetzt werden (Stillinger, Weber (1985); Tersoff (1988); Wooten, Weaire (1985))

    * Interpretation von experimentellen Streudaten
    * Beschreibung der Gitterdynamik,

versagen sie jedoch in einer realistischen Wiedergabe der chemischen Bindungsverhältnisse in endlichen Clustern, Molekülen und an Oberflächen. Sehr intensive Versuche in verschiedenen Forschungsinstituten, diesen Mangel der empirischen Potentialkonzepte zu beheben (D.W. Brenner, *Phys. Rev. B*, 42 (1990), 9458) zeigen, daß die gegenüber der Beschreibung von bulk-Strukturen zusätzlich zu fordernden Randbedingungen (korrekte Reproduktion von Mikroclustern, Molekülen, Oberflächen) die Anzahl der anzupassenden empirischen Parameter stark erhöht und eine eindeutige, physikalisch interpretierbare Wahl der Parameter im allgemeinen nicht möglich ist.

Die Probleme der Anwendbarkeit empirischer Potentiale werden noch klarer sichtbar, wenn man versucht, andere Atomsorten in die Struktur einzubeziehen und ihren Einfluß auf die Stabilität einer Struktur zu untersuchen (wie z. B. den Wasserstoff, der durch Absättigung von freien Bindungen die Struktur stabilisieren kann). Für eine realistische Beschreibung der Stabilität komplexer amorpher Strukturen sowie ihrer physikalischen Eigenschaften versagt demnach das empirische Potentialkonzept. Das heißt, der komplizierte quantenmechanische Charakter der elektronischen Bindungskräfte in komplexen amorphen Halbleiter-Mischstrukturen ist nicht im Rahmen einfacher eindeutiger empirischer Potentiale faßbar.

3.4 Quantenmechanische Methoden

Es ist prinzipiell möglich, ein beliebiges System von Atomen in verschiedenen Näherungen komplett quantenmechanisch zu beschreiben. Genaue selbstkonsistente Berechnungen des Vielelektronensystems, aus denen sich auch die für die dynamische Strukturmodellierung benötigten interatomaren Kräfte herleiten lassen, sind mit der heute verfügbaren Computertechnik jedoch nur für Strukturen mit sehr geringer Atomzahl durchführbar.

Ein Beispiel für die selbstkonsistente Behandlung des Gesamtsystems der Elektronen ist die Methode von R. Car und M. Parinello, *Phys. Rev. Lett.* 55 (1985), 2471, bei der jeder elektronische Eigenzustand im Rahmen der Näherung lokaler Dichte durch Linearkombination von sehr vielen ebenen Wellen aufgebaut wird. Durch gleichzeitige Lösung der Bewegungsgleichungen für die Atomkerne und das Elektronensystem kann der Zeitablauf des Gesamtsystems simuliert werden. Mit dieser Methode sind bisher Systeme bis zu einer Größe von ca. 60 Atomen pro Superzelle untersucht worden. Eine solch geringe Anzahl von Atomen ist jedoch für sehr viele Anwendungen der Molekulardynamik zur Beschreibung realistischer Strukturen nicht ausreichend.

Deshalb ist eine Entwicklung von geeigneten Näherungsverfahren von besonderem Interesse. Diese Näherungen müssen einerseits den Einsatz der Methode für die zu untersuchenden Strukturen mit mehr als 100 Atomen zulassen, und andererseits in ihrer Qualität so gut sein, daß alle bekannten Strukturen

- Mikrocluster
- Moleküle unter Einbeziehung von Wasserstoff
- Kristalle und Oberflächen
- amorphe bulk-Materialien

in ihrer Geometrie und Bindungsenergie ausreichend genau reproduziert werden.

Der Kern eines solchen Näherungsverfahrens ist die Idee von G. Seifert und R.O. Jones, *Z. f. Physik D* (1991), nach der der elektronische Gesamtzustand mit Hilfe einer beschränkten lokalen Basis von atomaren Valenzelektronen-Zuständen beschrieben wird. Diese Methode kann vereinfacht durch die folgenden Schritte charakterisiert werde:

1. Nichtrelativistische selbstkonsistente Bestimmung der effektiven Einelektronen-Potentiale und der elektronischen Eigenfunktionen der isolierten Atome in der Näherung lokaler Dichte unter Berücksichtigung eines lokalen Austausch- und Korrelationspotentials nach L. Hedin und B. I. Lundqvist, *J. Phys. C* 4, 2064 (1971).

2. Entwicklung des Gesamt-Elektronenzustandes als Linearkombination atomarer Valenzelektronen-Orbitale

$$\psi(\mathbf{r}) = \sum_\mu C_\mu \phi_\mu(\mathbf{r}\text{-}\mathbf{R}_j) \tag{18}$$

und Berechnung der Hamilton- und Überlappungs-Matrixelemente für den vielatomigen Cluster.

3. Bestimmung der Eigenwerte und Eigenvektoren des Elektronensystems

$$\sum_\mu C_\mu (h_{\mu\nu} - \varepsilon S_{\mu\nu}) = 0. \tag{19}$$

unter Vernachlässigung von Austausch und Korrelation zwischen Elektronen an unterschiedlichen Atomarten.

4. Genäherte Berechnung der Gesamtenergie als Summe über die Energien der besetzten Einelektronen-Zustände sowie einem zusätzlichen kurzreichweitigen Anteil, in dem alle anderen bisher nicht berücksichtigten und sich stark kompensierenden Beiträge (elektrostatische Kern-Kern-Wechselwirkung, Wechselwirkung der Elektronen an unterschiedliche Atomorten) enthalten sind.

$$E_{tot}(\{R_l\}) = \sum_i n_i \varepsilon_i(\{R_k\}) + \sum_{l<}\sum_k E_{rep}(\{R_e - R_k\}) \tag{20}$$

5. Berechnung der daraus resultierenden interatomaren Kräfte (4) unter Zuhilfenahme einer Modifizierung des Hellmann-Feynman-Theorems (H. Hellmann, *"Einführung in die Quantenchemie"*, Franz-Deutsch-Verlag, Leipzig 1937, und R. T. Feynman, *Phys. Rev.* 56 (1939), 340) für den elektronischen Anteil.

$$F_l = \sum_i n_i \sum_\mu \sum_\nu c_\mu^i c_\nu^i \left[-\frac{\partial h_{\mu\nu}}{\partial R_l} + \varepsilon_i \frac{\partial S_{\mu\nu}}{\partial R_l} \right] - \frac{\partial E_{rep}}{\partial R_l} \tag{21}$$

4 Ergebnisse

Eine Übersicht von Resultaten zur Computersimulation von amorphen Halbleitern und Wachstumsprozessen an kristallinen Halbleiter-Substratoberflächen mittels quantenmechanischer Ab-initio-Zugänge ist in folgenden Veröffentlichungen enthalten:

a - Si: R. Car, M. Parinello, Phys. Rev. B 60, 204 (1988)

a - C: G. Galli, R. M. Martin u. a., Phys. Rev. Lett. 62, 555 und Phys. Rev. B 42, 7470 (1989)

a - SiC: F. Finocchi, G. Galli, u. a., J. Non-Cryst. Sol. 137 &138 (1991)

a - C:H: P. Blaudeck, Th. Frauenheim u. a. J. Phys. Cond. Matter 4 (1992), 6389 und Th. Frauenheim, P. Blaudeck, J. Appl. Surf. Sci. 60/61 (1992), 281

Diese und andere amorphe Halbleitersysteme werden gegenwärtig vor allem im Hinblick auf Stabilität ihrer strukturellen und elektronischen Eigenschaften sehr intensiv mittels Molekulardynamik-Methoden untersucht.

Teil 3
Zelltypen

Polykristalline Dünnfilmsolarzellen

F. H. Karg
Siemens AG, Zentrale Forschung und Entwicklung
Domagkstraße 11
80807 München

Zusammenfassung

Dünnfilmsolarzellen auf der Basis polykristalliner Halbleiter bieten gute Chancen, die Kosten zur Herstellung von stabilen und hocheffizienten Solarmodulen deutlich zu senken. Am aussichtsreichsten erscheinen aus heutiger Sicht zwei Materialoptionen: Dünnfilmsilicium (auf Fremdsubstraten) sowie Chalkopyritverbindungen wie z.B. $CuInSe_2$ (CIS) und $CuGaSe_2$ (CGS).

Auf der Basis von CIS werden derzeit die höchsten Wirkungsgrade bei Dünnfilmsolarzellen erreicht: 14% bei kleinen Laborzellen, 10% bei 0.4 m2 großen, serienverschalteten Modulen. Die Zellen erwiesen sich über einen bislang drei Jahre dauernden Feldtest als stabil. Forschungsschwerpunkt bei dieser Materialklasse liegt in einem tieferen Verständnis der Herstellungsprozesse und der Defektstruktur.

Siliciumfilme von 60-100 µm Dicke auf Graphit- bzw. Keramiksubstraten erreichten 9% bzw. 15% Wirkungsgrad. Zur Absorption wären bei entsprechender Lichtfallengeometrie 20-30 µm ausreichend, was den Materialverbrauch gegenüber herkömmlichen Dickfilmzellen um eine Größenordnung reduzieren würde. Silicium-Filme dieser geringen Dicke zeigten bislang jedoch noch ungenügende Materialqualität (Korngröße).

1 Einleitung

Solarzellen auf der Basis von Silicium wurden 1990 weltweit im Umfang von 44 MW hergestellt [1]. 2/3 des Gesamtmarktes entfallen auf kristalline Module, deren Einsatzgebiet bei dezentralen Stromversorgungseinrichtungen an Stellen ohne konventionelle Energieinfrastruktur liegt. Amorphe Siliciumsolarmodule werden bislang bevorzugt für Kleinanwendungen (Taschenrechner, Armbanduhren) eingesetzt.

Um größere Anwendungsfelder für die Photovoltaik zu erschließen, müssen die Installationskosten, die zu 2/3 durch die Solarmodule bestimmt werden, deutlich gesenkt werden. Als Ziel gelten Modulkosten von 2 DM/Wp bei einem Wirkungsgrad von 15% (derzeit 10 DM/Wp und 13%.).

Die beiden wesentlichen Kostenfaktoren eines herkömmlichen Solarmoduls aus kristallinem Silicium sind Waferherstellung und elektrische Verdrahtung. Relativ kleine Leistungseinheiten von ca. 1 W eines Silicium-Wafers müssen hier zu 50-100 W Modulen verschaltet werden. Im Gegensatz dazu können in der Dünnfilmtechnik in einem Prozeßschritt großflächige Substrate von 0.1 bis 1 m^2 und entsprechenden Leistungseinheiten von 10-50 W beschichtet werden.

"Dünnfilm"-Technik basiert auf Schichtdicken im Mikrometerbereich. Die vollständige Absorption des sichtbaren Spektralanteils innerhalb dieser geringen Dicken erfordert Materialien mit Absorptionskonstanten über 10^4 cm^{-1}. Bei Halbleitern mit direktem Bandabstand wird diese Anforderung erfüllt. Hier liegen die Absorptionskonstanten im Maximum des AM 1.5 Sonnenspektrums um mindestens eine Zehnerpotenz über der eines Halbleiters mit indirektem Bandabstand wie Silicium (Abb. 1). So genügt beispielsweise ein nur 1 μm dicker $CuInSe_2$ Absorber um 80% des theoretisch möglichen Spektralanteils der Sonne zu absorbieren. An Silicium wäre vergleichsweise 50 μm erforderlich.

Die aus physikalischen Gründen nötige Dicke für Solarzellen aus kristallinem Silicium ist zwar deutlich höher als bei typischen Dünnfilmmaterialien. Andererseits liegen diese 50 μm auch nahezu eine Größenordnung unter den heute aus Gründen der mechanischen Stabilität verwendeten Waferdicken von 400 μm. Bei einer Trennung von mechanischem Träger und Halbleiter, d.h. einer Beschichtung von dünnen Siliciumfilmen auf einem geeigneten Substrat könnte Halbleitermaterial gespart werden.

Geringe Schichtdicken sind noch aus einem weiteren Grund wünschenswert: Mit der Schichtdicke fällt die für effiziente Solarzellen nötige Korngröße. In Dünnfilmtechnik

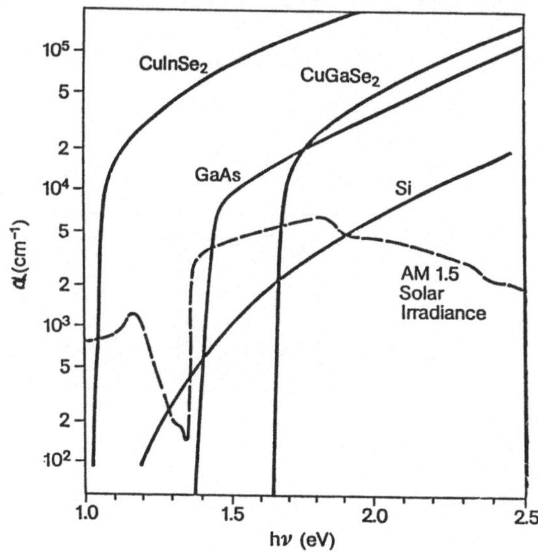

Abb. 1

Absorptionskonstanten verschiedener Halbleitermaterialien im Bereich maximaler Strahlungsintensität des Sonnenspektrums

können deshalb auch bei niedrigen Prozeßtemperaturen hergestellte, relativ kleinkörnige Materialien eingesetzt werden, insbesondere dann, wenn sich die Korngrenzen durch eine Nachbehandlung passivieren lassen.

Die Auswahl der für die Photovoltaik interessanten Halbleiter beschränkt sich auf solche mit einem Bandabstand zwischen 0.9 bis 1.8 eV [2]. Typische Halbleiter der Elektronik wie Si und GaAs liegen zwar im Wirkungsgrad gut über 20% und damit bereits relativ nahe an der theoretischen Grenze von 30%. Ihre Ausführung in Form hochreiner, einkristalliner und damit teurer Scheiben beschränkt diese Technologie jedoch nahezu ausschließlich auf Spezialanwendungen. Für einen breiten terrestrischen Einsatz wesentlich aussichtsreicher erscheinen Halbleiter, die sich auch als Dünnfilm mit Großflächenverfahren herstellen lassen wie z.B. $CuInSe_2$, CdTe oder amorphe Legierungen. Deren Wirkungsgrad liegt bei kleinen Laborzellen zwischen 12% und 14%. Er sollte auf 17-18% verbessert werden, um in der Fertigung Module mit 15% Wirkungsgrad zu liefern.

Zusammenfassend erscheinen zwei Entwicklungslinien aus heutiger Sicht am aussichtsreichsten um die genannten Kostenziele zu erreichen: 1.Chalkopyritverbindungen wie $CuInSe_2$ auf Glassubstraten und 2. Silicium auf Keramik- oder Graphitsubstraten. Beide Optionen werden im folgenden vorgestellt, sowohl hinsichtlich ihrer Herstellverfahren als auch ihrer derzeitigen Entwicklungsschwerpunkte.

2 Zellenstrukturen

Die wesentlichen Elemente einer Dünnfilmsolarzelle bestehen aus einem p/n Übergang zwischen Absorber- und Fenstermaterial und einer metallischen Rückelektrode. Die der Lichteintrittsseite zugewandte "Fenster"-Komponente des p/n Übergangs wird bei stark

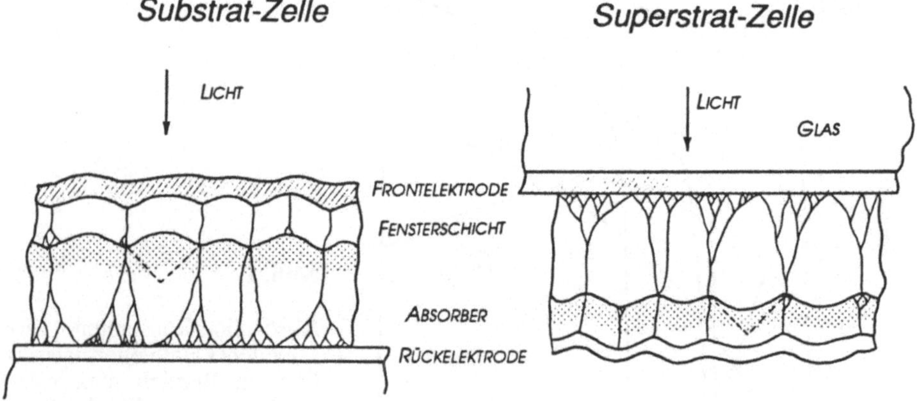

Abb. 2 Die beiden komplementären Konzepte zum Aufbau einer polykristallinen Dünnfilmsolarzelle

absorbierenden Materialien aus einem Material mit höherem Bandabstand gebildet, um die optische Absorption in Oberflächennähe zu reduzieren. Je nach Lichteinfallsrichtung wird die Struktur als Superstrat- oder Substrat-Zelle bezeichnet (Abb. 2). Obwohl problematischer in der Herstellung, ist die Superstratkonfiguration in jedem Fall vorzuziehen, da hier die Zelle auf der Lichteintrittsseite bereits gegen Umwelteinflüsse geschützt ist.

Beim nichtepitaktischen Aufwachsen von Halbleiterfilmen wird sich, wie in Abb. 2 gezeigt, kleinkörniges, defektreiches Material an der Substrat-Halbleitergrenzfläche bilden. Abhängig von der Prozeßtemperatur wächst aus diesen Keimlingen nach einer bestimmten Minimalschichtdicke das gewünschte großkörnige Material mit einer Korngröße über 1 µm.

Im Unterschied zur herkömmlichen Verdrahtung von Silicium-Wafern können Dünnfilmzellen integriert verschaltet werden: Im Anschluß an einzelne Beschichtungsschritte auf der Gesamtfläche werden a) die Rückelektrode b) die Zelle und c) die Frontelektrode in Längstreifen unterteilt. Werden die drei Schnitte relativ zueinander seitlich versetzt, bildet sich eine elektrische Verbindung zwischen Front- und Rückelektrode benachbarter Zellen (Abb. 3). Die einzelnen Schnitte können am einfachsten durch mechanische Ritzverfahren, wesentlich präziser jedoch durch Laserbearbeitung realisiert werden. Dadurch reduziert sich der Flächenverlust durch die Serienverschaltung auf wenige Prozent.

Superstrat-Konfiguration

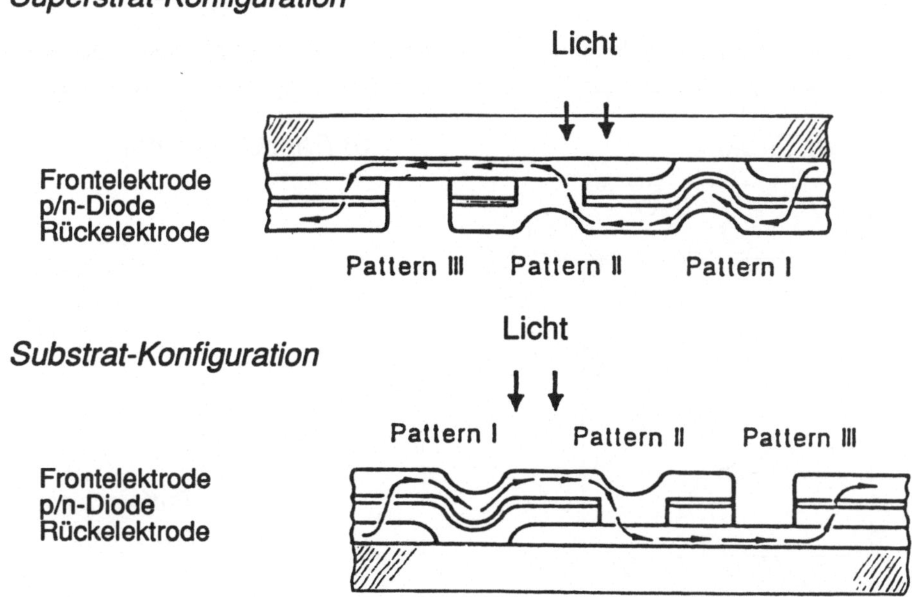

Abb. 3 Serienverschaltung von Dünnfilmsolarzellen in Superstrat- bzw. Substratkonfiguration

3 Chalkopyritsolarzellen

Drei Chalkopyritverbindungen (oder I-III-VI Halbleiter) erscheinen vom Bandabstand sehr interessant für Photovoltaikanwendungen: $CuInSe_2$ ($E_g = 1.0eV$), $CuInS_2$ ($E_g = 1.5eV$) und $CuGaSe_2$ ($E_g = 1.7eV$). Sollte sich die Photovoltaik zu einer wichtigen Energiequelle weiterentwickeln, steigt der Materialverbrauch relativ seltener Elemente wie Indium und Gallium um mehrere Größenordnungen. Es ist deshalb vorab zu klären, ob dadurch dieser Technologie enge Wachstumsgrenzen auferlegt werden.

Als kritisches Element gilt beispielsweise Indium, dessen jährliche Fördermenge von 142 t (1985) weltweit in der Tat sehr gering ist. Die geschätzten Vorräte von Indium sind jedoch durchaus vergleichbar mit denjenigen von Silber, dessen Förderung bei 8500 t/a liegt. Eine CIS Solarzelle heutiger Technik benötigt ca. 2 g/m^2 Indium oder umgerechnet 20 g/kW bei 10 % Solarzellenwirkungsgrad. Somit könnten mit der heutigen Fördermenge 7 GW an CIS Solarzellen jährlich hergestellt werden, bei Erhöhung der Indiumfördermenge auf den Wert von Silber entsprechend 425 GW/a. Diesen Umfang würde die gesamte Photovoltaikproduktion unter Beibehaltung derzeitiger Wachstumsraten (ca 25% jährlich) und einer heutigen Basis von 40 MW jedoch erst in 22 Jahren (7 GW) bzw. 40 Jahren (425 GW) erreichen. Die Ressourcenfrage bei Chalkopyritsolarzellen stellt sich also nur dann, wenn technische Weiterentwicklungen ausbleiben sollten und Photovoltaik auf der Basis heutiger Zellentechnologie zur wesentlichen Energiequelle werden sollte.

Die am weitesten entwickelte polykristalline Dünnfilmzelle auf Chalkopyritbasis setzt sich aus einem p-leitenden $CuInSe_2$-Absorber in Verbindung mit einer n-leitenden ZnO

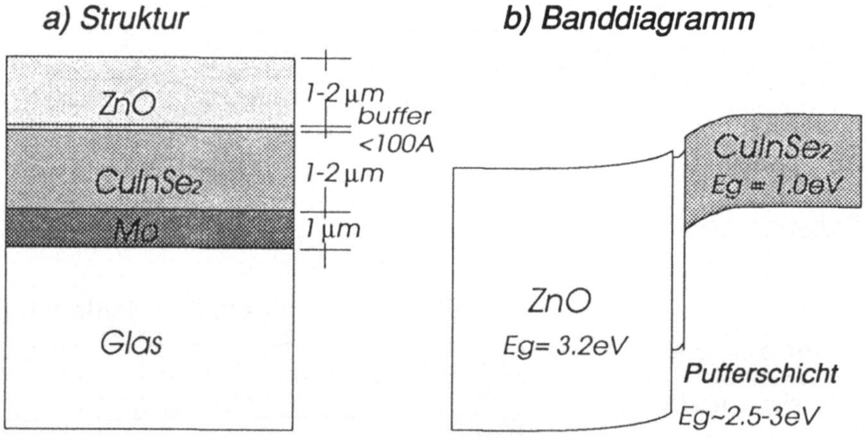

Abb. 4 Aufbau und Banddiagramm einer CIS Dünnfilmzelle mit dünner CdS Pufferschicht zwischen $CuInSe_2$ Absorber und ZnO Frontelektrode

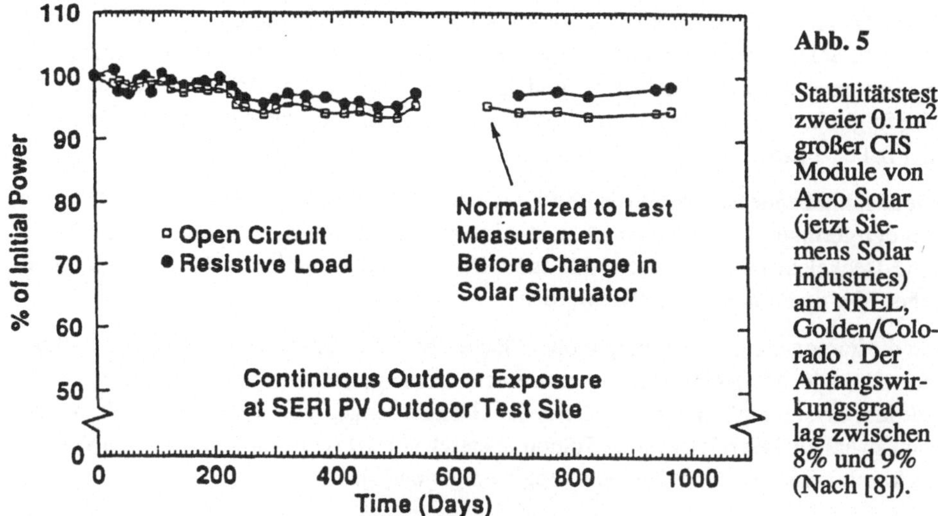

Abb. 5

Stabilitätstest zweier $0.1 m^2$ großer CIS Module von Arco Solar (jetzt Siemens Solar Industries) am NREL, Golden/Colorado. Der Anfangswirkungsgrad lag zwischen 8% und 9% (Nach [8]).

Fensterschicht (3.3 eV Bandabstand) als transparente Frontelektrode zusammen. Höhere Wirkungsgrade und verbesserte Reproduzierbarkeit werden durch Einfügen einer dünnen, ca. 10 nm dicken Passivierungsschicht aus undotiertem CdS zwischen p- und n-Schicht erreicht. Die Rückelektrode besteht aus einer ca. 1 µm dicken Molybdänschicht.

Abb. 4 zeigt schematisch die komplette Zellenstruktur und ein aus reinen Materialparametern abgeleitetes Banddiagramm. Mit dieser Zellenstruktur wurden die bislang höchsten Wirkungsgrade bei Dünnfilmsolarzellen erzielt: 14% auf einer 4 cm^2 Laborzelle [4] und 10% bei einem 0.4 m^2 großen, serienverschaltetem Modul [5]. Solarmodule dieses Typs erweisen sich im bisherigen, sich über drei Jahre erstreckenden Feldtest als stabil (Abb. 5).

Zur Weiterentwicklung der Zelle werden grundlegende Untersuchungen über die wichtigsten Verlustmechanismen und Rekombinationspfade angestellt. Insbesondere ist zu klären, wodurch die Leerlaufspannung auf derzeit 500 mV begrenzt wird. Dunkelkennlinien von CIS Solarzellen von über 12% Wirkungsgrad lassen sich durch zwei parallel geschaltete Dioden beschreiben (Abb. 6). Die zweite Diode repräsentiert den Einfluß der Korngrenzen, der sich diesen Ergebnissen zufolge erst unterhalb von 200 K bemerkbar macht. Darüber ist der Transport bestimmt durch Rekombination in der Raumladungszone [6]. Unklar ist jedoch nach wie vor, ob die dominanten Rekombinationzentren an Korngrenzen oder im Volumenmaterial sitzen.

Zahlreiche Herstellungsverfahren für Chalkopyrithalbleiter wurden bislang untersucht. Sie lassen sich nach ein- bzw. zweistufigen Prozessen unterteilen. In der einstufigen Variante werden Cu und In im richtigen Verhältnis 1:1 unter Selenüberschuß auf ein beheiztes Substrat gedampft. Bei Substrattemperaturen ab 400 °C bildet sich ein CIS-Film mit einer Korngröße bis zu 1 µm.

Beim Zweistufenprozeß wird hingegen ein kaltes Substrat sequentiell mit Kupfer, Indium und evtl. Selen beschichtet und anschließend in Inertgas oder selenhaltiger Atmosphäre bei Temperaturen zwischen 400 °C und 450 °C getempert. Bei diesen Temperaturen läßt sich folglich noch Fensterglas als Substrat einsetzen. Korngröße wie Schichtdicke liegen hier bei ca 1 µm.

Die anschließende Deposition der Pufferschicht erfolgt durch Sputtern oder Aufdampfen. Bei der geringen Dicke ist jedoch auch eine naßchemische Abscheidung möglich. Die ZnO-Deckelektrode kann entweder durch Sputtern oder durch CVD aus metallorganischen Verbindungen hergestellt werden.

Für die homogene Beschichtung großer Flächen bietet der Zweistufenprozeß wesentliche Vorteile. Die Abscheideraten der einzelnen Elemente müssen nicht simultan geregelt werden, es ist lediglich das Verhältnis der Gesamtmengen von Kupfer und Indium konstant zu halten. Der relativ breite Toleranzbereich von 10% im Kupfer zu Indium Verhältnis kommt einer Großflächentechnologie entgegen [7].

Wichtigste derzeitige Entwicklungsaufgabe auf dem Weg zur Fertigung besteht in einer Erhöhung der Reproduzierbarkeit aller Verfahrensschritte. Voraussetzung hierfür sind grundlegende Arbeiten zum Mechanismus der Keimbildung und des Kornwachstums während der Selenisierung.

Ein weiteres wichtiges Entwicklungsthema ist die Herstellung von Chalkopyritverbindungen mit höherem Bandabstand wie beispielsweise $CuInS_2$ oder $CuGaSe_2$. Die Kombination zweier Chalkopyritsolarzellen mit unterschiedlichem Bandabstand zu einer Tandemzelle läßt sehr hohe Wirkungsgrade von über 20% erwarten. Ein Beispiel hierfür ist in Abb. 7 dargestellt.

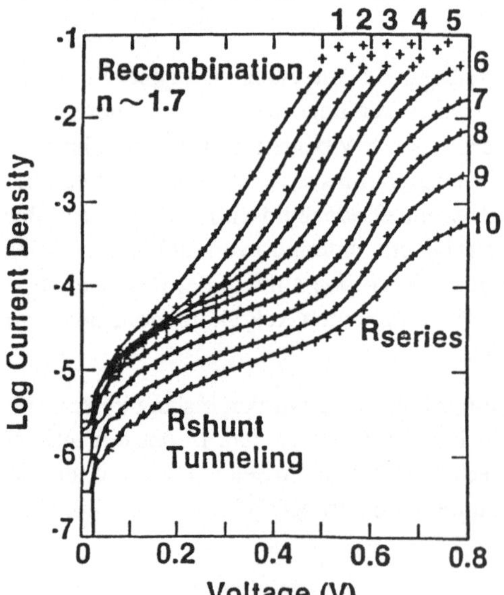

Abb. 6
Dunkelkennlinie einer CIS-Solarzelle für Temperaturen zwischen 100K und 300K. Unterhalb von 200K wird die Kennlinie durch die Parallelschaltung zweier Dioden mit unterschiedlichem Diodenfaktor beschrieben [6].
Temperaturen:
1 = 303 K, 2 = 279 K, 3 = 258 K,
4 = 235 K, 5 = 214 K, 6 = 191K,
7 = 165 K, 8 = 144 K, 9 = 123 K,
10 = 101 K, + = modellierte Werte

I: Semitransparente Frontzelle (Superstrat-Konfiguration)

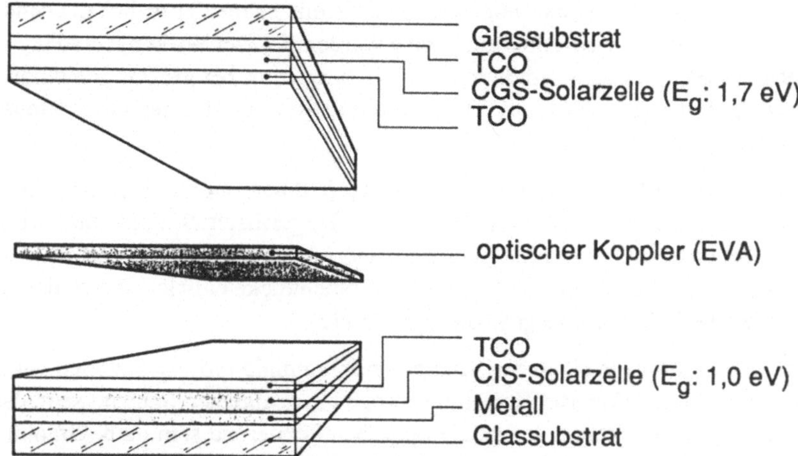

II: Streuende Rückzelle (Substrat-Konfiguration)

Abb. 7 Tandemzelle bestehend aus einer blauempfindlichen Frontzelle auf der Basis eines $CuGaSe_2$-Absorbers und einer rotempfindlichen Rückseitenzelle mit einem $CuInSe_2$-Absorber

4 Silicium auf Fremdsubstraten

Silicium ist heute Basismaterial nicht nur der gesamten Elektronik, sondern auch der Photovoltaik. Es ist so gut untersucht wie kein anderes Halbleitermaterial, besitzt in der heutigen Dickfilmausführung jedoch zahlreiche Nachteile für eine Großflächenelektronik. Die nötige Kostenreduktion bei Solarmodulen auf kristalliner Siliciumbasis könnte dann erfolgen, wenn es gelingt, die Vorteile der Dünnschichttechnik – wie geringer Materialverbrauch, Großflächenbeschichtung und integrierte Serienverschaltung – auf dieses Material zu übertragen. Hierzu ist es erforderlich, dünne Siliciumfilme nichtepitaktisch auf billigen Fremdsubstraten aufzuwachsen. Dies wird seit mehreren Jahren an verschieden Stellen untersucht. Im wesentlichen wurde hierbei Graphit und Keramik als Substrat herangezogen. Die Verwendung von Glassubstraten scheiterte bislang an den zu hohen Prozeßtemperaturen.

Zur Absorption von Sonnenlicht genügen selbst von dem schwach absorbierenden Silicium Materialdicken von 40-50 µm. Bei einer effizienten Lichteinkopplung und -streuung sowie einem Reflektor auf der Rückseite der Zelle zur Verlängerung des optischen Weges (Lichtfallengeometrie) kann die Schichtdicke weiter bis auf 20-30 µm reduziert werden (Abb. 8). Der Kurzschlußstrom fällt dabei zwar geringfügig, dieser fallende Trend wird jedoch durch die ansteigende Trägerkonzentration und damit der Leerlaufspannung aufgefangen.

Ungelöst bei dieser Technik ist nach wie vor die Herstellung dünner, ca 20-30 µm dicker Filme in genügender Materialqualität. Siliciumfilme mit einer Dicke von 60-100 µm, also deutlich über dem theoretischen Optimum, waren an der Universität Innsbruck notwendig, um ausreichende Qualität für Solarzellen zu erhalten. Sie wurden mittels CVD bei ca. 1200 °C auf Graphitsubstraten abgeschieden, die mit einem 20 µm dicken hochdotierten, rekristallisierten Silicium-Film beschichtet wurden [9]. Der Wirkungsgrad lag bei maximal 9%. Höhere Wirkungsgrade von 15.7%, wiederum bei großen Schichtdicken von 100 µm, lieferten Siliciumfilme auf Keramiksubstraten, die aus einer Zinnschmelze abgeschieden wurden [10].

Die für ein echtes "Dünn"-Filmkonzept nötige Reduzierung der Schichtdicke erfordert eine besser definierte Keimvorgabe auf dem Trägermaterial. Andernfalls bildet sich unmittelbar an der Substrat-Halbleitergrenzfläche kleinkörniges Material mit kurzer Diffusionslänge. Erst überhalb einer kritischen Schichtdicke entwickelt sich daraus die für hocheffiziente Zellen nötige grobkörnige Struktur.

Entscheidend für die Weiterentwicklung von Siliciumdünnfilmsolarzellen wird demzufolge die Bildung definierter Keimlinge auf einem geeigneten Substrat sein, das zudem zur Bildung der Lichtfallengeometrie optisch reflektierend sein muß. Graphit ist auch unter diesem Gesichtspunkt der geeignete Kandidat.

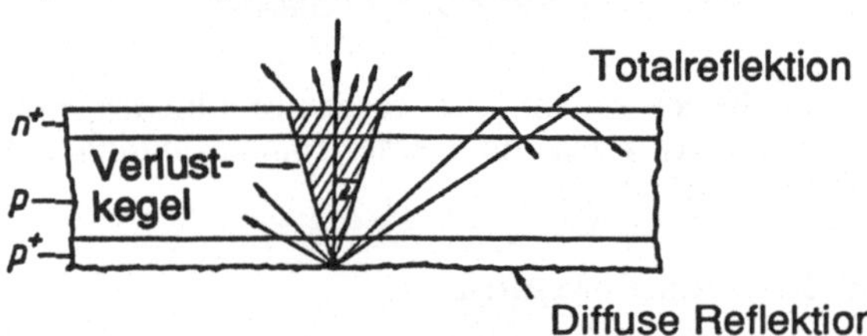

Abb. 8 Prinzip der Lichtfallengeometrie, die den optischen Weg verlängert und damit die Absorptionswahrscheinlichkeit erhöht.

Literatur

[1] Strategies Unlimited, Solar Flare 91-1

[2] W. Schockley, H.J. Queisser J. Appl. Physics 32 (1961), pp 510

[3] K. Zweibel, B. Jackson, A. Hermann Solar Cells 16(1986), p. 631

[4] K.W. Mitchell, C. Eberspacher, J. Ermer, D. Pier, Proc. of the 20th IEEE Photovoltaic Specialists Conference, Las Vegas, 1988 p. 1384

[5] C. Eberspacher, J. Ermer, C. Frederic, C. Jensen, R. Gay, D. Pier, D. Willett, F. Karg, Proc. 10th EC Photovoltaic Solar Energy Conference, 1991 p. 783

[6] K. W. Mitchell, H.I. Liu, Proc of the 20th IEEE Photovoltaic Specialists Conference p. 1461, Las Vegas, Nevada 1988

[7] K.W. Mitchell, C. Eberspacher, J. H. Ermer, K. L. Pauls, D. N. Pier, IEEE Trans. Electron Devices 37,p. 410 (1990)

[8] D. Tarrent, A.R. Ramos, D. Willett, R. Gay, Proc. of the 22nd IEEE Photovoltaic Specialists Conference Las Vegas 1991 (im Druck)

[9] M. Kerber, M. Bettini, E. Gornik, Proceedings of the 17th IEEE Photovoltaic Specialists Conference 1984, p. 275

[10] A. M. Barnett, F. A. Domian, D. H. Ford, C. L. Kendall, J. A. Rand, M. L. Rock, R. B. Hall, Proc. of the 4th int. Photovoltaic Science and Engineering Conference 1989, Sydney p. 151

Dünnschicht-Solarzellen aus amorphen Halbleitern

W. Krühler
Siemens AG, Zentrale Forschung und Entwicklung
Otto-Hahn-Ring 6
81739 München

Zusammenfassung

Dieser Bericht gibt einen Überblick über den derzeitigen Stand der Dünnschicht-Solarzellen, die aus den hydrogenisierten amorphen Halbleitern Silizium (a–Si:H) und Germanium (a–Ge:H) hergestellt werden. Es werden die Präparation von dünnen amorphen Schichten, die Herstellung von Solarzellen sowie ihre integrierte Verschaltung zu Modulen beschrieben. Die wichtigsten physikalischen Eigenschaften von amorphen Schichten sowie die photovoltaischen Kenngrößen von amorphen Solarzellen werden behandelt. Vor- und Nachteile dieser Dünnschicht-Solarzellen werden diskutiert und ihre Funktionsweise erläutert.

1 Einleitung

Der breite terrestrische Einsatz von photovoltaischen Anlagen für Leistungsanwendungen erfordert die Bereitstellung von

- hocheffizienten (> 15%)
- kostengünstigen (< 2 DM/Wpeak)
- großflächigen (> dm^2)
- langzeitstabilen (20 - 30 Jahre) und
- umweltverträglichen

Solarzellen. Da es zur Zeit noch keine Solarzelle gibt, die diesen Anforderungen gleichzeitig genügt, wird im Rahmen der FuE-Aktivitäten auf dem Photovoltaiksektor weltweit intensiv an der Lösung dieses Problems gearbeitet.

Interessante und aussichtsreiche Lösungsansätze beruhen auf dem Konzept der Dünnschicht-Solarzelle, nach dem mit kostengünstigen und großflächigen Abscheideverfahren hocheffiziente Solarzellen in dünnen Schichten (Materialersparnis) auf billigen Substraten hergestellt werden. Hier bieten sich mehrere Halbleiter an, von denen in diesem Aufsatz die amorphen, hydrogenisierten Halbleiter aus Silizium (a–Si:H) und Germanium (a–Ge:H) besprochen werden.

2 Amorphe, hydrogenisierte Halbleiter für Solarzellen

Es gibt im wesentlichen sechs Vorteile, die die amorphen Halbleiter aus Si und Ge für die Herstellung von Dünnschicht-Solarzellen attraktiv machen:

1. In amorphen Halbleitern ist die dreidimensionale, periodische Anordnung der Atome wie in kristallinen Materialien nicht vorhanden. Mit dem Verlust der Periodizität ist auch die Bedeutung des Wellenvektors k in der Dispersionsrelation E(k) verlorengegangen. Das Licht kann damit in amorphen Halbleitern nun ohne Beteiligung von Gitterschwingungen direkt absorbiert werden. Die amorphen Halbleiter a–Si:H und a–Ge:H besitzen somit weit höhere Absorptionskoeffizienten als ihre kristallinen Vergleichspartner c-Si und c-Ge. Im Bereich des Maximums der spektralen Sonnenlichtverteilung weist a–Si:H einen um den Faktor 20 höheren Absorptionskoeffizienten auf als das kristalline Silizium. Die damit verbundene geringere Eindringtiefe des Lichtes in amorphe Halbleiter ermöglicht die Herstellung von Dünnschicht-Solarzellen. Schichtdicken im Bereich von wenigen Zehntel Mikrometern reichen aus, um den wesentlichen Teil des Sonnenspektrums zu absorbieren.

2. Die Abscheidung von hydrogenisierten, amorphen Halbleitern erfolgt sehr einfach und mit wenig Energieaufwand (Depositionstemperaturen um 250 °C) durch die Zersetzung entsprechender Prozeßgase (wie z. B. Silan (SiH_4), German (GeH_4) oder Gemische daraus) in einem kapazitiv gekoppelten Hochfrequenz-Glimmentladungs-Reaktor (Abb. 1) nach der PECVD (Plasma-Enhanced Chemical Vapour Deposition)-Methode. Dabei erfolgt während der Abscheidung eine Absättigung

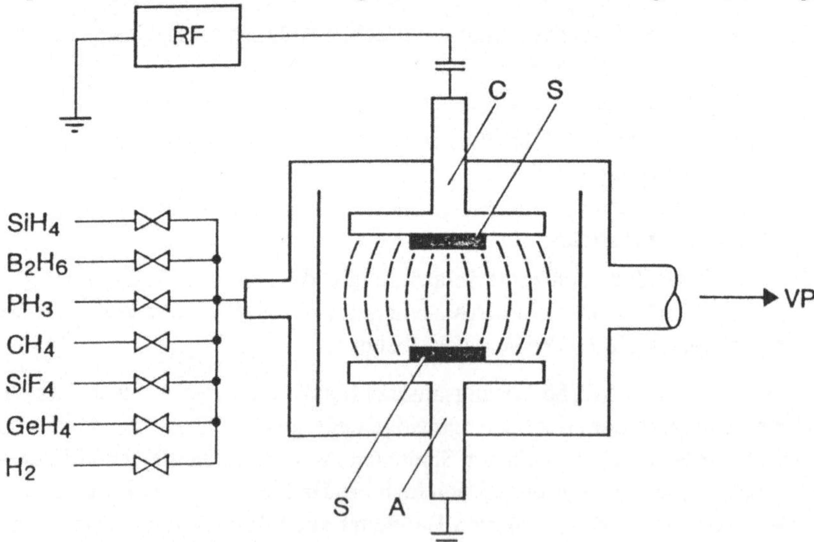

Abb. 1 Schematische Darstellung einer PECVD-Anlage: C: Kathode, A: Anode, S: Substrat, VP: Vakuumpumpe

der auftretenden freien Si-Bindungen im amorphen Netzwerk durch den anwesenden atomaren Wasserstoff im Plasma, wodurch die Defektzustandsdichte N(E) in der Mitte der Bandlücke des amorphen Halbleiters drastisch reduziert wird (s. Beitrag von Herrn Prof. Fuhs "Physik amorpher Halbleiter"). Die Verteilung der Defekt-Zustandsdichte in der Bandlücke setzt sich zum einen aus den lokalisierten Zuständen in der Nähe der Bandkanten, die durch Abweichungen bezüglich Bindungslänge und Bindungswinkel vom tetraedrisch-gebundenen Standard verursacht werden, und zum anderen aus den tief liegenden, nicht abgesättigten Si-Bindungen (dangling bonds) zusammen.

Die Defektzustandsdichte ist die maßgebliche Größe, sowohl für die Transporteigenschaften der Ladungsträger (Lebensdauer, Beweglichkeit, Diffusionslänge), als auch für die Dotierbarkeit des Materials und somit für die Qualität der Solarzellen.

Die Tabelle 1 faßt typische Depositionsparameter zur Schichtherstellung zusammen, und Tabelle 2 gibt die für die Solarzellen-Entwicklung wichtigen Schichteigenschaften wieder.

3. Amorphe, hydrogenisierte Halbleiter können auf einfache Art dotiert werden, indem zum Trägergas Dotiergase wie Diboran (B_2H_6) für die p-Leitung oder Phosphin (PH_3) für die n-Leitung hinzugegeben werden (Abb. 1).

4. Aufgrund ihrer Amorphizität können amorphe Halbleiter auf jedes beliebige Substrat abgeschieden werden, das die Prozeßtemperatur von etwa 250 °C aushält. Auf Gitteranpassung muß hier nicht geachtet werden.

5. Als Dünnschicht-Solarzellen können sie leicht durch geeignete Strukturierungsmaßnahmen (z. B. Ritzen oder mit Lasern) zu integrierten Solarmodulen geschaltet werden (s. u., Abb. 6).

6. Durch Mischen der Si- und Ge-Prozeßgase kann jeder gewünschte Bandabstand

Tab. 1 Abscheideparameter für die Herstellung von a–Si:H und a–Ge:H

Abscheideparameter	a–Si:H	a–Ge:H	Einheiten
RF-Leistung P	0.02	1	W/cm^2
Temperatur T	200-300	150-250	°C
Gasfluß Φ	10-30	40	sccm
Gasdruck p	0.2	0.7	mbar
Abscheiderate r	20	35	nm/min

Tab. 2   Eigenschaften von a–Si:H- und a–Ge:H-Filmen

Größe	a–Si:H	a–Ge:H	Einheiten
DOS $N(E)_{min}$	$< 10^{16}$	10^{17}	$cm^{-3}\,eV^{-1}$
Bandlücke E_g	1.75	1.1	eV
Urbach-Energie E_0	48	50	meV
Absorptionskoeffizient ($\lambda = 500$ nm)	10^5	10^5	cm^{-1}
$\eta_c\mu\tau\,((\lambda = 950$ nm)	10^{-5}	10^{-6}	cm^2/V
Aktivierungsenergie E_A	0.8	0.4	eV
Dunkelleitfähigkeit σ_d	$10^{-9} \cdot 10^{-10}$	10^{-5}	S/cm
Photoleitfähigkeit σ_{ph} (AM 1)	$10^{-4} \cdot 10^{-5}$	10^{-5}	S/cm

zwischen 1.75 eV (a–Si:H) und 1.0 eV (a–Ge:H) in der Mischlegierung eingestellt werden. Durch Zugabe von gasförmigen Kohlenstoff-Verbindungen (z. B. Methan CH_4) kann der Bandabstand auch aufgeweitet werden. Diese Variationsmöglichkeiten sind sowohl für Tandem-Anordnungen als auch für die Herstellung von dotierten Fensterschichten von Bedeutung (s. u.).

Diesen sechs Vorteilen stehen zwei Probleme gegenüber. Erstens hat der Wirkungsgrad noch nicht die für Leistungsanwendungen gewünschte Höhe erreicht, und zweitens zeigen Solarzellen aus a–Si:H den Effekt der Photodegradation (s. u.), wonach der Wirkungsgrad unter Beleuchtung im Laufe der Zeit abnimmt.

3 Aufbau und Funktionsweise von amorphen Dünnschicht-Solarzellen

Die wesentliche Aufgabe einer Solarzelle besteht darin, die durch Licht erzeugten, angeregten Elektron-Loch-Paare mit Hilfe eines internen elektrischen Feldes (Raumladungszone eines p/n-Überganges) noch während ihrer Lebensdauer zu trennen und ihren jeweiligen Kontakten zuzuführen. Das bedeutet, daß hocheffiziente Solarzellen nur aus Halbleitersubstanzen mit wenig Defekten und Verunreinigungen (Rekombinationszentren), d. h. mit ausreichend hoher Materialqualität hergestellt werden können.

Die gestörte Anordnung der Si- und/oder Ge-Atome im amorphen Netzwerk hat aber neben der positiven Auswirkung, nämlich der erhöhten Lichtabsorption, auch die negative Konsequenz, daß die Transporteigenschaften von Elektronen und Löchern aufgrund der im Vergleich zu kristallinen Substanzen höheren Defektdichten in amorphen Halbleitern drastisch eingeschränkt werden. Zum Beispiel beträgt im einkristallinen, leicht p-leitenden Silizium (Leitfähigkeit etwa 1 Ωcm) die Diffusionslänge der Elektronen etwa 200 µm, während der entsprechende Wert für a–Si:H bei etwa 1 µm liegt.

Aufgrund dieser geringen Diffusionslänge in den amorphen Halbleitern muß sowohl die Erzeugung der Elektron-Loch-Paare als auch deren Trennung und Sammlung innerhalb der Raumladungszone erfolgen. Da durch die zum Aufbau eines internen elektrischen Feldes erforderliche Dotierung die Lebensdauer der angeregten Elektron-Loch-Paare weiterhin stark (nahezu auf Null) reduziert wird, zeigen amorphe Solarzellen mit reinem p/n-Übergang keinen Wirkungsgrad. Sie werden daher in Form von pin-Dioden hergestellt, wobei eine relativ dicke, photovoltaisch aktive, undotierte (intrinsische) i-Schicht (ca 0.5 µm) zwischen den sehr dünnen hochdotierten n- bzw p-Schichten (ca 10 -20 nm) eingebettet wird (Abb. 2). Die lichterzeugten Ladungsträger erfahren somit schon bei ihrer Generation den trennenden Einfluß des elektrischen Feldes, das sich von der p-Schicht über die i-Schicht zur n-Schicht erstreckt. Bei der Stromsammlung in amorphen Solarzellen dominiert also die elektrische Drift, während in kristallinen Si-Solarzellen die Stromsammlung überwiegend durch Diffusion der Ladungsträger aus dem feldfreien Raum hinter dem p/n-Übergang erfolgt.

Die Herstellung solcher amorpher Solarzellen mit pin-Struktur erfolgt – analog zur Schichtabscheidung – im Plasma-Reaktor (Abb. 1), indem auf einem Glassubstrat, welches mit einer transparenten, leitfähigen Oxid (TLO)-Schicht (z. B. dotiertes SnO_2 oder ZnO) als Frontkontakt bedeckt ist, die gewünschte pin-Schichtfolge durch gezieltes Öffnen und Schließen der entsprechenden Gasventile abgeschieden wird. Zur Spannungserhöhung der Solarzellen werden für die n- und p-Schichten aus amorphem Material oft

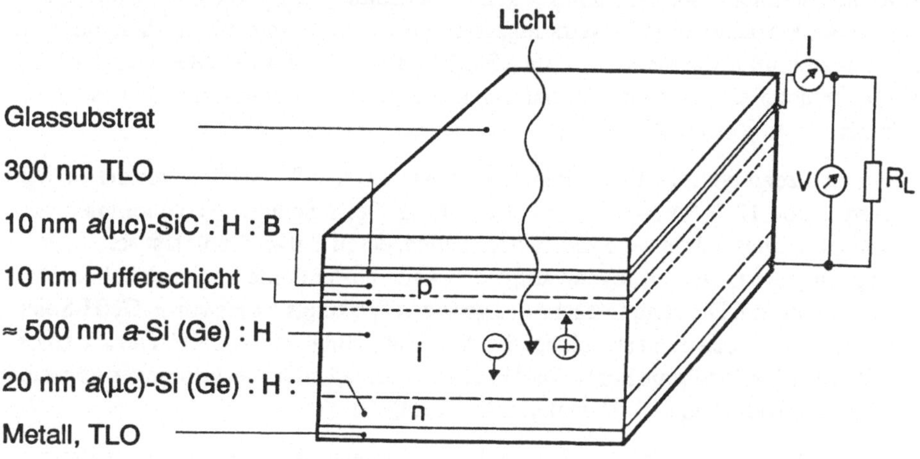

Abb. 2 Schematische Darstellung einer amorphen pin-Solarzelle

dotierte Schichten aus mikrokristallinem (μc) Material eingesetzt, die wegen ihrer geringeren Aktivierungsenergie eine höhere innere Diffusionsspannung aufbauen können.

Um auch den kurzwelligen Blaulichtanteil der Sonnenstrahlung in die photovoltaisch aktive i-Schicht eindringen zu lassen, wird während der p-Schicht-Abscheidung dem Silan/Diboran-Gasgemisch noch Methan hinzugegeben, damit der sich einbauende Kohlenstoff eine Aufweitung des Bandabstandes der p-Schicht auf etwa 2.1 eV (Fensterschicht) bewirkt.

Der Einbau von Kohlenstoff in der p-SiC:H,B-Schicht führt zu einem heterogenen p/i-Übergang, der durch eine erhöhte Defektdichte gekennzeichnet ist. Um diese Defektdichte am p/i-Übergang wieder zu reduzieren, wird während der Abscheidung die Konzentration an Kohlenstoff in einem schmalen Bereich (ca 10 - 15 nm) nach dem p/i-Übergang graduell auf Null zurückgenommen. Innerhalb dieser sog. Pufferschicht werden damit die p-SiC-Schicht und die i-Si-Schicht strukturmäßig besser angeglichen.

Nach der pin-Abscheidung auf dem TLO-beschichteten Glassubstrat im Reaktor erfolgt abschließend die Aufbringung eines metallischen Rückkontaktes durch Aufdampfen oder Sputtern.

4 Kennlinien und Wirkungsgrad

Nach der Herstellung der amorphen Dünnschicht-Solarzellen erfolgt ihre Charakterisierung durch Messen der verschiedenen Strom/Spannungs- (I(U)) -Kennlinien im Dunkeln, sowie unter definierter weißer oder spektraler Beleuchtung. Die wichtigste Charakterisierungsgröße der Solarzelle ist der Wirkungsgrad mit seinen Parametern Leerlaufspannung V_{OC}, Kurzschluß-Stromdichte I_{SC}, und Füllfaktor FF, die aus der Messung der I(U)-Kennlinien unter simuliertem oder natürlichem Sonnenlicht bestimmter Intensität und Spektralverteilung ermittelt werden.

Abbildung 3 zeigt typische Hell-Kennlinien von amorphen Solarzellen, aus denen Wirkungsgrade von 12 % für a–Si:H- bzw 3.2 % für a–Ge:H-Solarzellen entnommen werden können. Insbesondere bei a–Ge:H-Solarzellen, deren Entwicklung erst seit jüngster Zeit angefangen hat, ist man gegenwärtig noch weit von der Forderung nach hohem Wirkungsgrad entfernt. Die Hauptursache des geringen Wirkungsgrades von a–Ge:H-Solarzellen liegt in der noch nicht ausreichenden Materialqualität von a–Ge:H. Die Zustandsdichte N(E) in der Bandmitte liegt bei a–Ge:H noch um ca 1.5 Größenordnungen höher als beim höherentwickelten a–Si:H-Material (s. Tabelle 2).

Aus den Dunkel- und spektralen I(U)-Kennlinienmessungen können zusätzliche Parameter wie Diodenfaktor, Sperrspannungs-Sättigungsstrom, Serien- und Nebenschluß-Widerstände sowie Aussagen über die elektrische Feldverteilung in der pin-Struktur als auch Werte zum (Beweglichkeit · Lebensdauer)-Produkt der Ladungsträger gewonnen werden. Weitere Erkenntnisse in die Funktionsweise amorpher Dünnschicht-Solarzellen

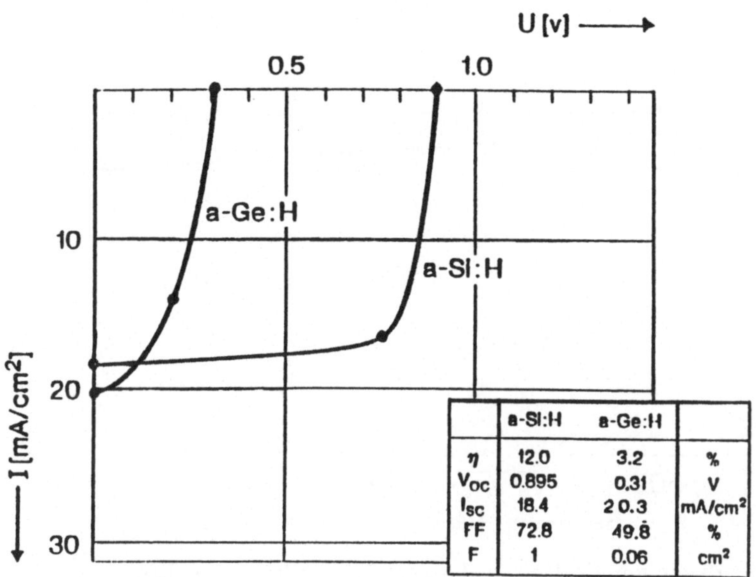

	a-Si:H	a-Ge:H	
η	12.0	3.2	%
V_{OC}	0.895	0.31	V
I_{SC}	18.4	20.3	mA/cm²
FF	72.8	49.8	%
F	1	0.06	cm²

Abb. 3 Hellkennlinien von amorphen Solarzellen

liefern zusätzliche elektrische und optische Messungen, die mit Hilfe physikalischer Modelle ausgewertet und interpretiert werden.

5. Photodegradation

Neben den für Leistungsanwendungen noch zu geringen Wirkungsgraden von amorphen Solarzellen leiden insbesondere *a*–Si:H-Solarzellen heute noch unter dem Nachteil der Photodegradation. Solarzellen aus *a*–Ge:H scheinen stabil zu sein. In Abb. 4 (Kurve a) ist der typische Zeitverlauf des Wirkungsgrades einer *a*–Si:H-Solarzelle unter Sonnenbestrahlung aufgezeichnet. Zunächst sinkt der Wirkungsgrad schnell und fällt dann langsamer ab. Die gesamte Degradation kann nach langen Zeiten bis zu 40 % betragen. Eine Reduktion der Photodegradation auf etwa 14 % ist bei gestapelten Dünnschicht-Solarzellen mit pin/pin-Aufbau erreicht worden (Kurve b)).

Die Erklärung der Photodegradation beruht auf folgender Vorstellung. Die durch Licht erzeugten Ladungsträger werden nicht alle getrennt, sondern einige Paare rekombinieren, wobei die freiwerdende Energie schwache Si-Si-Bindungen im amorphen Netzwerk aufbricht und somit freie Valenzen schafft. Diese dienen ihrerseits wieder als Rekombinationszentren für nachfolgende Ladungsträger-Paare. Der im Material vorhandene Wasserstoff kann die aufgebrochene Bindung (jeweils zwei nicht abgesättigte Elektronen) stabilisieren, indem er in diese hineindiffundiert, sich an eine freie Valenz (dangling bond,

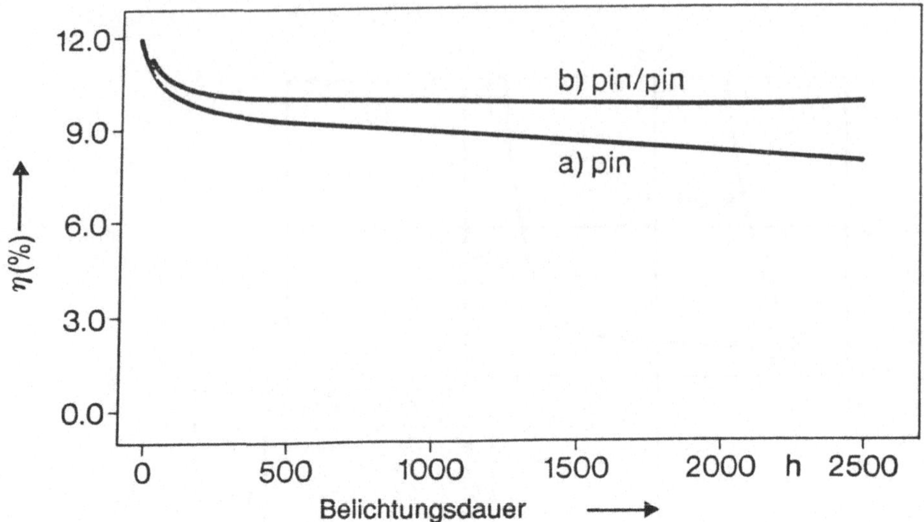

Abb. 4   Photodegradation von Einfach- und Stapel-Solarzellen aus a–Si:H

DB) anlagert, die zweite offen läßt und seine frühere hinterläßt (Abb. 5). Somit hat der Wasserstoff im a–Si:H sowohl eine positive Auswirkung, nämlich die Absättigung freier Valenzen während der Schichtabscheidung, als auch eine schädliche, nämlich die Stabilisierung von lichterzeugten Defekten in Form neuer schädlicher Rekombinationszentren.

Die Photodegradation kann teilweise verhindert werden, wenn durch eine Erhöhung der internen elektrischen Feldstärke die Rekombination der lichterzeugten Ladungsträger reduziert wird. Dieses kann durch Verringerung der i-Schichtdicke in der a–Si:H-Solar-

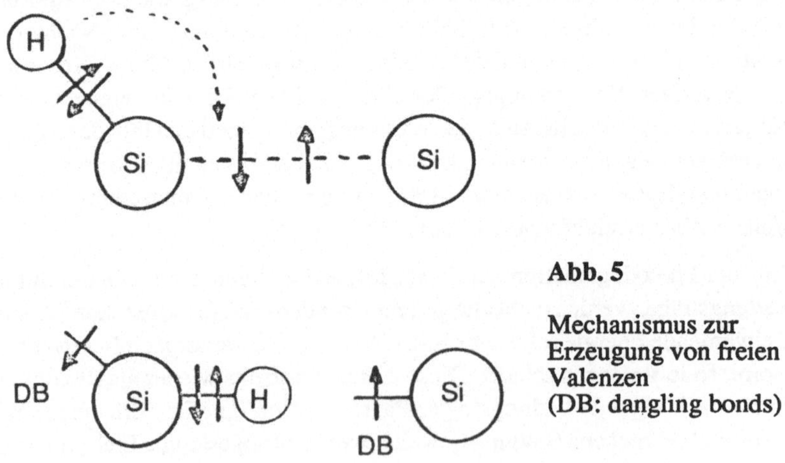

Abb. 5

Mechanismus zur
Erzeugung von freien
Valenzen
(DB: dangling bonds)

zelle erreicht werden, was aber zu einer unvollständigen Lichtabsorption führt. Dieser Verlust wird dann durch eine zweite *a*–Si:H-Solarzelle, die unter die erste gestapelt wird, wieder ausgeglichen, was zum erfolgreichen Konzept der Stapel-Solarzelle mit pin/pin-Aufbau führt.

6 Integrierte Verschaltung zu Modulen

Eine wesentliche Kostenreduzierung liegt in dem für die Dünnschicht-Technologie eigenen Vorteil, die einzelnen Solarzellen mit Hilfe von geeigneten Strukturierungsverfahren zu Solarmodulen zu verschalten. In Abb. 6 ist diese Möglichkeit dargestellt. Ein großflächiges mit einer TLO-Schicht versehenes Glassubstrat wird in einem ersten Strukturierungsprozeß (z. B. durch Ritzen oder mit einem Laser) in schmale Streifen getrennt. Dieses so präparierte Substrat wird im Plasma-Reaktor ganzflächig mit der pin-Schichtfolge beschichtet, die dann ihrerseits mit einem kleinen Versatz gegenüber dem ersten Schnitt in gleicher Weise strukturiert wird.

Nach der ganzflächigen Abscheidung des metallischen Rückkontaktes wird in einer dritten Strukturierung auch diese Schicht mit einem kleinen Versatz zum zweiten Schnitt in Streifen geteilt. Wie in der Abb. 6 zu erkennen ist, hat der Rückkontakt jeder Zelle Kontakt zum Vorderkontakt der Nachbarzelle, sodaß eine Serienverschaltung der einzelnen Streifen erfolgt ist, die auch integrierte Verschaltung genannt wird. Heutige großflächige Solarmodule aus *a*–Si:H erreichen in der Entwicklung Wirkungsgrade von etwa 10 % zu Beginn und stabilisieren sich dann auf etwa 8 %; großflächige *a*–Ge:H-Solarmodule werden erst dann gefertigt werden, wenn die Wirkungsgrade von kleinen Solarzellen höhere Werte erreicht haben.

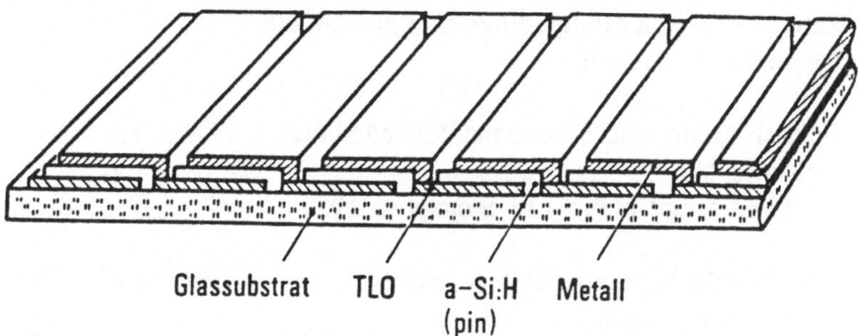

Abb. 6 Integrierte Verschaltung von Dünnschicht-Solarzellen

7 Schlußfolgerungen und Ausblick

Während der breite Einsatz von amorphen Si-Solarzellen im Kleinleistungsbereich (Uhren, Taschenrechner, Batterielader) bereits erfolgt ist, wird ihr Einsatz für Leistungs-

anwendungen (Solardächer, Powermodule für z. B. Fassaden oder Feldbewässerung)
durch die Photodegradation und durch den geringen Wirkungsgrad noch stark gehemmt.
Das Problem der Photodegradation soll einerseits durch das Konzept der Stapelzelle
gelöst werden, welches bereits gute Erfolge aufzeigt, und andererseits durch eine Reduzierung der Wasserstoffkonzentration im Material bei gleichbleibenden elektronischen
Eigenschaften. Für den zweiten Lösungsweg werden zur Zeit neue Depositionsmethoden
entwickelt und untersucht.

Die Erhöhung des Wirkungsgrades und die gleichzeitige Reduzierung der Photodegrada-
tion sollen durch das Konzept einer a–Si:H/a–Ge:H-Tandem-Solarzelle erreicht werden.
In einer Tandem-Solarzelle (s. Beitrag "Die Tandem-Solarzelle") werden zwei (oder auch
mehrere) Solarzellen übereinandergestapelt, die aus Materialien mit unterschiedlichen
Bandabständen bestehen, wodurch das Sonnenspektrum besser ausgenutzt wird. Der
Erfolg der a–Si:H/a–Ge:H-Tandem-Solarzelle wird entscheidend vom Fortschritt in der
a–Ge:H-Entwicklung abhängen.

Weiterführende Literatur

[1] K. Takahashi, M. Konagai: Amorphous Silicon Solar Cells
    North Oxford Academic Publishers Ltd, London, 1986

[2] J. D. Joannopoulos and G. Lukovsky (Editors): The Physics of Hydrogenated Amor-
    phous Silicon I and II , Topics in Applied Physics, Vol 55 and 56, 1984
    Springer-Verlag Berlin Heidelberg

[3] H. Overhof and P. Thomas : Electronic Transport in Hydrogenated Amorphous Semi-
    conductors, Springer Tracts in Modern Physics, Vol. 114, 1989
    Springer-Verlag Berlin Heidelberg

[4] H. Fritzsche (Editor): Amorphous Silicon and Related Materials, Advances in Disor-
    dered Semiconductors, Vol. 1
    World Scientific Publishing Co. Pte. Ltd, Singapore, 1989

[5] Technical Digest of the 5th International Photovoltaic Science and Engineering Con-
    ference, Nov. 1990, Kyoto, Japan

[6] Proceedings of the 10th E. C. Photovoltaic Solar Energy Conference, April 1991, Lis-
    bon, Portugal

[7] Proceedings of the 21st IEEE Photovoltaic Specialists Conference, May 1990, Kissi-
    mimee, Florida, USA

Die CdTe/CdS-Dünnschichtsolarzelle

D. Bonnet

ANTEC GmbH

Am Römerhof 35

60486 Frankfurt / Main

1 Einleitung

CdTe ist einer der wenigen Halbleiter, mit denen Wirkungsgrade über 15 % erzielt wurden. Es hat eine geeignete Energielücke und kann in Form dünner Schichten hergestellt werden. Dies macht CdTe zu einem der interessantesten Kandidaten für Dünnschichtsolarzellen. Dieses Material wurde um 1960 zum ersten Mal für den Einsatz in Dünnschichtzellen verwendet. Wirkungsgrade von ca. 6 % wurden erreicht [1- 3].

Um 1980 wurden diese Arbeiten wieder aufgegriffen. Mit einer ganzen Reihe verschiedener Abscheideverfahren wurden in den USA, in Großbritannien und Japan Zellen mit Wirkungsgraden von über 10 % hergestellt:

- KODAK, T.L.Chu (University of Southern Florida): Close-Spaced Sublimation: 14,6 % [4, 36]
- AMETEK, MONOSOLAR, ISET und BRITISH PETROLEUM: Galvanische Abscheidung: 13 % [5, 6, 28]
- MATSUSHITA: Siebdruck: 10,2 % [8]
- PHOTON ENERGY: Sprühverfahren: 12,3 % [29]
- MICROCHEMISTRY: Aufdampfverfahren: 14,0 % [30]

In drei verschiedenen Ländern laufen Pilotproduktionsanlagen.

2 CdTe als aktives Material für Dünnschichtsolarzellen

Aufgrund seiner Energielücke von 1,45 eV kann CdTe neben GaAs als das ideale Material für Solarzellen angesehen werden. Da die Energielücke von CdTe "direkt" ist und somit die Absorption unterhalb der Absorptionskante bei 820 nm sehr steil ansteigt, werden 90 % des auffallenden Sonnenlichtes in einer solchen Zelle in einer sehr dünnen Schicht des Materials von wenigen Mikrometern fast vollständig absorbiert. Dies macht CdTe als Basismaterial für Dünnschichtzellen besonders interessant. Zur Herstellung guter Schichten für Solarzellen sind folgende grundlegenden Eigenschaften von Bedeutung: Stöchiometrie, Morphologie und Korngrenzenverhalten. Hinzu kommen Dotierbarkeit und Kontaktierbarkeit.

Wenn CdTe-Schichten bei erhöhter Temperatur erzeugt oder nachgetempert werden, bei der die Verbindung im Verhältnis zu den Elementen Cd und Te einen kleinen Dampfdruck hat, kann leicht gute Stöchiometrie erreicht werden, wie das Phasendiagramm [3] zeigt. Danach ist die stöchiometrische Verbindung hochstabil.

Das günstige Wachstumsverhalten von CdTe als Schicht, wie auch der anderen II/VI-Verbindungen, rührt von der Kristallstruktur her. Wenn das Gitter senkrecht zur 002-Richtung betrachtet wird, zeigt das Gitter wechselnd Schichten von hexagonal angeordneten Cd- und Te-Ionen. Diese Elementarschichten haben eine starke Neigung, parallel zum Substrat zu wachsen, und dies im wesentlichen unabhängig von der Natur des Substrates. Dies führt zu der bei allen II/VI-Schichten (und auch bei der Pseudo-II/VI-Verbindung $CuInSe_2$ beobachteten Eigenschaft, daß sie aus säulenförmigen, parallel angeordneten Kristalliten bestehen, die vom Substrat bis zur Oberfläche durchgehen. Tabelle 1 zeigt im Vergleich die relativen Intensitäten der Linien einer Röntgenstrukturaufnahme für eine gute CdTe Schicht mit hochorientierten Kristalliten und einer – hypothetischen – Schicht mit statistisch orientierten Kristalliten.

II/VI-Schichten zeigen eine weitere interessante und günstige Eigenschaft: Die Korngrenzen haben nur einen geringen Einfluß auf die elektronischen Eigenschaften der Schichten, wohl weil sich an den Korngrenzen Verarmungsrandschichten ausbilden. Das Gitter innerhalb der Kristallite scheint in der Regel sehr perfekt zu sein und die Ladungsträgertransporteigenschaften nicht zu beeinträchtigen. Dies wird durch die Tatsache bestätigt, daß CdTe mit guten photovoltaischen Eigenschaften durch eine ganze Reihe von Abscheideverfahren hergestellt werden konnte, was bisher für keinen anderen Halbleiter gelungen ist. Realistische Erwartungen für den Wirkungsgrad von CdTe-Dünnschichtsolarzellen liegen bei 18% [14].

Die Ladungsträger-Transporteigenschaften von CdTe-Schichten scheinen für Solarzellen ausreichend zu sein. Diffusionslängen von Elektronen in p-Material liegen bei 1 μm. Dieser Wert paßt sehr gut zur Absorptionstiefe für Sonnenlicht, die ebenfalls bei 1 μm liegt. Dies ist ausreichend für hohen Ladungsträgersammelwirkungsgrad, der sich in den meist beobachteten hohen Photoströmen von CdTe-Dünnschichtzellen zeigt.

In der Regel wurden Dioden in CdTe-Schichten als Heterodioden oder Schottky-Dioden, d.h. Halbleiter-Halbleiter Kontakte oder Metall-Halbleiterkontakte, hergestellt (siehe

Tab. 1 Verteilung der Intensitäten der Röntgenbeugungslinien für CdTe bei zufälliger und - wie in typischen Schichten - orientierter Anordnung der Kristallite

hkl	statistisch orientierte Kristallite	hochorientierte Kristallite einer CdTe-Schicht
100	90	2
2	100	100
101	80	2
110	100	1

Abschnitt 4). Besonders gute Eigenschaften wurden mit CdS/CdTe n/p-Heterokontakten gefunden. Hierbei werden offensichtlich Grenzflächenzustände, die zu Ladungsträgerrekombination führen können, sehr effektiv kompensiert, und eine breite spektrale Empfindlichkeit dieser Zellen wurde generell gemessen. Dies gilt besonders, wenn die CdS-Schicht sehr dünn gewählt werden kann.

Aufgrund der hohen Lichtabsorption des CdTe unterhalb etwa 700 nm ist eine geringe Dicke der Schichten für hohen Photostrom ausreichend. Deshalb ist eine besonders hohe p-Dotierung nicht nötig. Dotierungshöhen um 10^{15} cm^{-3} führen noch nicht zu nachteilig hohen Serienwiderständen. In der Regel entsteht eine Dotierung dieser Höhe aufgrund natürlicher Defekte bei den meisten Abscheideverfahren ohne zusätzliche Dotierung. Eine solche Dotierung ist durch P, As, Sb möglich. Auch die Zugabe von Sauerstoff scheint zu einer p-Dotierung zu führen [4, 15]. Wegen der generell höheren Beweglichkeit von Elektronen ist die Verwendung von p-Material vorteilhaft, da hier Elektronen die – lichterzeugten – Minoritätsträger darstellen.

In den letzten 10 Jahren sind durch einschlägige Arbeiten in einer Reihe von Laboratorien die Eigenschaften von CdTe-Schichten als aktivem Material für Dünnschichtsolarzellen soweit bekannt geworden, daß heute eine für die technische Anwendung sehr aussichtsreiche Situation vorliegt. Dies wird dadurch bestätigt, daß nun mit Dünnschichtsystemen bereits mit 14% [30] Wirkungsgrade erreicht wurden, die nicht wesentlich niedriger liegen als die mit Einkristallen erreichten Werte von 15% [18].

3 Die bekannten Abscheideverfahren für CdTe Schichten

3.1 Close-Spaced Sublimation (CSS) [4,15]

CdTe sublimiert von einer flächigen festen Quelle und kondensiert als Film auf dem Substrat, das sich ruhend oder bewegt dicht vor der Quelle befindet. Die Quelle befindet sich auf einer Temperatur von ca. 600 °C in einer Gasatmosphäre bei einem Druck von 1 Torr. Aus dem hierbei entstehenden CdTe Film wird eine Heterodiode hergestellt, indem z.B. eine CdS Schicht nach der gleichen Technik als n-Leiter unter oder über der CdTe Schicht aufgebracht wird. Hohe Abscheideraten sind möglich. Wirkungsgrade von über 10% wurden realisiert.

3.2 Chemisches Sprühverfahren (CS) [19]

Ein Aerosol aus Wassertröpfchen, die zersetzliche, wasserlösliche Verbindungen aus Te und Cd enthalten, wird auf das Substrat gesprüht. Ein CdTe Film wächst auf. Ähnlich wird ein CdS Film abgeschieden. Das Verfahren führt allerdings zu sehr kleinen Kristalliten in den Schichten, wodurch die Wirkungsgrade in der Vergangenheit auf ca. 5% begrenzt blieben. In jüngster Zeit hat ein neuer Anlauf zu Wirkungsgraden um 7% geführt. Im Mai 1989 wurde über einen Wirkungsgrad von 12,3% berichtet [18].

3.3 Galvanische Abscheidung (GA) [5, 6,12]

CdTe Schichten – und ähnlich auch CdS Schichten – können bei Temperaturen von ca. 90 °C galvanisch aus einer wässrigen Lösung von $CdSO_4$ und Te_2O_3 abgeschieden werden. Schwankungen in der Stöchiometrie werden aufgrund der niedrigen Abscheidetemperatur nicht automatisch wie bei den anderen Verfahren korrigiert und können zu Problemen führen. Die Wachstumsraten sind relativ klein. Trotzdem werden von drei Gruppen in den USA und Großbritannien Wirkungsgrade von bis zu 13% erzielt.

3.4 Siebdruck (SD) [8,10]

Aufschlämmungen aus Cd- und Te-Pulver werden nach dem Siebdruckverfahren auf ein Substrat gebracht und zu relativ dicken Schichten von um 30 μm gesintert, wobei Cd und Te zu CdTe reagieren. Allerdings werden Temperaturen von über 700 °C benötigt, was die Verwendung kostengünstiger Substrate ausschließt. Wirkungsgrade um 11 % wurden angegeben. Der Materialverbrauch für 30 μm dicke Schichten ist allerdings relativ hoch.

3.5 Chemische Gasphasenabscheidung (CVD) [20]

Metallorganische Verbindungen aus Cd und Te werden gasförmig in einem Trägergas bei Normaldruck an das Substrat transportiert, das sich auf einer Temperatur um 400 °C befindet. Hierbei zersetzen sich die metallorganischen Verbindungen und bilden einen gut stöchiometrischen CdTe-Film. Das Verfahren wurde in jüngster Zeit auch für Solarzellen eingesetzt. Interessante Ergebnisse sind zu erwarten, da das Verfahren die unten zu diskutierenden kritischen Eigenschaften für das Wachstum guter CdTe-Schichten besitzt.

3.6 Hochvakuumverdampfung (HVV) [9, 21, 30]

In diesem klassischen Verfahren werden Schichten aus CdTe durch Sublimation des festen Materials und Transport durch das Vakuum zum Substrat mit anschließender Kondensation erzeugt. Hiermit wurden bisher keine zufriedenstellenden Ergebnisse erzielt. Sequentielle Verdampfung von Cd und Te-Mono-Schichten haben zu dem bisher höchsten Wirkungsgrad von 14% geführt.

3.7 Physikalische Gasphasenabscheidung (PVD) [3]

Hier wird um Unterschied zum Hochvakuumverdampfen ein Gas bei Atmosphärendruck zum Transport der sublimierenden CdTe-Moleküle zum Substrat benutzt. Bei 400 °C und darüber wächst ein zufriedenstellender Film guter Kristallitstruktur auf. Zellen mit besonders hohen Photoströmen wurden hergestellt. Die Wirkungsgrade lagen bei 6,5%. Das Verfahren hat Ähnlichkeiten bezüglich des Kondensationsmechanismus CSS und CVD

Ein entscheidender, physikalisch noch nicht ganz verstandener Temper- und Rekristallisationsschritt unter Einsatz von CdCl führt – weitgehend unabhängig von Herstellungsverfahren zu einer Passivierung der Korngrenzen und einem Wachsen der Korngröße. Hierbei bildet sich eine photoelektrisch vorteilhafte Konfiguration aus, die zu inneren Quantenausbeuten von fast 100% über einen breiten Spektralbetreich führen. Auch der Übergang zu CdS scheint hierbei verbessert zu werden.

4 Diodentypen für CdTe Dünnschichtsolarzellen

Da CdTe ein "direkter" Halbleiter ist, werden durch Licht Ladungsträger unmittelbar unter der Oberfläche in einer Schicht von nur wenigen μm erzeugt. Sie sind damit dem Einfluß der – immer vorhandenen – hohen Dichte von Rekombinationszentren an der Oberfläche ausgesetzt. Um die damit verbundene hohe Rekombinationsrate zu vermindern, ist es ratsam, eine Oberflächendiode im CdTe zu erzeugen, die durch ihr hohes elektrisches Feld in der Oberfläche des CdTe die lichterzeugten Ladungsträger schnell ins Innere der Schicht transportiert. Wird dagegen eine p/n Diode, ähnlich wie bei Silizium im Inneren des CdTe erzeugt, müssen die Ladungsträger in einem relativ langsamen Prozeß ins Innere zur p/n-Übergangszone diffundieren und können in viel stärkerem Umfang durch die Oberflächenrekombinationszentren eingefangen werden. Dies reduziert den Photostrom erheblich und verschmälert den Bereich spektral hoher Empfindlichkeit.

Es ist deshalb sinnvoll, für CdTe Oberflächenbarrieren als Dioden in Betracht zu ziehen. Dies sind einerseits Schottky-Dioden, d.h. Metall-Halbleiterkontakte, andererseits "Heterodioden", d.h. Kontakte zwischen zwei verschiedenen Halbleitern. Für CdTe hat sich die zweite Alternative als günstig herausgestellt: Nach den ersten Arbeiten zur Kombination n-CdTe/p-Cu$_2$ Te [1, 2] und p-CdTe/n-CdS [3] hat sich weitgehend die CdS/CdTe-Heterodiode durchgesetzt und mit dieser Zelle wurden mehrfach Wirkungsgrade von über 10% erreicht. Man erkennt bei diesem System bei der spektralen Empfindlichkeitsverteilung allerdings einen Abfall im Bereich der Energielücke des CdS bei ca. 520 nm: Licht mit Wellenlängen unterhalb dieses Wertes wird im CdS absorbiert und die dabei erzeugten Ladungsträger können die im CdTe oberflächennah aufgebaute Raumladungszone nicht erreichen. Hierdurch wird der "ideale" Photostrom im CdTe von 28 mA/cm^2 auf 23 mA/cm^2 in direktem Sonnenlicht reduziert. Durch Verwendung sehr dünner CdS-Schichten kann dieser Effekt reduziert werden, allerdings nur bei der unten beschriebenen Rückwandzelle und auf Kosten der Stabilität, bzw. Reproduzierbarkeit. Es gibt allerdings noch andere Halbleiter, die anstelle von CdS eingesetzt werden können und den bei CdS beobachteten Abfall der spektralen Empfindlichkeit nicht zeigen. Erste orientierende Versuche in der Stanford Universität haben das Potential von ZnO gezeigt [22]. Die Untersuchung weiterer "Paarungen" steht noch aus.

Diese Art von Dioden – Heterodioden – kann auf zwei Weisen auf einem Substrat aufgebracht werden, die sich durch Umkehr der "Stapelfolge" der Einzelschichten unterscheiden: Wir können entweder – im Falle der CdS/CdTe-Zelle – CdTe zuerst oder CdS zuerst

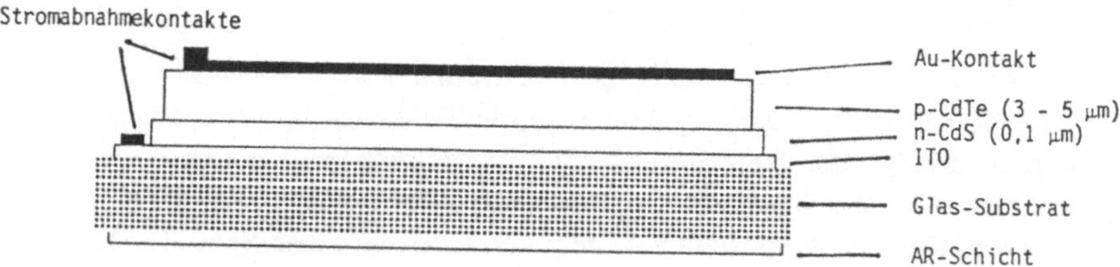

Abb. 1   Aufbau der CdTe Dünnschichtzelle in Rückwand-Konfiguration

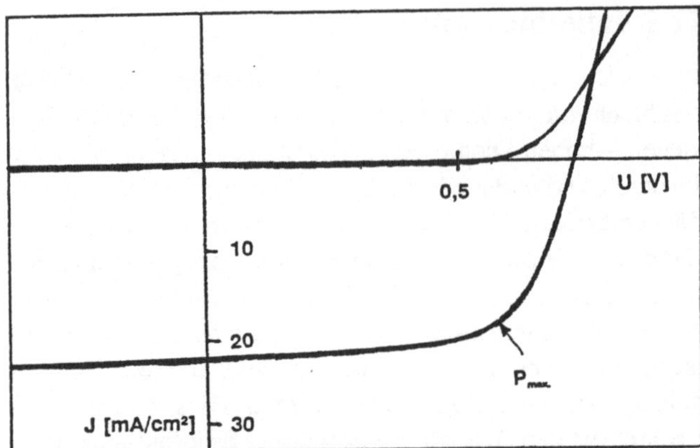

Abb. 2   Strom/Spannungs-Kurve einer typischen CdTe/CdS Dünnschichtsolarzelle

auf dem Substrat abscheiden. Je nachdem, ob der transparente Halbleiter CdS nach vorne oder zum Substrat sieht, wird die Zelle Frontwandzelle oder Rückwandzelle genannt. Wie ersichtlich, benötigt die Rückwandzelle ein transparentes Substrat, während die Frontwandzelle auch auf undurchsichtigen Substraten abgeschieden werden kann. Bei allen bisherigen Untersuchungen hat sich der zweite Zelltyp als vorteilhaft erwiesen. Sein Aufbau ist in Abb. 1 wiedergegeben.

5 Zur Stabilität der CdTe-Dünnschichtsolarzellen

Die CdTe-Zelle scheint in ihren verschiedenen Modifikationen besonders kleine Degradation zu zeigen. Nach zehnjähriger Lagerung in normaler Laboratmosphäre zeigte eine ungekapselte Zelle praktisch keine Degradation der elektrischen Eigenschaften und eine weitere Bestrahlung über vier Monate führte ebenfalls zu keiner Beeinträchtigung [15]. Auch nach dem Siebdruckverfahren und der galvanischen Abscheidung hergestellte Zellen zeigten bisher keine Anzeichen für Degradationseffekte [16,17]. Neue Ergebnisse haben dies bestätigt. Nach 14.000 Stunden Exposition in Spanien wurde praktisch keine Degradation gemessen [20]. Bei SERI (Solar Energy Research Institute, heute NREL) in den USA wurde ebenfalls nach kontinuierlicher Beleuchtung im Freien nach dreihundert Tagen keine meßbare Degradation beobachtet.

6 Status der internationalen Bemühungen um die CdTe-Dünnschichtsolarzelle

Nachdem bei Battelle im Jahre 1971 zum erstenmal gezeigt worden war, daß die CdTe/CdS p/n-Heterodiode breite spektrale Empfindlichkeit mit hoher Quantenausbeute zeigt, wurden im folgenden Jahrzehnt an einer Reihe von Stellen Arbeiten zu dieser Zelle aufgenommen. Abb. 2 zeigt die Strom/Spannungs-Kurve einer Zelle mit einem Wirkungsgrad von etwa 11%, hergestellt nach dem Verfahren der Close-Spaced Sublimation. Die breite hohe Quantenausbeute, die für eine gute CdTe-Zelle typisch ist, wird in Abb. 3

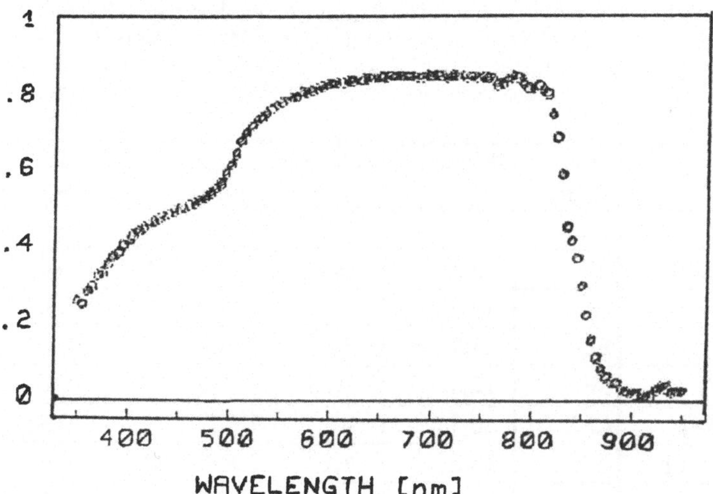

Abb. 3   Spektrale Verteilung der Quantenausbeute einer CdTe/CdS-Solarzelle

wiedergegeben. Man erkennt die einsetzende Absorption des CdS unterhalb von 520 nm. Sie kann grundsätzlich durch Einsatz von $Cd_xZn_{1-x}S$ reduziert werden, da diese Verbindung eine größere Energielücke hat als CdS. Als real erreichbarer Wirkungsgrad wird allgemein ein Wert um 15% angenommen, der bei ausreichenden Anstrengungen auch in einer Produktion erreichbar sein dürfte.

Die CdTe Dünnschichtsolarzelle ist die einzige Dünnschichtzelle, die mit vier verschiedenen Abscheidetechniken auf Wirkungsgrade über 10% gebracht wurde. Sie ist sie die einzige polykristalline Dünnschichtzelle, die an drei verschiedenen Stellen der Welt in Pilotanlagen fertigungstechnisch untersucht wird [31]. Einen besonders vorteilhaften Aspekt stellen die Robustheit von CdTe und Zelle bezüglich der Abscheidebedingungen dar, die besonders für eine Produktion ausschlaggebend sein dürfte. Durch die Erfolge mit sehr verschiedenen Abscheideverfahren wird dies deutlich belegt. Tab. 2 stellt aktuelle F&E-Ergebnisse zusammen; Tab. 3 gibt die Ergebnisse von Pilot-Produktionsanlagen wieder.

7 Sicherheitsaspekte

Neben den großen Vorteilen der Photovoltaik wie Umwelt- und Resourcenschonung müssen potentielle Folgeprobleme frühzeitig analysiert und als integraler Bestandteil in die Entwicklung mit aufgenommen werden. Insbesondere zählen hierzu Risiken für Gesundheit und Umwelt. Sichere Verfahren bei Herstellung, Einsatz und Recycling müssen untersucht und entwickelt werden.

Cadmium ist ein Metall, das potentielle Risiken für Gesundheit und Umwelt beinhaltet. Sie müssen, wie bei jeder neuen Technik, auch für polykristalline Dünnschichtsolarzellen untersucht werden.

Tab. 2 Daten der F&EBemühungen um die CdTe Dünnschichtsolarzelle: CSS: Close-Spaced Sublimation, CS: Chemical Spraying, ED: Electro Deposition, SP: Screen Printing, CVD: Chemical Vapor Deposition, HVE: High Vacuum Deposition, MBD: Molecular Beam Deposition, MOCVD: Metal Organic Chemical Vapor Deposition

Labor, Zitat	Ver-fahren	Wirkungs-grad [%]	Zellfläche- $[cm^2]$	V_{OC} [mV]	I_{SC} $[mA/cm^2]$	Füll-faktor
Kodak [4]	CSS	10,5	0,1	750	17	0,62
Photon Energy [29]	CS	12,3	0,31	783	25	0,67
BP Solar [28]	ED	13	0,02	800	24,3	0,67
AMETEK [6]	ED	11,2	1,07	767	22,4	0,7
Matsushita [8]	SP	12,8	0,78	750	28	0,61
ARCO Solar [15]	CSS	10,5	4	663	28,1	0,56
Univ. S. Florida [36]	CSS	14,6	1,1	850	24,1	0,7
ISET [32]	ED	10,6	1,48	620	27	0,63
Inst. Energy Conv. [21]	HVE	8,7	0,37	612	20,5	0,61
Georgia Inst. Technol. [34]	MOCVD	9,7	0,077	730	22,2	0,59
Univ. Queensland [33]	ED	13,1	0,02	720	27,9	0,65
Microchem. Ltd. [30]	MBD	14	0,12	804	23,8	0,73
Battelle Institut	CSS	11	0,07	745	22,6	0,65

Die Herstellung von zukünftigen polykristallinen Dünnschichtsolarzellen bedient sich grundsätzlich konventioneller Produktionstechniken und verwendet technisch beherrschbare Substanzen. Sie ist deshalb ohne Beeinträchtigung der Gesundheit von Beschäftigten und Außenstehenden möglich. Studien von dritter Seite lassen beim technischen Einsatz von polykristallinen Dünnschichtsolarzellen aus CdTe das Risiko für Umwelt und Personen selbst bei Brand von Häusern klein erscheinen. Trotzdem können zur Reduzierung Gefährdungspotentialen systematische Beschränkungen auf Bereiche mit geringem Brandrisiko, z.B. zentrale Kraftwerksinstallationen angeraten sein. Da sowohl das verwendete Glas als auch die Halbleitermaterialien wertvolle Rohstoffe darstellen, erscheint ein Recycling nach Ende der Lebensdauer der Solarzellen sinnvoll und ökonomisch notwendig, so daß ein unkontrollierter Verbleib vermieden werden kann.

Tab. 3 Daten der Produktionsbemühungen um die CdTe-Dünnschichtsolarzelle

Firma	Verfahren	Fläche $[cm^2]$	Wirkungsgrad [%]
Matsushita	Siebdruck	1200	8,1
Photon Energy [29]	Sprühtechnik	838	7,3
British Petroleum	Galvan. Abscheidung	900	10,1

Literatur

[1] Cusano D.A.: CdTe Solar Cells and Photovoltaic Heterojunctions in TI-VI Compounds. Solid State Electronics 6 (1963) 217 - 232

[2] Lebrun, J.: Realisation et Proprietes des Photopiles Solaires en Couches Minces de Tellure de Cuivre et Tellure de Cadmium. Rev. de Physique Appl. 1(1966) 204 - 210

[3] Bonnet, D., Rabenhorst, H.: New Results on the Development of a Thin-Film p-CdTe-n CdS Heterojunction Solar Cell. Conf. Record of the 9th Photov. Spec. Conf. (1972) 129 - 131

[4] Tyan, Y.-S., Perez-Albuerne, E.A.: Efficient Thin Film CdS/CdTe Solar Cells. Conf. Record of the 16th Photov. Spec. Conf. (1982) 794 - 800

[5] Basol, B.M.: Electrodeposited CdTe and HgCdTe Solar Cells, Solar Cells, 23 (1988) 69 - 88

[6] Meyers, P.V., Liu, C.H.: Progress Toward Development of a Production Process for Thin Film CdTe Solar Modules., Proc. 8th Photovoltaic Solar Energy Conf. (1988) 1588-1593, and: Design of a Thin Film CdTe Solar Cell. Solar Cells 23 (1988) 59 - 67

[7] Chu, T.L.: Thin Film Cadmium Telluride Solar Cells by Two Chemical Vapor Deposition Techniques. Solar Cells 23 (1988) 31- 48

[8] Ikegami, S.: CdS/CdTe Solar Cells by the Screen-Printing-Sintering Technique: Fabrication, Photovoltaic Properties and Applications. Solar Cells 23 (1988) 89 - 105

[9] Hill, R., Owens, T., Arshed, S., Miles, R.W.: The Production of Low-Resistivity p-Type CdTe Using the Coevaporation of CdTe with Te. Conf. Record of the 20th Photov. Spec. Conf. (1988) 1662 - 1664

[10] Clemminck, I., Vervaet, A., Burgelman, M., De Meyere, A.: Electrical and Microstructural Properties of Screenprinted CdS Layers for CdS-CdTe Solar Cells. Conf. Record of the 20th Photov. Spec. Conf. (1988) 1585 - 1590

[11] Romeo, N., Canevari, V.: p-Type CdTe Thin Films Grown by R.F. Sputtering in an Ar-N2 Atmosphere Thin Solid Films 143 (1986) 193 - 199

[12] Oktik, S., Russel, G.J., Brinkmann, A.W., Woods, J.: Spray Deposited ZnO/CdTe Heterojunction Solar Cells. Proc. 8th Photov. Solar Energy Conf. (1988) 1033 -1037

[13] Zanio, K.: Cadmium Telluride. Semiconductors and Semimetals, Eds.: R.K. Willardson, A.C. Beer, New York. Vol. 13, 1978

[14] Mitchell, K., Fahrenbruch, A.L., Bube, R.H.: Evaluation of the CdS/CdTe Heterojunction Solar Cell. J. Appl. Phys. 48 (1977) 4365 - 4371

[15] Mitchell, K.W., et al.:Progress towards High Efficiency Thin Film CdTe Solar Cells. Solar Cells 23 (1988) 49 - 57

[16] Fahrenbruch, A.L.: Ohmic Contacts and Doping of CdTe. Solar Cells 21(1987) 399 - 412

[17] Romeo, N., et al.: to be publ. in Solar Cells

[18] Raychaudhuri, P.K.: High-Efficiency Au/CdTe Photovoltaic Cells. J. Appl. Phys. 62 (1987) 3025 - 3028

[19] Jordan, J.F., Albright, S.P.: Large Area CdS/CdTe Photovoltaic Cells. Solar Cells 23 (1988) 107 - 113

[20] Ghandi, S.K., Tsakar, N. R.,Bhat, I. B.:Arsenic-Doped p-CdTe Layer Grown by Organometallic Vapor Phase Epitaxy. Appl. Phys. Lett.50 (1987) 900 - 902

[21] Birkmire, R.W., McCandless, B.E., Shafarman, W.N.: CdTelCdS Solar Cells with Transparent Contacts Solar Cells 23 (1988) 115 -126

[22] Aranovich, J.A., Fahrenbruch, A.L., Bube, R.H.: ZnO Films and Zn()/CdTe Hetero-junctions Prepared Using Spray Pyrolysis. Conf. Record of the 14th Photov. Spec. Conf. (1980) 633 -634

[23] Bube, R.H.: CdTe Junction Phenomena. Solar Cells 23 (1988) 1- 17

[24] Werthen, J.G., Fahrenbruch, A.L., Bube, R.H., Zesch, J.C.: Surface Preparation Effects on Efficient Indium-Tin-Oxide-CdTe and CdS-CdTe Heterojunctions. J. Appl. Phys. 54 (1983) 2750 - 2756

[25] Bonnet, D.: CdTe Thin Film Solar Cells - Direct Evidence for High Performance and Long-Term Stability. Proc. 5th Photovoltaic Solar Energy Conf. (1983) 897 - 900

[26] Nakano, A., Ikegami, S., Matsumoto, H., Uda, H., Komatsu, Y.: Long-Term Reliabi-lity of Screen Printed CdS/CdTe Solar-Cell Modules. Solar Cells 17 (1986) 233 - 240

[27] P.V. Meyers, private communication

[28] Turner, A.K. Woodcock, J.M., Olèsan, M.E., Summers, J.G.: Stable, High Efficiency Solar Cells Based on Electrodeposited Cadmium Telluride. Proc. 10th Photovoltaic Solar Energy Conf. (1991), 794-797

[29] Albright, S.P., Ackerman, B., Jordan, J.J.: Efficient CdTe/CdS Solar Cells and Modu-les by Spray Processing. IEEE Trans. Electron Devices 37 (1990) 434 - 437

[30] Skarp, J., Koskinen, Y., Lindfors, S., Rautiainen, A., Suntola, T, Development and Evaluation of CdS/CdTe Thin Film PV Cells. Proc. 10th Photovoltaic Solar Energy Conf. (1991), 567-569

[31] Schock, H.W.: Thin Film Compound Semiconductor Solar Cells: An Option for Large Scale Application? Proc. 10th Photov. Solar Energy Conf. (1991), 777-782

[32] Basol, B.M.: Thin Film CdTe Solar Cells - A Review. Conf. Record of the 21st Pho-tov. Spec. Conf. (1990) 588 - 594

[33] Morris, C.G., Tanner, P.J., Tottszer, A.: Towards High Efficiency Electrodeposited CdS/CdTe Thin Film Cells. Record of the 21st Photov. Spec. Conf. (1990) 575 - 580

[34] Rohatgi, A., Ringel, S.A., Sudharsanan, R., Meyers, P.V., Liu, C.H., Ramanathan, V.: Investigation of Polycrystalline CdZnTe, CdMnTe, and CdTe Films for Photo-voltaic Applications. Solar Cells 27 (1989) 219 - 230

[35] Bonnet, D., Henrichs, B., Richter, H.: High-Rate Deposilion of High-Quality CdTe Films for High-Efficiency Solar Cells, Record of the 22nd. Photov. Spec. Conf. (1991) 1165 - 1168

[36] Chu, T. L., Chu, Sh. S.: High Efficiency Thin Film CdS/CdTe Solarv Cells. Int. J. Solar Energy 12 (1992), 121 - 131

Die Tandem-Solarzelle

W. Krühler
Siemens AG, Zentrale Forschung und Entwicklung
Otto-Hahn-Ring 6
81739 München

Zusammenfassung

Dieser Bericht gibt einen Überblick über den derzeitigen Forschungsstand der wichtigsten Tandem-Solarzellen-Konzepte. Ausgehend von den für Tandem-Solarzellen entscheidenden physikalischen Voraussetzungen werden verschiedene Kombinationen aus a–Si:H, a–Ge:H, kristallines Si, $CuInSe_2$, $CuGaSe_2$, GaAs, und GaSb beschrieben und ihre Eigenschaften diskutiert. Zum Schluß werden die Vor- und Nachteile von Zwei- und Vier-Kontakt-Tandem-Solarzellen gegenübergestellt.

1 Einleitung

Wenn die konventionellen Energielieferanten durch photovoltaische Anlagen ergänzt oder gar ersetzt werden sollen, dann müssen die zur Leistungserzeugung eingesetzten Solarzellen einen hohen Wirkungsgrad (>15 %) besitzen, kostengünstig (< 1 DM/W_{peak}) und großflächig (>1 dm^2) herstellbar sein, eine lange Betriebslebensdauer (20 - 30 Jahre) aufweisen und aus umweltverträglichen Materialien bestehen. Bei der Entwicklung von Solarzellen für Leistungsanwendungen wird man aus Kostengründen zunächst immer bestrebt sein, die Möglichkeiten der Einfach-Solarzellen auszuschöpfen. Die geforderte Höhe des Wirkungsgrades erzwingt aber auch Überlegungen und Experimente mit Tandem-Strukturen.

Tandem-Solarzellen bestehen aus zwei (oder mehreren) übereinandergelegten Solarzellen, die aus Halbleitern mit spektral unterschiedlichen Absorptionskanten (energetisch verschiedenen Bandabständen) hergestellt sind, wodurch das angebotene Sonnenspektrum besser ausgenutzt werden kann. Von besonderem Interesse sind dabei die integriert verschalteten Dünnschicht-Tandem-Solarzellen mit nur zwei elektrischen Anschlüssen.

2 Physikalische Grundlagen

Während eine Einfach-Solarzelle dem Sonnenspektrum (AM 1.5) dann am besten angepaßt ist, wenn der verwendete Halbleiter einen Bandabstand E_g von etwa 1.4 eV besitzt, ist eine Tandem-Solarzelle, die aus zwei übereinandergelegten Solarzellen besteht, dem Sonnenspektrum dann optimal angepaßt, wenn die obere Solarzelle aus einem Halbleitermaterial mit einer Energielücke von E_{g1} etwa 1.9 eV gefertigt ist und die untere Solarzelle aus einem Halbleiter mit E_{g2} von ca. 1.2 eV (s. Abb. 1) besteht. Die obere Solarzelle wandelt den kurzwelligen Spektralbereich des Sonnenlichtes in einen Photostrom um, und die untere Solarzelle erzeugt aus dem langwelligen Anteil des Sonnenlichtes einen Photostrom. In beiden Teilzellen fließt bei optimaler Anpassung von Bandabständen und von Absorber-Schichtdicken ein maximal gleich hoher Photostrom.

Der Gesamtwirkungsgrad einer Tandem-Solarzelle setzt sich näherungsweise aus dem ganzen Wirkungsgrad der oberen Solarzelle (diese ist dem ganzen Sonnenspektrum ausgesetzt) und aus etwa dem halben Wirkungsgrad der unteren Solarzelle (diese empfängt nur das von der oberen Solarzelle durchgelassene Licht) zusammen. Die obere Solarzelle muß also für den langwelligen (dunkel- und infraroten) Lichtanteil transparent sein; das bedeutet insbesondere, daß auch der Rückseitenkontakt der oberen Solarzelle lichtdurchlässig sein muß. Der theoretische Gesamtwirkungsgrad von Tandem-Solarzellen liegt bei Verwendung von einkristallinen Halbleitern bei 43 %, bei Einsatz von polykristallinen und amorphen Halbleitern bei 24 % (s. Abb. 1).

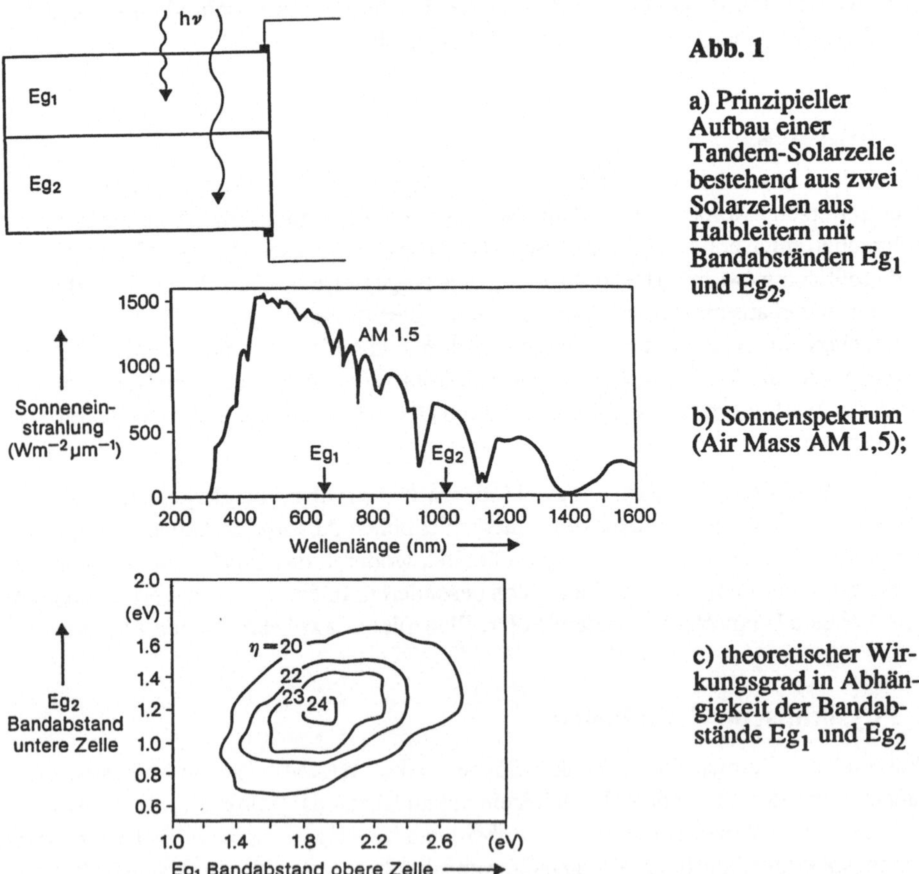

Abb. 1

a) Prinzipieller Aufbau einer Tandem-Solarzelle bestehend aus zwei Solarzellen aus Halbleitern mit Bandabständen E_{g_1} und E_{g_2};

b) Sonnenspektrum (Air Mass AM 1,5);

c) theoretischer Wirkungsgrad in Abhängigkeit der Bandabstände E_{g_1} und E_{g_2}

Für Anlagen mit großflächigen Solarzellen zur elektrischen Leistungserzeugung bedeuten die Anforderungen nach Halbleitern mit optimalen Bandabständen in Verbindung mit der Forderung nach umweltverträglichen Substanzen eine starke Einschränkung in der Auswahl an einsetzbaren Materialien. Für Konzentratorsysteme ist jedoch die Forderung nach Umweltverträglichkeit der verwendbaren Halbleiter eventuell weniger einengend.

Für die Realisierung von hocheffizienten Tandemanordnungen sind zur Zeit folgende Halbleiter von besonderem Interesse: hydrogenisiertes amorphes Silizium (a–Si:H) mit $E_g = 1,75$ eV, hydrogenisiertes, amorphes Germanium (a–Ge:H) mit $E_g = 1,1$ eV, polykristallines Silizium mit $E_g = 1,1$ eV, polykristallines Kupferindiumdiselenid (CIS) mit $E_g = 1,0$ eV und polykristallines Kupfergalliumdiselenid (CGS) mit $E_g = 1,7$ eV. Mit diesen Halbleitern lassen sich nun verschiedene Tandem-Kombinationen mit dem gewünschten Bandlückenverhältnis herstellen. Als Vertreter für Tandem-Solarzellen in Konzentratorsystemen scheint die Kombination Galliumarsenid (GaAs) mit Galliumantimonid (GaSb) von Bedeutung zu sein, da mit dieser Anordnung der bisher absolut höchste Wirkungsgrad (33,7 %) einer Solarzelle erzielt wurde.

3 Die a–Si:H/a–Ge:H-Tandem-Solarzelle

Die Dünnschicht-Tandem-Solarzelle mit a–Si:H/a–Ge:H-Struktur bietet den großen Vorteil, daß dieser Zellentyp aufgrund der chemischen Verwandtschaft von Silan (SiH_4) und German (GeH_4) im gleichen Herstellverfahren nach der PECVD-Methode (s. Abb. 1 im Beitrag: "Dünnschicht-Solarzellen aus amorphen Halbleitern") produziert werden kann. Nach der Deposition der pin-Solarzelle aus a–Si:H auf dem TLO (transparentes leitfähiges Oxid)-beschichtetem Glassubstrat kann unmittelbar anschließend eine pin-Schichtfolge aus a–Ge:H durch entsprechendes Öffnen und Schließen der Gasventile in der Anlage abgeschieden werden.

Abb. 2 zeigt den Querschnitt einer a–Si:H/a–Ge:H-Tandem-Solarzelle. Die elektrische Kontaktierung zur Stromabnahme erfolgt am oberen Frontkontakt (TLO-Schicht) der oberen Teilzelle und am unteren Kontakt der unteren Teilzelle (Zwei-Kontakt-Tandem-Solarzelle). Die photovoltaisch aktiven i-Schichten der beiden Teilzellen müssen so aufeinander abgestimmt sein, daß in der oberen Solarzelle die gleiche Anzahl von lichterzeugten Ladungsträgern erzeugt und dann auch gesammelt wird wie in der unteren Solarzelle. Bei einer Gesamtstromdichte von etwa 15 mA/cm^2 sollte nach theoretischen Abschätzungen die Dicke der undotierten a–Si:H-Schicht etwa 500 nm und die der undotierten a–Ge:H-Schicht etwa 150 nm betragen. Der Gesamtwirkungsgrad läge dann bei etwa 17 % (wenn auch $V_{OC} = 1.5$ V und FF = 0.75 % erreicht werden). Die für den Aufbau der internen elektrischen Felder erforderlichen p-und n-Schichten in der Mitte der Tandemstruktur bilden eine Diode, die aber für die Effizienz der Tandem-Solarzelle nur eine unwesentliche Störung bedeutet. Der Photostrom fließt über diesen inneren p/n-Übergang als Rekombinationsstrom.

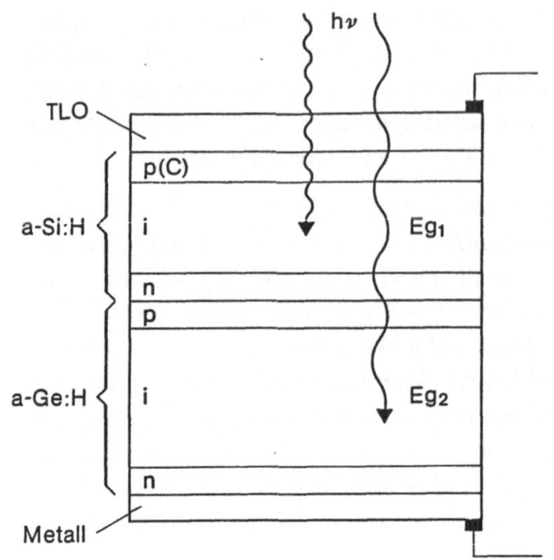

Abb. 2

Aufbau einer Dünn-
schicht-Tandem-Solar-
zelle aus a–Si:H/a–Ge:H

Während a–Si:H/a–Ge:H-Tandem-Solarzellen wegen der noch zu geringen Wirkungsgrade von reinen a–Ge:H-Solarzellen bisher nicht realisiert wurden, gibt es bereits Tripel-Solarzellen aus a–Si:H/a–Si:H/ a–SiGe:H ($E_{g1}/E_{g1}/E_{g2}$ = 1,75/1,75/1,45), die im
Labor Wirkungsgrade von über 14 % erreichten. Die obere a–Si:H-Solarzelle ist zur
Erhöhung der Lichtstabilität als a–Si:H/a–Si:H-Stapel-Solarzelle ausgebildet.

Der Vorteil der integrierten Verschaltung läßt sich auch hier – wie bei Einfach-Solarzellen – durch geeignete Strukturierungsmaßnahmen realisieren (s. Beitrag: "Dünnschicht-
Solarzellen aus amorphen Halbleitern").

Eine noch nicht vollständig geklärte Frage ist die Photostabilität der Tandem-Solarzellen
aus amorphen Halbleitern, die nach theoretischen Abschätzungen besser sein sollte als
diejenige von Einfach-Solarzellen aus a–Si:H. Aufgrund der dünneren i-Schichten in den
Teilzellen ist die elektrische Feldstärke zwischen p- und n-Schicht höher, so daß die
schädliche Rekombination von lichterzeugten Ladungsträgern vermindert und damit die
Erzeugung von Defekten (freien Valenzen) reduziert werden sollte.

4 Die a–Si:H/CIS-Tandem-Solarzelle

Eine Alternative zur a–Si:H/a–Ge:H-Tandem-Solarzelle ist die a–Si:H/CIS-Tandem-
Solarzelle (Abb. 3). $CuInSe_2$ (CIS) kann mit Sputter- oder Aufdampfverfahren in polykristalliner Form auf großflächigen Substraten abgeschieden werden (s. Beiträge: "Polykristalline Dünnschicht-Solarzellen" und "Polykristalline Materialien für Dünnschicht-
Solarzellen") Es ist p-leitend und braucht zur Erzeugung eines internen elektrischen Feldes eine n-leitende Frontschicht, welche bisher noch aus der umweltbedenklichen CdS-
Schicht besteht (Heterogener p/n-Übergang). Mit diesem Aufbau liegen die zur Zeit höchsten Wirkungsgrade von CIS-Solarzellen bei 14,1 %.

In einer a–Si:H/CIS-Tandem-Solarzelle befindet sich die rotempfindliche CIS-Solarzelle auf einem mit Molybdän (Mo) beschichteten Glassubstrat. Die blauempfindliche a–Si:H-Solarzelle wird auf einem zweiten TLO-beschichteten Glassubstrat abgeschieden, wobei der Rückkontakt nun ebenso aus TLO besteht, um die infrarote Strahlung für die CIS-Solarzelle hindurchtreten zu lassen. Beide Teilzellen werden über einen optischen Koppler (z. B. eine transparente Folie) miteinander verbunden, wobei jede Solarzelle ihre eigenen elektrischen Anschlüsse behält (Vier-Kontakt-Tandem-Solarzelle).

Der bisher höchste Wirkungsgrad von a–Si:H/CIS-Tandem-Solarzellen wurde im Labor mit 15,6 % gemessen.

Die a–Si:H/CIS-Tandem-Solarzellen erfordern wegen der unterschiedlichen Herstellung der Teilzellen auf verschiedenen Substraten mehrere Depositionsanlagen und sind damit auch technologisch aufwendiger. Ein höherer Wirkungsgrad könnte jedoch diesen Nachteil wieder ausgleichen.

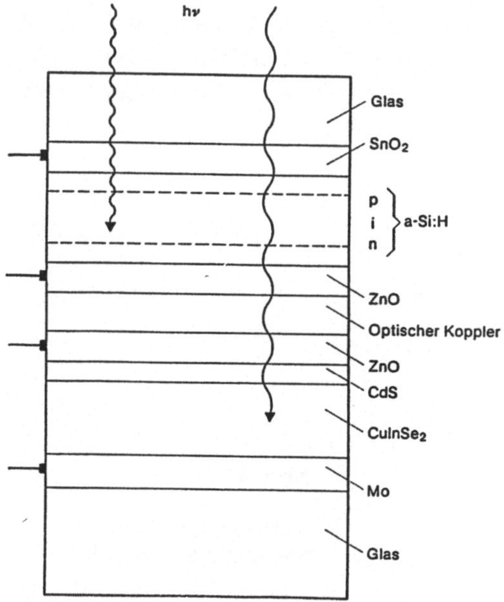

Abb. 3

Aufbau einer Tandem-Solarzelle aus a–Si:H/CIS

5 Die CGS/CIS-Tandem-Solarzelle

Durch Austausch der a–Si:H-Solarzelle in der a–Si:H/CIS-Anordnung durch eine Kupfergalliumdiselenid (CGS)-Solarzelle erhält man die CGS/CIS-Tandem-Solarzelle. Dieser Zellenaufbau wird im Beitrag "Polykristalline Dünnschicht-Solarzellen" behandelt und wird hier nur der Vollständigkeit halber erwähnt.

6 Die *a*–Si:H/*c*–Si-Tandem-Solarzelle

Bei dieser Tandemanordnung (Abb. 4) wird eine semitransparente *a*–Si:H-Solarzelle mit einer kristallinen Si-Solarzelle kombiniert, wobei die *c*–Si-Solarzelle in poly- oder einkristalliner Form und in Dünn-oder Dickschicht-Konfiguration vorliegen kann. Ebenso kann diese Solarzelle in einer Vier- oder auch Zwei-Kontakt-Anordnung aufgebaut sein.

Der Wert einer *a*–Si:H/*c*–Si Tandem-Solarzelle wird allerdings durch folgende Überlegung in Frage gestellt. Kristallines Si hat als indirekter Halbleiter einen im Vergleich zu direkten Halbleitern relativ kleinen Absorptionskoeffizienten. Das Sonnenlicht, insbesondere das infrarote Licht, welches dem Si-Bandabstand von 1,1 eV entspricht, dringt ca. 100 µm tief in den Si-Halbleiter ein. Die lichterzeugten Ladungsträger, insbesondere die den Photostrom bestimmenden Minoritätsladungsträger haben also lange Diffusionswege bis zum p/n-Übergang zurückzulegen. Dazu benötigen sie eine relativ lange Lebensdauer, d. h. es ist ein rekombinationsarmes (hochreines) Si-Material mit einer Diffusionslänge von mehr als 100 µm erforderlich. Solch ein gutes *c*–Si-Material (teuer !) erlaubt bereits einen hohen Wirkungsgrad und kann durch eine vorgeschaltete *a*–Si:H-Solarzelle nur unwesentlich verbessert werden. Trotzdem wird in einigen Labors an diesem Tandemkonzept gearbeitet, und der bisher höchste Wirkungsgrad einer *a*–Si:H/poly-Si-Tandem-Solarzelle wurde mit 19,1 % angegeben

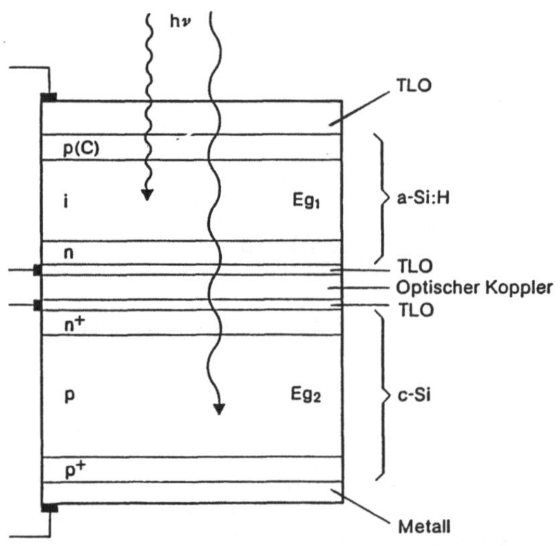

Abb. 4

Aufbau einer Tandem-Solarzelle aus *a*–Si:H/*c*–Si

7 Die GaAs/GaSb-Tandem-Solarzelle

Einerseits ist die Herstellung von Galliumarsenid (GaAs)-Halbleitern teuer und aufwendig, andererseits besitzt dieser Halbleiter einen für das AM 1.5-Sonnenspektrum optimal angepaßten Bandabstand von 1,45 eV. In der Tat wurden mit GaAs-Solarzellen auch die höchsten Wirkungsgrade (etwa 26 % unter einfachem Sonnenlicht, etwa 30 % unter 200-facher Sonnenlicht-Konzentration) erzielt. Leider gehört GaAs nicht zu den umweltverträglichen Substanzen. Das Interesse am GaAs erstreckt sich daher auf extraterrestrische Anwendungen und auf terrestrische Anwendungen in Form von Konzentratorsystemen (s. Beitrag "Konzentrierende Systeme"). Danach wird das Sonnenlicht mit einer billigen Optik auf kleine, hochwertige Solarzellen konzentriert und in einen Photostrom umgewandelt. Das System verwertet nur den direkten (fokussierfähigen) Anteil des Sonnenlichtes, muß dem Sonnenlauf zweidimensional nachgefahren werden und benötigt eine Kühlung für die sich im Fokus stark aufheizende Solarzelle, um eine Abnahme des Wirkungsgrades durch Temperaturerhöhung zu vermeiden.

In Kombination mit einer Galliumantimonid (GaSb)-Solarzelle ($E_g = 0.7\,eV$) wurde unter einer 50-fachen Sonnenlicht-Konzentration der bisher höchste Wirkungsgrad aller Solarzellen mit 33.7 % erreicht, wobei die obere GaAs-Solarzelle 26.7 % und die untere GaSb-Solarzelle 7.0 % Wirkungsgrad aufzeigten. Die GaAs/GaSb-Tandem-Solarzelle war in einer Vier-Kontakt-Anordnung aufgebaut; der Durchmesser der aktiven Fläche der GaSb-Solarzelle betrug nur 2.5 mm.

8 Vergleich von Zwei- und Vier-Kontakt-Tandem-Solarzellen

Die Möglichkeit, Tandem-Solarzellen mit zwei oder vier elektrischen Anschlüssen zu versehen, erfordert Überlegungen über Vor- und Nachteile dieser Anordnungen. In der Tabelle 1 sind diese Vergleiche zusammenfassend aufgelistet.

Die Vorteile der Vier-Kontakt-Tandem-Solarzelle liegen in der Möglichkeit, die beiden Teilzellen unabhängig voneinander zu entwickeln und zu optimieren. Unterschiedliche Herstellungsverfahren und -bedingungen (z. B. Temperatur) haben keinen Einfluß auf die

Tab. 1   Vor- und Nachteile von Vier- und Zwei-Kontakt-Tandem-Solarzellen

	4-Kontakt	**2-Kontakt**
	Glas Zelle opt. Koppler Zelle 2 Glas	Glas Zelle Zelle 2 Glas
Vorteile	- getrennte Optimierung - keine Stromanpassung - keine Interdiffusion - getrennte Strukturierung	- kleinste Anzahl Schichten - kleine Reflexions- und Absorptionsverluste - billigste Version
Nachteile	- zusätzliche Schichten (Koppler) - zusätzl. Refl. u. Absorption - teuere Version	- Stromanpassung - Interdiffusion - Tunnel-Diode - Prozeßanpassung

Qualität der jeweils benachbarten Teilzellen. Beide Teilzellen sind elektrisch entkoppelt; deswegen muß auf eine Stromanpassung (gleicher Strom durch beide Teilzellen, die schwächere bestimmt den Wert des Gesamtstromes) nicht geachtet werden. Durch die Zwischenschicht (optischer Koppler) ist eine Interdiffusion von Dotieratomen aus benachbarten Dotierschichten nicht möglich. Die Strukturierung zu integriert verschalteten Modulen erfolgt separat und kann den Gegebenheiten der Teilzellen (z. B. bei der Spannungsvorgabe) angepaßt werden.

Die Nachteile der Vierkontakt-Tandem-Solarzelle beruhen auf der Einführung zusätzlicher Schichten und in der größeren Anzahl erforderlicher Apparaturen zur Herstellung der Teilzellen. Zusätzliche Schichten (optischer Koppler) erhöhen Reflexions- und Absorptionsverluste und führen damit zu Einbußen im Photostrom. Zusätzliche Apparaturen und Schichten verteuern in der Regel diesen Tandem-Solarzellentyp.

Die Zwei-Kontakt-Tandem-Solarzelle kommt naturgemäß mit der geringsten Anzahl von Schichten aus. Sie benötigt nur ein einziges Substrat und kann als rückwärtigen Schutz eine kostengünstige Kunststoffbeschichtung erhalten. Es gibt keine zusätzlichen Reflexions- oder Absorptionsverluste durch zusätzliche Schichten. Dieser Tandem-Solarzellentyp ist daher im Prinzip die billigste Version.

Bei der Zwei-Kontakt-Tandem-Solarzelle kann in den beiden Teilzellen eine Stromanpassung nicht erfolgen, wie sie idealerweise aufgrund der spektralen Änderung des Sonnenspektrums im Verlauf des Tages erforderlich wäre. Das Verhältnis der Schichtdicken der beiden Teilzellen wird bezüglich ihrer Absorptionseigenschaften auf Sonnenhöchststand eingestellt. An der Grenzfläche der beiden Teilzellen muß mit schädlichen Interdiffusionen gerechnet werden, insbesondere dann, wenn hohe Prozeßtemperaturen bei der Herstellung auftreten. Ebenso kann ein Spannungsverlust an dieser Grenzfläche auftreten, wenn durch die Anordnung eine falsch gepolte Diode entsteht, z. B bei einer pin/pin-Struktur bei amorphen Tandem-Solarzellen. Die Depositionsprozesse der einzelnen Teilzellen müssen aufeinander abgestimmt sein, was zu Problemen bei der Optimierung des Wirkungsgrades führen kann.

Schlußbemerkung

Die Entwicklung von Tandem-Solarzellen als Vielschichtsysteme erfordern in der Regel mehr Aufwand und stellen auch höhere technologische Ansprüche bezüglich der Realisierung. Es muß daher sehr kritisch geprüft werden, ob sich der erwartete Wirkungsgradgewinn auch wirklich lohnt. Insbesondere ist zu prüfen, ob nicht auch schon die untere Solarzelle den kurzwelligen Teil des Sonnenspektrums durch eine hohe Blauempfindlichkeit ausreichend gut ausnützt. Nur wenn eine geringe Blauempfindlichkeit der unteren Solarzelle durch eine effektive Front-Solarzelle gewinnbringend ausgenutzt werden kann, ist die physikalische Voraussetzung zur Entwicklung einer Tandem-Solarzelle gegeben. Die weiteren Kriterien liegen dann noch in den Kostenvorteilen.

Photoelektrochemische Solarzellen

D. Meissner
Institut für Solarenergieforschung (ISFH)
Sokelantstraße 5, 30165 Hannover

1 Einleitung

Neben dem Halbleiter/Festkörper-Kontakt kann auch der Halbleiter/Elektrolyt-Kontakt zur Umwandlung von Lichtenergie in elektrische Energie genutzt werden. Der zugrunde-liegende photovoltaische Effekt ist bereits 1839 von E. Bequerel bei der Untersuchung von Silberhalogenid-beschichteten Platinelektroden gefunden worden [1]. An eine Nutzung dieses "Bequerel Photovoltaischen Effekts" war jedoch erst zu denken, nachdem ausreichend gute Halbleitermaterialien erhältlich waren. Mitte der fünfziger Jahre dieses Jahrhunderts begannen erste Untersuchungen [2], die dann besonders durch die Arbeiten von H. Gerischer und R. Memming zur Entwicklung der grundlegenden Modellvorstel-lungen führten. Trotz nun schon mehr als dreißig Jahren Forschung in diesem Arbeitsge-biet, die allerdings nur in relativ wenigen Arbeitsgruppen betrieben wird, sind bisher viele grundlegende Fragen noch offen und bieten der Grundlagenforschung ein bis heute faszi-nierendes Arbeitsfeld mit vielen Anwendungsmöglichkeiten auch außerhalb der Solar-energienutzung.

2 Solarenergieumwandlung am Halbleiter/Elektrolyt-Kontakt

Klassische photovoltaische Zellen, wie sie in den anderen Kapiteln beschrieben werden, nutzen Festkörper-Kontakte aus einkristallinem, polykristallinem oder amorphem Sili-cium, in zunehmendem Maße aber auch aus Galliumarsenid, Kupfer/Indiumdiselenid oder Cadmiumtellurid. Eine weltweite solare Wasserstoff-Wirtschaft auf der Basis einer Koppelung dieser Zellen mit Elektrolyseuren erscheint als mögliche Zukunftsperspektive und wird auch durch Großprojekte in Deutschland wie dem deutsch/saudiarabischen Hysolar-Projekt oder in der Solarwasserstoff-Anlage der Bayernwerke erprobt. Die Her-stellung von Festkörper- Zellen ist allerdings in der Regel kompliziert, energieaufwendig und teuer, und die Koppelung mit den Elektrolyseuren führt zu zusätzlichen Verlusten.

Vor diesem Hintergrund stieß Anfang der siebziger Jahre eine Veröffentlichung von Fujishima und Honda weltweit auf großes Interesse, in der eine photoelektrochemische Zelle zur direkten Wasserspaltung vorgestellt wurde [3]. Damit schien der Durchbruch für ein Arbeitsgebiet geschafft, das bis zu diesem Zeitpunkt nur in sehr wenigen Arbeitsgrup-pen in der Welt bearbeitet worden war: die Halbleiter- oder Photo-Elektrochemie. Gera-dezu eine Euphorie setzte dann ein, als im Jahre 1981 gemeldet wurde, man müsse nur Titandioxid – oder besser noch (weil auch den sichtbaren Teil des Sonnenspektrums nutzend) Cadmiumsulfid-Pulver, wie sie als Farbpigmente in riesigen Mengen hergestellt werden – in einem einfachen naßchemischen Schritt mit geeigneten Katalysatoren beschichten und als wäßrige Suspensionen in die Sonne stellen, dann würde Wasser durch das Sonnenlicht direkt in Wasserstoff und Sauerstoff zerlegt [4]. Die Zahl der in diesem Gebiet arbeitenden Gruppen und ihrer Veröffentlichungen stieg daraufhin sofort an. Die Begeisterung ließ aber wieder nach, als sich die publizierten Ergebnisse als nicht reproduzierbar erwiesen und man feststellte, daß die Realisierung einer photoelektrochemischen Wasserspaltung weit schwieriger ist als ursprünglich angenommen. Die meisten Gruppen haben darum inzwischen ihre Arbeiten auf diesem Gebiet wieder eingestellt.

Insbesondere weil in photoelektrochemischen Zellen aber eine direkte Umwandlung von Solarenergie in einen speicherbaren Energieträger möglich ist, sollten weitere Forschungsarbeiten unbedingt durchgeführt werden. Die Photoelektrochemie ist nicht nur ein faszinierendes interdisziplinäres Forschungsgebiet mit einer Vielzahl auch praktischer Anwendungen im Bereich der Halbleiter-Technologie, sondern ihre Perspektive ist auch, daß sie einmal einen wichtigen Beitrag zur einzig wirklich umweltverträglichen Erzeugung hochwertiger Energieträger liefern kann, der Solarenergieumwandlung.

3 Prinzipien photoelektrochemischer Lichtenergieumwandlung

Die photoelektrochemische Umwandlung von Lichtquanten in elektrischen Strom oder direkt in speicherbare chemische Energieträger erfolgt in drei Stufen:
- Absorption von Photonen durch Anregung von Elektronen aus dem elektronischen Grundzustand in einen angeregten Zustand ausreichender Lebensdauer,
- Ladungstrennung des angeregten Elektrons vom positiv geladenen Defektelektron ("Loch") in einem elektrischen Feld,
- Nutzung der Anregungsenergie des Elektrons durch Reduktion und der des Defektelektrons durch Oxidation geeigneter Moleküle in einem Elektrolyten.

Der erste Schritt kann im Prinzip in jedem elektronisch anregbaren Material erfolgen, auch wie bei photochemischen Reaktionen in einem einzelnen Molekül. Außer in photochemisch sensibilisierten Reaktionen (s.u.) wird in der Photoelektrochemie allerdings wie in der Photovoltaik ein Halbleitermaterial eingesetzt, in dem die Anregung eines Elektrons aus dem voll besetzten Valenzband über eine Bandlücke geeigneter energetischer Breite in das unbesetzte Leitungsband erfolgt. Dargestellt wird dies üblicherweise wie in der Festkörperphysik in einem (Elektronen-)Energie-Diagramm, wie es in den folgenden Abbildungen benutzt wird. In diesem sind meist nur die Oberkante des Valenzbandes und die Unterkante des Leitungsbandes dargestellt, da nach der Lichtanregung eines Elektrons über die Bandlücke das gebildete Elektron/Loch-Paar sehr schnell ($< 10^{-12}$ s) zu den Bandkanten hin relaxiert. Auch nach Absorption eines sehr energiereichen Lichtquantes, das zunächst zur Bildung von sogenannten "heißen" Ladungsträgern führt, bleibt damit in dem Halbleiter nur die der Bandlücke entsprechende Energie gespeichert. Die überschüssige Energie wird durch die thermische Relaxation der Ladungsträger als Wärme (Phononen) an das Kristallgitter abgegeben.

Damit ergibt sich wie in der Photovoltaik die Notwendigkeit, ein Halbleitermaterial zu wählen, das eine für die Solarenergienutzung optimal geeignete Bandlücke besitzt (vgl. Abb. 1, nächste Seite). Ist diese zu klein, wie dies auch für das photovoltaische Standardmaterial Silicium mit 1,1 eV der Fall ist, so wird zwar ein großer Teil des Sonnenlichtes absorbiert, aber nur ein kleiner Anteil davon als Anregungsenergie gespeichert. Materialien mit zu großer Bandlücke (wie das photoelektrochemische Standardmaterial Titandioxid, Bandlücke 3,2 eV), können nur den kurzwelligen Anteil des Lichtes nutzen*.

Das zur räumlichen Ladungstrennung notwendige elektrische Feld entsteht im Halbleitermaterial im Prinzip an jeder Grenzfläche zu einem anderen Material, dessen Elektronenaffinität (Austrittsarbeit, dargestellt im Energiediagramm als das Ferminiveau) sich von der eigenen unterscheidet (vgl. Abb. 1). Durch die Dotierung des Halbleiters wird die Elektronenenergie im Festkörper (das Ferminiveau) eingestellt. Beim Eintauchen des Halbleiters in den Elektrolyten stellt sich zunächst das thermodynamische Gleichgewicht ein. Liegt das Ferminiveau wie im n-dotierten Material höher (elektrochemisch gesehen kathodischer) als die Energie eines Elektrons in dem gewählten Redoxsystem (das Redoxpotential), verlassen Elektronen den Halbleiter unter Zurücklassen elektrisch nicht mehr kompensierter positiv geladener Dotierungsatome und reduzieren die oxidierte Form des Redoxsytems. Die ortsfesten positiven Ladungen im Halbleiter bilden dann eine elektrische Raumladung, deren elektrisches Feld im Gleichgewichtsfall den Gradienten im chemischen Potential kompensiert. Damit läßt sich die an einem Kontakt entstehende Bandverbiegung - die Darstellung dieses elektrischen Feldes im Energiemodell - durch Auswahl eines Halbleiters geeigneter Austrittsarbeit, aber auch durch Wahl eines geeigneten Elektrolyten bzw. eines Redoxsystems mit geeignetem Redoxpotential (die der Austrittsarbeit entsprechende Größe im Elektrolyten) vorgeben. Die energetischen Verhältnisse des für die Photoelektrochemie charakteristischen Halbleiter/Elektrolyt-Kontaktes entsprechen damit in erster Näherung denen eines Halbleiter/Metall- (Schottky-) Kontaktes.

Nach der Generierung von Ladungsträgern durch Lichtabsorption in der Raumladungszone des Kontaktes bewirkt diese im n-Leiter die Drift des angeregten Elektrons entlang der Leitungsband-Unterkante ins Innere des Festkörpers, während das Defektelektron zum Elektrolyt-Kontakt driftet. An der Oberfläche des p-Leiters, in dem negativ geladene Dotierungsatome das umgekehrt gerichtete Feld (nach unten gebogene Bänder) aufbauen, gelangen unter Belichtung Elektronen im Leitungsband an die Grenzfläche zum Elektrolyten. In beiden Fällen schließt sich ein elektrochemischer Schritt an: Ladungstransfer zum Redoxsystem in Lösung und das Wegdiffundieren des durch Oxidation (am n-) bzw. Reduktion (am p-Halbleiter) gebildeten Produktes. Die jeweiligen Gegenladungen wandern im elektrischen Feld ins Innere der Elektrode und bauen die bei der Gleichgewichtseinstellung mit dem Elektrolyten entstandene Bandverbiegung ab und damit die Photospannung zwischen Rückkontakt und Elektrolyt auf. Diese wird in den Energiediagrammen durch die Aufspaltung des Ferminiveaus dargestellt, das im Gleichgewichtsfall die Konzentrationen von Elektronen im Leitungs- und Defektelektronen im Valenzband be-

---

* Für die Umrechnung der Lichtwellenlänge in Energie gilt:
Photonenergie in eV = 1240 / Wellenlänge in nm

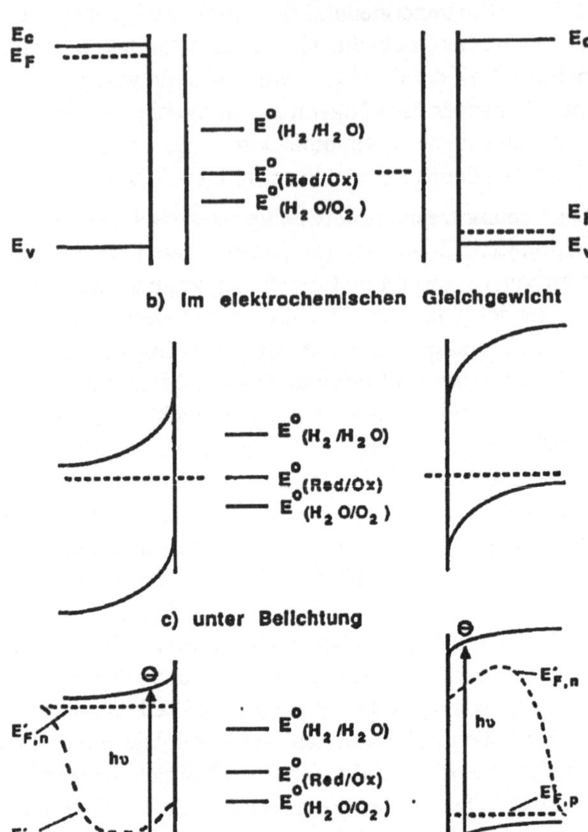

Abb. 1 Entstehung von Raumladungszonen am Halbleiter/Elektrolyt-Kontakt.

a) Ein n-Halbleiter (links) und ein p-Halbleiter (rechts) vor dem Kontakt mit dem Elektrolyten. Die Bänder sind flach und es existiert keine Raumladungszone.

b) n- bzw. p-Halbleiterelektroden im Kontakt mit dem Elektrolyten. Durch Austausch von Ladungsträgern hat sich das Ferminiveau des Halbleiters im Gleichgewicht auf das Redoxpotential des Elektrolyten eingestellt. Durch den Ladungsaustausch hat sich eine Raumladungszone und damit ein elektrisches Feld an der Grenzfläche ausgebildet.

c) n- bzw. p-Halbleiterelektroden bei Belichtung. Das Ferminiveau spaltet sich in je ein Quasi-Ferminiveau für Minoritäts- und Majoritätsladungsträger auf. Durch das elektrische Feld werden die Ladungsträger getrennt und führen an der n-Elektrode zur Oxidation und an der p-Elektrode zur Reduktion des Redoxsystems. Fehlt ein Redoxsytem im Elektrolyten, wird bei Erreichen der entsprechenden Potentiale Wasser oxidiert bzw. reduziert.

schreibt, in das sogenannte Quasi-Ferminiveau der Elektronen und das der Defektelektronen. Die Differenz zwischen beiden kann in einem externen elektrischen Kreis als Photospannung und damit zur Erzeugung elektrischer Energie genutzt werden oder steht zur elektrolytischen Erzeugung chemischer Brennstoffe zur Verfügung.

Für die photoelektrolytische Brennstoffherstellung, das Hauptziel der Photoelektrochemie, ergeben sich damit eine Reihe von Bedingungen, die hier am Beispiel der Wasserstoffproduktion durch direkte Wasserspaltung erläutert seien (vgl. Abb. 2):

1. Die mit dem Halbleiter erreichbare Photospannung (Aufspaltung der Quasi-Ferminiveaus) muß größer sein als die zur Elektrolyse notwendige Spannung. Diese setzt sich aus der thermodynamischen Zersetzungsspannung (für Wasser 1,23 V), der zur Erzielung einer bestimmten Stromdichte notwendigen Diffusions-Überspannung, einer für die Grenzfläche des speziellen Halbleitermaterials jeweils charakteristischen kinetischen Überspannung und der Spannungen zusammen, die an den im elektrischen Kreis auftretenden Widerständen (bes. im Elektrolyten, im Halbleiter und an den Kontakten) abfallen.

2. Nach Aufbau der Photospannung muß noch eine Bandverbiegung bestehen bleiben, damit das damit verbundene elektrische Feld die bei Belichtung gebildeten Elektron/Loch-Paare räumlich trennen und eine Rekombination verhindern kann. Ferner kann wegen der nicht vermeidbaren strahlenden Rekombination die Photospannung (Aufspaltung der Quasi-Ferminiveaus) nur einen kleineren Wert erreichen als der Bandlücke entspricht. Diesen Einschränkungen, die dazu führen, daß die Photospannung nur einen um etwa 0,5 V kleineren Wert erreichen kann als der Bandlücke entspricht, unterliegen Festkörper-Solarzellen in gleicher Weise.

3. Um eine Ladungsübertragung zum Elektrolyten zu ermöglichen, müssen die Bandkanten an der Grenzfläche zum Elektrolyten geeignete Energien besitzen. Für die Wasserreduktion muß das Leitungsband soweit oberhalb (kathodisch) vom Reduktionspotential des Wassers (Wasserstoff-Potential, in neutraler Lösung − 0,42 V (NHE)**) und das Valenzband soweit unterhalb des Oxidationspotentiales des Wassers (Sauerstoff-Potential, in neutraler Lösung + 0,81 V (NHE) liegen, daß die Bedingungen 1 und 2 noch erfüllt werden können.

Sind diese Bedingungen erfüllt, so ist das Halbleitermaterial prinzipiell für direkte photoelektrochemische Wasserspaltung geeignet. Wie in Abb. 2 zu sehen ist, gilt schon dies nur für wenige Halbleitermaterialien. Aber selbst diese produzieren mit der einzigen Ausnah-

---

** Der elektrochemische Standard-Bezugspunkt für die Angabe von Redoxpotentialen, das Potential der Normal-Wasserstoffelektrode (NHE), entspricht einem Wert von etwa − 4,7 eV bezogen auf das sogenannte Vakuum-Niveau, den Bezugszustand der Festkörperphysik. Da die Energieskala der Festkörperphysik nur negative Vorzeichen kennt, die Skala der Elektrochemie aber positive und negative Werte relativ zu dem festen Bezugszustand besitzt (vgl. Abb. 2), entspricht der Wert − 0,42 V (NHE) einem z. B. in der Photoelektronenspektroskopie üblichen Wert von − 4,28 eV.

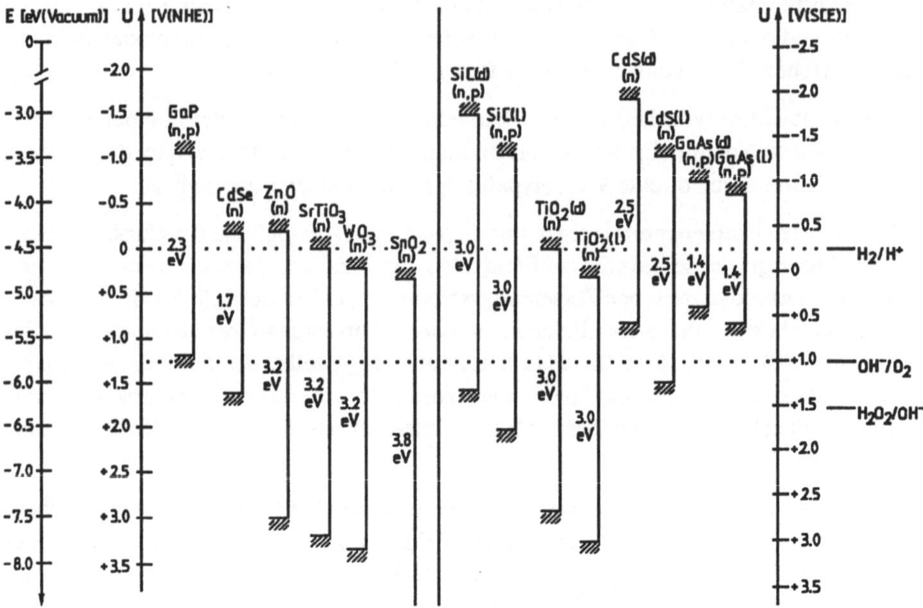

Abb. 2 Die energetische Lage des Leitungs- und des Valenzbandes häufig verwendeter Halbleitermaterialien im Kontakt zu wäßrigen Elektrolyten. Der Bezugspunkt ist entweder das Vakuumniveau der Elektronen oder das Potential einer Referenzelektrode (Normalwasserstoffelektrode = NHE oder gesättigte Kalomelelektrode = SCE). Die Bandpositionen hängen nicht von der Dotierung (n,p), jedoch häufig von der Belichtung ab ((d) = dunkel, (l) = Licht). Auf der rechten Seite ist dies für die von uns untersuchten Halbleitermaterialien (TiO₂, CdS, GaAs) dargestellt. Für die Wasserspaltung ist es notwendig, daß sich das Leitungsband oberhalb des Wasserstoffpotentials (rechts dargestellt) und das Valenzband unterhalb des Sauerstoffpotentials befindet. Angegeben ist auch die Bandlücke des Halbleiters in eV.

me des Strontiumtitanats bei Bestrahlung nicht Wasserstoff und Sauerstoff. Dies ist bei den meisten n-leitenden Materialien darauf zurückzuführen, daß die an die Oberfläche des Halbleiters gelangenden Defektelektronen (also meist fehlende Bindungselektronen) eher zur Oxidation und damit zur Auflösung des Halbleiters führen als zur Wasseroxidation.

In jedem Fall ergibt sich aber aus der unter 1 genannten Bedingung (ohne zusätzliche Verluste bei den elektrochemischen Reaktionen) ein maximal erreichbarer Wirkungsgrad von etwa 25 %, jedoch bei realistisch angenommenen Überspannungen von etwa 0,3 V im Elektrolyten nur einer von etwa 17 %, da dann die notwendige Bandlücke nur die Ausnutzung eines kleinen Teils des Sonnenspektrums erlaubt (Abb. 3). Ein Ausweg liegt in der Zusammenschaltung zweier Halbleitermaterialien kleinerer Bandlücke und entgegengesetzter Dotierung. Von diesen muß entsprechend der Bedingung 3 der n-Halbleiter eine für die Wasseroxidation geeignete Lage des Valenzbandes, der p-Halbleiter eine für die Wasserstoffbildung geeignete Lage des Leitungsbandes besitzen. Die mit einer solchen 2-Photoelektroden-Anordnung maximal erreichbaren Wirkungsgrade sind in Abb. 3 b dargestellt und liegen für realistische Fälle günstiger.

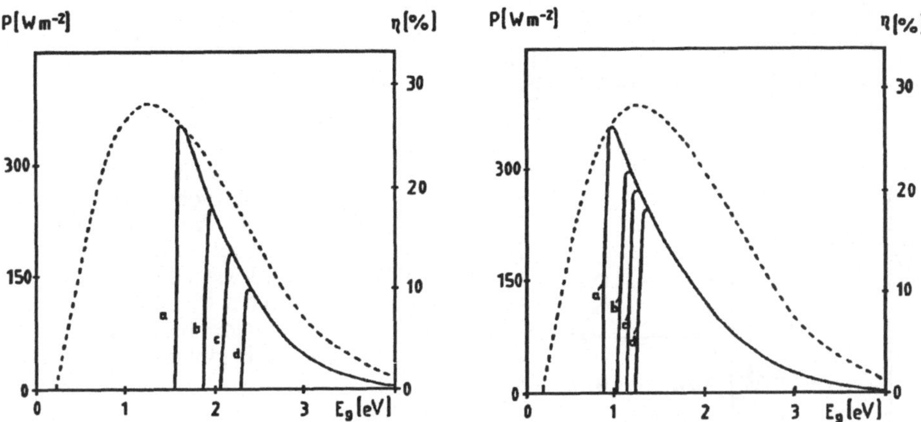

Abb. 3   Der theoretische Wirkungsgrad der Wasserspaltung für ein solares AM0-Spektrum in Abhängigkeit vom Bandabstand des Halbleiters. Abb. 3a für eine Anordung mit einer Photoelektrode und einer Metallgegenelektrode. Abb. 3b für eine 2-Photoelektroden-Anordnung mit Halbleitern gleicher Bandlücke.

Die Fälle a) - d) entsprechen angenommenen Verlustüberspannungen im gesamten Stromkreis von 0 mV, 300 mV, 500 mV bzw. 700 mV. Der theoretische Wirkungsgrad für regenerative Zellen bzw. p/n-Zellen, gestrichelt dargestellt, ist identisch.

4 Aktueller Stand der Forschungen

Die grundlegenden Prinzipien photoelektrochemischer Energieumwandlung wurden bereits vor mehr als 25 Jahren untersucht, und energetische Modelle für den Ladungstransport wurden entwickelt [5]. Dennoch blieben einige ganz entscheidende grundlegende Fragen ungeklärt. Dazu gehörte, daß über grundsätzliche Beschränkungen im erreichbaren Wirkungsgrad keine ausreichende Klarheit bestand. Wie oben beschrieben fällt ja zunächst die Analogie des für die Photoelektrochemie charakteristischen Halbleiter/Elektrolyt-Kontaktes mit einem Halbleiter/Metall- oder Schottky-Kontakt auf. Da dieser aber wegen hoher Ladungsträgerrekombination im Metall prinzipiell einen niedrigeren Wirkungsgrad für die Lichtumwandlung in elektrischen Strom besitzt als ein p/n-Festkörperkontakt, ist er für eine Solarenergieumwandlung grundsätzlich nicht konkurrenzfähig.

Erst in jüngster Zeit konnten wir durch eine genauere Analyse von Dunkelstrom-Kurven zeigen, daß die Verlustströme am Halbleiter/Elektrolyt-Kontakt deutlich kleinere Werte erreichen als die, die am Kontakt zu einem Metall auftreten. Auch praktisch können inzwischen Wirkungsgrade für die Stromproduktion von über 12 % für sogenannte regenerative Zellen erreicht werden, Werte, die durchaus auch mit denen von p/n-Zellen konkurrieren können [6]. In einer regenerativen Zelle mit einem n-leitenden Halbleiter wird im lichtinduzierten Schritt die reduzierte Form eines Redoxsystems (z.B. S^{2-}) oxidiert, diese aber selbst durch eine Reduktion (hier von S^0) an der Metallgegenelektrode wieder regeneriert (Abb. 4).

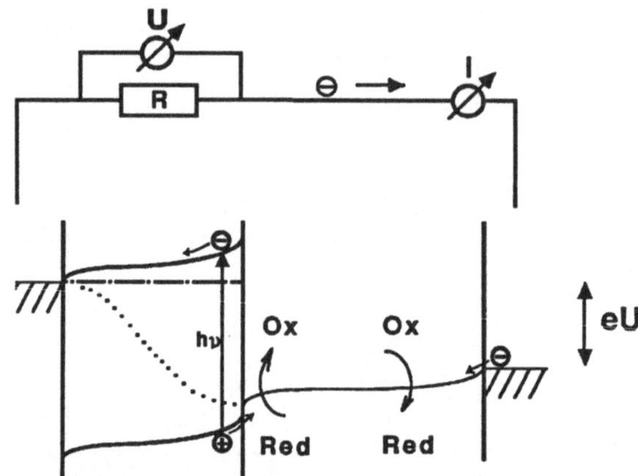

Abb. 4

Das Prinzip der regenerativen elektrochemischen Solarzelle. Am n-Halbleiter wird bei Belichtung das Redoxsystem oxidiert und an der Metallelektrode wieder reduziert. Die Zelle gibt die Leistung I·U ab.

Es gelingt in solchen regenerativen Zellen auch, die Photokorrosion des n-Halbleiters vollständig zugunsten der Oxidation der reduzierten Spezies im Elektrolyten zu unterdrücken, sodaß diese "nassen Solarzellen" eine ausreichende Stabilität besitzen. Entscheidende Bedingung hierfür ist die Verwendung eines schnellen Redoxsystems, das Ladungen elektrochemisch reversibel an der Oberfläche übertragen kann. Diese Bedingung ist gleichbedeutend mit der Forderung, daß der Halbleiter für die entsprechende Reaktion ein guter Elektrokatalysator sein muß. Dies ist natürlich nicht notwendigerweise gegeben. So ergibt sich die Frage, ob eine Katalyse des Ladungstransfers möglich ist. Dies soll unten genauer diskutiert werden.

Prinzipiell besteht das Stabilitätsproblem auch für p-Halbleiter, da alle Materialien auch reduktiv zersetzt werden können. Dies ist aber bisher weit weniger genau untersucht worden als die oxidative Photokorrosion. Der Grund hierfür liegt im Problem der Analytik, da bei der Reduktion des Halbleiters in der Regel ein Metall gebildet wird, das den Halbleiter/Elektrolyt-Kontakt sofort in einen Halbleiter/Metall-Kontakt verwandelt, der sich mit der Metallseite im Elektrolyten befindet. Das Strom/Spannungs-Verhalten wird dann von dem neuen Festkörperkontakt bestimmt, der anschließende Ladungstransfer und alle Korrosionsreaktionen vom Metall/Elektrolyt-Kontakt. Beide sind nicht mehr streng gekoppelt, und die häufig zur Analyse der Halbleiterkorrosion verwendete Technik der Ring/Scheiben-Analyse mit unterbrochener Belichtung des Halbleiters versagt.

Leider gibt es bisher auch weit weniger p- als n-leitende oder entsprechend dotierbare Halbleitermaterialien, und sie wurden bisher auch nur sehr unzureichend untersucht. Alle p-Halbleiter zeigen in den Strom/Spannungskurven in der Regel ein Verhalten, für das es auch in unserer Gruppe bisher nur ansatzweise Erklärungsmodelle gibt: einen ausgesprochen breiten sogenannten Rekombinationsbereich. Dies ist der Potentialbereich, der sich direkt an das Flachbandpotential anschließt, und in dem nach einem klassischen Schottky-Modell schon Photoströme fließen sollten. Abb. 5 skizziert dies in einer direkten Gegenü-

Abb. 5 Ein Vergleich von Stromspannungskurven und Energiediagrammen einer Metallelektrode, einer idealen und einer realen n-Halbleiterelektrode: Anodisch bzw. kathodisch vom Redoxpotential (Pfeile + und -) wird an der

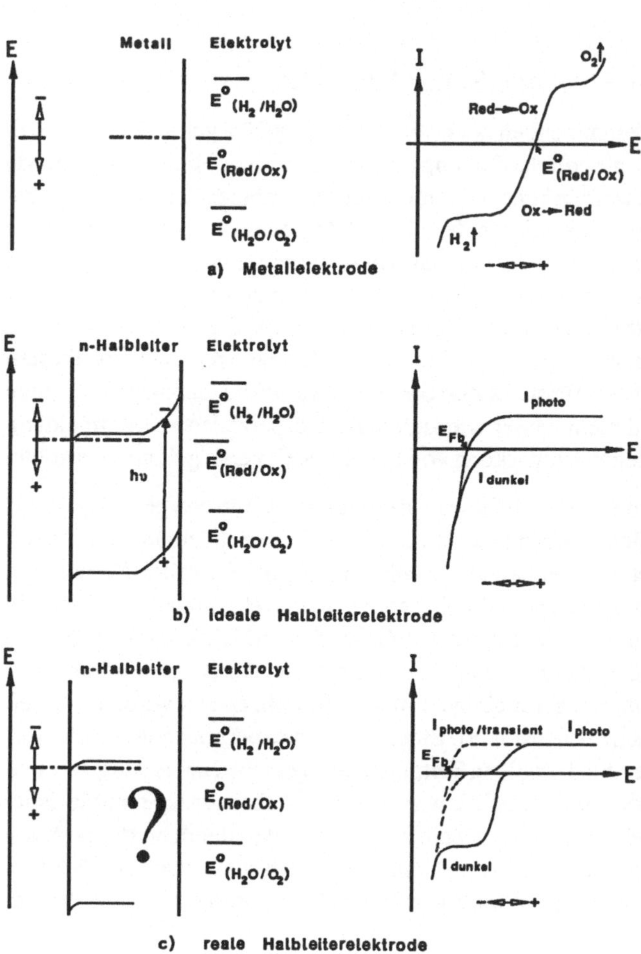

Metallelektrode das Redoxsystem oxidiert bzw. reduziert. Bei entsprechend anodischen/kathodischen Potentialen entsteht Sauerstoff bzw. Wasserstoff.

An einer n-Halbleiterelektrode (Abb. 5b und c) sind nur bei Belichtung anodische Ströme zu beobachten. Bei idealen Elektroden sollte der Photostrom nahe des Flachbandpotentiales (E_{Fb}) einsetzen. Bei realen Elektroden beginnt er jedoch häufig erst bei wesentlich anodischeren Potentialen (durchgezogene anodische Kurve), lediglich kurzzeitige Photostromtransienten (gestrichelte anodische Kurve) beginnen nahe dem Flachbandpotential. Der kathodische Strom im Dunkeln hängt stark von der Wahl des Redoxsystems ab (durchgezogene und gestrichelte kathodische Ströme). Für reale Halbleiterelektroden kann das Flachbandpotential und damit die Bandverbiegung von der Belichtung und/oder von dem Redoxsystem abhängen (siehe "?" im Energiediagramm).

berstellung von Strom/Spannungskurven und zugehörigen energetischen Modell-Diagrammen für eine Metallelektrode, eine ideale Halbleiterelektrode vom Schottky-Typ und eine real gemessene n-Halbleiterelektrode. Für diese kann das Auftreten eines Potentialbereiches, in dem auch unter Belichtung keine stationären Ströme fließen, die durch Licht erzeugten Elektron/Loch-Paare also rekombinieren, quantitativ durch ein Modell erklärt werden, in dem durch Belichtung Oberflächenzustände aufgeladen und so die klassisch an der Oberfläche als fixiert angesehenen Bandkanten verschoben werden [7]. Dieses Verschieben des Flachbandpotentials unter Belichtung, das mit Hilfe von Kapazitätsmessungen direkt beobachtbar ist, ist ein generell auftretendes Phänomen, das aber allein nicht ausreicht, die an p-Halbleitern wesentlich breiteren Rekombinationsbereiche zu erklären. Hier sind weitergehende Untersuchungen auch unter Einbeziehung genauer Oberflächenanalytik notwendig.

4 Die Katalyse photoelektrochemischer Prozesse

Eine bis in die allerjüngste Vergangenheit noch vollständig ungelöst gebliebene Frage in der Photoelektrochemie war die, ob der Ladungstransfer von einer Halbleiterelektrode zum Elektrolyten katalysiert werden kann. Dies mußte deshalb grundsätzlich in Frage gestellt werden, weil das wesentliche Prinzip der Photoelektrochemie ja die Nutzung des Halbleiter/Elektrolyt-Kontaktes ist. Wird nun ein wie auch immer gearteter Katalysator auf den Halbleiter aufgetragen, so wird natürlich dieser Kontakt durch einen neuen (Festkörper-) Kontakt ersetzt. Die energetischen Verhältnisse des für die Lichtumwandlung entscheidenden Oberflächenbereiches des Halbleiters werden dann nur noch von diesem neuen Kontakt bestimmt und es stellt sich sofort die Frage, warum der dann direkt in einen Elektrolyten eingetaucht und nicht besser wie andere Festkörperzellen zur Vermeidung von Korrosionsproblemen gegen Einwirkung von Feuchtigkeit versiegelt werden sollte.

Insbesondere das Aufbringen von Metallfilmen, wie es immer wieder vorgeschlagen und praktiziert wird, führt natürlich zu einem Festkörper-Kontakt, der zudem in der Form eines Schottky-Kontaktes auch noch notwendigerweise einem p/n-Halbleiter-Kontakt unterlegen ist, da er zu erhöhten Verlusten durch Ladungsträgerrekombination führt. Ein Ausweg wurde von Tsubomura vorgeschlagen. Die Größe der am Halbleiter/Metall-Kontakt auftretenden Verlustströme kann verringert werden, wenn der kontinuierliche Metallfilm durch sehr kleine (Durchmesser einige nm) Metallinseln ersetzt wird, die nur einen kleinen Teil der Oberfläche bedecken [8]. Einen direkten experimentellen Nachweis konnte er nicht erbringen, da zum damaligen Zeitpunkt eine gezielte Herstellung von sehr kleinen Metall-Punktkontakten nicht möglich war. In seiner Arbeitsgruppe wurde daher eine Siliciumelektrode mit einem dünnen Metallfilm beschichtet, der dann durch Ätzen größtenteils wieder entfernt wurde, sodaß nur Metallinseln auf der Oberfläche zurückblieben. Siliciumdioden bilden allerdings in wäßrigen Elektrolyten sofort eine oxidische Isolatorschicht aus. Damit wurde dann auch in diesem Fall der Halbleiter/Elektrolyt-Kontakt durch einen reinen Festkörperkontakt ersetzt, bei dem neben den Metallinseln eine isolierende Oxidschicht den größten Teil der Oberfläche bedeckt. Mit diesen Elektroden, die große Ähnlichkeit mit den Punktkontakt-Zellen von Swanson (vgl. Abb. 9 im Beitrag von J. Knobloch und W. Wettling) besitzen, konnte Tsubomura zunächst im Elektrolyten, dann in einer Nachfolgearbeit, in der er den Elektrolyten durch ein nachträglich auf die Metallinsel/Oxid-Anordnung aufgedampftes Metall ersetzte, auch für eine reine Festkörperzelle zeigen, daß eine bis dahin für nicht erreichbar gehaltene Photospannung am Halbleiter/Metall-Kontakt entsteht [9].

Die Frage, ob statt des Nebeneinanders von Oxid und Metall, wie es gerade beschrieben wurde, nicht auch ein Nebeneinander von Metall- und Elektrolyt-Kontakt eingesetzt werden kann, ist erst in der allerjüngsten Vergangenheit positiv beantwortet worden [10]. Wir haben zeigen können, daß tatsächlich die Vorteile beider Kontaktbereiche, des hohen Wirkungsgrades einer photoelektrochemischen Zelle und der elektrokatalytischen Wirkung des Metall/Elektrolyt-Systems, vereinigt werden können. Dies ist insbesondere für die Direkterzeugung von chemischen Brennstoffen entscheidend, da hier immer kinetisch schwierige Mehrelektronenprozesse beteiligt sind (die Wasserreduktion ist ein Zwei-, die Wasseroxidation ein Vierelektronen-Prozeß). Es ist uns gelungen, gezielt Vielfach-Nanokontakte aus Metallinseln herzustellen (Abb. 6), die außergewöhnliche katalytische Aktivität für die Wasserstoffentwicklung besitzen. Hiermit lassen sich eindeutig nur die (gewünschten) Photoströme katalysieren, ohne daß wie in Schottky-Kontakten gleichzeitig die Verlustströme der Majoritäts-Ladungsträger erhöht werden. Dies stellt einen sehr

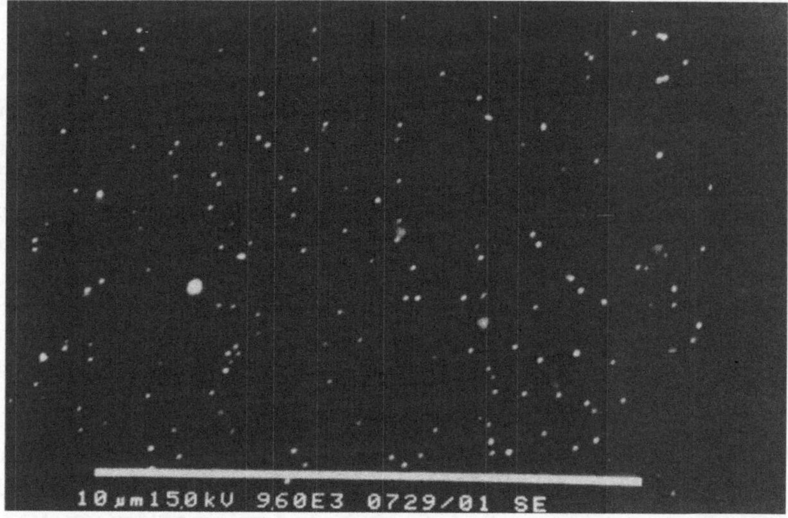

Abb. 6 Gold-Vielfach-Nanokontakte auf GaAs: Im Raster-Elektronenmikroskop-Bild sind Goldteilchen mit einem mittleren Durchmesser von 150 nm zu sehen, die aus einer Goldkolloid-Lösung abgeschieden wurden. Entsprechende Kolloide können mit Teilchendurchmessern von unter 10 nm bis hin zu einigen zehn µm hergestellt werden. Mit diesem Abscheideverfahren lassen sich Kontaktgröße und -dichte getrennt steuern.

wichtigen Durchbruch für den Bereich der Photoelektrochemie dar, besitzt aber auch große Bedeutung für die gezielte Herstellung von Festkörperkontakten z. B. in der Elektronik [10]. Eine Alternative zur Verwendung von kleinen Metallinseln wurde von Tributsch vorgeschlagen, der nach dem Vorbild des biologischen Photosyntheseapparates komplex gebundene Metallcluster oder Clusterverbindungen aus mehreren Metallzentren verwenden möchte [11]. Hier steht allerdings ein überzeugender experimenteller Nachweis noch aus.

5 Weitere aktuelle Fragestellungen

Auch nach den intensiven Untersuchungen der vergangenen Jahre sind viele grundlegende Fragestellungen noch offen. Hierzu gehört neben der oben angesprochenen Frage nach der Möglichkeit einer Katalyse des Ladungstransfers an Halbleiterelektroden vor allem das Problem der Stabilisierung des Halbleiters gegen Photokorrosion. Die im Labor erreichten Stabilitäten sind bisher nur in wenigen Fällen mit dem zu vergleichen, was für eine Anwendung unter solaren Bedingungen gefordert werden muß. Auch die Einsetzbarkeit polykristalliner oder amorpher Materialien wurde bisher nur unzureichend untersucht. Für alle regenerativen Zellen bleibt außerdem die Frage, ob ein elektrolytisches System wirklich mit einem reinen Festkörpersystem konkurrieren kann. Hier sollten Kostenabschätzungen aber jedenfalls auch berücksichten, welche Vorteile ein System mit integrierter Wasserkühlung bietet. Dieser liegt darin, daß der elektrische Wirkungsgrad einer photovoltaischen Zelle mit steigender Temperatur abnimmt und daher in einem gekühlten System weit über dem einer Solarzelle liegt, die sich in der Mittagssonne besonders in südlichen Breiten auf oft über 80 $^{\circ}$C erhitzt.

Bezüglich der direkten Speicherung von Solarenergie ist nicht nur die direkte Wasserspaltung in Wasserstoff und Sauerstoff interessant, die oben diskutiert wurde. Wesentlich einfacher ist natürlich die Spaltung von Brom- oder Jodwasserstoff. Für diese letzte Reaktion wurde ein solarer Wirkungsgrad (solare Energie in chemische Energie) berichtet, der mit 10,8 % sogar über Systemwirkungsgraden liegt, wie sie mit Kombinationen von Photovoltaik und Elektrolyseur erreicht wurden [12]. Zur direkten Energiespeicherung kann aber auch an andere chemische Reaktionen gedacht werden, die in einer wiederaufladbaren solaren Redoxbatterie verwendet werden können [13]. Auch eine kurzfristige Zwischenspeicherung solarer Energie kann die Nutzung der zum Teil sehr stark schwankenden Sonneneinstrahlung in größeren Anlagen erheblich erleichtern.

Eine andere Form der Lichtumwandlung erfolgt in Zellen, in denen Halbleiterelektroden durch lichtanregbare Farbstoffschichten "sensibilisiert" werden. Der Halbleiter mit seinem an der Grenzfläche zum Elektrolyten sich ausbildenden elektrischen Feld in der Oberfläche übernimmt hier nur die Aufgabe, den in dem Farbstoff angeregten Ladungsträger von diesem zu entfernen und zu einer Gegenelektrode zu transportieren. Im Falle der Sensibilisierung eines n-Halbleiters, wie sie in Abb. 6 dargestellt ist, wird das im Farbstoff angeregte Elektron ins Leitungsband der Elektrode übernommen. Der nun oxidierte

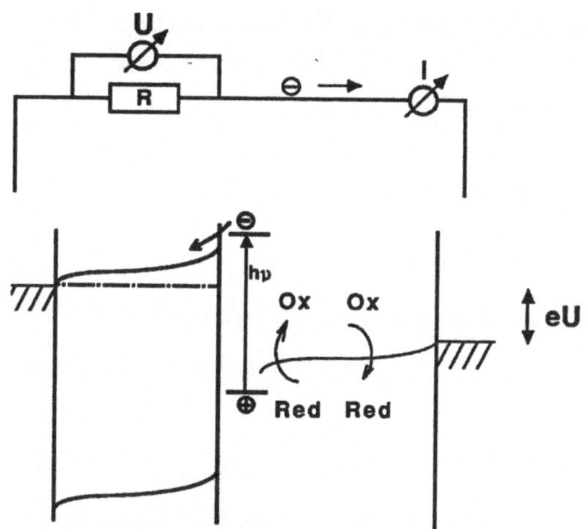

Abb. 6

Halbleiterelektroden können durch Farbstoffe sensibilisiert werden, sodaß längerwelliges Licht als es der Bandlücke entspricht zu einem Photostrom führt. Der oberflächlich aufgebrachte Farbstoff dient als Absorber, während die Halbleiterelektrode durch das elektrische Feld der Raumladungszone lediglich für die Entfernung der Ladung im angeregten Zustand sorgt.

Farbstoff wird durch ein Redoxsystem wie in der oben beschriebenen regenerativen Zelle wieder reduziert. Das Redoxsystem wird dann an der Gegenelektrode regeneriert. Der Nachteil solcher Systeme liegt darin, daß nur eine Monoschicht des Farbstoffes, deren Lichtabsorption natürlich äußerst gering ist, auf der Oberfläche aufgetragen werden kann. Durch Verwendung sehr rauher Oberflächen kann dieses Problem allerdings weitgehend vermindert werden. So wurden für entsprechende Anordnungen bereits solare Wirkungsgrade von bis zu 9 % berichtet.

Neben der Umwandlung von Solarenergie in elektrische Energie oder chemische Brennstoffe wird zunehmend auch die direkte Nutzung der durch Lichtabsorption in einem Halbleiter gespeicherten Energie zur Durchführung chemischer Reaktionen untersucht, die sonst nur unter Aufwendung hoher Energien durchführbar sind. Hier wird besonders an der photoelektrochemischen Abwasserreinigung an bestrahlten Halbleiterteilchen gearbeitet. Leider gelingt die oxidative Zersetzung organischer Schadstoffe bisher nur an Titandioxidteilchen einigermaßen befriedigend, sodaß wegen der für die Lichtabsorption zu großen Bandlücke des Materials die erreichbaren Wirkungsgrade zu niedrig liegen. Ob sich dieses Problem durch Verwendung anderer Materialien umgehen läßt, wird auch in unserem Institut untersucht [15].

Zusammenfassend läßt sich sagen, daß die photoelektrochemische Nutzung des Halbleiter/Elektrolyt-Kontaktes zur Solarenergieumwandlung ein Arbeitsgebiet ist, daß noch immer faszinierende und sehr grundlegende Fragen bereithält. Ob dieses Arbeitsgebiet einmal einen Beitrag zur Lösung eines der wichtigsten Probleme unserer Zeit, des Energieproblems, wird leisten können, ist allerdings heute noch offen.

6 Danksagung

Herzlicher Dank gebührt allen meinen MitarbeiterInnen für ihren hervorragenden Einsatz, sowie Herrn Prof. R. Memming, der als einer der Väter der Photoelektrochemie unsere Forschung initiiert und bis heute mit vielen fruchtbaren Diskussionen begleitet hat. Finanzielle Unterstützung erhielten wir hierfür vom Bundesminister für Forschung und Technologie, der DFG, der AIF und der Volkswagen-Stiftung.

Literatur

[1]   E. Bequerel, *Compt. rend.* 9 (1939) 561

[2]   vergl. z. B.: W. H. Brattain, G. C. B. Gobrecht, *Bell System Tech. J.* 34 (1955), 129

[3]   A. Fujishima, K. Honda, *Bull. Chem. Soc. Jpn.* 44 (1971), 1148; A. Fujishima, K. Honda, *Nature* 238 (1972), 37

[4]   D. Duonghong, E. Borgarello, M. Grätzel, *J. Am. Chem. Soc.* 103 (1981), 4685

[5]   H. U. Harten, R. Memming, *Phys. Lett.* 3, 95 (1962), vgl. auch z.B. H. Gerischer, Z. *Phys. Chem.* 27 (1961), 48

[6]   S. Licht, R. Tenne, G. Dagan, G. Hodes , J. Manassen, D. Cahen, R. Triboulet, J. Fioux, C. Levy-Clement, *Appl. Phys. Lett.* 46, 608 (1985); B. J. Tufts, I. L. Abrahams, P. G. Santangelo, G. N. Ryba, L. G. Casagrande, N. S. Lewis, *Nature* 326 (1987), 861

[7]   D. Meissner, R. Memming, B. Kastening, *J. Phys. Chem.* 92, 3476 (1988); D. Meissner, I. Lauermann, R. Memming, B. Kastening, *J. Phys. Chem.* 92 (1988), 3484

[8]   Y. Nakato, K. Ueda, H. Yano, H. Tsubomura, *J. Phys. Chem.* 92 (1988), 2316

[9]   H. Tsubomura, Manuskript für Royal Netherlands Academy of Arts and Sciences Colloquium in Nordwijkerhout/Holland, 3.-7. 12. 1991

[10] A. Meier, I. Uhlendorf, D. Meissner, *"Proceed. Symp. on Electrochemical Technology Applications in Electronics"*, 183rd Meeting of the Electrochem. Soc., Honolulu, Hawaii, May 16-21, 1993, in Druck; and in B. D. Struck (Ed.): *"IEA Program of Research and Development on the Production of Hydrogen from Water, Annual Progress Report 1993"*, KFA Jülich, in Druck

[11] N. Alonso-Vante, K. Büker, M. Bungs, H. Tributsch in Projektträger BEO, Forschungszentrum Jülich (Herausg.): *"Statusreport 1990 Photochemie/Photoelektrochemie"*, Hannover, Eigenverlag BMFT, 1990, S. 3-1

[12] H. Tsubomura, Y. Nakato, *J. Chem. Soc. Jpn.* 1988, 1125

[13] W. Gissler, R. Memming, *"Proc. Eur. Conf. on Solar Cells"*, Luxembourg, 1977

[14] B. O'Regan, M. Grätzel, *Nature* 353, 737 (1991)

[15] D. W. Bahnemann, D. Bockelmann, R. Goslich, M. Hilgendorff, D. Weichgrebe, in: R. G. Zepp et al. (Ed.): *"Environmental Aspects of Surface and Aquatic Photochemistry"*, ACS Symp. Ser. XXX, Am. Chem. Soc., Washington, 1992, in Druck

Teil 4
Technologie und Meßtechnik

Konzentrierende Systeme

W. Wettling
Fraunhofer-Institut für Solare Energiesysteme
Oltmannsstraße 22
79100 Freiburg

1 Warum Konzentrator-Module

Photovoltaische Konzentrator-Module werden entwickelt, weil sie potentiell elektrische Leistung zu niedrigeren Kosten als Flachmodule produzieren können. Für solarthermische Stromgeneratoren wurde das schon in großer Serie demonstriert. Die solarthermischen Kraftwerke der Firma LUZ produzieren Elektrizität im 10 MW-Bereich zu Preisen, die sie fast konkurrenzfähig zu konventionellen Kraftwerken machen. Aber während bei solarthermischen Kraftwerken die Lichtkonzentration dazu verwendet wird, möglichst hohe Temperaturen im Primärkreislauf zu erzielen, ist das Motiv bei photovoltaischen (PV) Konzentrator-Systemen ein anderes. Hier kommt es darauf an, durch Konzentration des Sonnenlichtes die Flächen der Solarzellen zu reduzieren, um einerseits den Wirkungsgrad zu erhöhen und andererseits Kosten zu sparen. Insbesondere wenn hocheffiziente Solarzellen (SZ) eingesetzt werden, kann Konzentration einen wirtschaftlichen Vorteil bringen .

In Abb. 1 ist dies gezeigt. Hier wurde ein theoretischer bzw. angestrebter Energiepreis von 12 cent/kWh zugrundegelegt. Auf der Abszisse ist der SZ-Wirkungsgrad, auf der Ordinate die erlaubten SZ-Kosten (in \$/cm) aufgetragen. Parameter ist das Konzentrationsverhältnis C (= Lichtapertur/Solarzellenfläche). Je größer C und η sind, desto teurer darf die Zelle sein (der Anstieg des Wirkungsgrades mit C wird in Abschnitt 2 diskutiert).

Eine entscheidende Einschränkung für den Einsatz von Konzentratorsystemen ist, daß sie auf direktes Sonnenlicht angewiesen sind. In Gegenden mit hohem diffusem Anteil der

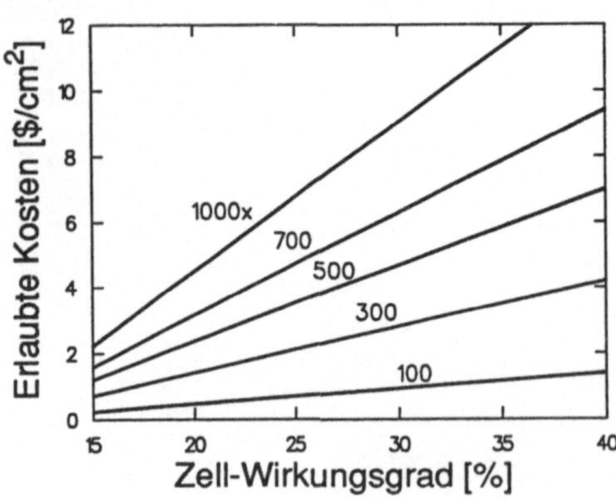

Abb. 1

Erlaubte SZ-Kosten als Funktion des SZ-Wirkungsgrades für verschiedene Werte des Konzentrationsfaktors. Nach einer Studie des USA-DOE, bei der ein kWh-Preis von 12c zugrunde gelegt wurde [1]

Strahlung reduziert sich daher die Einsatzmöglichkeit. Konzentratormodule müssen außerdem der Einstrahlrichtung der Sonne nachgeführt werden. Bei kleineren Konzentrationsfaktoren (C < 100) kann man im Prinzip mit einachsiger Nachführung auskommen, bei höheren Konzentrationen muß zweiachsig nachgeführt werden.

2 Zur Physik der Konzentratorzelle

Wenn eine SZ anstatt mit der Intensität P_L einer Sonne (=100 mW/cm^2, AM1.5) mit konzentriertem Sonnenlicht beleuchtet wird, ändern sich eine Reihe von SZ-Parametern. Im folgenden sollen stichwortartig die wichtigsten Effekte aufgezählt werden, die die SZ unter konzentriertem Licht kennzeichnen. Hierbei kann unterschieden werden zwischen "einfachen" Effekten, die sich schon aus der Niedriginjektionstheorie ergeben, und den sog. "Hochinjektionseffekten" [2].

2.1 Einfache Effekte

Unter der Annahme eines beliebig kleinen Serienwiderstands in der Zelle ergibt eine Betrachtung der einfachen Diodengleichung für die SZ:

- Die Kurzschlußstromdichte J_{SC} wächst proportional zu C.
- Die Leerlaufspannung V_{OC} ergibt sich aus der Diodengleichung zu

$$V_{OC} = B \, kT/q \, \ln(J_{SC}/J_0) \tag{1}$$

(B: Diodenidealitätsfaktor, J_0: Sperrstromdichte, k: Boltzmannfaktor, T: Temperatur, q: Elementarladung).
Unter der Annahme, daß T, B, und J_0 konstant bleiben, wächst also V_{OC} mit ln(C).
- Damit wächst der Wirkungsgrad

$$\eta = (C \, J_{SC} \, V_{OC}(C) \, FF) / (C \, P_L) \tag{2}$$

proportional zu ln(C).

2.2 Hochinjektionseffekte

Wenn C so groß ist, daß die SZ in Hochinjektion arbeitet (d.h. wenn gilt: die photogenerierte Ladungsträgerdichte Δ_n bzw. Δ_p >> n_0 bzw. p_0) muß die SZ durch die vollständigen Transportgleichungen ohne Niedriginjektionsnäherung beschrieben werden. Im allgemeinen Fall sind diese Gleichungen nur numerisch zu lösen. Es müssen hierbei konzentrationsabhängige ambipolare Funktionen für die Diffusion D und die Beweglichkeit μ benutzt werden.

Die wichtigsten Hochinjektionseffekte in Silicium-Solarzellen sind:

- Der Diodenidealitätsfaktor geht von B=2 bzw. B=1 über in B=2/3. Dies führt zu einer Erhöhung des Füllfaktors FF.

- In Hochinjektion wird auch die Majoritätsträgerkonzentration erhöht. Dies führt zur sog. "Leitfähigkeitsmodulation". Der Serienwiderstand des Materials kann dadurch u.U. drastisch erniedrigt werden.
- Alle Rekombinationsmechanismen ändern sich in Hochinjektion:
- Die Shockley-Read-Hall (SRH)-Rekombination nimmt ab, d.h. $\tau_{SRH\ HI} > \tau_{SRH\ NI}$ ($\tau_{SRH\ HI\ /\ NI}$: Minoritätsträger-Lebensdauer in Hoch- bzw. Niedriginjektion).
- Die Band-Band-Rekombination nimmt zu, d.h. $\tau_{BB\ HI} < \tau_{BB\ NI}$
- Die Auger-Rekombination nimmt ebenfalls zu, d.h. $\tau_{Au\ HI} < \tau_{Au\ NI}$ Für Silicium ist dieser Prozeß bei HI in der Basis der dominierende Prozeß.
- Die Oberflächenrekombination einer SiO_2-passivierten SZ kann in HI abnehmen.

Die Rekombinationszeit τ bzw. die Diffusionslänge L beeinflußt die Sperrstromdichte J_0: je größer L bzw. τ desto kleiner J_0. Daher beeinflußt die Hochinjektion vor allem die Leerlaufspannung V_{OC} (s. Gl. 1).

In GaAs-Solarzellen sind die Verhältnisse anders, da GaAs durch die strahlende Rekombination dominiert wird und HI erst bei sehr viel höheren Lichtintensitäten auftritt.

Für eine genauere Betrachtung der SZ in Hochinjektion muß auf die Literatur verwiesen werden (z.B. Luque [3], Fahrenbruch und Bube [2]).

Die Bedingungen verschwindend kleiner Serienwiderstandes und konstante Temperatur sind unter konzentrierter Bestrahlung in der Praxis nicht einhaltbar. Bei höherer Lichtkonzentration macht sich der immer vorhandene restliche Serienwiderstand R_S in einer Verringerung des SZ-Wirkungsgrads bei höheren Werten von C bemerkbar. Abb. 2 gibt den berechneten Verlauf von η(C) wieder. Für kleine Werte von C wächst η mit C. Für C > 100 bis 1000 fällt η dann je nach Größe von R_S mehr oder weniger steil mit C ab. Eine SZ muß also für jeden vorgesehenen Konzentrationsbereich hinsichtlich R_S optimiert werden. Abb. 3 zeigt den Verlauf des gemessenen Wirkungsgrades einer GaAs-SZ als Funktion von C.

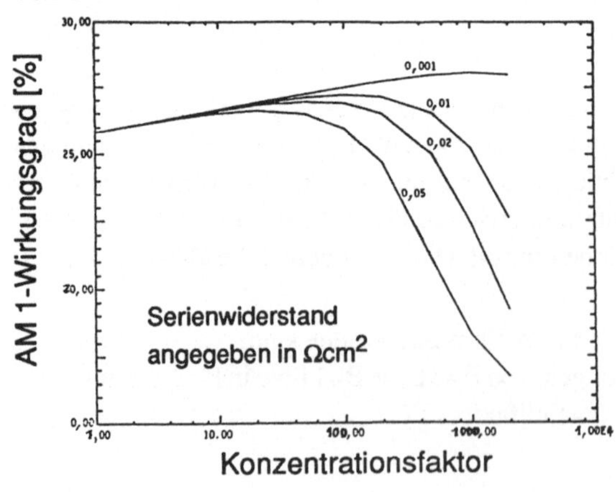

Abb. 2

Theoretischer Wirkungsgrad einer GaAs-SZ als Funktion des Konzentrationsfaktors. Parameter ist der Serienwiderstand RS in Ωcm^2 [2].

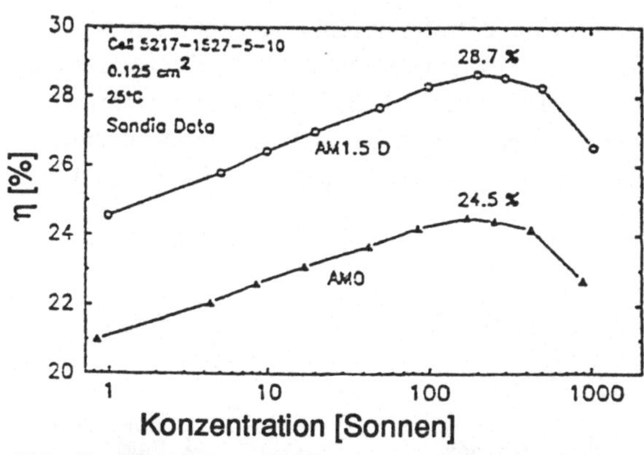

Abb. 3 Gemessener Wirkungsgrad einerGaAs-SZ als Funktion des Konzentrationsfaktors unter AM 0 bzw. AM 1,5-Bestrahlung [4].

Tab. 1 Die optimalen Werte der SZ, deren η(C)-Werte in Abb. 3 aufgetragen sind [4]

	AM 0	**AM 1,5 D**
Sonnen	170	199
V_{OC}	1.139	1.139
$1 \times J_{SC}$	33.61	28.75
FF	87.5	87.5
η	24.5	28.7

Die Temperaturabhängigkeit des Wirkungsgrades zeigt ein sehr komplexes Verhalten. Lediglich in Niedriginjektion ergeben sich relativ einfache Zusammenhänge. Abb. 4 zeigt den theoretischen Wirkungsgrad einer Solarzelle als Funktion des Bandabstandes für verschiedene Temperaturen. Mit wachsendem T sinkt η. Die Temperaturabhängigkeit hängt stark von der Bandenergie ab: je größer E_g, desto kleiner d η/dT. Für die Anwendung von SZ in Konzentratorsystemen bedeutet das, daß die SZ so gut aktiv oder passiv gekühlt sein muß, daß die Wirkungsgradeinbußen tolerierbar sind.

3 Konzentratoroptik

Zur Konzentration von Sonnenlicht auf eine kleinere SZ-Fläche gibt es mehrere Möglichkeiten. Prinzipiell unterscheidet man zwischen abbildenden und nichtabbildenden Systemen. Bei den letzteren wird nicht ein Bild der Sonne auf die Zelle abgebildet, sondern es wird eine beleuchtete Eingangsapertur auf eine kleinere Ausgangsapertur transformiert.

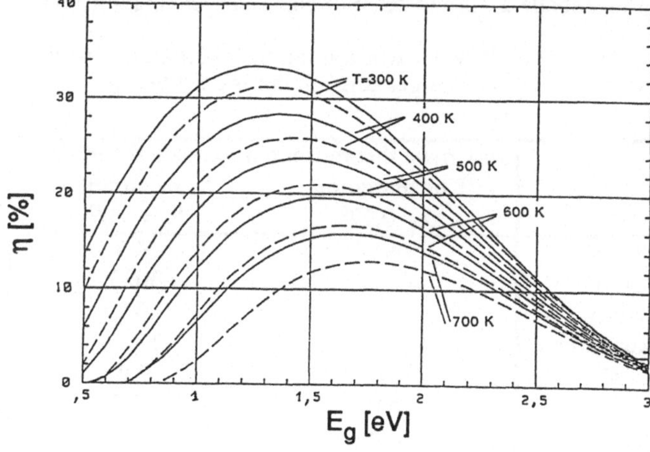

Abb. 4

Abhängigkeit des Wirkungsgrades von SZ von der Energielücke E_g für verschiedene Temperaturen; durchgezogen: C = 1000, gestrichelt: C = 100 [5]

Im Prinzip erfordert ein photovoltaisches Konzentratorsystem keine abbildende Optik.
Da praktische nichtabbildende Konzentratoren jedoch nur relativ kleine Konzentrationsfaktoren erzielen, werden in der Praxis derzeit hauptsächlich abbildende Konzentratoren
eingesetzt. Abb. 5 zeigt eine Reihe von abbildenden und nichtabbildenden Konzentratoren, die auf linear oder sphärisch fokussierenden Parabolspiegeln oder Linsen basieren.

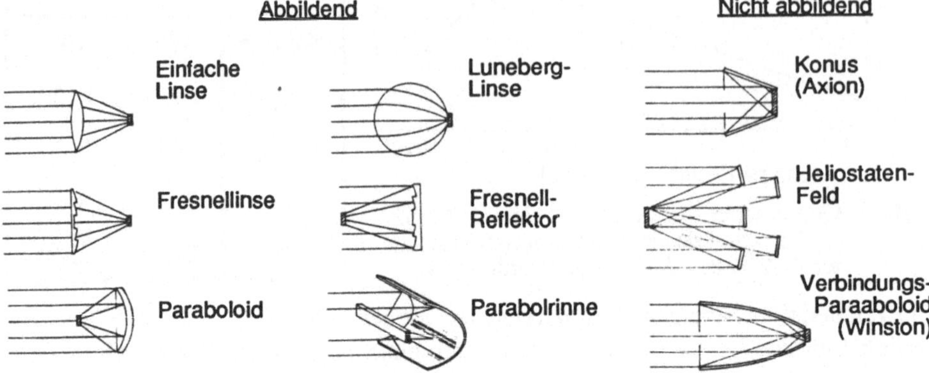

Abb. 5   Abbildende und nichtabbildende Konzentratoren (schematisch) [2]

Der maximale theoretische Konzentrationsfaktor ergibt sich nach geometrisch-optischen
Überlegungen zu

$$C_{max} = 1/\sin^2(\Theta_C) = 46\,000 \text{ bzw.}$$
$$C_{max} = 1/\sin(\Theta_C) = 215$$

für spärische und lineare Konzentration, wobei $\Theta_C = 0.533°$ der Winkel ist, unter dem die
Sonnenscheibe erscheint. Die in der praktischen Anwendung erreichbaren Konzentrationen werden durch Abbildungsfehler (sphärische und chromatische Aberation, Koma etc.)
und durch die Genauigkeit, mit der die Konzentratoren der Sonne nachgeführt werden
können, begrenzt. Für eine Nachführgenauigkeit von 0.27 bzw 1° sind praktisch erzielbare Konzentrationsfaktoren in Tabelle 2 aufgelistet. Für Nachführgenauigkeit von 1°

Tab. 2   Maximaler theoretischer und praktischer Konzentrationsfaktor C für verschiedene Konzentratorsysteme, Ø : Winkelgenauigkeit der Nachführung
(nach Luque)

Konzentrator-System	Maximale theoretische Konzentration $\emptyset = 0{,}27°$	Maximale theoretische Konzentration $\emptyset = 1{,}0°$
Reflektierende Parabolschüssel	7400	523
Parabolschüssel mit sekundärer		3025
flacher Fresnellinse, quadratisch	376	62
Flache Fresnellinse mit sekundärer		1700
linearer flacher Linse	22	9.9
Lineare gebogene Linse	54	25.7
Linearer parabolischer Reflektor	108	28.6

werden beste Werte für C mit Parabolspiegeln oder Fresnellinsen mit Sekundärkonzentratoren (s. Abschnitt 4) erzielt.

Für die ein- oder zweiachsige Nachführung ("tracking") von Konzentrator-Modulen gibt es ebenfalls mehrere Möglichkeiten, die wichtigsten sind in Abb. 6a gezeigt. Den Lauf der

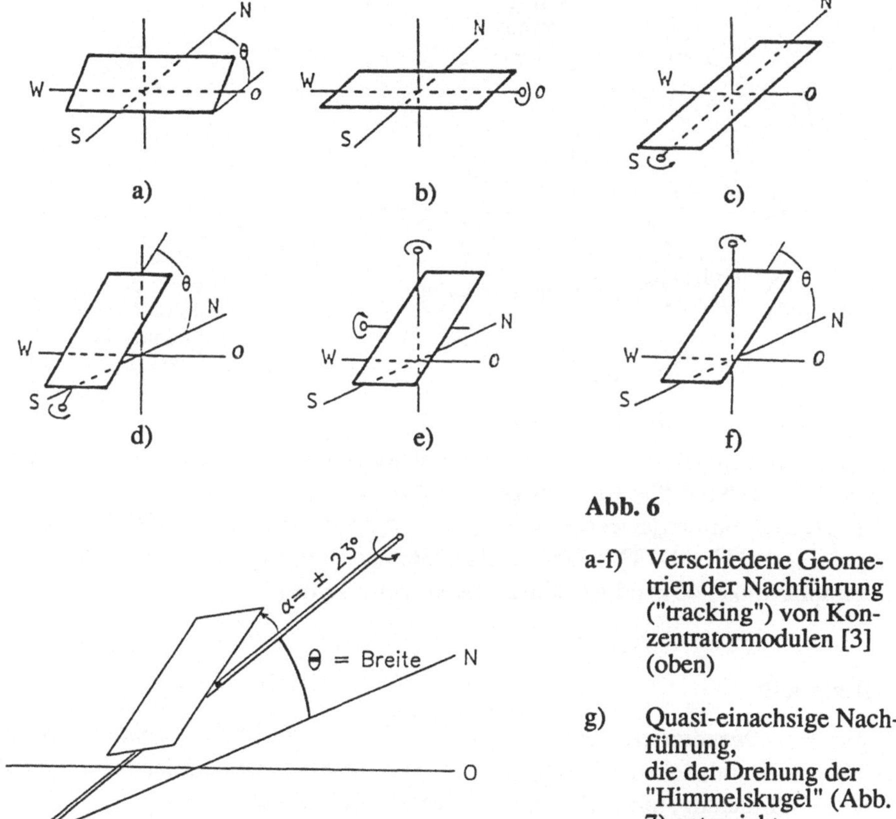

Abb. 6

a-f)   Verschiedene Geometrien der Nachführung ("tracking") von Konzentratormodulen [3] (oben)

g)   Quasi-einachsige Nachführung, die der Drehung der "Himmelskugel" (Abb. 7) entspricht (links)

Sonne im Verlauf des Tages und der Jahreszeiten kann man sich anhand einer Himmelskugel klarmachen (s. Abb. 7). Danach bewegt sich die Sonne scheinbar auf einer Kugel, die sich im Tagesverlauf um die Himmelsachse (= Erdachse) dreht. Der Stand der Sonne auf der Himmelskugel verläuft im Jahresverlauf entlang der ekliptischen Ebene. Diese ist um 23° gegen die Himmelsäquatorebene geneigt.

Setzt man dieses Bild in die Nachführung eines Panels um, so ergibt sich als "natürlichste" Methode der Nachführung die in Abb. 6g gezeigte: Das Panel wird im Tagesverlauf um

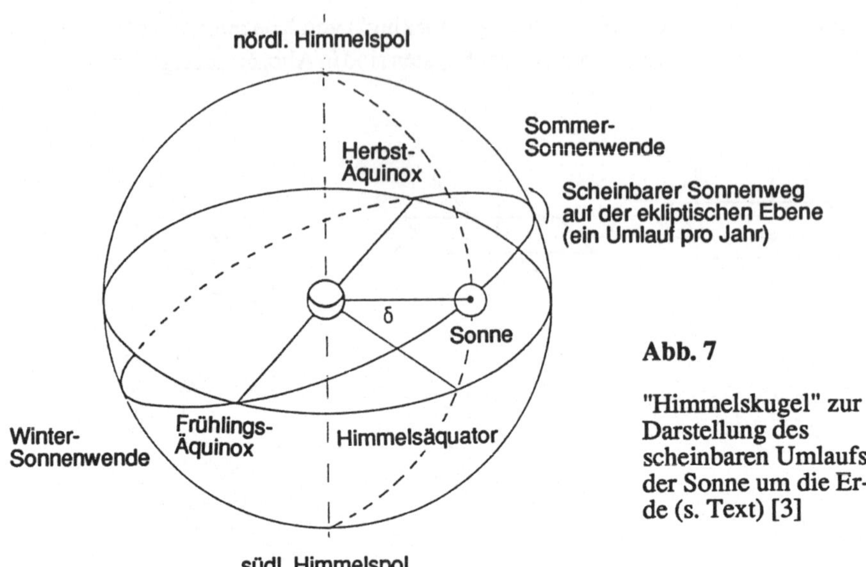

Abb. 7

"Himmelskugel" zur Darstellung des scheinbaren Umlaufs der Sonne um die Erde (s. Text) [3]

eine Achse gedreht, die parallel zur Erdachse ist. Sie ist also um die geographische Breite gegen die lokale Nord-Süd-Richtung geneigt. Das Modul ist auf dieser Achse so befestigt, daß es gegen sie um den jeweiligen Winkel der Sonne auf der Ekliptik gekippt ist, d.h. also um zwischen +23° und -23° im Jahresverlauf. Bei einer Winkelgenauigkeit von Ø = 1 muß der Ekliptikwinkel 46 mal im Halbjahr nachgestellt werden.

4 Beispiele

Wegen der aufwendigeren Nachführung der Module kommen für Konzentratorsysteme nur Solarzellen mit hohem Wirkungsgrad in Frage. In der Praxis wurden Konzentrator-module mit Silicium-, mit GaAs- und mit Tandem-Solarzellen erprobt.

Im folgenden werden drei Beispiele von Konzentrator-Modulen bzw. -Systemen erläutert, die in den letzten Jahren hergestellt und getestet wurden.

4.1 Das "Minidome"-Fresnellinsen-Modul von Boeing/Entech [6]

Dieses Modul ist für Weltraumanwendungen entwickelt worden, es kann aber natürlich auch für terrestrische Stromerzeugung eingesetzt werden. Das Modul besteht aus etwa $4 \times 4 \, cm^2$ großen sphärisch gewölbten Fresnellinsen ("minidome"-Fresnellinsen), die das Licht auf etwa $5 \times 5 \, mm^2$ große Solarzellen fokussieren. Die gewölbten Fresnellinsen haben eine größere Toleranz gegen Ungenauigkeiten in der Nachführung als flache Fresnellinsen. Sie können daher ohne Sekundärfokussierung (s. unten) arbeiten. Im vorliegenden Fall sind die Solarzellen Hybrid-Tandemzellen aus GaAs (Bandabstand 1.42 eV) und GaSb (1 eV). Diese Kombination hat den bisher höchsten Wirkungsgrad (37.0 % AM 1.5 bzw. 31.3 % AM 0 bei C=100) erzielt (s. Abb. 8, Tabelle 3).

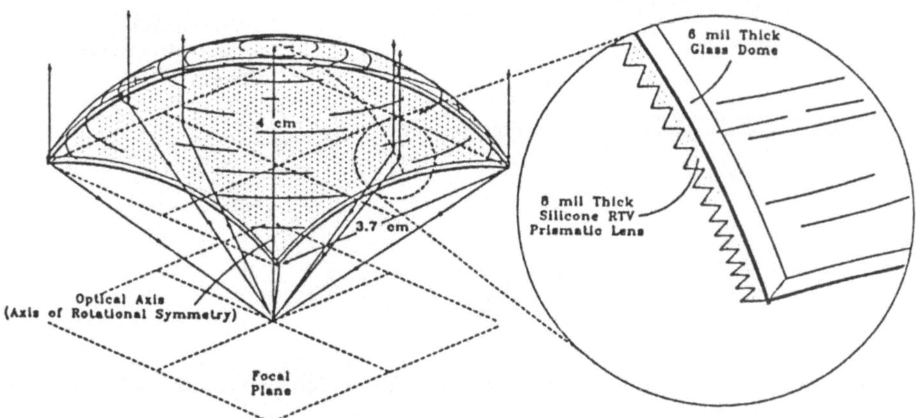

Abb. 8 "Minidome"-Fresnellinse von Boeing/Entec (schematisch) [7]

Tab. 3 Beste Ergebnisse des Boeing/Entec Tandem-Konzentratorsystems bei AM 0 und AM 1,5 [6]

Gemessenes AM 0-Verhalten				Gemessenes AM 1,5-Verhalten			
J^* mA/cm^2	V V	FF	η %	J^* mA/cm^2	V V	FF	η %
GaSb 100 x 29.6	0.466	0.71	7.2	GaSb 100 x 24.5	0.466	0.71	8.1
GaAs 100 x 34.9	1.10	0.85	24.1	GaAs 100 x 30.9	1.10	0.85	28.9
		Total:	31.3			Total:	37.0
*bei 135.3 mW/cm^2 mit Entech "Prismatic Cover"				*bei 100 mW/cm^2 mit Entech "Prismatic Cover"			

Um Abschattungsverluste an den Frontgitter zu vermeiden, werden die Zellen frontseitig mit einem sog. "prismatic cover" belegt. Das ist eine dünne Folie, in die ein Zylinderlinsenmuster so eingeprägt ist, daß das auffallende Licht von den Gitterstreifen abgelenkt wird (s. Abb. 9).

Da eine GaSb-SZ eine Spannung liefert, die etwa 1/3 der einer GaAs-SZ ist, werden in diesem Modul jeweils drei GaSb-Zellen in Reihe den GaAs-SZ parallel geschaltet (s. Abb. 10a). Der Temperaturverlauf des Wirkungsgrads der GaAs-SZ und der hintereinandergeschalteten 3 GaSb-SZ ist in Abb. 10b gezeigt. Der optimale Arbeitspunkt des Moduls liegt bei 90 °C.

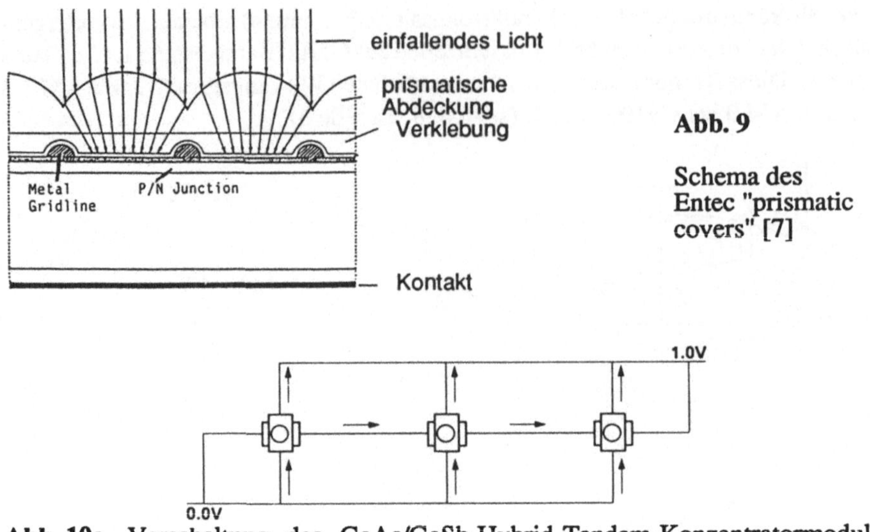

Abb. 9

Schema des
Entec "prismatic
covers" [7]

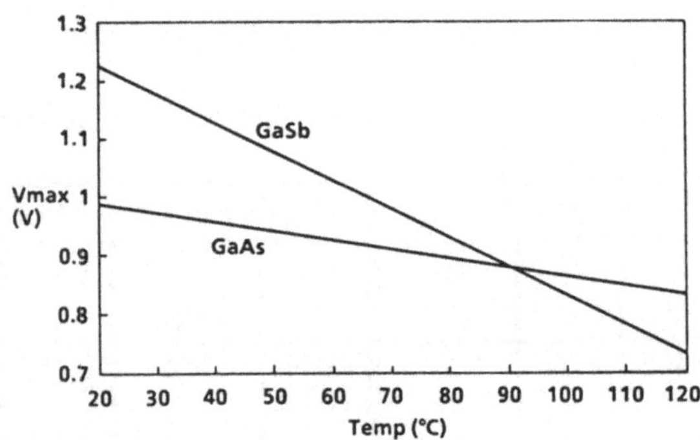

Abb. 10a Verschaltung des GaAs/GaSb-Hybrid-Tandem-Konzentratormoduls von Boeing/Entec [6]

Abb. 10b Temperaturverlauf der Spannung einer GaAs-SZ und dreier in Serie geschalteter GaSb-SZ [6]

Abb. 11 zeigt ein Foto eines Versuchsmoduls aus 3 x 4 Zellen, das zur Zeit im Weltraum getestet wird.

4.2 Das GaAs-Konzentratormodul von Varian [8]

Dieses Modul zeichnet sich durch eine außerordentlich hohe Konzentration von C = 1000 aus. Die flachen Fresnellinsen haben eine Größe von ca. 20x20 cm^2. Das Licht wird auf Sekundärkonzentratoren fokussiert, die direkt über den GaAs-Solarzellen bzw. den "prismatic covers" befestigt sind. Sie bestehen im oberen Teil aus einer Halbkugel und im unteren Teil aus einem konischen Schaft aus Vollglas. Auch dieses Modul ist passiv gekühlt (s. Abb. 12).

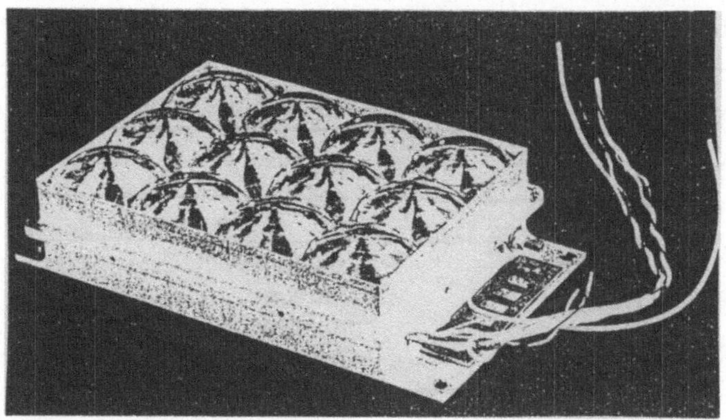

Abb. 11 Photo eines Weltraumtestmoduls für GaAs/GaSb-Tandem-Konzentratorzellen (Boeing/Entec)

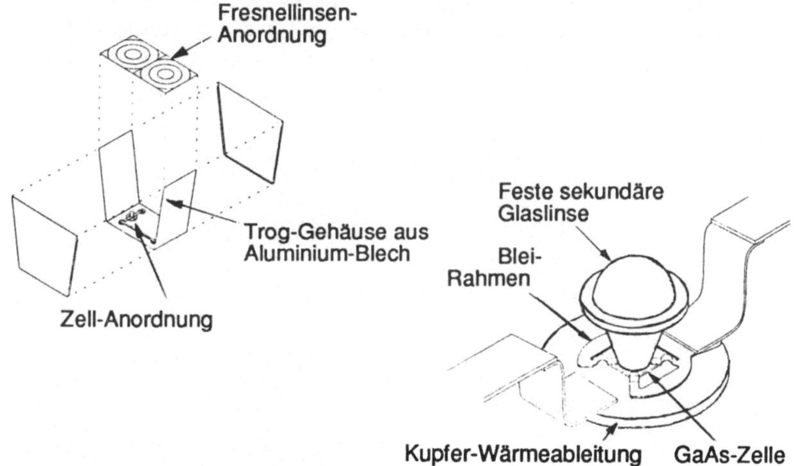

Abb. 12 Schematischer Aufbau des Varian C = 1000 GaAs-Konzentratormoduls mit flachen Fresnellinsen (links) und Sekundärkonzentration (rechts) [8]

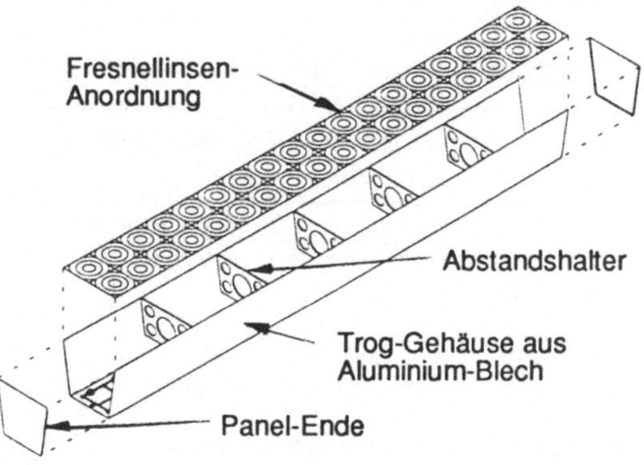

Abb. 13 Schematische Darstellung des Varian C = 1000 Moduls [8]

Ein Modul besteht aus 2 x 18 Fresnellinseneinheiten (s. Abb. 13). Die wichtigsten Daten dieses Moduls sind in Tab. 4 zusammengefaßt.

Tab. 4   Einige Daten des Varian C = 1000 GaAs Konzentratormoduls

$\eta = 22{,}7\ \%$, T = 50 °C	
Berechnete Kosten bei 10 - 100 MW/a Produktion	
Modul:	354 \$/m^2
Array:	56 \$/m^2
Inverter:	119 \$/kW
Energiepreis:	12 c/kWh

4.3 Die Silicium-Konzentratoranlage von Entec in Austin/Texas [9]

Hier handelt es sich um eine Versuchsanlage von fast 2000 m^2 Größe. Die Module bestehen aus linear fokussierenden zylindrisch gewölbten Fresnellinsen mit etwa 1x4 m^2 Grundfläche. Die Konzentration ist nur etwa C = 22, d.h. es werden 4.5 cm^2 große Si-SZ verwendet, die in der Brennlinie aufgereiht sind (s. Abb. 14). Diese Module sind in etwa

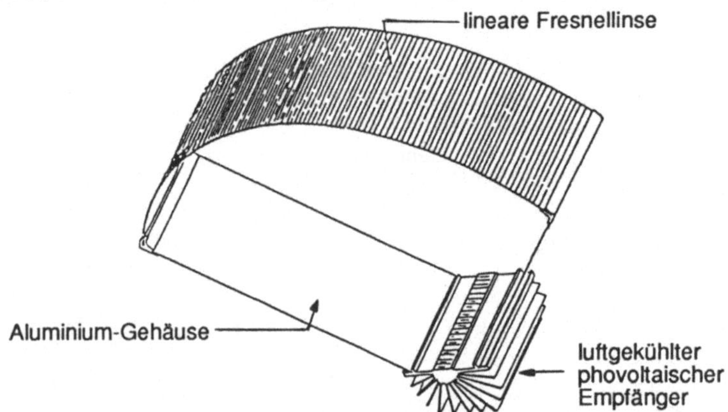

Abb. 14 Schematischer Ausschnitt eines linearen Konzentratormoduls mit zylindrisch gewölbten Fresnellinsen (Entec) [9]

Tab. 5   Einige Daten der Entec Konzentrator-Anlage in Austin/Texas

Gesamtgröße:	12 Arrays à 167 m^2 = 2000 m^2	
Modulgröße:	1 x 3 m^2	
$\eta = 17\ \%$ Modul, Leistung:300 kW		
Berechnete Energiekosten		
bei 10 MW/a Produktion:	jetzige Technik	11 c/kWh
	verbesserte Technik	9 c/kWh
bei 100 MW/a Produktion:	jetzige Technik	8 c/kWh
	verbesserte Technik	6 c/kWh

100 m langen Rahmen beweglich befestigt. Während diese Rahmen der Sonnenhöhe nachgeführt werden, werden die Module so bewegt, daß sie der Ost-West-Richtung der Sonne folgen. Abb. 15 zeigt ein Modell und ein Photo dieser Anlage. Die wichtigsten Ergebnisse sind in Tab. 5 zusammengefaßt.

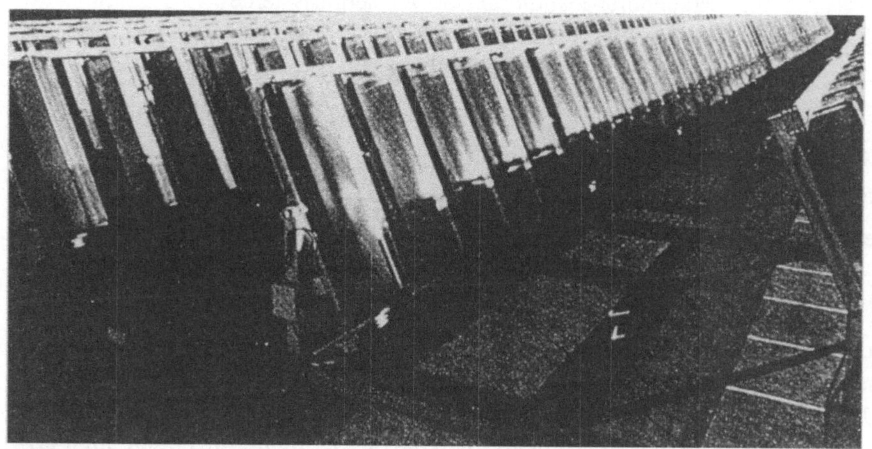

Abb. 15   Foto der EntecKonzentrator-Anlage in Austin/Texas [9]

Literatur

[1] J. M. Gee, Tech. Digest of the Int. PVSEC-5, Kyoto, 1990, p. 95

[2] A. Fahrenbruch, R. H. Bube, "Fundamentals of Solar Cells", Academic Press, New York, London, 1983

[3] A. Luque, "Solar Cells and Optics for Photovoltaics Concentration", Adam Hilger, Bristol, 1989

[4] S. P. Tobin, et al., Proc. 21th PVSC, Orlando, 1990, p. 158

[5] A. Goetzberger, W. Wettling, 7. Int. Sonnenforum der DGS, Frankfurt, 1990, S. 1335

[6] J. E. Avery, et al., Proc. 21th PVSC, Orlando, 1990, p. 1277

[7] M. F. Piszczor et al., Proc. 21th PVSC, Orlando, 1990, p.1271

[8] M. S. Kuryla et al., Proc. 21th PVSC, Orlando, 1990, p.1142

[9] M. J. O'Neill et al., Proc. 21th PVSC, Orlando, 1990, p. 1147

Hocheffiziente Silicium-Solarzellen: Technologie und Potential

J. Knobloch und W. Wettling
Fraunhofer-Institut für Solare Energiesysteme
Oltmannsstraße 22
79100 Freiburg

1 Einleitung

In der Entwicklung von Solarzellen für höchste Wirkungsgrade aus kristallinem Silicium wurden in den letzten fünf Jahren große Fortschritte erzielt. Während früher Wirkungsgrade von 20 % (AM 1.5) als praktisch nicht erreichbar galten, steht heute der "Weltrekord" für nichtkonzentrierende Bedingungen bei 23.3 % (AM 1.5) [1].

Silicium-Solarzellen mit Wirkungsgraden über 20 % können zwar derzeit nur in wenigen Laboratorien hergestellt werden (das ISE war im Mai 1991 das dritte Labor nach der Stanford University (USA) und der University of New South Wales (Australien), in dem Werte deutlich über 20 % erreicht wurden), dennoch ist die Beschäftigung mit diesen "high-efficiency"- Technologien wichtig für die Photovoltaikentwicklung insgesamt. Sie hat neben den rein physikalisch-technologischen Ergebnissen auch die große Bedeutung des Wirkungsgrades bei der Kostenreduzierung von Solarkraftwerken wieder ins Bewußtsein gebracht.

Die Herstellungskosten eines Solarkraftwerks setzen sich aus leistungsproportionalen Kosten (Inverter, Schaltanlagen etc.) und flächenproportionalen Kosten (Solarzellen, Verglasung, Verklebung, Gestelle, Landaufbereitung etc.) zusammen. Die letzteren reduzieren sich mit steigendem Wirkungsgrad der Zellen.

Dies soll anhand der Abb. 1 verdeutlicht werden [2]. Die Kosten für ein Array (d.h. also Solaranlage ohne Inverter, Schaltanlage und Speicherung) lassen sich grob in vier

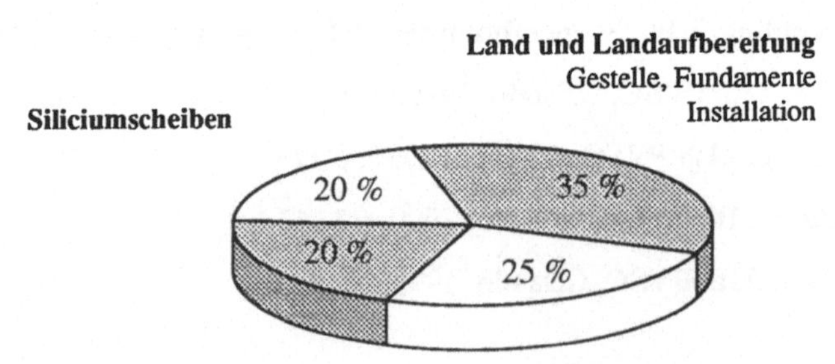

Abb. 1

Relativer Anteil der flächenproportionalen Kosten an einem Solarkraftwerk, nach [2]

Kostenblöcke aufteilen:
- Siliciumscheiben
- Zellentechnologie
- Modulherstellung (Glas, Rahmen etc.)
- Arrayherstellung (Fundamente, Land, Gestelle, Verschaltung etc.)

Für Großanlagen (z.B. Pellworm) gilt in etwa die angegebene Kostenaufteilung, wenn auch die Prozentzahlen von Fall zu Fall etwas schwanken können. Steigt der Wirkungsgrad, so sind für ein Array gegebener Größe weniger Zellen etc. einzusetzen.

Mit diesen Maßnahmen ergibt sich z.B., daß – bei einem Kostenanteil der Solarzelle von 40 % und bei unveränderten Herstellkosten für die Zelle – mit einer Steigerung des Wirkungsgrades von 12 auf 16 % eine Kosteneinsparung am Gesamtarray von 25 % zu erreichen wäre. Da jedoch die Herstellkosten für Zellen mit hohem Wirkungsgrad wegen perfekterem Ausgangsmaterial und höherem Technologieaufwand steigen werden, ist es sinnvoll, zu betrachten, wie hoch die erlaubten Modulkosten in ihrer Abhängigkeit vom erzielten Wirkungsgrad sind. Dies hängt natürlich auch vom erzielten oder angestrebten Strompreis ab.

In einer Studie des US Department of Energy wurde der Zusammenhang von erlaubten Modulkosten ($/m^2) als Funktion der angestrebten Stromkosten (cents/kWh) berechnet (s. Abb. 2), wobei der Modulwirkungsgrad Parameter ist [3]. Der Zielpreis von 6 cents/kWh wird zwar erst für das Jahr 2000 angestrebt, aber man sieht an dieser Darstel-

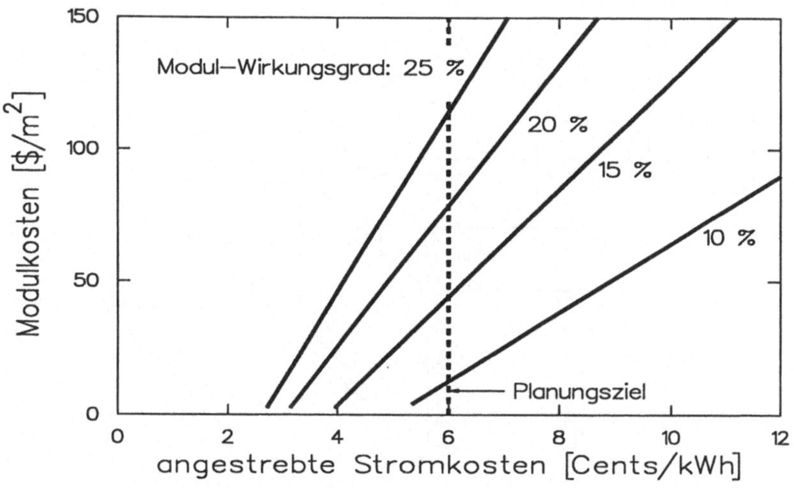

Abb. 2 Erlaubte Modulkosten als Funktion vorgegebener Stromkosten, berechnet für verschiedene Wirkungsgrade, nach [3]

lung, daß z.B. bei 6 cents/kWh die Modulkosten eines 20 % Moduls etwa 8 mal so groß sein dürfen wie die eines 10 % Moduls.

Im folgenden wird kurz auf die Physik der Solarzelle, insbesondere der "high-efficiency"-Zelle eingegangen, wobei insbesondere die Reduzierung von Verlusten diskutiert wird.

Danach wird die Technologie der "high-efficiency"-Silicium-Solarzelle am Beispiel der ISE-LBSF-Zelle erläutert. Schließlich wird auf Entwicklungen in anderen Laboratorien eingegangen.

2 Grundlagen der hocheffizienten Solarzelle

Eine Solarzelle ist im Prinzip eine großflächige Diode. Man sieht in Abb. 3 eine flache n-leitende Schicht, den Emitter und eine wesentlich dickere p-leitende Schicht, die Basis. Im n-Gebiet sind sehr viele Elektronen und im p-Gebiet sehr viele Löcher vorhanden. Diese Konzentrationsunterschiede führen dazu, daß aus dem n-Gebiet Elektronen und aus dem p-Gebiet Löcher abfließen. Durch das Abfließen negativer Ladungen entsteht im n-Gebiet eine positive Raumladung, und durch das Abfließen von Löchern entsteht im p-Gebiet eine negative Ladung. Es entsteht eine Raumladungszone und in ihr ein elektrisches Feld über die Grenzfläche vom n- zum p-Gebiet hinweg. Dieses immer vorhandene elektrische Feld ist das Wesentlichste für die Funktion einer Solarzelle.

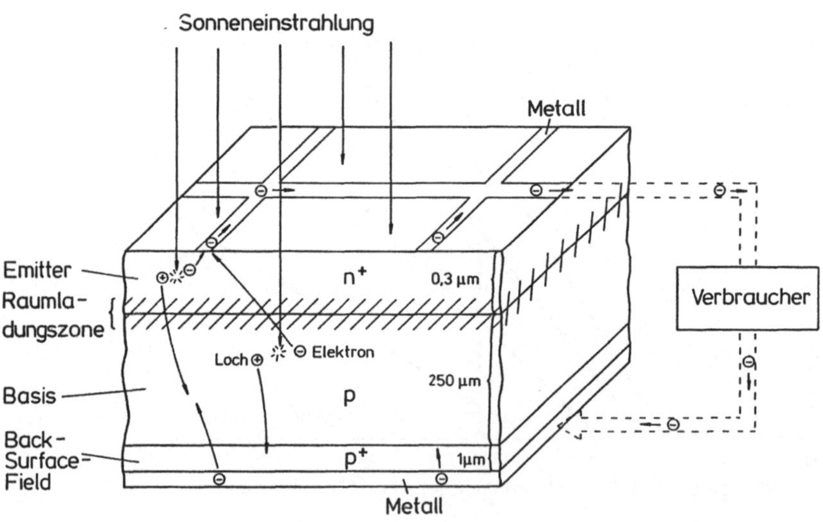

Abb. 3 Prinzipieller Aufbau einer Solarzelle

Bei einer beleuchteten Solarzelle falle ein Lichtquant genügend großer Energie auf die Oberfläche der Solarzelle, durchdringe Emitter und Raumladungszone und werde in der p-Basis absorbiert. Aufgrund der Absorption entsteht ein Elektronen-Lochpaar. Das Loch interessiert nicht weiter, da in der p-Basis sowieso sehr viele Löcher vorhanden sind. Das Elektron ist ein Minoritätsladungsträger und diffundiert in der p-Basis, bis es an die Grenze der Raumladungszone kommt. Das starke elektrische Feld in der Raumladungszone beschleunigt das Elektron und bringt es auf die Emitterseite. Es hat somit eine Trennung der Ladungsträger stattgefunden. Als Trennmedium wirkt das elektrische Feld. Voraussetzung für die Trennung ist dabei, daß die Diffusionslänge des Elektrons groß genug ist, damit es bis zur Raumladungszone gelangt. Bei zu kleiner Diffusionslänge hätte eine Rekombination mit einem Loch vor dem Erreichen der Raumladungszone stattgefunden, die Energie wäre verloren gewesen. Das Analoge passiert, wenn ein Lichtquant bereits im Emitter absorbiert wird. Hier ist das Loch der Minoritätsladungsträger. Bei genügend großer Diffusionslänge wird das Loch an den Rand der Raumladungszone gelangen, durch das elektrische Feld beschleunigt und auf die Basisseite gebracht. Bei Absorption in der Raumladungszone werden wegen des dort herrschenden elektrischen Feldes Elektronen und Löcher sofort getrennt. Als Ergebnis der Lichteinstrahlung ergibt sich folgendes: Erhöhte Konzentration von Elektronen auf der n-Emitterseite, erhöhte Konzentration von Löchern auf der p-Basisseite. Eine elektrische Spannung hat sich aufgebaut. In einem äußeren Verbraucherkreis fließt ein Strom, der solange anhält wie die Lichteinstrahlung andauert. Lichtenergie ist in elektrische Energie umgesetzt worden.

Neben diesem photovoltaischen Effekt, also der Absorption von Licht, der Generation von Ladungsträgern, der Trennung von Ladungsträgern gibt es Prozesse, die zu Verlusten führen. In der Minimierung dieser Verluste besteht die Hauptaufgabe bei der Entwicklung von hocheffizienten Solarzellen.

Die wichtigsten Verlustprozesse sind im folgenden aufgelistet:

- Licht kann an der Halbleiteroberfläche verloren gehen durch Reflexion oder durch Abschattung an den Metallkontakten. Es kann aber auch sein, daß die Absorption unvollständig ist und ein Teil des Lichts entkommt.

- Die erzeugten bewegten Ladungsträger haben nur eine sehr kurze Lebensdauer, sie können wieder rekombinieren und dadurch für die Stromerzeugung verloren gehen. Diese Rekombination kann im Volumen und auch an den Oberflächen der Solarzellen vonstatten gehen.

- Ferner gibt es Ohmsche Verluste in den Leiterbahnen, in den Kontaktschichten und im Kristall.

Die Aufgaben der Verlustminimierung zur Erreichung höchster Wirkungsgrade sind in Tabelle 1 zusammengefaßt.

Tab. 1 Verluste in der Solarzelle, die minimiert werden müssen

Optische Verluste	Elektrische Verluste
Abschattung durch die Gridstruktur Reflexion des Lichtes an der Oberfläche Fehlende Absorption des infraroten Lichts	Ohmsche Verluste in Metallschicht, Basis und Emitter Rekombinationsverluste im Volumen und an den Oberflächen

Geeignete Maßnahmen zur Reduzierung der Verluste sind:

- Abschattungsverluste werden durch Verwendung sehr feiner Frontgitterstrukturen (Grids), die mittels Photolithografie hergestellt werden, verkleinert. Alternative Techniken sind "vergrabene" Kontakte ("buried contacts"), Punktkontaktzellen, die Emitter und Basiskontakte auf der Rückseite haben (s. unten), sowie die Verwendung von prismatischen Deckfolien ("prismatic cover"), die das einfallende Licht von den Kontaktstreifen wegbeugen.
- Reflexionsverluste an der Oberfläche werden durch Antireflexschichten und/oder strukturierte Oberflächen vermindert (s. Abb. 6).
- Transmissionsverluste durch zu geringe Absorption können für Wellenlängen nahe der Bandkante auftreten. Um sie zu verringern, werden hochspiegelnde Basiskontakte oder "Lichtfallen"- ("light trapping"-) Anordnungen verwendet, die bewirken, daß das Licht einen längeren Weg in der Zelle zurücklegt.
- Ohmsche Verluste in den Metall- und Halbleiterschichten müssen durch sorgfältige Auslegung der Abmessungen und der Dotierungen begrenzt werden. Hier sind immer Kompromisse notwendig, da eine zu niederohmige Wahl von Basismaterial und Kontaktstruktur zu höheren Verlusten bei den anderen Mechanismen (Rekombination, Abschattung) führt.
- Während man die oben genannten Verluste relativ einfach minimieren kann, ist die Reduktion der Rekombinationsverluste wesentlich schwieriger und in der Tat die eigentliche Aufgabe der "high-efficiency"-Technologie.

Abb. 4 zeigt den Einfluß der Volumenrekombination (repräsentiert als Diffusionslänge L_N gemessen in μm) und der Oberflächenrekombination an der Basisoberfläche (repräsentiert als Oberflächenrekombinationsgeschwindigkeit S, gemessen in cm/s) auf Leerlaufspannung V_{OC} und Kurzschlußstrom I_{SC} der Zelle [2].

Die Dicke der Zelle ist zu 200 μm angenommen. Um zu großen Werten von V_{OC} und I_{SC} zu kommen, muß L_N möglichst groß und S möglichst klein sein. Strom und Spannung reagieren jedoch unterschiedlich.

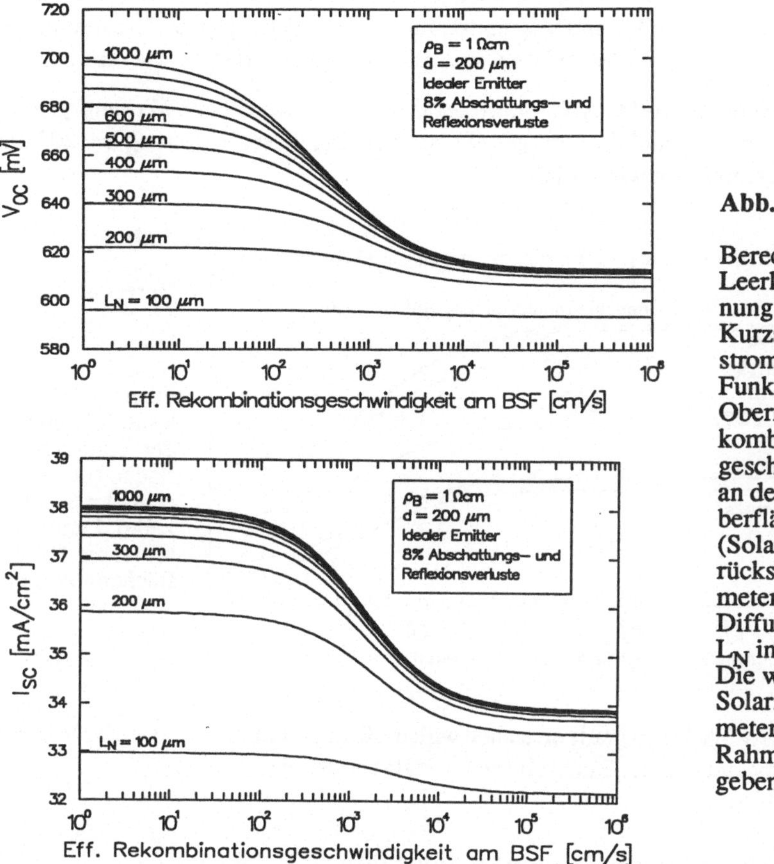

Abb. 4

Berechnete Leerlaufspannung V_{OC} und Kurzschlußstrom I_{SC} als Funktion der Oberflächenrekombinationsgeschwindigkeit an der Basisoberfläche (Solarzellenrückseite). Parameter ist die Diffusionslänge L_N in der Basis. Die wichtigsten Solarzellenparameter sind im Rahmen angegeben.

Wie Abb. 4 zeigt, kann man als grobe Faustregel nehmen, daß für hohen Strom die Diffusionslänge mindestens die doppelte Zellendicke und für hohe Spannungen mindestens die 3-5 fache Zellendicke betragen sollte. Das gilt aber nur bei sehr guter Rückseitenpassivierung, auf die wir noch zu sprechen kommen werden.

Abb. 4 zeigt außerdem den ungeheuren Einfluß der Rekombination an der Rückseite auf Leerlaufspannung und Kurzschlußstrom. Unterdrückung der Oberflächenrekombination kann bei der Leerlaufspannung einen Gewinn von 60 mV oder mehr und beim Kurzschlußstrom bis zu 3-4 mA/cm² bedeuten. Die Abbildungen zeigen ferner, daß für eine Stromsättigung etwa Werte von 1000 cm/s genügen, während für die Spannung etwa Werte um 100 cm/s erreicht werden sollten. Hohe Spannung ist also schwerer zu erzielen als hoher Strom. Wie so kleine Werte von S erreicht werden können, wird weiter unten beschrieben.

Natürlich hat auch die Reduktion der Oberflächenrekombination an der Emitteroberfläche S_{front} einen Einfluß auf I_{SC} und V_{OC} und damit auf den Wirkungsgrad. Die Bedingungen, die an S_{front} gestellt werden müssen, sind allerdings nicht so stark wie die an S_{back}.

Man sieht das eindrucksvoll in Abb. 5, wo der theoretisch erreichbare Wirkungsgrad in
Abhängigkeit von S_{front} und S_{back} dargestellt ist (wobei in dieser Rechnung d = 200 µm
und L > > d angenommen wurden) [4].

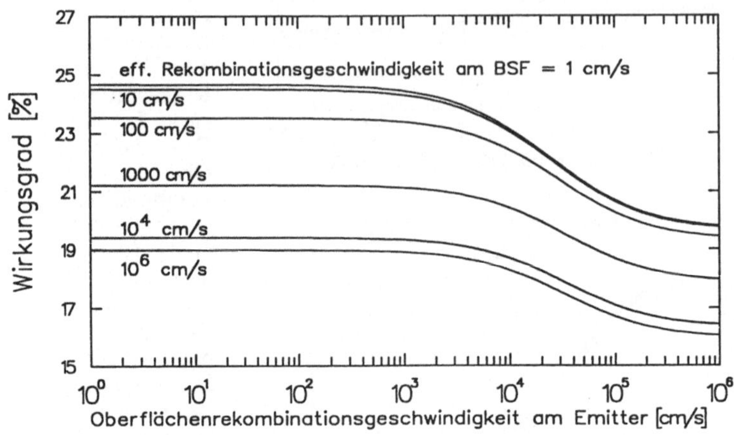

Abb. 5

Berechneter Solarzellenwirkungsgrad als Funktion der Oberflächenrekombination an der Emitteroberfläche (Oberseite der Solarzelle). Parameter ist die Oberflächenrekombinationsgeschwindigkeit an der Basisoberfläche.

Wenn man höhere Wirkungsgrade erreichen will, muß die Rekombination an der Vorderseite < 1000 cm/s und an der Rückseite sogar < 100 cm/s sein.

3 Technologie der hocheffizienten Solarzelle

Die Realisierung der oben erläuterten Prinzipien für die höchst effiziente Silicium-Solarzelle sei am Beispiel der im ISE entwickelten LBSF- (local back surface field -) Zelle
diskutiert. [2]. Abb. 6 zeigt den prinzipiellen Aufbau.

Da Silicium ein indirekter Halbleiter ist und Sonnenlicht nur relativ schwach absorbiert,
schließt der aktive Teil der Zelle Vorder- und Rückseite mit ein. Ein auffallendes Merkmal
ist die strukturierte Oberfläche zur Reflexionsminderung. Das sind kleine Strukturen von
etwa 10 µm Größe, die wie umgekehrte Pyramiden aussehen und durch einen anisotropen
Ätzprozeß hergestellt werden. Lichtquanten, die beim ersten Auftreffen auf das Silicium
nicht eindringen können, bekommen eine zweite Chance. Mit solchen Strukturen lassen
sich die Reflexionsverluste auf Werte von 3-4 % drücken. Oberflächen dieser Art erscheinen dem Betrachter fast schwarz.

Das Metallgitter zur Stromentnahme ist in Fingerzahl und Breite der Finger ein sehr sorgfältiger Kompromiß zwischen Abschattungsverlusten und Ohmschen Verlusten. Gän-
gige Fingerbreiten liegen etwa im Bereich von 10 µm, hergestellt werden solche Gitter

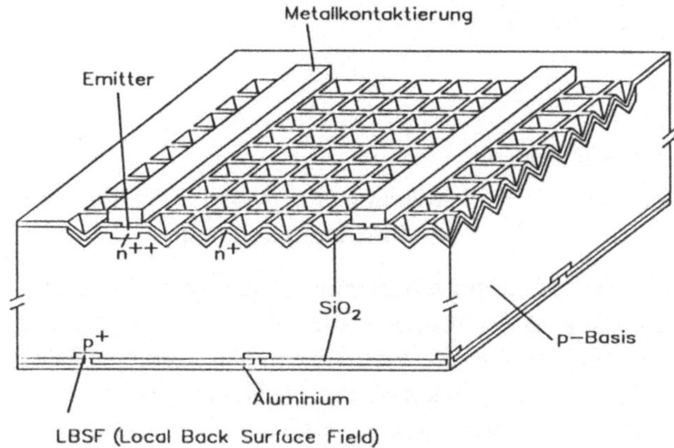

Abb. 6
Prinzipieller
Aufbau der
ISE-LBSF-
Zelle

durch Photoresistprozesse und Aufdampfen von Titan, Palladium und Silber. Der wichtigste Schritt aber ist eine fast vollständige Bedeckung der Oberfläche mit einem hochwertigen, thermisch aufgewachsenen Oxid zur Passivierung der Oberfläche, um die Ladungsträgerrekombination so klein wie möglich zu halten. Die Emitteroberfläche ist die Stelle mit der höchsten Konzentration von Ladungsträgern, da hier die Lichtdichte am größten ist. Dieses Oxid ist in seiner Dicke so gewählt, daß es auch noch gleichzeitig als einlagige Antireflexschicht dient.

Zur Unterdrückung der Ladungsträgerrekombination gehört auch, daß die Berührungspunkte zwischen Halbleiter und Metallkontakt so klein wie möglich sind, und der Halbleiter an diesen Stellen besonders hoch dotiert ist. Man spricht in diesem Fall von einem zweistufigen Emitter.

Von größter Wichtigkeit ist bei hocheffizienten Zellen, wie oben diskutiert, das Verhalten der Rückseite. Der größte Teil des Stromes wird in der Basis generiert, und ohne besondere Maßnahmen würde bei hohen Diffusionslängen ein großer Teil der Ladungsträger an der Rückseite rekombinieren und damit verloren gehen.

Nur an den Kontaktpunkten wird ein BSF (= back surface field) eindiffundiert, die übrige Rückseite ist passiviert mit einem Oxid, das zusätzlich mit ca. 2 μm Aluminium bedampft ist. Wir erreichen damit Rekombinationsgeschwindigkeiten an der gesamten Rückseite von etwa 100 cm/s. Dieses LBSF-Prinzip [2] wird inzwischen auch in der "high-efficiency"-Technologie anderer Labors verwendet.

Es kann kein Zweifel daran bestehen, daß eine hocheffiziente Silicium-Solarzelle ein "high-Tech-Product" ist. Es gibt kein Halbleiterbauelement, das bezüglich Verunreinigungen ähnlich hohe Ansprüche stellt ($< 10^{10}$ cm^{-3}). Das bedeutet für die Technologie Reinraumbedingungen, mehrstufige Reinigungsprozesse der Wafer, sowie eine sehr saubere und diffizile Hochtemperaturführung, sehr häufig unter TCA-Zugabe zur Reinigung der Diffusionsrohre.

Der Herstellprozeß besteht aus vier Hauptschritten (s. Abb. 7):
1. Pyramidenherstellung
2. Emitterherstellung
3. Passivierungsoxidation
4. Metallisierung der Vorder- und Rückseite.

Das Silicium ist FZ-Si (float zone gezogen), Waferdurchmesser 3", Dicke 250 μm, (100)-Kristallrichtung, Ohmigkeiten im Bereich 0.4 - 1.5 Ωcm, beidseitig poliert.

1. Das Silicium wird in einem Hochtemperaturprozeß mit einer etwa 80 nm dicken Oxid-schicht versehen. Mittels Photolithographieschritten werden die Pyramidenstrukturen geöffnet und in heißer alkalischer Lösung die invertierten Pyramidenstrukturen geätzt. Nach dem Entfernen des stehengebliebenen Oxids werden die Kanten der Pyramiden nachgeätzt. Damit ist die Strukturierung abgeschlossen. Justiersymbole für die weite-ren Lithographieschritte werden gleichzeitig mit eingeätzt.

2. Nach einer weiteren Schutzoxidation von 200 nm werden die Fenster für die n^{++}-Emit-terstreifen unter den späteren Metallfingern geätzt, es folgt die n^{++}-Vorbelegung. Nach anschließendem vollständigem Oxidätzen folgt eine weitere Schutzoxidation von 200 nm. Dabei wird gleichzeitig die n^{++}-Konzentration tiefer eingetrieben, was durch-aus erwünscht ist. Nach einer großflächigeren Fensteröffnung erfolgt die n^{+}- Vorbele-gung mit anschließender Oxidentfernung. Damit ist die Emitterstruktur vorgegeben, wenn auch noch nicht die endgültige Tiefe erreicht ist.

3. Mittels eines "Lift-off"-Prozesses werden auf der Rückseite die Aluminiumpunkte für das lokale BSF aufgebracht. Dieses Aluminium wird unter Sauerstoffatmosphäre ein-diffundiert. Gleichzeitig wird auf die Vorder- und Rückseite je 105 nm SiO_2 aufoxi-diert. Wie bekannt, dienen diese Oxide zur Passivierung von Vorder- und Rückseite, auf der Vorderseite gleichzeitig noch als AR-Schicht.

4. Aufdampfen von 2 μm Aluminium auf die Rückseite, Oxidöffnen der Gridstruktur auf der Vorderseite. Mittels "Lift-off" wird das überschüssige Vorderseitenmetall entfernt. Es folgt eine galvanische Verstärkung des Silbers auf etwa 8 μm Stärke. Nach dem anschließenden Sintern bei etwa 400 °C für wenige (25) Minuten ist die Zelle fertig.

Mit dieser Technologie wurden im ISE im Sommer 1991 erstmalig Wirkungsgrade > 20% erreicht, die höchsten in Europa erzielten Werte. Die beste Zelle zeigte die folgenden Parameter (Messung durchgeführt bei NREL, früher SERI):

V_{OC} = 673 mV, I_{SC} = 39.82 mA/cm, FF = 0.781, Wirkungsgrad = 20.9 %.

Green et al. haben mit einer solchen Struktur ("PERL-Zelle = passivated emitter and rear local cell) den Weltrekord für Silicium-Solarzellen in nichtkonzentrierender Anordnung ("bei einer Sonne") überhaupt erhalten, nämlich 23.3 % (AM 1.5) [1]. Eine ähnliche Struktur haben Cuevas et al. für Konzentratoranwendungen untersucht [6].

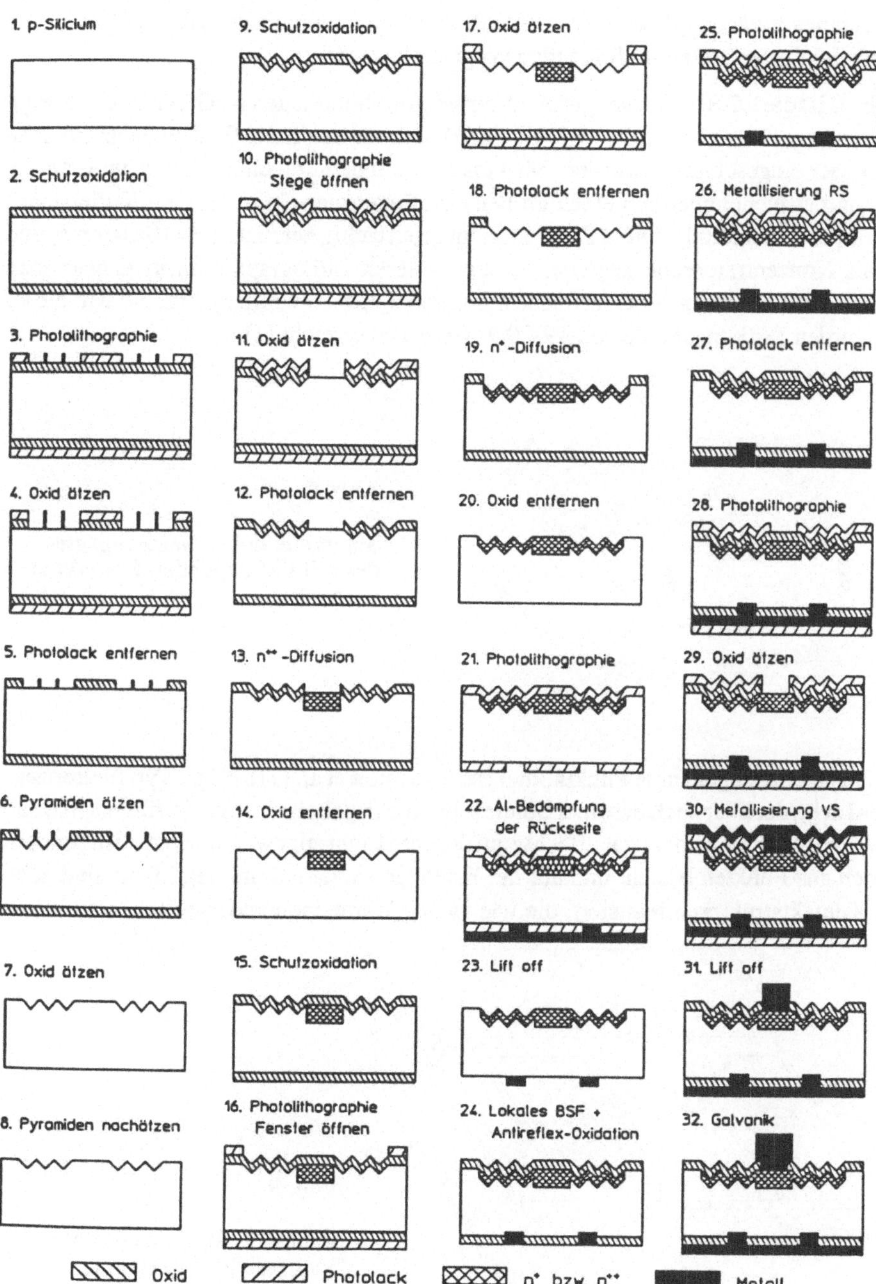

Abb. 7 Technologieschritte bei der Herstellung der LBSF-Zelle (s. Text)

4 Andere "high efficiency"-Silicium-Solarzellen-Konzepte

Wie eingangs erwähnt, gibt es noch andere Zellkonzepte für höchste Wirkungsgrade. Die beiden wichtigsten sollen im folgenden vorgestellt werden:

In Abb. 8 ist die LGBC-(= laser grooved buried grid) Solarzelle von Green et al. gezeigt. Das besondere Kennzeichen dieser Zelle sind Frontkontakte, die in Gräben liegen, welche durch Laser eingeschnitten wurden. Man erspart sich dadurch einen Photolithographieschritt und erreicht außerdem einen großen Gridfingerquerschnitt (kleiner Widerstand) bei geringer Abschattung. Diese Zelle ist leicht großflächig herzustellen (10x10 cm^2) und auch als Konzentratorzelle geeignet. Einen weiteren Lithographieschritt erspart man durch die Strukturierung der Oberfläche mit sogenannten "random pyramids". Mit dieser Zelle wurden Wirkungsgrade von 19-20 % (AM 1.5) erreicht [1].

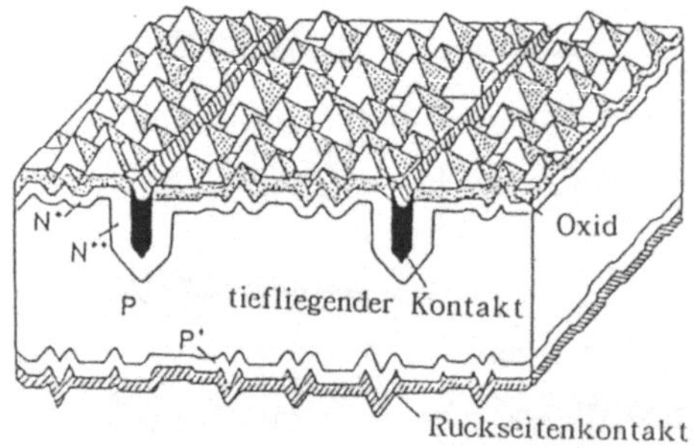

Abb. 8

Solarzelle hohen Wirkungsgrades mit tief liegenden Kontakten (Green)

Abb. 9 zeigt die sogenannte Punktkontaktzelle (Sinton et al. [7]), einen Typ für konzentriertes Licht, der aber auch bei einer Sonne sehr gute Ergebnisse zeigt. Auffallend ist, daß der pn-Übergang nicht mehr ganzflächig auf der dem Licht zugewandten Seite ist, sondern nur noch aus Punkten besteht und auf der lichtabgewandten Seite liegt. Dort sind auch beide Kontaktstrukturen realisiert, die wie zwei Kämme ineinandergreifen. Damit exi-

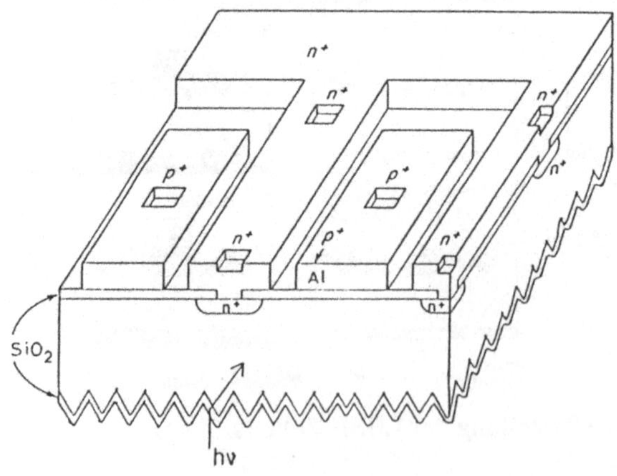

Abb. 9

Solarzelle für konzentriertes Sonnenlicht, sogenannte Punktkontaktzelle (Swanson)

stiert keine Abschattung auf der Vorderseite. Voraussetzung für hohen Wirkungsgrad ist eine extrem hohe Diffusionslänge der Ladungsträger und sehr gute Passivierung der Oberfläche wegen der sehr hohen Ladungsträgerkonzentration und der großen Entfernung zum pn-Übergang.

5 Schluß

Die Entwicklung von Silicium-Solarzellen mit Wirkungsgraden über 20 % (AM 1.5) hat erst vor wenigen Jahren eingesetzt. Die Wirkungsgrade konnten bisher stetig weiter verbessert werden. Es stellt sich daher die Frage, wo die Obergrenze dieser Technologie liegt. Dies ist derzeit schwer zu sagen. Beim gegenwärtigen Stand von Materialentwicklung und Technologie sind vielleicht 25 % (AM 1.5) die Grenze. Weiter kommt man eventuell mit neuen Konzepten wie der kristallinen Dünnschichtzelle und auf jeden Fall natürlich mit Konzentratorzellen.

Wie eingangs betont, ist die Beschäftigung mit diesen Zellen kein Selbstzweck an sich, sondern ein wichtiger Schritt auf dem Weg der Durchsetzung der Solarzelle als mögliche Energiequelle der Zukunft.

6 Danksagung

Wir danken Frau E. Schäffer für ihre Hilfe bei der Herstellung des Manuskripts. Den Mitarbeitern am "high-efficiency"-Projekt des ISE sei für gute Zusammenarbeit und zahlreiche Diskussionen gedankt. Das vorliegende Kapitel ist mit leichten Änderungen entnommen aus: "Themen 91/92" des Forschungsverbundes Sonnenenergie.

Literatur

[1] M.A. Green, Proc. 10. EC-PV Energy Conf., Kluwer Acad. Pub., Lisboa, 1991, p. 250

[2] J. Knobloch, A. Aberle, B. Voß, Proc. 9. EC-PV Solar Energy Conference, Freiburg, 1989, Kluwer Academic Publishers, p. 777

[3] Studie des US DOE, zitiert nach J.C.C. Fan, Tech. Digest of the Intern. PVSEC-5, Kyoto, 1990, p. 607

[4] A. Aberle, Dissertation Freiburg 1991

[5] J. Kopp, W. Warta, A. Aberle, S. Glunz, J. Knobloch, Proc. 22. IEEE-PVSC, Las Vegas, 1991, p. 278

[6] A. Cuevas, R.A. Sinton, R.M. Swanson, Proc. 21. IEEE-PVSC, Orlando, 1990, p. 327

[7] R.A. Sinton, P. Verlinden, D.E. Kane, R.M. Swanson, Proc. 8. EC-PV Solar Energy Conference, Florence, 1988, Kluwer Academic Publishers, p. 1472

Technologie der GaAs-Solarzelle

W. Wettling
Fraunhofer-Institut für Solare Energiesysteme
Oltmannsstraße 22
79100 Freiburg

1 Einleitung

Galliumarsenid (GaAs) ist nach Silicium das zweitwichtigste Halbleitermaterial. Seine Anwendung erstreckt sich von schnellen Schaltungen für die digitale Mikroelektronik über analoge Mikrowellenbauteile (Repeater, Verstärker, Oszillatoren) zu optoelektronischen Bauelementen (Leuchtdioden und Laser) [1]. Die materialphysikalischen Grundlagen und die Technologie sind daher sehr gut entwickelt. Von diesem hohen Entwicklungsstand hat auch die GaAs-Solarzelle von Anfang an profitiert, so daß GaAs seit den 60er-Jahren das Material mit den höchsten Solarzellen-Wirkungsgraden war (siehe Abb. 1).

Zweifelsohne wird Silicium als Solarzellenmaterial auf absehbare Zeit eine führende Rolle in der Photovoltaik spielen, aber es gibt doch einige Materialaspekte, die GaAs überlegen machen:

- Der theoretische und real erreichte Wirkungsgrad von GaAs-Solarzellen ist höher als der von Si-Solarzellen.

- Als Halbleiter mit direkter Energielücke hat GaAs eine wesentlich höhere Lichtabsorption im Bereich des Sonnenspektrums als Silicium. GaAs-Solarzellen können daher wesentlich dünner (3 - 5 µm) als Si-Solarzellen (100–300 µm) sein.

- Die hohe Bandlücke von GaAs (1,42 eV) gegenüber Silicium (1,1 eV) führt zu einer geringeren Temperaturabhängigkeit. Dies ist für Anwendungen mit konzentriertem Sonnenlicht von Vorteil.

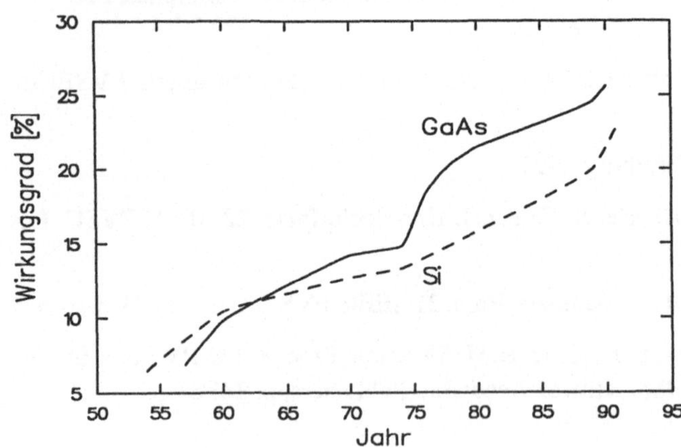

Abb. 1

Entwicklung der im Labor erreichten Solarzellenwirkungsgrade von GaAs und Silicium in den vergangenen Jahrzehnten, nach [10]

Tab. 1 Einige Parameter von GaAs und Silicium

	GaAs	Si	Dimension
Kristallstruktur	Zinkblende	Diamant	-
Dichte	5.32	2.328	$g\,cm^{-3}$
Energielücke	1.424	1.12	eV
Gitterkonstante	5.6533	5.43095	Å
Thermischer Ausdehnungskoeffizient	$6,86\ 10^{-6}$	$2,6\ 10^{-6}$	$^{o}C^{-1}$
Schmelzpunkt	1238	1415	^{o}C
Preis pro Wafer	100-150	10	DM

- GaAs kann auch mit anderen Elementen der III. und V. Gruppe des Periodensystems zu ternären und quaternären Verbindungshalbleitern kombiniert werden, deren physikalische Parameter über weite Bereiche variieren können. Dies ermöglicht die Herstellung von Fensterschichten, Heteroübergängen, Tandem- und Tripel-Solarzellen.

- Für die Energieversorgung von Satelliten ist die im Vergleich zu Silicium geringere Strahlungsdegradation von GaAs-Solarzellen von Bedeutung.

Einige physikalische Parameter von GaAs und Silicium sind in Tabelle 1 gegenübergestellt.

2 Einfache GaAs-Solarzellen

Das wichtigste Kennzeichen einer GaAs-Solarzelle ist eine Struktur aus mehreren Schichten mit Dicken zwischen 0,1 und einigen Mikrometern. Diese Schichten werden durch epitaktisches Kristallwachstum auf einem monokristallinen Substrat hergestellt. Im wesentlichen werden derzeit drei Epitaxieverfahren verwendet: Flüssigphasenepitaxie (LPE = liquid phase epitaxy), Metallorganische Gasphasenepitaxie (MOVPE = metal organic vapor phase epitaxy) und Molekularstrahlepitaxie (MBE = molecular beam epitaxy), wobei MBE bisher nur im Entwicklungslabor Verwendung findet. Die drei Epitaxieverfahren sind in Abb. 2 schematisch dargestellt und erläutert.

Als Beispiel einer einfachen Struktur zeigt Abb. 3 eine LPE-GaAs-Solarzelle schematisch dargestellt, die im Fraunhofer-Institut für Solare Energiesysteme prozessiert wird und die einen Wirkungsgrad von 22,3 % (AM1,5) erreicht hat [2]. Die Schichtstruktur dieser Zelle wird nach dem sogenannten "etchback-regrowth" Verfahren hergestellt. Die Schmelze (flüssiges Gallium-Metall) ist bei ca. 860° C mit As fast vollständig gesättigt

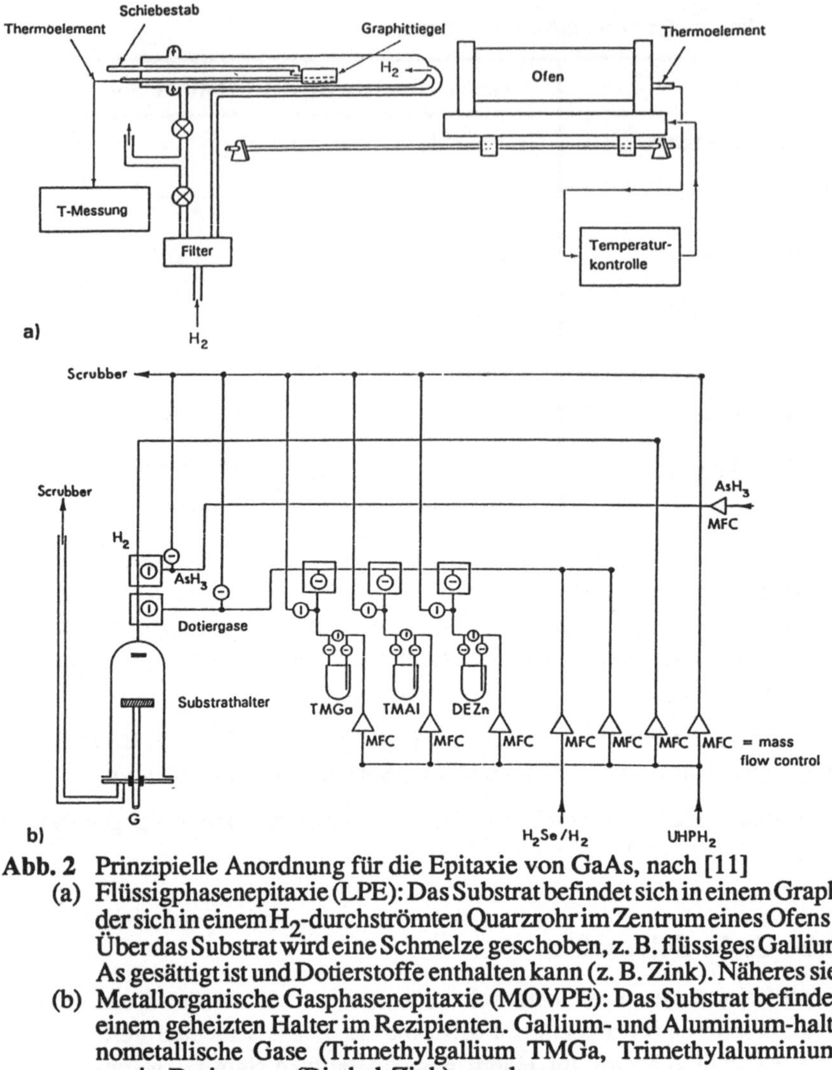

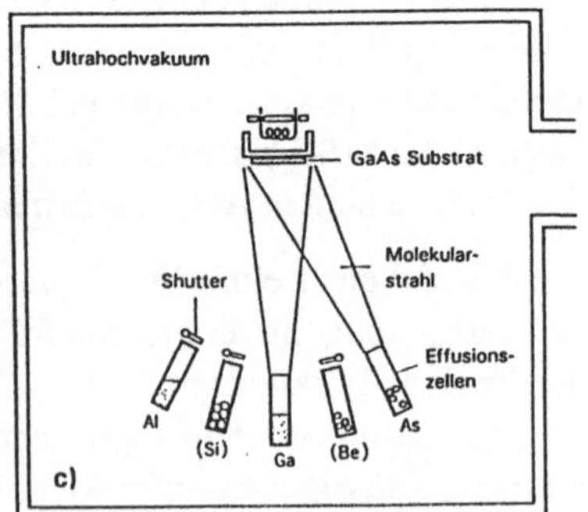

Abb. 2 Prinzipielle Anordnung für die Epitaxie von GaAs, nach [11]

   (a) Flüssigphasenepitaxie (LPE): Das Substrat befindet sich in einem Graphittiegel, der sich in einem H_2-durchströmten Quarzrohr im Zentrum eines Ofens befindet. Über das Substrat wird eine Schmelze geschoben, z. B. flüssiges Gallium, die mit As gesättigt ist und Dotierstoffe enthalten kann (z. B. Zink). Näheres siehe Text.

   (b) Metallorganische Gasphasenepitaxie (MOVPE): Das Substrat befindet sich auf einem geheizten Halter im Rezipienten. Gallium- und Aluminium-haltige organometallische Gase (Trimethylgallium TMGa, Trimethylaluminium TMAl) sowie Dotiergase (Diethyl-Zink) werden zusammen mit Arsin und Wasserstoff über das Substrat geleitet. Die Gase reagieren an der Oberfläche, Gallium, Aluminium und Zink setzen sich ab. Die Schichtzusammensetzung kann durch Steuerung des Gasflusses variiert werden.

   (c) Molekularstrahlepitaxie (MBE): Gallium, Arsen, Alumiunium und Dotierstoffe werden im Ultrahochvakuum aus geheizten Zellen (Effusoren) auf das geheizte Substrat aufgedampft. Die Zusammensetzung der Schichten wird über die Temperatur des Substrats und der Effusoren gesteuert.

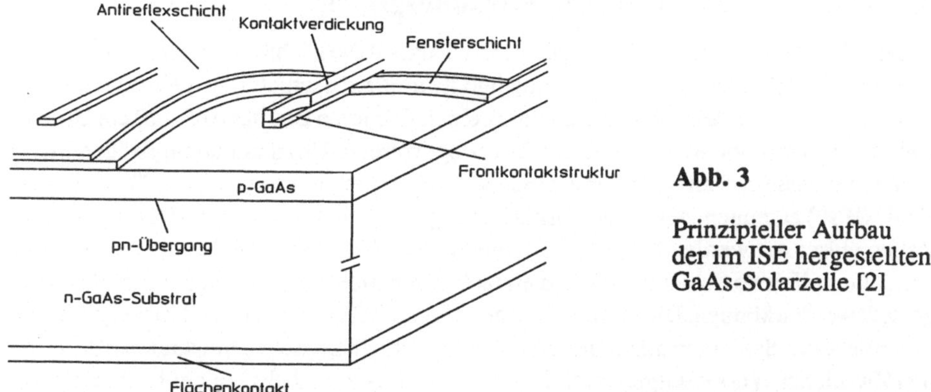

Abb. 3

Prinzipieller Aufbau
der im ISE hergestellten
GaAs-Solarzelle [2]

und mit Zink und Aluminium dotiert. Wenn sie auf das n-dotierte Substrat aufgeschoben wird, lösen sich einige Mikrometer des Substrates ab, bis sie mit As vollständig gesättigt ist. Dieses Zurückschmelzen ("etch back") hat einen reinigenden Effekt auf die Probe. Zink diffundiert aus der Schmelze in das Gitter und setzt sich auf leere Gallium-Plätze, wo es als Akzeptor wirkt. Auf diese Weise entsteht der p-dotierte Emitter, der in diesem Fall ca. 1-2 µm tief ist. Gleichzeitig geht Aluminium in der oberflächennahen Schicht durch Austausch mit Gallium auf Gallium-Plätze, so daß dort eine Schicht $Al_xGa_{1-x}As$ mit x = 0,85-0,9 entsteht. Diese Schicht passiviert die GaAs-Oberfläche und wirkt wegen des großen Bandabstands von AlGaAs (1,9 eV) als sogenannte "Fensterschicht".

Nach der Epitaxie wird durch Plasmaabscheidung eine einlagige Antireflexschicht aus Si_3N_4 aufgebracht und mit einer photolithographischen Aufdampf- und "lift-off" Technik das Frontgitter aus Mangan und Gold aufgebracht. Der Rückkontakt besteht aus aufgedampftem Germanium/Gold. Front- und Rückkontakte werden abschließend galvanisch verstärkt. Die Strom-Spannungskennlinie unter AM1,5-Beleuchtung und die wichtigsten Kenndaten dieser Zelle sind in Abb. 4 gezeigt.

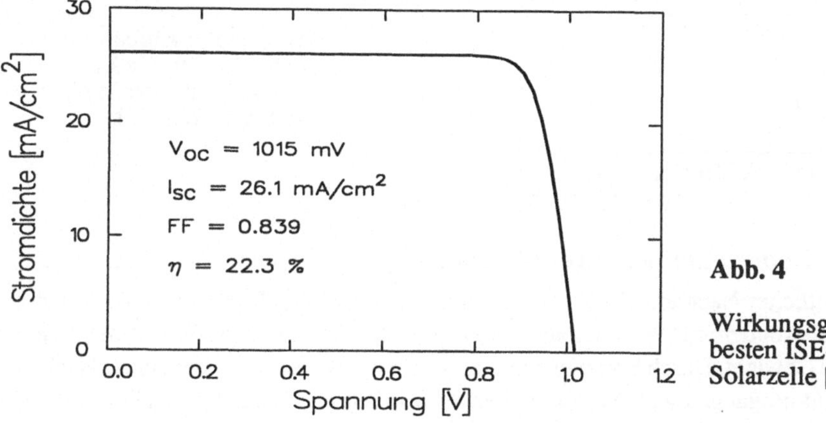

Abb. 4

Wirkungsgrad der
besten ISE-GaAs-
Solarzelle [2]

3 GaAs-Solarzellen höchsten Wirkungsgrades

Die in Abb. 3 gezeigte LPE-Solarzelle ist in bezug auf die Lichtausbeute noch nicht optimal. Zunächst können durch eine zweilagige Antireflexbeschichtung die Reflexionsverluste verbessert werden. Weiter kann durch einen flacheren Emitter (0,5 µm) ein Großteil der Stromproduktion in die Basisschicht verlegt werden. Um den Ladungsträgereinfang dort zu verbessern, muß man durch einen n^+/n-Übergang ein sogenanntes "back surface field" (BSF) erzeugen, das die Minoritätsladungsträger in Richtung p/n-Übergang treibt. Zellen dieser Art werden hauptsächlich durch die MOCVD-Methode aufgewachsen, da damit komplizierte Schichtstrukturen einfach durch Steuerung der Dotiergasströme hergestellt werden können. Die in Abb. 5 dargestellte MOCVD Schichtstruktur zeigt über die beschriebenen Schichten hinaus noch eine Pufferschicht zwischen Substrat und Zelle, die den Zweck hat, Versetzungen im Substrat so abzublocken, daß sie nicht in die Epitaxieschicht weiterwachsen. Außerdem wurde eine GaAs-Schicht zwischen Frontkontakt und Fensterschicht (cap layer) aufgebracht, um die Haftfestigkeit des Metallkontaktes auf AlGaAs zu verbessern. Mit Strukturen dieser Art wurde von Tobin et al. [3] ein Wirkungsgrad von 25 % (AM1,5) erreicht. Durch Ersetzen der AlGaAs Fensterschicht durch InGaP konnte dieses Ergebnis auf 25,7 % (AM1,5) verbessert werden [4]. Diese Werte stellen die höchsten bisher für Einfach-Solarzellen unter Beleuchtung von 1 Sonne erreichten Wirkungsgrade dar.

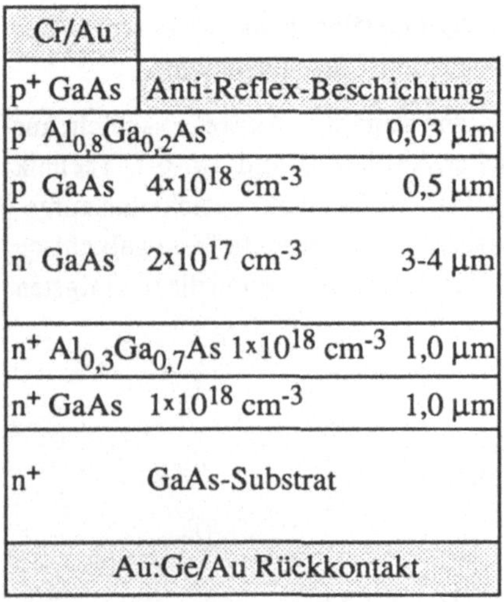

Cr/Au	
p^+ GaAs	Anti-Reflex-Beschichtung
p $Al_{0,8}Ga_{0,2}As$	0,03 µm
p GaAs 4×10^{18} cm^{-3}	0,5 µm
n GaAs 2×10^{17} cm^{-3}	3-4 µm
n^+ $Al_{0,3}Ga_{0,7}As$ 1×10^{18} cm^{-3}	1,0 µm
n^+ GaAs 1×10^{18} cm^{-3}	1,0 µm
n^+ GaAs-Substrat	
Au:Ge/Au Rückkontakt	

Abb. 5

Prinzipieller Aufbau einer MOVPE-GaAs-Solarzelle für höchste Wirkungsgrade [3]

4 GaAs-Solarzellen auf Fremdsubstrat

Ein wesentlicher Nachteil von GaAs-Solarzellen ist der hohe Preis der GaAs-Substrate sowie (insbesondere für Weltraumanwendungen wichtig), deren große Zerbrechlichkeit und hohes Gewicht. Durch Epitaxie von GaAs auf Fremdsubstrat können diese Nachteile weitgehend umgangen werden. So werden derzeit fast alle GaAs-Solarzellen für Weltraumanwendungen (Jahresproduktion einige Hunderttausend 2x4 cm^2 Zellen) auf Germanium-Substrat hergestellt [5].

Germanium ist gut gitterangepaßt an GaAs, die Epitaxie bereitet also keine zu großen Schwierigkeiten. Doch Germanium als Substratmaterial ist schwer und auch relativ teuer. Das Gewichtsproblem wird dadurch gelöst, daß nach Herstellung der Zelle das Germanium-Substrat auf ca. 80 µm Dicke heruntergeätzt wird.

Die GaAs/Ge Zellen haben serienmäßig einen Wirkungsgrad von 17-18 % AM 0 (entspricht etwa 20-21 % AM1,5) [5].

Für Weltraumanwendungen schlägt der im Vergleich zu Si-Solarzellen größere Wirkungsgrad so positiv zu Buch, daß GaAs/Ge Solarmodule nur ca. 10 % teurer sind als Silicium-Module [6].

Ein weiterer Vorteil der GaAs/Ge-Technologie besteht darin, daß das Germanium-Substrat als zweite Solarzelle ausgebildet werden kann. Man erhält damit eine monolithische Tandem-Solarzelle (s. nächsten Abschnitt).

Silicium wäre als Substratmaterial für GaAs in mehrerer Hinsicht von Vorteil: es ist viel leichter, billiger und hat eine bessere Wärmeleitung als Germanium. Auch als "Unterzelle" einer GaAs/Si-Tandemstruktur wäre Silicium mit 1,1 eV Bandabstand gut einsetzbar.

Es gibt daher intensive Bemühungen, eine GaAs/Si Solarzelle zu realisieren. Leider ist dies wesentlich schwieriger als bei Verwendung von Germanium-Substrat. Der Grund liegt in der Gitterfehlanpassung von etwa 4 % zwischen GaAs und Silicium und einer verschiedenen Wärmeausdehnung der beiden Materialien. Dies führt zu Epitaxieschichten mit hohen Versetzungsdichten, die keine guten Wirkungsgrade erlauben. Es gibt aber eine Reihe von Techniken (z. B. thermische Behandlung beim Wachstum, Zwischenschichten etc.), mit denen die Versetzungsdichte in GaAs drastisch gesenkt werden kann, so daß in jüngster Zeit doch einige gute Solarzellenergebnisse erzielt wurden. Abb. 6 zeigt eine Schichtstruktur wie sie im ISE durch Kombination von MBE und LPE hergestellt wird und die relativ gute Versetzungsdichten ergibt. Als beste Wirkungsgrade wurden kürzlich 21 % bei ca. 100 Sonnen Einstrahlung berichtet (s. Abb. 7)[7].

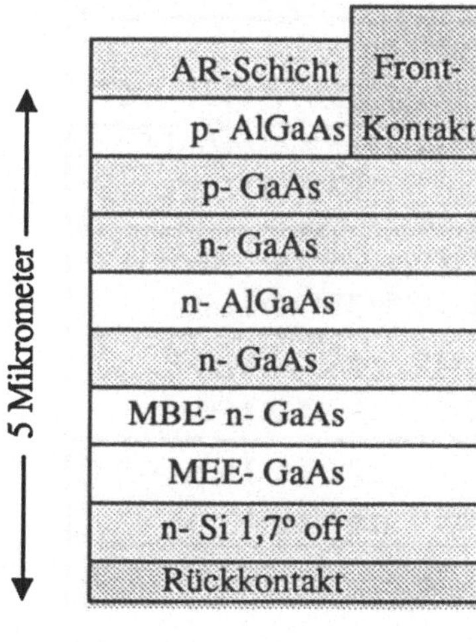

Abb. 6

Prinzipieller Aufbau
einer GaAs-auf-Si-
Solarzelle (ISE 1991)

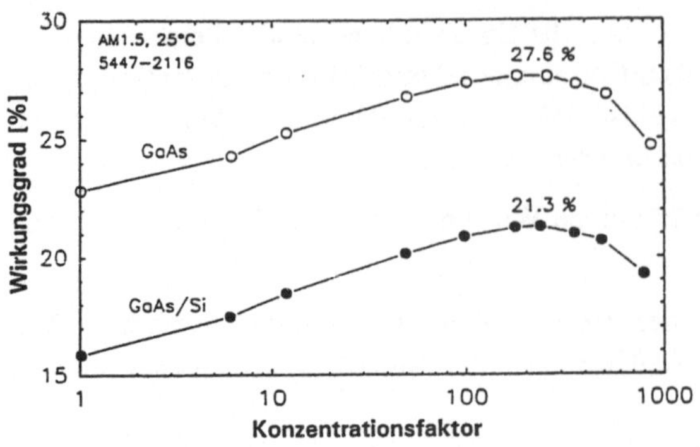

Abb. 7
Wirkungsgrade von GaAs-auf-Si-Solarzellen als Funktion des Konzentrationsgrades

5 Tandem- und Konzentratorzellen

Hohe Wirkungsgrade über 30 % können nur erzielt werden, wenn das Sonnenlicht auf zwei oder mehrere Zellen mit verschiedenem Bandabstand geleitet wird. Die einfachste Realisierung einer solchen "Tandem"-Anordnung besteht in einer Zelle großen Bandabstands (optimal 1,5-1,7 eV) die über einer Zelle kleinen Bandabstands liegt (optimal 1-1,2 eV). GaAs und andere Halbleiter der III-V Familie eignen sich sehr gut für diesen Zweck. In der Tat wurde über zahlreiche Kombinationen von Ober- und Unterzellen berichtet. Einige wichtige Ergebnisse sind in Tabelle 2 wiedergegeben. Man sieht, daß GaAs sowohl als Ober- wie auch als Unterzelle verwendet wird. Gute Erfolge wurden auch mit Tripelzellen des Systems AlGaAs/GaAs/InGaAs erzielt [8].

Natürlich sind solche Schichtstrukturen wesentlich teurer als Einfachzellen. Die Beschäftigung mit diesen Systemen ist aber dennoch sinnvoll, da diese Tandem- oder Tripelzellen in Konzentratoranordnungen verwendet werden können. Bei Konzentratoranwendung

Tab. 2 Zellkombinationen für Tandemzellen, nach [12]

Obere Zelle Material Bandgap (eV)	Untere Zelle Material Bandgap (eV)	Bisher erreichte Wirkungsgrade	Wirkungsgrad-potential
AlGaAs (1,7)	Si (1,1)	20 % AM 2, 1x	
GaAs (1,4)	Si (1,1)	31,0 % AM 1,5, 347	35 % AM 1,5, 347x
AlGaAs (1,7)	CuInSe$_2$ (1)	23,1 % AM 0, 1x	26 % AM 0, 1x
GaAs (1,4)	CuInSe$_2$ (1)	23,1 % AM 0	22 % AM 0, 1x
AlGaAs (1,7)	InGaAs (1,2)	16,5 % AM 1,5, 1x	26 % AM 1,5, 1x
GaAs (1,4)	InGaAs (1,2)	30,2 % AM 1,5, 350	35 % AM 1,5
AlGaAs (1,7)	Ge (0,67)	19,5 % AM 0, 1x	26 % AM 0
GaAs (1,4)	Ge (0,67)	23,4 % AM 0	28 % AM 0
AlGaAs (1,7)	GaAs (1,4)	23,9 % AM 0	26 % AM 0
GaInP (1,8)	GaAs (1,4)	21,9 % AM 1,5	25 % AM 1,5
GaAs (1,4)	GaSb (0,7)	30,8 % AM 0, 100x	

wird die Zellfläche um den Konzentrationsfaktor x kleiner. Typische Werte für x sind 10 bis 1000. Bei höhen Konzentrationen (x > 100) wird der Preis der Zelle vernachlässigbar im Vergleich zu den übrigen Systemkosten. In diesem Falle lohnt sich also ein höherer Aufwand bei der Solarzelle, wenn nur der Wirkungsgrad gut ist. In der Tat spielen bei theoretischen Kostenabschätzungen künftiger Solarkraftwerke mit angestrebten Kilowattstundenpreisen von 30 Pfennig und darunter Konzentratoranordnungen mit GaAs-Solarzellen eine wichtige Rolle [9].

6 Danksagung

Frau Elisabeth Schäffer danke ich für wertvolle Hilfe bei der Herstellung des Manuskripts. Den Mitarbeiterinnen und Mitarbeitern des GaAs-Projekts im ISE gilt mein Dank für gute Zusammenarbeit und zahlreiche Diskussionen. Das vorliegende Kapitel ist mit leichten Änderungen entnommen aus: "Themen 91/92" des Forschungsverbundes Sonnenenergie.

Literatur

[1]   M. Shur "GaAs Devices and Circuits", Plenum Press New York, London 1987, ISBN 0-306-42192-5

[2]   A. Bett, S. Cardona, A. Ehrhardt, F. Lutz, H. Welter, W. Wettling, Proc. 22. IEEE PVSC, Las Vegas, 1991

[3]   S. P. Tobin, S. M. Vernon, S. J. Wojtczuk, C. Bajar, M. M. Sanfacon, T. M. Dixon, Proc. 21. IEEE PVSC, Orlando 1990, p. 158

[4]   S. R. Kurtz, J. M. Olson, A. Kibbler, Proc. 21. IEEE PVSC, Orlando 1990, p. 138

[5]   P. A. Iles, Proc. 22. IEEE PVSC, Las Vegas, 1991

[6]   G. C. Datum, S. A. Billets, Proc. 22. IEEE PVSC, Las Vegas, 1991

[7]   S. M. Vernon, S. P. Tobin, V. E. Haven, L. M. Geoffroy, M. M. Sanfacon, Proc. 22. IEEE PVSC, Las Vegas, 1991

[8]   B. C. Chung, G. F. Virshup, J. C. Schultz Proc. 21. IEEE PVSC, Orlando, 1990, p. 179

[9]   J. L. Chamberlin, E. C. Boes, Proc. 9. EC. Photovoltaic Solar Energy Conference, Freiburg, Kluwer Academic Publishers, 1989, p. 623

[10] J. C. C. Fan, Techn. Digest of the Intern. PVSEC-5, Kyoto, 1990, p. 607

[11] R. J. Malik ed., in "Materials Processing... Theory and Practices", Vol. 7, Series editor F. F. Y. Wang, North Holland, Amsterdam, 1989, ISBN: 0444 870741

[12] M. B. Spitzer, J. C. C. Fan, Solar Cells 29 (1990), 183

Photovoltaische Meßtechnik

K. Heidler
Fraunhofer-Institut für Solare Energiesysteme (ISE)
Oltmannsstraße 22
79100 Freiburg

1 Einführung und Abgrenzung

Photovoltaik ist (noch) eine teuere Art der Stromerzeugung: Strom aus Solarzellen kostet fünf bis zehnmal mehr als konventionell erzeugter Strom. Diese Rechnung sieht zwar ganz anders aus, wenn man die externen Kosten von Energie [1] mit in die Kalkulation einbezieht, doch solange wir keine entsprechende Energiesteuer haben, gilt diese Aussage uneingeschränkt. Damit ist aber auch schon klar, warum es sich lohnt, in die photovoltaische Meßtechnik zu investieren: Eine Meßunsicherheit von 10 % bei einem photovoltaischen Kraftwerk mit 300 kWp entspricht rund DM 300.000,- an Investitionen. Diesem Bedürfnis an hoher Genauigkeit bei der Wirkungsgradbestimmung von Solarzellen stehen nicht-triviale Probleme bei der Meßtechnik entgegen. Zwar ist es einfach, die elektrische Leistung einer Solarzelle zu messen, die radiometrische Bestimmung der einfallenden Strahlungsleistung mit ganz bestimmten spektralen Eigenschaften ist jedoch schwierig. Die folgende Arbeit beschäftigt sich mit diesen Schwierigkeiten und will einen Überblick geben über die Meßtechnik an Solarzellen bezüglich Wirkungsgrad, I/U-Kennlinie und spektraler Empfindlichkeit.

Der Gegenstand dieser Arbeit ist deshalb nur ein kleiner Ausschnitt aus dem ganzen Spektrum der photovoltaischen Meßtechnik, das in Tab. 1 anhand von Themenfeldern aufgespannt ist. Das ganze Gebiet der halbleiterphysikalischen Charakterisierung von Solarzellen und Materialien wird z.B. in [2-7] behandelt.

Tab. 1 Themenfelder zur photovoltaischen Meßtechnik. Markiert ist der in dieser Arbeit behandelte Ausschnitt.

Meßgröße \ Objekt	Material	Zelle	Modul	System
Umwelttests	-	-	x	x
Degradation	x	x	x	x
Wirkungsgrad	-	x x x	x	x
I/U-Kennlinie	-	x x x	x	x
spektrale Empfindlichkeit	-	x x x	x	x
Halbleiterphysikalische Charakterisierung	x	x	-	

2 Kalibrierung von Solarzellen

"Kalibrieren" bedeutet das Vergleichen eines Prüflings mit einem, bezüglich der gewünschten Meßgröße sehr genau bekannten Vergleichsnormal. In der Photovoltaik hat sich der Begriff eingebürgert für die genaue Bestimmung des Wirkungsgrades bzw. der "Kalibrierkonstante", d.h. des Kurzschlußstroms unter Standardbedingungen.

2.1 Grundlagen

2.1.1 Meßobjekte

Ähnlich wie bei den Themenfeldern zur photovoltaischen Meßtechnik, müssen auch die "Meßobjekte" stark eingeschränkt werden, um den Rahmen dieses Artikels nicht zu sprengen. In Tab. 2 hatten wir uns bereits auf Solarzellen als Meßobjekte festgelegt, doch – wie Tab. 3 zeigt – gibt es hier ebenfalls eine bunte Vielfalt von Kandidaten.

Tab. 2   Vielfalt der Meßobjekte, Kriterien und Merkmale für Solarzellen

Kriterium	Vertreter
Material:	Vielzahl von Elementen und Verbindungen kristallin polykristallin amorph organisch
Art des Übergangs	p/n pin MIS Schottky elektrochemisch
Zahl der Übergänge	einfach mehrfach
Lichteinfall	von oben (konventionell) von oben und unten (bifacial) von der Seite (vertical junction)
Aufbau:	Substrat Superstrat Selbsttragend
Einsatzart:	Weltraum terrestrisch Konzentration Innenraum
Dicke:	100 µm bis einige cm
Fläche:	mm^2 bis einige 100 cm^2
weitere Aspekte:	Topologie Kontakte Kapselung Optik (Blenden, Linsen, usw.)

Tab. 3 Wichtige radiometrische und photometrische Größen

Symbol	RADIOMETRIE Bezeichnung	Einheit	PHOTOMETRIE Bezeichnung	Einheit
Φ, P	Strahlung (-sfluß)	W	Lichtstrom	lm
L	Strahldichte	$W\,m^{-2}\,sr^{-1}$	Leuchtdichte	$lm\,m^{-2}\,sr^{-1}$
E	Bestrahlungsstärke	$W\,m^{-2}$	Beleuchtungsstärke	$lx\,(lm\,m^{-2})$
M	spez. Ausstrahlung	$W\,m^{-2}$	spez. Lichtausstrahlung	$lm\,m^{-2}$
I	Strahlstärke	$W\,sr^{-1}$	Lichtstärke	$cd\,(lm\,sr^{-1})$
Q	Strahlungsmenge	$W\,s$	Lichtmenge	lms
H	Bestrahlung	$W\,s\,m^{-2}$	Belichtung	$lxs\,(lm\,s\,m^{-2})$

In diesem Artikel wird im wesentlichen die kristalline Silizium-Solarzelle behandelt. Sie ist die Solarzelle, die am besten erforscht ist, und Silizium ist für die Anwendung das wichtigste Solarzellenmaterial. Eine Einführung zum Thema Solarzellen findet sich z.B. in [8], einen guten Überblick über Probleme der Kalibrierung von Solarzellen geben z.B. [9-11].

Im folgenden werden wichtige Eigenschaften der Si-Solarzelle behandelt, sie sind typisch für viele andere photovoltaische Materialien. Jede Solarzelle ist nur für ein bestimmtes Spektralband der Solarstrahlung empfindlich, wobei die charakteristische langwellige Flanke im wesentlichen durch den Bandabstand des Halbleitermaterials bestimmt ist. Silizium mit einem Bandabstand von 1,1 eV gehört zu den breitbandigen Solarzellen, eine typische spektrale Empfindlichkeit von Silizium ist in Abb. 1 zusammen mit anderen Materialien dargestellt.

Die spektrale Empfindlichkeit ist ein wichtiges Hilfsmittel zur Charakterisierung der Solarzelle, so kann man z.B. die Diffusionslänge der Minoritätsladungsträger oder die Oberflächenrekombinationsgeschwindigkeit aus ihr bestimmen. Für die Kalibrierung

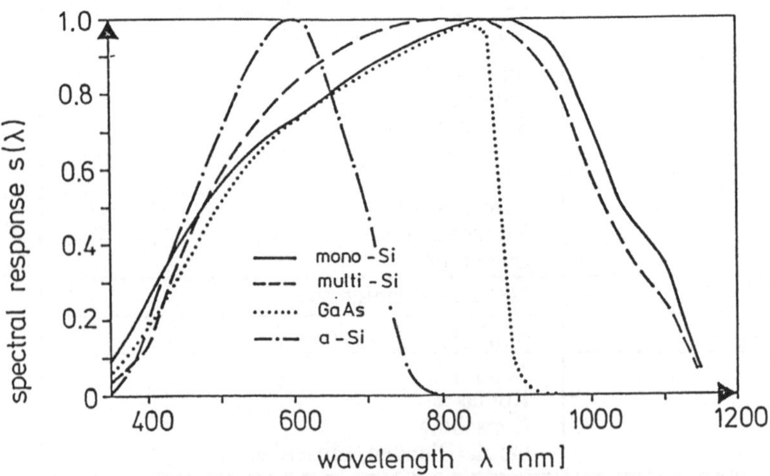

Abb. 1 Relative spektrale Empfindlichkeit verschiedener Solarzellen

von Solarzellen besonders wichtig ist die Beziehung :

$$I_{SC} = \int s(\lambda) \cdot E(\lambda) \, d\lambda \tag{1}$$

Dabei gilt: I_{SC} Kurzschlußsstrom, $s(\lambda)$ spektrale Empfindlichkeit in $A \cdot W^{-1} \cdot m^2$, $E(\lambda)$ spektrale Bestrahlungsstärke in Wm^{-2}. Kennt man also die absolute spektrale Empfindlichkeit und die absolute spektrale Bestrahlungsstärke der Lichtquelle, dann kann man den Kurzschlußstrom der Solarzelle berechnen. Diese Beziehung (1) wird bei der indirekten Methode zur Bestimmung der Kalibrierkonstante der Solarzelle benutzt.

Abb. 2 zeigt die I/U- und die P/U-Kennlinie einer Solarzelle mit den wichtigen Punkten I_{SC} (Kurzschluß), U_{OC} (Leerlauf) und I_m, U_m, P_m (Strom, Spannung und elektrische Leistung am Punkt maximaler Leistung). Bei der Wirkungsgradbestimmung von Solarzellen wird der Punkt maximaler Leistung (MPP maximum power point) bestimmt. Er wird durch den Füllfaktor FF charakterisiert, für den gilt:

$$FF = (I_m \cdot U_m) / (I_{SC} \cdot U_{OC}) \tag{2}$$

Der Kurzschlußstrom einer Solarzelle ist im wesentlichen linear mit der Einstrahlung, die Leerlaufspannung ist proportional zum Logarithmus der Einstrahlung. Beide Abhängigkeiten sind in Abb. 3 qualitativ wiedergegeben.

Die Linearität des Kurzschlußstromes mit der Bestrahlungsstärke macht Solarzellen als Strahlungsempfänger für Meßzwecke geeignet. Wegen der Abhängigkeit des Kurz-

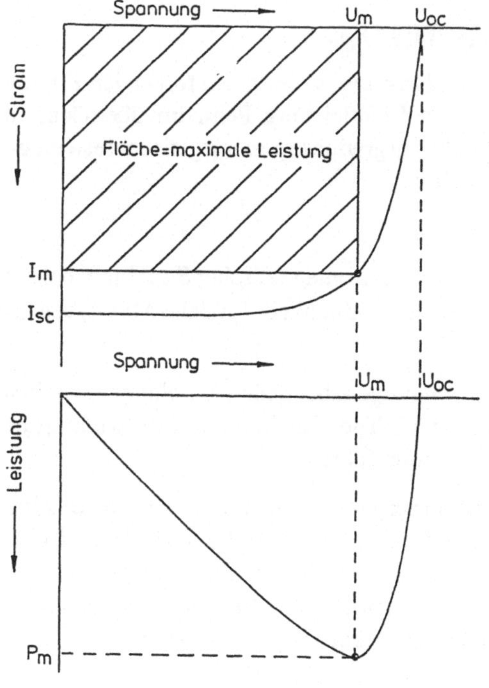

Abb. 2

I/U- und P/U-Kennlinie
einer Solarzelle

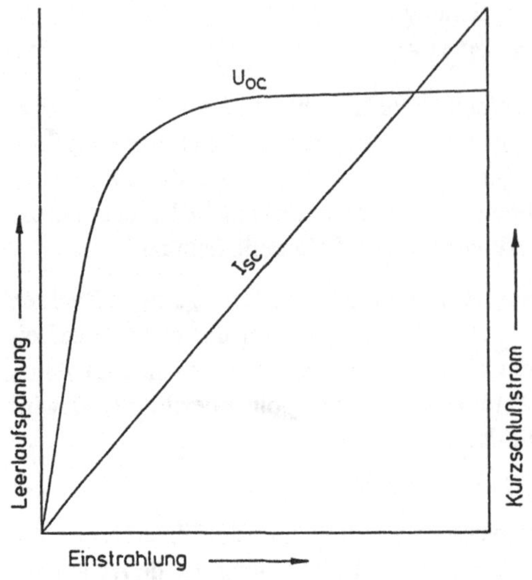

Abb. 3

Abhängigkeit des Kurzschlußstromes I_{SC} und der
Leerlaufspannung U_{OC} von
der Einstrahlung

schlußstromes vom Spektrum der Lichtquelle (siehe Formel (1)) gilt die Linearität exakt
nur für eine Lichtquelle mit gleichbleibender Spektralverteilung. Für die Wirkungsgrad
bestimmung ist noch die Beziehung

$$\eta = (I_{SC} \cdot U_{OC} \cdot FF) / P_{ein} \tag{3}$$

mit η Wirkungsgrad, P_{ein} einfallende optische Leistung, wichtig. Im folgenden Kapitel
geht es um die Bestimmung der einfallenden Lichtleistung Pein, im übernächsten
Abschnitt werden die Bedingungen für die Wirkungsgradbestimmung genauer festgelegt,
die dann in den Kapiteln 2.2 und 2.3 behandelt wird.

2.1.2 Radiometrie

Radiometrie ist ganz allgemein die Messung von elektromagnetischer Strahlung, bei der
Photometrie wird diese Strahlung mit der Augenempfindlichkeit V_λ (siehe Abb. 4) bewertet.

Da Solarzellen auch öfters für Innenraumanwendungen, bei denen mit photometrischen
Einheiten gearbeitet wird, eingesetzt werden, sind in Tab. 3 auf Seite 186 die wichtigsten
radiometrischen und photometrischen Größen aufgeführt.

Typische radiometrische Aufgaben bei der Kalibrierung von Solarzellen sind die Bestimmung der Bestrahlungsstärke durch die Sonne oder eine künstliche Lichtquelle (typischer
Wert 1000 Wm^{-2}), die Bestimmung der spektralen Bestrahlungsstärke bei der Vermessung der spektralen Empfindlichkeit (typische Bestrahlungsstärken 10 $W\ cm^{-2}$) und die
Vermessung des Spektrums von Lichtquellen mit einem Spektralradiometer.

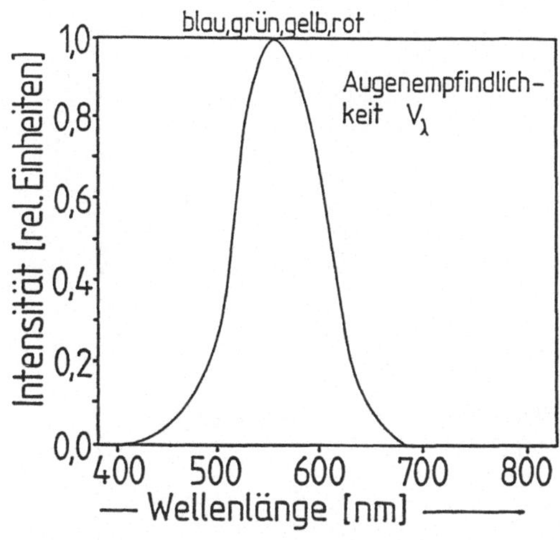

Abb. 4

Relative Augenempfind-
lichkeitskurve V_λ

Tab. 4 gibt einen groben Überblick über wichtige Strahlungsempfänger. Die wichtigsten Strahlungsempfänger für Freilandmessungen sind in Abb. 5 dargestellt.

Mit einem gut kalibrierten Pyranometer kann man genaue Bestimmungen der Bestrahlungsstärke im Freien durchführen. Hohlraumradiometer sind nur für Spezialzwecke wie die Primärkalibrierung von Referenzzellen oder für Präzisionsmessungen ganz allgemein im Einsatz. Si-Sensoren werden sehr häufig als preisgünstige und unkomplizierte Strahlungsempfänger, vor allem im Anwendungsbereich der Photovoltaik eingesetzt. Dabei müssen aber u.a. die spektrale Selektivität, sowie die Winkel- und Temperaturabhängig-

Tab. 4 Gebräuchliche Strahlungsempfänger

Name	Empfänger-typ	Einsatz-gebiete	typische Bemerkungen
Pyranometer	Thermosäule	Freilandmessung E	träge, leichte Alterung, gute Genauigkeit
Hohlraumradiometer	elektrische kalibr. therm. Empfänger	Freilandkalibrierung E	sehr genau
Si-Sensor	Solarzelle	Freilandmessung E	robust, schnell, eingeschränkte Genauigkeit
Referenzzelle	Solarzelle	Labormessung E	robust, schnell, bei Spektralkorrektur sehr genau
Photodiode	Photoelement	Spektralmessung E (λ)	sehr genau
pyroelektro. Radiometer	pyroelektrisch	Spektralmessung E (λ)	träge, genau
Thermischer Empfänger	Thermosäule	Spektralmessung E (λ)	träge, sehr genau

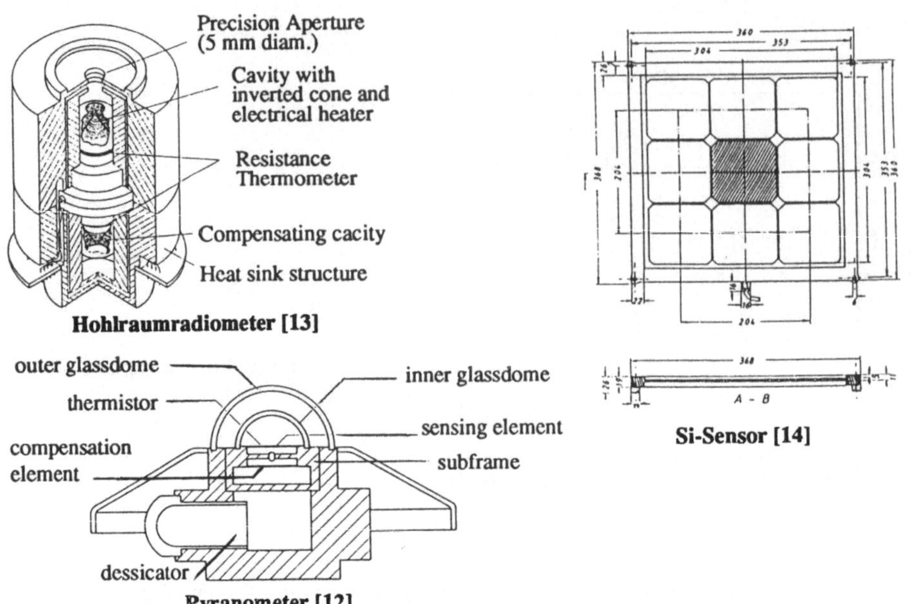

Hohlraumradiometer [13]

Pyranometer [12]

Si-Sensor [14]

Abb. 5 Wichtige Strahlungsempfänger für Freilandmessungen

keit berücksichtigt werden, im Vergleich zu einem Pyranometer kann es bei Momentanwerten zu typischen Abweichungen von 10 - 30 % kommen. Bei Jahresmittelwerten der Bestrahlungsstärke liegen die Abweichungen im Bereich weniger Prozent.

Eine der wichtigsten Strahlungsempfänger für das Labor ist die Referenzzelle, wie sie z.B. in Abb. 6 dargestellt ist. Eine typische Anwendung für Referenzzellen ist die Bestimmung der Bestrahlungsstärke unter Sonnensimulatoren. Wichtige Eigenschaften dabei sind: ausgesuchtes Material, das linear ist und nicht altert; ebene Aufbringung der Zelle im

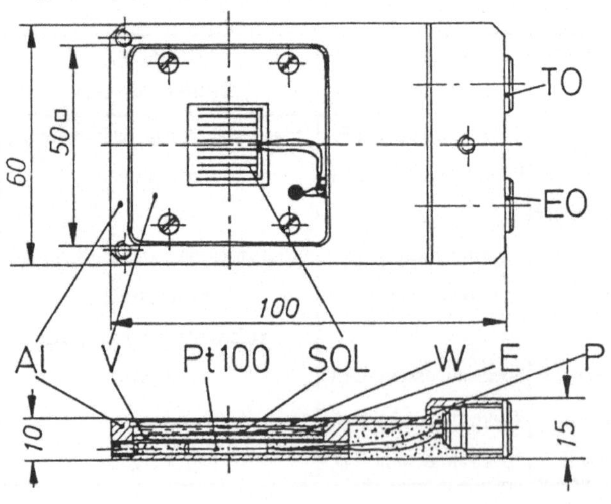

Abb. 6

Gekapselte Primärreferenzzelle der Physikalisch-Technischen Bundesanstalt PTB (Abbildung aus [15])

Gehäuse, das gut temperierbar sein muß; eingebauter Temperatursensor; definierte Kontakte; schwarze Umgebung des eigentlichen Empfängers, um Reflexionen zu minimieren; Eingießen und Verglasung ohne Luftspalt, um die Solarzelle vor Beschädigung zu schützen und Mehrfachreflexionen zu vermeiden. Der Referenzzelle kommt bei der Wirkungsgradbestimmung eine herausragende Rolle zu, deshalb sollte man hier möglichst kein Provisorium wählen und auf die oben angeführten Kriterien achten. Eine kalibrierte Referenzzelle ist ein wertvoller Strahlungsempfänger, der möglichst lange gute Dienst leisten soll, schon deshalb empfiehlt sich die Verwendung einer nackten Solarzelle mit "fliegenden" Kontakten nicht.

Ein wichtiges Feld der Spektralradiometrie ist die Bestimmung des Sonnenspektrums. Nach langjährigen Diskussionen und Messungen hat man sich auf ein Standardspektrum für terrestrische Anwendungen geeinigt (siehe als Norm [16]), das in Abb. 7 mit der Bezeichnung "Global 37° Tilt, Air Mass 1.5" bezeichnet ist.

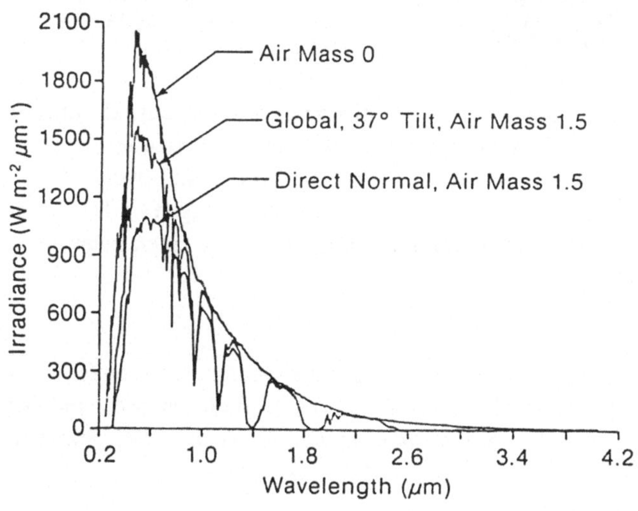

Abb. 7

Extraterrestrisches Sonnenspektrum (Air Mass 0)und terrestrische Normsonnenspektren (AM 1.5) für globale bzw. direkt normale Einstrahlung (Abbildung aus [17])

Das ebenfalls in dieser Abbildung angegebene Spektrum "Direct Normal" wird für die Charakterisierung von Konzentratorzellen benutzt, die das Sonnenlicht nur in einem kleinem Raumwinkel sehen. Das Spektrum mit der Bezeichnung "Air Mass 0" ist ein vorgeschlagenes extraterrestrisches Spektrum, bei dem es aber noch Diskussionen unter den Meteorologen gibt.

Ein wichtiger Parameter, um das Sonnenspektrum zu charakterisieren, ist der AM-Wert (Air Mass), der in Abb. 8 definiert ist. Der AM-Wert gibt das Verhältnis des aktuellen Lichtweges durch die Atmosphäre zum Lichtweg bei senkrechtem Einfall (Äquator mittags Äquinox) an. Die Angabe des AM-Wertes reicht jedoch bei weitem nicht aus, um das tatsächliche Spektrum in der Empfängerebene zu charakterisieren, dazu müssen weitere meteorologische Daten, wie z.B. die Trübung und die relative Luftfeuchte oder eben das ganze Sonnenspektrum gemessen werden.

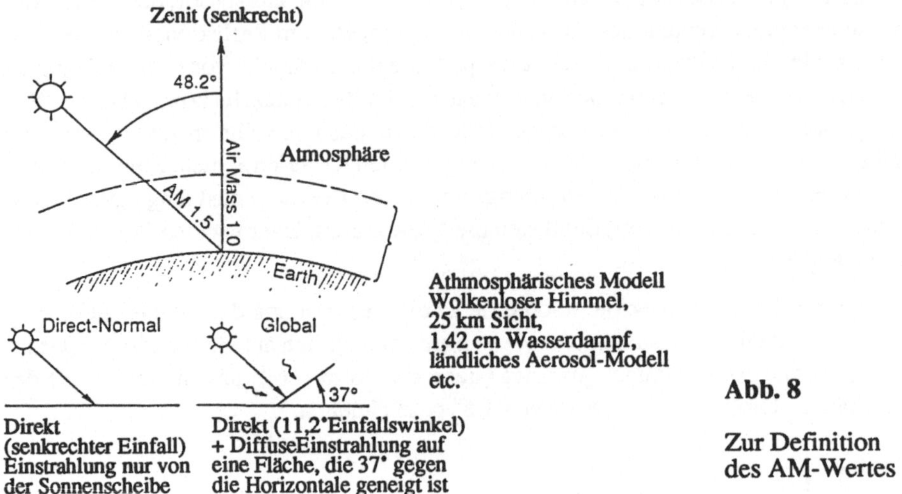

Abb. 8

Zur Definition
des AM-Wertes

Ein häufig verwendetes Spektralradiometer für die Bestimmung des Sonnenspektrums ist das Gerät von LICOR, das mit einem Gitter und einem Siliziumdetektor arbeitet (Wellenlängenbereich 300 - 1100 nm) und das GER-Gerät, das mit drei Gittern und zwei Detektoren arbeitet (350 - 3000 nm). Besonders vorteilhaft für schnelle Messungen sind Mehrkanalspektrometer, die mit Dioden-Arrays arbeiten, die aber meist nur einen begrenzten Spektral- und Dynamikbereich aufweisen.

2.1.3 Methoden

Bevor die Methoden zur Wirkungsgradbestimmung diskutiert werden, muß zunächst das Ziel klar gefaßt werden. Bestimmt werden soll der Wirkungsgrad, entsprechend der Beziehung (3), von Solarzellen unter *Standardbezugsbedingungen* (SRC Standard Reporting Conditions), also:

Tab. 5 Standardbezugsbedingungen (SRC)

Kriterium	Wert
Bestrahlungsstärke	1000 Wm^{-2}
Sonnenspektrum	AM 1.5 nach IEC 904-3
Temperatur des p/n-Übergangs	25°C

Neben diesen SRC-Bedingungen gibt es eine Fülle anderer Randbedingungen für die Wirkungsgradbestimmung von Solarzellen oder Modulen, sie sind z.B. in [11] aufgeführt. Die SRC-Bedingungen sind eine nützliche Hilfe für die Vergleichbarkeit von Meßergebnissen in verschiedenen Laboratorien, sie sind jedoch für die praktische Anwendung unrealistisch, da z.B. 1000 Wm^{-2} Bestrahlungsstärke und 25 °C Betriebstemperatur praktisch nie zusammentreffen. Untersuchungen haben gezeigt, daß der Wirkungsgrad z.B. einer multikristallinen Solarzelle unter realistischen Bezugsbedingungen

(RRC Realistic Reporting Conditions) im Jahresmittel 9% niedriger liegt als der SRC-Wert [19]. Abb. 9 zeigt das Verhältnis des RRC Wirkungsgrades zum SRC Wirkungsgrad für drei verschiedene Solarzellenmaterialien für den amerikanischen Ort Seattle. Der mittlere Januarwirkungsgrad für a-Si ist z.B. rund 34 % niedriger als der SRC-Wirkungsgrad!

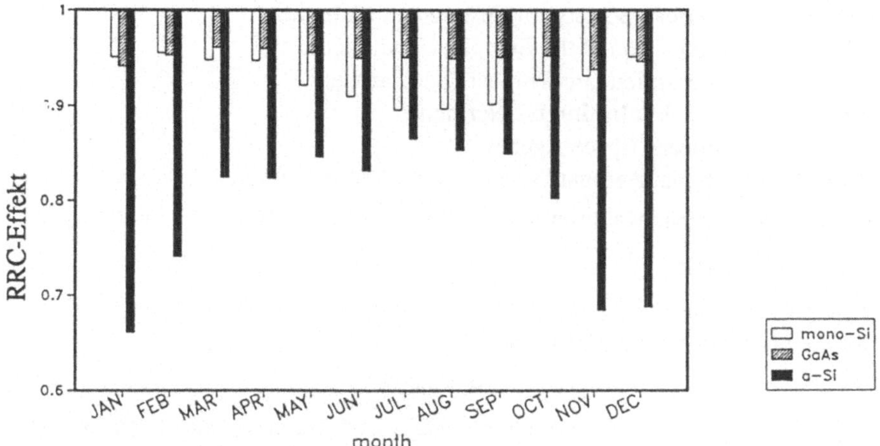

Abb. 9 Jahreswirkungsgrad unter realistischen Bedingungen: Verhältnis des RRC Wirkungsgrades zum SRC Wirkungsgrad für drei verschiedene Solarzellenmaterialien und den Ort Seattle (USA)

Je nach Material und Standort ergeben sich ganz unterschiedliche "Jahreswirkungsgrade" und jahreszeitliche Verhalten. Sowohl für die Auslegung von Systemen als auch für die Optimierung von Solarzellen werden deshalb z. Zt. die Bezugsbedingungen und die Methoden zur Wirkungsgradbestimmung (energy rating) heftig diskutiert. Im folgenden wird dieser Aspekt jedoch nicht weiter berücksichtigt.

Abb. 10 gibt einen Überblick über die Systematik von Methoden zur Erfüllung des obengenannten Zieles "Bestimmung des Wirkungsgrades unter SRC-Bedingungen". Die beiden Hauptgruppen sind: *direkte* Wirkungsgradbestimmungen, bei denen die Solarzelle möglichst nahe an die SRC-Bedingungen gebracht wird und dann eine I/U-Kennlinie aufgenommen wird und die *indirekte* Methode, bei der zunächst über die absolute spektrale Empfindlichkeit der Kurzschlußstrom bestimmt wird und dann die I/U-Kennlinie bei die-

direkt	Sonne	
	Simulator	stationär
		gepulst
indirekt		

Abb. 10

Das Puzzle der Kalibrierung Systematik der Meßmethoden zur Bestimmung des Wirkungsgrades von Solarzellen unter Standardbezugsbedingungen

sem Kurzschlußstrom bei einer Temperatur von 25 °C aufgenommen wird. In den Kapiteln 2.2 bzw. 2.3 werden diese Methoden näher erläutert.

Wichtige Institutionen, die sich mit Normen und Vorschriften für Spezifikationen und Meßmethoden im Rahmen der Wirkungsgradbestimmung von Solarzellen beschäftigen, sind unter anderem:

ASTM	American Society for Testing and Materials
CEC	Commission of the European Communities
CIE	Commission international de léclairage
DIN	Deutsches Institut für Normung
ESA	European Space Agency
NASA	National Aeronautics and Space Administration

Besonders wichtig für die Kalibrierung von Solarzellen sind IEC, ASTM und CEC.

2.1.4 Meßunsicherheit

Wichtiges Kriterium einer Wirkungsgradbestimmung ist die Meßunsicherheit ("Meßfehler") für die im folgenden die Definition

$$U_{95} = B + t_{95} \cdot S \tag{4}$$

verwendet wird, wie sie z.B. in [20] erläutert ist. B ist dabei die systematische Meßunsicherheit (bias error), S die zufällige Meßunsicherheit (random error) und t_{95} ist dabei das statistische Gewicht für 95%-ige Wahrscheinlichkeit des Eintreffens des statistischen Fehlers S ("Student's t"). Die Gesamtmeßunsicherheit U_{95} gibt dann eine Bandbreite um den Meßwert an, innerhalb dessen sich mit 95%-iger Wahrscheinlichkeit der wahre Wert befindet. Besonders wichtig bei der Beurteilung einer Meßunsicherheit ist der systematische Fehler B, der meistens unterschätzt oder sogar vernachlässigt wird. Systematische Meßunsicherheiten können nicht durch Wiederholung ermittelt werden (dadurch kann nur die zufällige Meßunsicherheit bestimmt werden), er muß durch Annahmen, Abschätzungen, Überlegungen und Hilfsexperimente ermittelt werden [21].

2.2 Direkte Methode

Das Prinzip der direkten Methode besteht darin, die Testzelle unter Bedingungen zu messen, die möglichst nahe an die SRC aus Tab. 5 herankommen. In diesem Zustand wird dann eine I/U-Kennlinie aufgenommen und daraus nach der Formel (3) der Wirkungsgrad berechnet. Wie aus Abb. 10 ersichtlich, gibt es verschiedene Unterarten der direkten Methode. Im folgenden wird zunächst die Methode mit dem stationären Solarsimulator besprochen, danach wird auf die Unterschiede der anderen Varianten der direkten Methode eingegangen.

2.2.1 Stationärer Solarsimulator

Die wichtigste Frage bei einem Solarsimulator ist die Lichtquelle. Gebräuchliche Lichtquellen wie Xenon Höchstdrucklampe, Halogenlampe und Halogenmetalldampflampe

(HMI) sind zusammen mit dem AM 1,5-Referenzspektrum in Abb. 11 aufgetragen, ein ausführlicher Vergleich von Solarsimulatoren findet sich in [22].

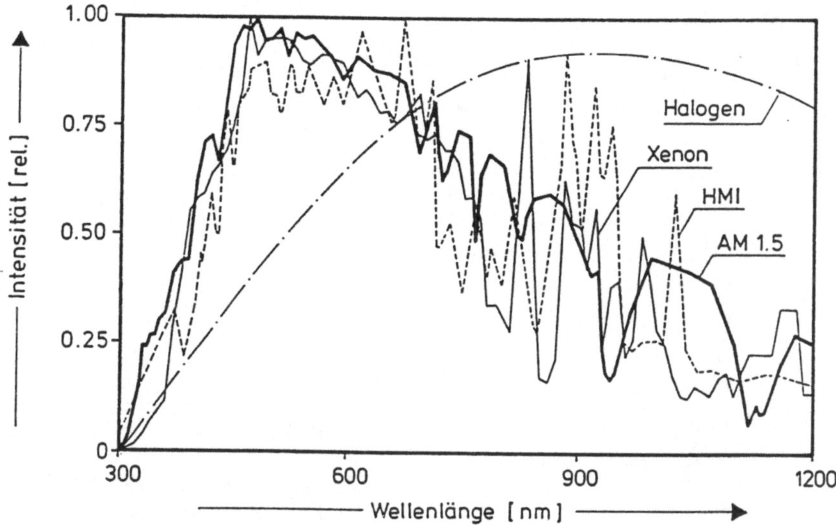

Abb. 11 Spektren verschiedener künstlicher Lichtquellen zusammen mit dem AM 1,5 Referenzsonnenspektrum. Das Spektrum der mit "Xenon" bezeichneten Lampe ist mit zusätzlichen Filtern sonnenlichtähnlich gemacht

Die mit "Xenon" bezeichnete Kurve stammt von einem kommerziellen Solarsimulator, dessen Spektrum mit Hilfe von Filtern sonnenlichtähnlich gemacht wurde. Wie man sieht, ist die Übereinstimmung der Xenonlampe und der HMI Lampe mit dem Referenzspektrum relativ gut, während die einfache Halogenlampe, die aus Kostengründen oft eingesetzt wird, spektral große Abweichungen zeigt. Die Größe dieser Abweichungen werden weiter unten bei der Behandlung des Konzepts der Spektralkorrektur mit dem M-Faktor in Tab. 6 quantifiziert. HMI-Lampen eignen sich wegen der zeitlichen Instabilität und ihres Wechselstromcharakters nur begrenzt für die Wirkungsgradbestimmung.

Bislang gibt es keine künstliche Lichtquelle, die das Referenzspektrum exakt nachbildet, doch kommen der kommerzielle WACOM Simulator [23], der mit einer Xenonlampe und einer Halogenlampe arbeitet und der von Sopori vorgeschlagene Simulator mit Glasfaseroptik [24] dem Referenzspektrum so nahe, daß Spektralkorrekturen in den meisten Fällen nicht mehr nötig sind. Umgekehrt gilt natürlich, je weiter das Spektrum der Lichtquelle vom Referenzspektrum entfernt ist, desto sorgfältiger muß eine Spektralkorrektur durchgeführt bzw. auf die Übereinstimmung der spektralen Eigenschaften zwischen Testzelle und Referenzzelle geachtet werden. Als Testzelle wird im folgenden das eigentliche Meßobjekt bezeichnet, während die Referenzzelle zur Einstellung der Bestrahlungsstärke dient.

Abb. 12 zeigt die Prinzipskizze des AEG XAT 1600 Solarsimulators, der mit einer Xenon Höchstdrucklampe arbeitet.

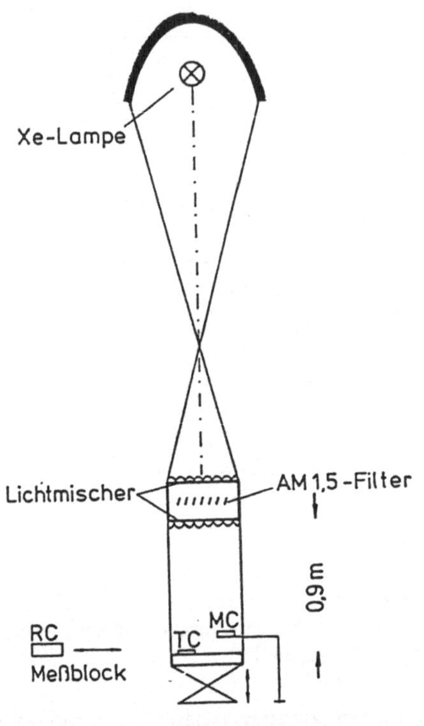

Abb. 12

Prinzipskizze des AEG XAT
1600 Solarsimulators.
TC Testzelle,
RC Referenzzelle,
MC Monitorzelle

Im Fokus eines Ellipsoidspiegels sitzt eine Xenon-Höchstdrucklampe, der zweite Fokus sitzt in der Brennebene eines zweiteiligen Lichtmischers, der aus einer Vielzahl kleinflächiger Linsen besteht. Jede dieser Linsen bildet die Lampe auf die gesamte Meßfläche ab, damit wird die Bestrahlungsstärke über die gesamte Meßebene von 10 x 10 cm^2 so gut homogen wie über die Fläche des einzelnen Linsenelements von rund 1 x 1 cm^2. Zwischen den beiden Teilen des Lichtmischers befinden sich die optischen Filter, die das Licht der Xenonlampe sonnenlichtähnlich machen. Das parallele Licht fällt dann auf den Meßblock, der höhenverstellbar ist, um die unterschiedlichen Dicken der Meßelemente auszugleichen. Eine Monitorzelle (MC) überwacht ständig die Bestrahlungsstärke, zusätzlich hält eine (nicht eingezeichnete) Rückkoppelzelle die Bestrahlungsstärke durch Nachregelung des Netzgerätes konstant.

Das Einstellen der *Bestrahlungsstärke* ist mit die wichtigste Aufgabe bei der Bestimmung des Wirkungsgrades, denn dadurch wird die eingestrahlte Leistung festgelegt. Schwierig dabei ist, daß die Bestrahlungsstärke die spektralen Eigenschaften des Referenzsonnenspektrums haben sollte. Da die Lichtquellen sich im allgemeinen von diesem Referenzspektrum stark unterscheiden, kann man nicht ohne weiteres mit einem thermischen Empfänger die auftreffende Leistung messen und auf den Standardwert von 1000

Wm^{-2} einstellen, sondern man muß die unterschiedlichen spektralen Gegebenheiten berücksichtigen.

Die einfachste Methode dafür ist die Verwendung von Referenzzellen, die die gleiche spektrale Empfindlichkeit haben wie die Testzellen. Dieses Verfahren empfiehlt sich besonders für produktionsähnliche Anwendungen, bei denen eine Vielzahl gleichartiger Zellen vermessen werden soll.

Sollen viele spektral verschiedenartige Solarzellen vermessen werden, so hat sich das Konzept der Spektralkorrektur mit dem M-Faktor (von M wie "Mismatch", s. z.B [9]) bewährt. Dieser Faktor ist definiert als:

$$M = \frac{\int E_{ref}(\lambda)\, s^{RC}(\lambda)\, d\lambda}{\int E_{Sim}(\lambda)\, s^{RC}(\lambda)\, d\lambda} \cdot \frac{\int E_{Sim}(\lambda)\, s^{TC}(\lambda)\, d\lambda}{\int E_{ref}(\lambda)\, s^{TC}(\lambda)\, d\lambda} \tag{5}$$

$E_{ref}(\lambda)$, $E_{Sim}(\lambda)$ sind die relativen spektralen Bestrahlungsstärken des Standardspektrums bzw. des Simulators und $s^{RC}(\lambda)$, $s^{TC}(\lambda)$ sind die relativen spektralen Empfindlichkeiten der Referenz- bzw. Testzelle. Der M Faktor bestimmt die spektrale Fehlanpassung zwischen Referenz- und Testzelle und Simulator- und Standardspektrum. Er ist exakt 1, wenn entweder die spektralen Empfindlichkeiten von Referenz- und Testzelle übereinstimmen oder wenn das Simulator- und Standardspektrum gleich sind. Je besser eine der beiden Bedingungen erfüllt ist, desto eher kann man auf die Spektralkorrektur verzichten. Meßtechnisch bedeutsam ist die Tatsache, daß in (5) nur *relative* spektrale Empfindlichkeiten b (x) und Bestrahlungsstärken E (x) vorkommen, da sie die entsprechenden Absolut-Normierungskonstanten kürzen. Da *absolute* Spektralmessungen sehr aufwendig sind, vereinfacht diese Tatsache das Meßverfahren erheblich.

Als Beispiel für das M-Faktor Konzept sind für die Spektren der Abb. 11 die M-Faktoren in Tab. 6 dargestellt.

Da der M Faktor direkt die Korrektur der Bestrahlungsstärke angibt, ist die Abweichung von 1 ein Maß für den Fehler, den man macht, wenn man die Spektralkorrektur vernachlässigt. Im Falle der Tab. 6 wurden sowohl für die Referenz- als auch für die Testzelle monokristalline Silizium Solarzellen angenommen. Trotz der relativ geringen Abweichung der spektralen Empfindlichkeiten dieser beiden Zellen, kann es doch zu erheblichen Spektralkorrekturen kommen. Besonders drastisch wird dies, wenn die Referenz-

Tab. 6 Spektralkorrekturfaktor M für verschiedene Lichtquellen (Spektren s. Abb. 11)

	Referenz AM 1,5	Xenon	HMI	Halogen
M	1	0.99	1.001	1.07

zelle und die Testzelle stark unterschiedliche spektrale Eigenschaften aufweisen. Fehlanpassungen von über 30 % sind durchaus realistisch. Unter "normalen" Umständen liegt M meistens im Bereich 0,98 bis 1,02. Neben den spektralen Gesichtspunkten bei der Bestimmung der Bestrahlungsstärke ist die Homogenität zu beachten. Abb. 13 zeigt die dreidimensionale Darstellung der Intensitätsverteilung der Bestrahlungsstärke über eine Meßfläche von 10 x 10 cm^2.

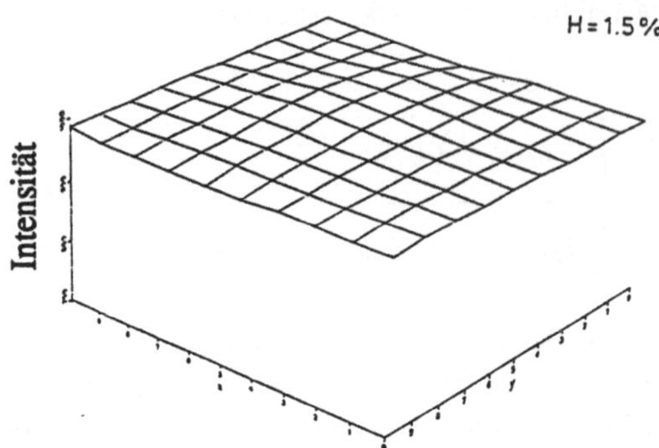

Abb. 13

Intensitätsverteilung der Bestrahlungsstärke in der Meßebene (10 x 10 cm^2) eines Solarsimulators mit Homogenisierungsoptik. Die Intensitätsschwankungen belaufen sich auf ~ 1,5 %

Die Homogenität von H = 1,5 % mit :

$$H = \pm \frac{MAX - MIN}{MAX + MIN} \tag{6}$$

mit MAX, MIN als Maximum bzw. Minimum der Bestrahlungsstärke über der Testebene, ist ein ausgezeichneter Wert. Einfache Solarsimulatoren erreichen oft nicht einmal H = 10 %.

Die Inhomogenität der Bestrahlungsstärke kann auf zwei Arten berücksichtigt werden: rechnerisch oder experimentell. Im ersten Fall wird mit einer kleinen Sonde die Bestrahlungsstärke in der Testebene abgerastert und daraus ein Korrekturfaktor errechnet, der die Unterschiede in der Intensitätsverteilung über der Testzelle und der Referenzzelle berücksichtigt. Beim experimentellen Verfahren wird die Fläche der Referenzzelle und der Testzelle möglichst gleich gehalten und angenommen, daß sich die Inhomogenitäten bei beiden Solarzellen gleich auswirken.

Als nächstes sollen die kritischen Eigenschaften des Meßobjektes betrachtet werden. So ist z.B. die *Höhe der Solarzelle* zu beachten. Übliche Solarsimulatoren sind divergent, d.h. die Bestrahlungsstärke variiert mit dem Abstand der Testebene von dem Lichtaustritt. Wird eine blanke Solarzelle (Dicke 300 µm) vermessen und die Bestrahlungsstärke mit einem gekapselten Referenzelement (Dicke z.B. 2 cm) eingestellt, so kann sich durch die unterschiedliche Lage der Bezugsebenen ein Meßfehler von einigen Prozent einschleichen. Bei einem Präzisionsmeßplatz ist deshalb die Meßebene auf mindestens 1/10 mm genau höhenverstellbar. Die *Fläche der Solarzelle* ist als Parameter ebenso wichtig, wie die Bestimmung z.B. des Füllfaktors, denn nach Formel (3) geht über die eingestrahlte

Leistung die Fläche direkt in den Wirkungsgrad ein. Dabei gibt es grundsätzlich zwei Probleme: Zum einen ist bei Solarzellen oft nicht klar, wo die Grenzen des photovoltaisch aktiven Bereichs liegen, insbesondere wenn sich die Solarzelle noch auf dem "wafer" befindet und kein Ätzgraben vorhanden ist. Emery [25] hat sich ausführlich mit verschiedenen Flächendefinitionen befaßt. Grundsätzlich wird heute bei terrestrischen Solarzellen die Gesamtfläche, also inklusive der Kontakte, als Bezugsfläche gerechnet, während bei Konzentratorzellen die (nicht beschienene) Fläche für den Sammelkontakt nicht gerechnet wird. Zum anderen ist selbst bei bekannten Grenzen des photovoltaischen Bereiches die Vermessung eines geometrisch unter Umständen komplizierten Gebildes nicht einfach. Für Höchstansprüche werden deshalb x/y-Meßtische mit Schrittmotoren und mit einem Meßmikroskop verwendet, die Längen auf μm genau messen können.

Um die *Kennlinie* der Solarzelle zu bestimmen, müssen Strom und Spannung bei unterschiedlicher elektrischer Last gemessen werden. Abb. 14 zeigt ein Prinzipschaltbild hierfür. Die Solarzelle wird dabei durch eine variable Last vom Kurzschlußpunkt (I_{SC}) bis zum Leerlaufpunkt (U_{OC} offene Klemmen) belastet. Meist können dabei die Extrempunkte (I_{SC}, U_{OC}) nicht exakt erreicht werden, deshalb verwendet man bei Präzisionsmeßtechniken lieber ein Vierquadranten-Netzgerät, das beliebige Vorspannungen an die Solarzelle anlegen kann. Besonders wichtig bei der Aufnahme der I/U-Kennlinie ist die Verwendung von getrennten Kreisen für die Strom- bzw. Spannungsmessung, um Fehler durch Spannungsabfälle im Meßkreis zu vermeiden. Besondere Bedeutung haben dabei die elektrischen Kontakte, die an die Solarzelle gelegt werden. Bei Testzellen, die keine Anschlüsse haben, werden sogenannte Kelvinspitzen verwendet, das ist ein nadelfeines Kontaktpaar, das in geringem Abstand voneinander (Bruchteile eines Millimeters) auf die Sammelschiene bzw. Kontaktfläche der Solarzelle gedrückt wird. Dadurch ist es möglich, Strom und Spannung in getrennten Kreisen zu messen und gleichzeitig die beiden Signale in räumlich nächster Umgebung aufzunehmen. Wie nachfolgend gezeigt wird, ist die Plazierung der Kontakte und der Abstand zwischen I- und U-Kontakt sehr wichtig, um Artefakte zu vermeiden, die das Meßergebnis völlig verfälschen können.

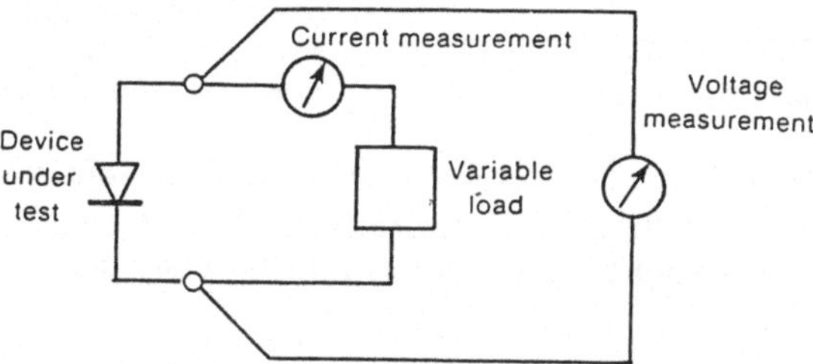

Abb. 14 Prinzipschaltbild für die I/U-Kennlinienmessung (Abb. entnommen aus [11])

Abb. 15 zeigt am Beispiel einer Solarzelle mit drei Kontakten an der Oberseite und einem Kontakt an der Unterseite wie die Kelvinspitzen korrekt zu plazieren sind. Abb. 16 zeigt

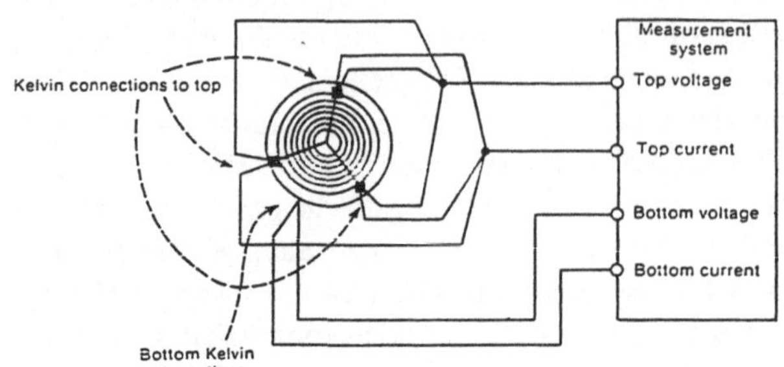

Abb. 15

Empfohlene Kontaktierung einer Solarzelle mit drei Kontakten auf der oberen Seite und einem Kontakt auf der Rückseite (Abbildung entnommen aus [11])

am Beispiel einer $10 \times 10\,\text{cm}^2$ großen, multikristallinen Solarzelle mit zwei Ableitern, wie wichtig die räumliche Nähe zwischen I- und U-Kontakt ist. Durch "geschickte" Wahl der Meßspitzen kann der Füllfaktor also um bis zu 40 % verfälscht werden, näheres dazu siehe [26].

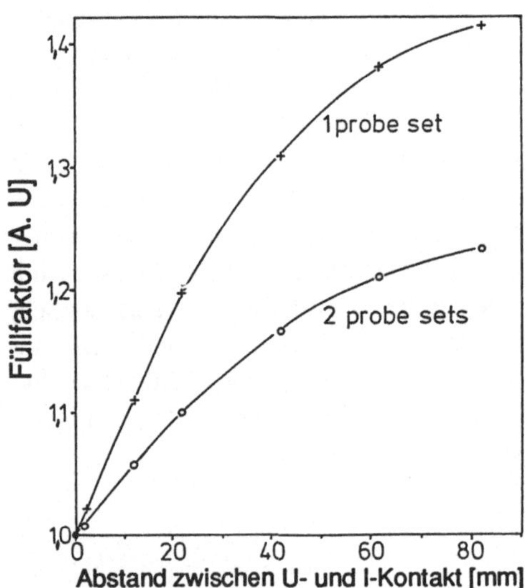

Abb. 16

Verfälschung des Füllfaktors FF durch Verwendung von getrennten I- und U-Kontakten mit großem räumlichen Abstand. Aufgetragen ist die relative Änderung des Füllfaktors vom korrekten Fall (Abstand zwischen I- und U-Kontakt praktisch 0 mm) in Abhängigkeit vom gegenseitigen Abstand zwischen I- und U-Kontakt. Testzelle war eine $10 \times 10\,\text{cm}^2$ große multikristalline Solarzelle mit zwei Ableitern. "1 Probe Set": Verwendung eines I- und eines U-Kontaktes. "2 Probe Sets": Verwendung von zwei I- und zwei U-Kontakten

Ebenfalls wichtig ist der Ort, an dem die Kelvinspitzen auf die Solarzelle gesetzt werden. Aus Abb. 17 ist ersichtlich, daß der Füllfaktor, selbst bei Verwendung guter Kelvinspitzen mit korrektem Abstand, je nach Position und Anzahl der Meßspitzen, von 63-73 % variiert.

Als dritter Gesichtspunkt bei der elektrischen Kontaktierung sollen hier die parasitären Widerstände erwähnt werden. Betrachtet wird eine Kontaktanordnung, wie sie in Abb. 18 in der eingearbeiteten Schaltskizze dargestellt ist. Der Widerstand RS bezeichnet dabei einen Übergangswiderstand vom Kontakt der Solarzelle zur jeweiligen Spitze. Um die Darstellung nicht zu komplizieren, wurde für diese Untersuchung ein gemeinsamer RS

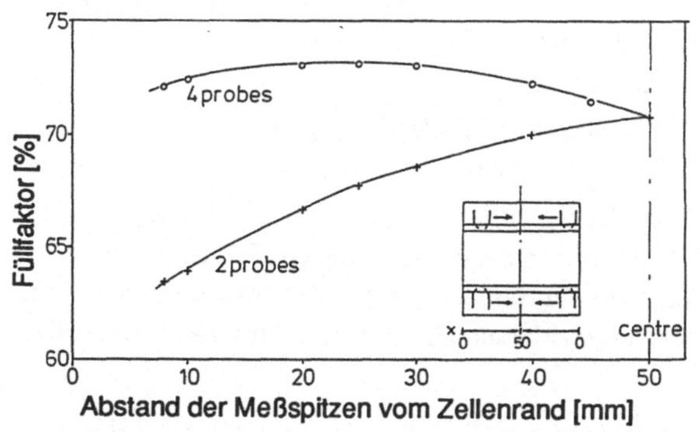

Abb. 17

Einfluß der Zahl und des Ortes der Kontaktspitzen auf den Füllfaktor. Aufgetragen ist der Füllfaktor über dem Abstand der Spitzen vom Zellenrand

für die eigentlich getrennten Kontakte für I und U gewählt. Dieser Übergangswiderstand kann leicht relativ hohe Werte annehmen. Viele Kontaktmetalle bilden Oxide oder es ist über den metallischen Kontakten noch eine Passivierungs- oder Antireflexschicht aufgebracht. Versucht man mit relativ scharfen Meßspitzen diese Isolationsschichten zu durchdringen, so kann es leicht zur Beschädigung der Solarzelle kommen, sei es, daß die mechanische Beanspruchung zu groß ist und sie bricht, sei es,daß man durch die Metallisierungsschicht hindurch in den p/n-Übergang hineinsticht.

Aus Abb. 18 geht hervor, daß der Füllfaktor sehr empfindlich auf diesen Übergangswiderstand reagiert. Die Effekte von parasitären Widerständen R_U und R_I in den Meßkreisen für Spannung und Strom sind demgegenüber praktisch vernachlässigbar – dies ist ja auch der Sinn der Anordnung mit Kelvinspitzen. Dennoch kann es hier bei größeren Widerständen Effekte geben, die unter anderem durch die Asymmetrie in verschiedenen Zweigen des

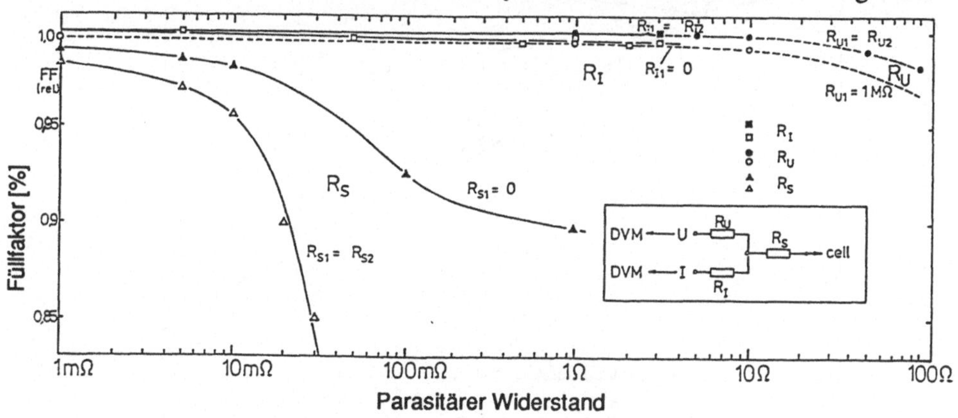

Abb. 18 Einfluß von parasitären Widerständen auf den Füllfaktor:
Aufgetragen ist der Füllfaktor in Abhängigkeit (logarithmisch !) von der Größe der parasitären Widerstände RU, RI und RS, wie sie in der eingearbeiteten Schaltskizze definiert sind. Die beiden Äste für die jeweiligen Widerstände beziehen sich auf die Verwendung von einer bzw. zwei Meß spitzenanordnungen auf einer $10 \times 10\,cm^2$ großen multikristallinen Solarzelle mit zwei Ableitern

Meßkreises verursacht werden. Näheres dazu findet sich in [26]. Zusammenfassend gelten für die Kontaktierung von Solarzellen folgende Empfehlungen:

1. Benutzung von Kelvinspitzen
2. Sorgfältige Wahl von Zahl und Position der Meßspitzen
3. Sorgfältige Untersuchung des Übergangswiderstandes.

Für Punkt 3 empfiehlt sich vor Aufnahme der eigentlichen I/U-Kennlinie bei aufgesetzten Kelvinspitzen die Bestimmung des Gesamtwiderstandes im I- und U-Meßkreis zuzüglich des kleinen Stückchens Bahnwiderstand auf der Sammelschiene der Solarzelle zwischen I- und U-Kontakt und den beiden Übergangswiderständen. Der Gesamtwiderstand sollte 1-2 Ohm nicht überschreiten.

Der letzte Parameter, der hier betrachtet werden soll ist die *Temperatur der Solarzelle* während der Messung. Abb. 19 zeigt die Abhängigkeit der wichtigsten Solarzellenparameter von der Temperatur. Besonders die Leerlaufspannung und die Maximalleistung sind – bei kristallinem Silizium – stark temperaturabhängig. Bei Präzisionsmessungen ist es deshalb unerläßlich, für eine gleichmäßige und genaue Temperierung und eine exakte Temperaturmessung zu sorgen. Eine gute Kühlung wird dabei z.B. durch einen sehr gut elektrisch leitenden Meßblock mit planer Oberfläche, ein ausgeklügeltes Kühlsystem mit räumlicher Homogenität und hoher Regelgenauigkeit und durch guten thermischen Kontakt zwischen Solarzelle und Meßblock, z.B. durch eine Vakuumansaugung gewährleistet.

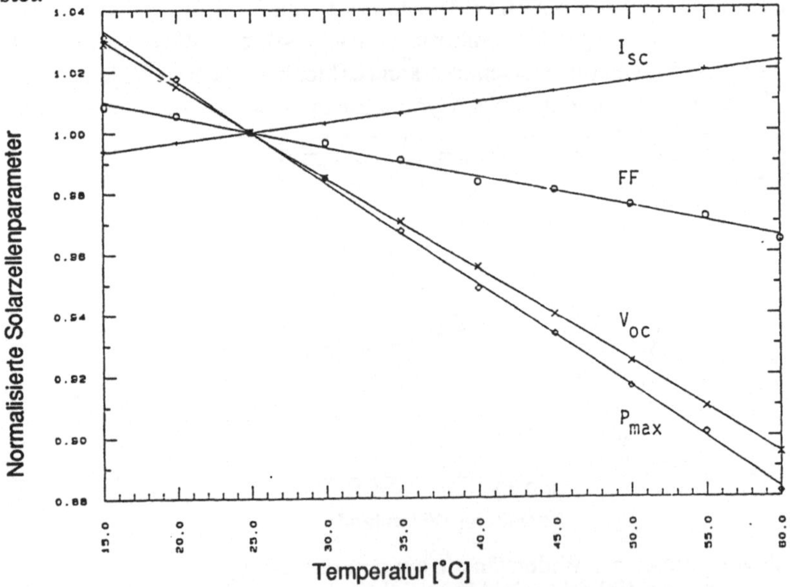

Abb. 19 Temperaturabhängigkeit wichtiger Solarzellenparameter:
Aufgetragen sind die auf 25 °C normierten Werte von Leerlaufspannung (V_{OC}), Kurzschlußstrom (I_{SC}), Füllfaktor (FF) und Leistung am Punkt maximaler Leistung (P_{max}) einer hocheffizienten, kristallinen Siliziumsolarzelle (Abbildung entnommen aus [27])

Die *Messung* der Temperatur ist ein besonderes Problem. Die Standardbezugsbedingungen beschreiben eine Temperatur des p/n-Übergangs von 25 °C vor. Da diese Temperatur nicht direkt zugänglich ist, wird sehr oft die Temperatur der Zellenrückseite oder sogar der Kühlflüssigkeit im Meßblock als Bezugswert genommen. Durch thermische Übergangswiderstände kann dieser Wert jedoch erheblich vom exakten Wert abweichen. Bei Zellen, die auf Substraten aufgebaut sind, liegt der p/n-Übergang meist sehr nah an der Oberfläche. Die Oberflächentemperatur ist deshalb ein guter Bezugswert für die Messung. Will man noch höhere Genauigkeit erreichen, so kann man auf die U_{OC}-Methode ausweichen. Dabei wird die Zelle unbeleuchtet ins thermische Gleichgewicht gebracht, so daß die Temperatur des Meßblocks und der Solarzelle gleich sind. Dann wird schlagartig belichtet und die Leerlaufspannung der Zelle in Abhängigkeit von der Zeit mit einem sehr schnellen Digitalvoltmeter aufgenommen. Während des Öffnens des Verschlusses steigt die Leerlaufspannung kurz an, bis die volle Bestrahlungsstärke erreicht ist. Dann beginnt sich die Solarzelle zu erwärmen und die Leerlaufspannung in gleichem Maße zu fallen. Das dabei entstehende Maximum gibt näherungsweise den Wert der Leerlaufspannung bei der gewählten stationären Gleichgewichtstemperatur an. Da die Leerlaufspannung, wie Abb. 19 zeigt, gut linear mit der Temperatur verläuft, kann die Leerlaufspannung als inneres Thermometer der Solarzelle verwendet werden. Die U_{OC}-Methode ist auch oft das letzte Hilfsmittel, um Solarzellen, die schlecht gekühlt werden können, wie z.B. Superstrate (amorphes Silizium auf Glasbasis zum Beispiel), zu vermessen.

Die Abbildungen 20a und 20b geben einen Überblick über den Gesamtablauf einer Präzisionsmessung mit einem stationären Solarsimulator, wie sie am Fraunhofer-Institut für Solare Energiesysteme (ISE) durchgeführt wird. Im ersten Schritt (vergl. Abb. 20a) wird der oben beschriebene Spektralkorrekturfaktor M bestimmt. Nur die relative spektrale Empfindlichkeit der Testzelle ($s^{TC}(\lambda)$) muß für jede Testzelle neu gemessen werden, für die relative Spektralverteilung des Simulators $E_S(\lambda)$ wird in regelmäßigen Abständen eine Kontrollmessung durchgeführt, die relative spektrale Empfindlichkeit der Referenzzelle ($s^{RC}(\lambda)$) und die relative Spektralverteilung des Standardspektrums ($E_R(\lambda)$) sind vertafelt. Dennoch ist dieser erste Schritt der zeitlich aufwendigste.

Im zweiten Schritt (vergl. Abb. 20b) der Wirkungsgradbestimmung wird zunächst der Simulator so eingestellt, daß der Kurzschlußstrom der Referenzzelle I_0/M beträgt, wobei I_0 der Kalibrierwert der Referenzzelle für Standardbedingungen (SRC) ist. In diesem Zustand, in dem nun für die Testzelle quasi-SRC herrschen, wird ihre I/U-Kennlinie aufgenommen und aus der maximalen Leistung und der Zellenfläche der Wirkungsgrad nach Formel (3) bestimmt.

Zum Abschluß dieses Kapitels soll noch eine Betrachtung der Meßunsicherheit durchgeführt werden. Die Wirkungsgradformel (3) wird dazu umgeschrieben in

$$\eta = P_{max} \frac{1}{A} \frac{CN}{I^{RC} M} \tag{7}$$

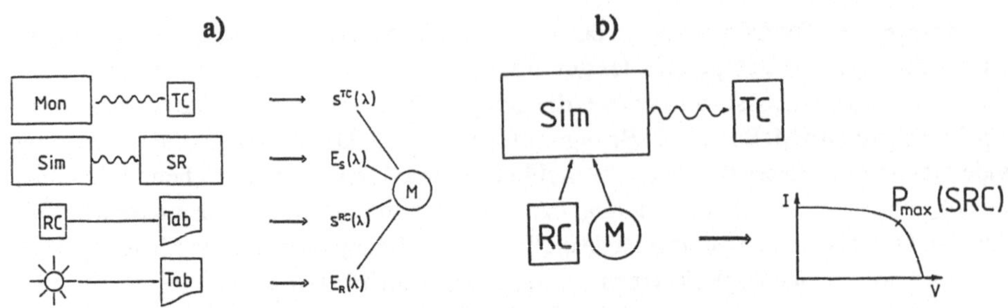

Abb. 20 a) Bestimmung der spektralen Fehlanpassung:
M: Monochromator Mon mißt spektrale Empfindlichkeit der Testzelle TC.
Spektralradiometer SR mißt Spektrum des Simulators Sim. Spektrale Empfindlichkeit der Referenzzelle RC und Spektrum der Sonne sind vertafelt
b) Wirkungsgradmessung:
Mit Referenzzelle RC und Korrekturfaktor M der spektralen Fehlanpassung
wird der Simulator Sim so eingestellt, daß für die Testzelle TC Stan dardbedingungen (SRC) herrschen. Dann wird die I/U-Kennlinie aufgenommen und die
Leistung Pmax bestimmt

Dabei ist A die Fläche der Testzelle, CN die Kalibrierkonstante der Referenzzelle (AW⁻
^{1}cm^2), I^{RC} ist der Kurzschlußstrom der Referenzzelle unter dem eingestellten Solarsimulator und M der oben besprochene Spektralkorrekturfaktor. P_{max} entspricht also dem Zähler von Formel (3), der letzte Bruch entspricht der Bestrahlungsstärke und ergibt zusammen mit dem Kehrwert der Fläche die eingestrahlte optische Leistung, also den Nenner
von (3). Die Umstellung der Formel ist nötig, um die Größen zugänglich zu machen, die
einer Meßunsicherheitsanalyse unterworfen werden sollen. Die Analyse wurde nach den
Prinzipien durchgeführt, die in Kapitel 2.1.4 angedeutet wurden und in [28] näher erläutert
sind. Tab. 7 zeigt eine Liste der systematischen Meßunsicherheiten im ISE-Kalibrierlabor
an am Beispiel einer 10 x 10 cm^2 großen kristallinen Siliziumsolarzelle.

Der größte Einzelposten in dieser Tabelle ist die Primärkalibrierung der Referenzzelle
(10.000 ppm), gefolgt von dem Fehler bei der Bestimmung des Spektralkorrekturfaktors
(5.400 ppm) und Fehlern durch den Temperaturgradienten der Testzelle (1.600 ppm). Der
Gesamtfehler nach Formel (4) wurde nach den Prinzipien, die in [28] erläutert sind zum
Gesamtfehler von U95 = 1,85 % zusammengesetzt. Daß diese Abschätzung eher konservativ ist, zeigte sich durch die Teilnahme des ISE am internationalen Rundvergleich PEP
'87 [14], bei dem 7 international führende Kalibrierlabors die Meßwerte an einem umfangreichen Testsatz von Solarzellen, Minimodulen und Modulen miteinander verglichen
haben. Das ISE lag dabei sehr gut innerhalb eines Bandes von ~ 1 % vom Mittelwert aller
Meßobjekte und Labors.

2.2.2 Gepulster Solarsimulator

Entscheidender Unterschied zum Verfahren, das in Kapitel 2.2.1 dargelegt wurde ist die
Verwendung einer gepulsten Lichtquelle. Die Strahlungsleistung wird dabei in einem

Tab. 7 Liste der systematischen Meßunsicherheiten bei der Wirkungsgradbestimmung im ISE-Kalibrierlabor bei einer 10 x 10 cm^2 Si-Solarzelle. Die Fehler sind in ppm angegeben und sind, wenn kein Vorzeichen angegeben, als ~-Werte zu verstehen. (Werte aus [29] entnommen)

P_{max}		A	
P1 Strommeßgerät (I)	200	A1 Flächenmessung Testzelle	250
P2 Spannungsmeßgerät (U)	110	I^{RC}	
P3 I-Meßwiderstand Absolutkalibrierung	500		
P4 Temperaturabhängigkeit Meßwiderstand	250		
P5 Thermospannung I-Kreis	40	I1 Staub Monitorzelle	150
P6 Thermospannung U-Kreis	20	I2 Reflexion Monitor - zu Referenzzelle	60
P7 Pmax Suchalgorithmus (Auflösung)	80	I3 Strahldivergenz	220
P8 elekt. Fehlanpassung durch opt. Inhom.	120	I4 Nicht-senkrechter Einfall	50
P9 Temperaturgradient Testzelle	1600	I5 Mehrfachreflexionen Simulatoroptik	-1000
P10 Strahldivergenz	240	I6 Streulicht	500
P11 Nicht senkrechter Einfall	50	I7 Höheneinstellung	40
P12 Mehrfachreflexionen Simulatoroptik	-1000	I8 räumliche Inhomogenität	375
P13 Streulicht	500	I9 Temperaturgradient Referenzzelle	400
P14 Abschattung durch Meßspitzen	250		
CN		M	
CN1 Primärkalibrierung	10000	M1 Unsicherheit des Spektralkorrekturfaktors	5400

Kurzzeitpuls, der in der Größenordnung ms dauert, abgegeben. Der Vorteil dieser Methode ist, daß mit relativ geringen elektrischen Anschlußleistungen sehr hohe Bestrahlungsstärken erreicht werden können. Deshalb werden gepulste Solarsimulatoren insbesondere bei der Vermessung von großflächigen Meßobjekten wie Modulen verwendet. Wegen der Kürze der Bestrahlung ist auch die Erwärmung des Meßobjektes meist vernachlässigbar. Dies ist ein entscheidender Vorteil bei der Vermessung z.B. von Modulen, die schlecht temperierbar sind. Als dritter Vorteil ist - zumindest im Falle der gepulsten Xenon-Lampen - anzuführen, daß das Spektrum der ungefilterten Lampe bereits sehr nahe an das AM 1,5 Referenzspektrum herankommt. Näheres dazu ist z.B. in [30] erläutert.

Nachteile des gepulsten Simulators werden durch die zeitliche Dynamik verursacht: Der Puls zeigt üblicherweise zunächst eine steile Anstiegsflanke, danach ein relativ ebenes Plateau, um dann sehr schnell abzufallen. Durch eine ausgeklügelte Elektronik muß sichergestellt werden, daß Messungen nur während der Plateauphase durchgeführt werden können. Bei vielen Simulatoren ist die Dauer dieses Plateaus so kurz, daß sehr hohe Abtastraten für die Aufnahme der I/U-Kennlinie nötig sind. Wie Abb. 21 zeigt, kann es dabei zu Artefakten in der Kennlinie kommen, da die Kapazität der Solarzelle so hoch ist, daß sie sich während der kurzen Meßzeit nicht schnell genug entladen kann.

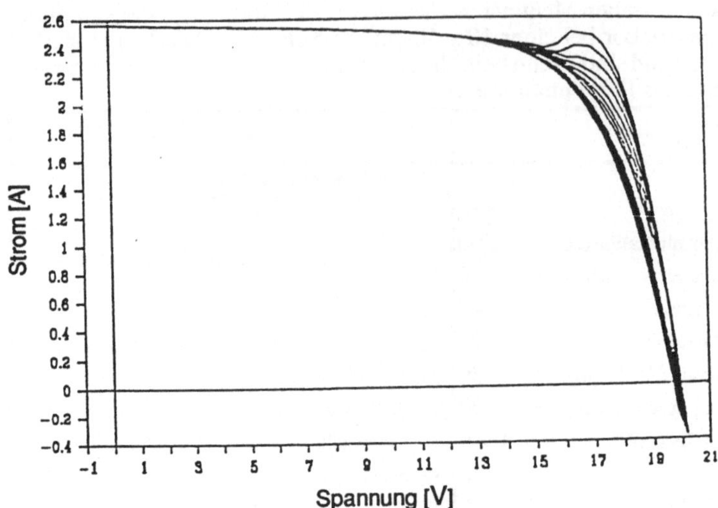

Abb. 21 Meßprobleme beim gepulsten Solarsimulator: Bei hohen Abtastraten für die Aufnahme der I/U-Kennlinie kann es bei Solarzellen mit hoher Kapazität (z.B. bei BSF back surface field) zu Artefakten in der Kennlinie kommen (Abbildung entnommen aus [31])

Aus diesem Grund gibt es Meßsysteme, die pro Puls nur einen oder wenige Punkte der Kennlinie aufnehmen und die gesamte Kennlinie aus vielen Punkten zusammensetzen. Auch hier kann es jedoch zu grundsätzlichen physikalischen Problemen kommen, wenn nämlich der Puls nicht ausreicht, um die Solarzelle in einen optischen Gleichgewichtszustand zu bekommen, entsprechende Untersuchungen sind z.B. bei der Physikalisch-Technischen Bundesanstalt in Braunschweig in Arbeit [32].

In jedem Fall muß der Referenzempfänger zur Bestimmung der Bestrahlungsstärke so gewählt werden, daß er die tatsächliche mittlere Bestrahlungsstärke während der Meßdauer anzeigt. Ein besonderes Problem bezüglich der Bestimmung der effektiven Bestrahlungsstärken stellt die Spektralmessung von gepulsten Lichtquellen dar, die noch nicht weit entwickelt ist. Somit ist eine exakte Einhaltung der Standardbezugsbedingungen bzw. die Berechnung eines Spektralkorrekturfaktors sehr erschwert.

Ein weiterer Nachteil bei der Vermessung von Modulen mit gepulsten Simulatoren ist die Tatsache, daß Probleme, wie sie unter tatsächlichen Betriebsbedingungen auftauchen (z.B. hot spot), nicht erfaßt werden können.

2.2.3 Freilandmessungen

Auch bei dieser Methode liegt der Hauptunterschied in der Lichtquelle, hier wird die Sonne verwendet. Da bei Freilandmessungen die übliche Unterstützung durch die Laborumgebung in der Regel fehlt, wird die Freilandmessung meist nur zur Bestimmung des kalibrierten Kurzschlußstromes (Kalibrierkonstante oder CN "Calibration number") verwendet. Hat man diesen Kurzschlußstrom bestimmt, dann wird im Labor mit einer beliebigen Lichtquelle dieser Kurzschlußstrom eingestellt und dann die I/U-Kennlinie aufgenommen, aus der dann der Wirkungsgrad berechnet werden kann. Bei diesem Verfahren wird vorausgesetzt, daß die Form der Kennlinie, also insbesondere der Füllfaktor FF und die Leerlaufspannung U_{OC}, unabhängig vom Spektrum der Lichtquelle sind. Dies gilt z.B. für amorphes Silizium nicht, ja sogar für multikristallines Silizium gilt es nicht mehr uneingeschränkt. (siehe z.B. [33]).

Entscheidender Vorteil bei der Freilandmessung ist die sehr gute Übereinstimmung der Spektralverteilung der Lichtquelle mit dem AM 1,5-Referenzspektrum. Dazu muß allerdings der Zeitpunkt der Messung sorgfältig bestimmt werden und gegebenenfalls eine Reihe von meteorologischen Parametern gemessen und entsprechende Vorgaben eingehalten werden. Entsprechende Vorgaben und Methoden für Freilandmessungen sind z.B. in [34] dargelegt. Bei Präzisionsmessungen wird das Spektrum der Sonne mitgemessen und eine Spektralkorrektur entsprechend dem M-Faktor angebracht. Bei Verwendung von elektrisch kalibrierten Hohlraumradiometern ist diese Methode eine der genauesten zur Primärkalibrierung von Solarzellen [35].

Ein Nachteil bei der Freilandmessung ist die räumliche und zeitliche Variation der Sonneneinstrahlung zusammen mit der Unmöglichkeit, die Bestrahlungsstärke "einzustel-

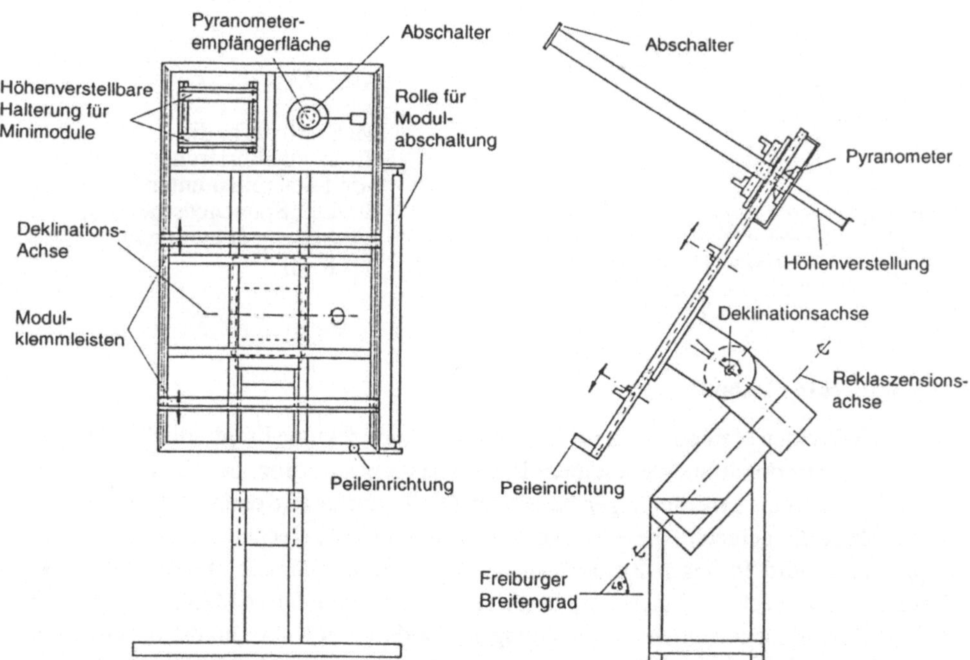

Abb. 22 Nachführeinrichtung für Freilandmessungen an Solarzellen und -modulen: Es handelt sich um eine einachsige Nachführung mit parallaktischer Aufhängung. Im oberen Teil der Halterung können Strahlungsempfänger angebracht werden. Der Abschatter dient zur Bestimmung des Diffusanteils der Solarstrahlung mit einem Pyranometer, wie er für verschiedene Normen nötig ist.

len". Der räumlich-zeitlichen Variation der Solarstrahlung begegnet man mit Hilfe von Nachführungen, dabei reicht im Prinzip eine einachsige Nachführung mit einer parallaktischen Halterung, wie sie z.B. in Abb. 22 dargestellt ist.

Das Problem der nicht regelbaren Bestrahlungsstärke wird durch Umrechnung des Ergebnisses auf die Standardbestrahlungsstärke von 1000 Wm^{-2} behoben, wie sie z.B. in der Norm [36] beschrieben ist. Ein weiterer Nachteil bei der Freilandmessung sind die Umgebungsbedingungen, wie Temperatur, Windgeschwindigkeit und Bodenrückstrahlung (Albedo). Besonders die Temperierung der Solarzellen auf die geforderte Bezugstemperatur von 25 °C erfordert im Freiland erheblichen technischen Aufwand. Das Problem des Albedo und der Winkelabhängigkeit der Globalstrahlung wird bei Präzisionsmessungen durch die Verwendung von Tuben gelöst, die das Sichtfeld der Solarzelle und des Referenzempfängers auf die Sonnenscheibe einschränken. Eine entsprechende Anordnung zur Kalibrierung unter direkter Solarstrahlung (im Gegensatz zu globaler Solarstrahlung) ist in Abb. 23 dargestellt.

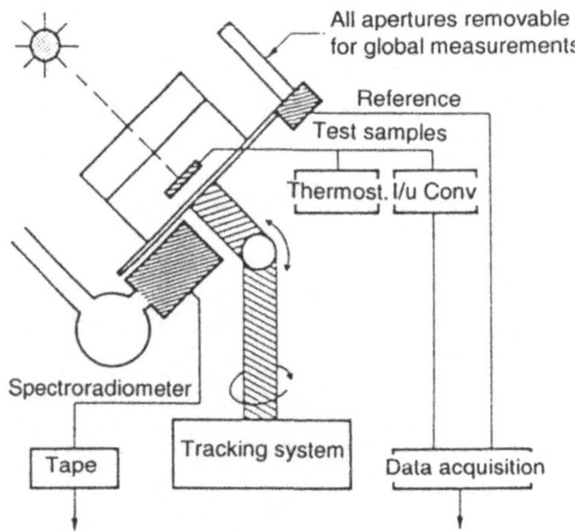

Abb. 23

Meßaufbau für die
Freilandkalibrierung
von Solarzellen unter
direkter Sonnenbestrahlung
(Abbildung entnommen
aus [37])

2.3 Indirekte Methode

Bei der indirekten Methode wird zunächst die *absolute* spektrale Empfindlichkeit gemessen und daraus durch Integration mit z.B. dem Referenzspektrum der Kurzschlußstrom unter Standardbezugsbedingungen berechnet. Die Testzelle wird dann unter eine künstliche Lichtquelle gebracht, die so eingestellt wird, daß der berechnete Kurzschlußstrom reproduziert wird. In diesem Zustand wird dann die I/U-Kennlinie aufgenommen und der Wirkungsgrad nach der Formel (3) berechnet. Der Vorteil dieser Methode liegt in der hohen Flexibilität bezüglich der Rechnung des kalibrierten Kurzschlußstroms (oder der Kalibrierkonstanten CN). Hat man einmal die absolute spektrale Empfindlichkeit bestimmt, so kann man für alle beliebigen Bezugsspektren den kalibrierten Strom berechnen. Darüber hinaus kann diese Messung im Prinzip ohne Referenzzellen auskommen und ist damit als Primärkalibriermethode mit höchster Genauigkeit geeignet. Ein Nachteil der Methode ist der hohe Aufwand für die Bestimmung absoluter spektraler Empfindlichkeiten. Ein grundsätzlicher Nachteil bei der Wirkungsgradbestimmung nach dieser Methode ist die Tatsache, daß bei einigen Solarzellenmaterialien die Form der Kennlinie vom Spektrum der Lichtquelle abhängt, daß sich also für ein und denselben Kurzschlußstrom I_{SC}, je nach Spektrum der Lichtquelle, verschiedene Wirkungsgrade ergeben können.

Im folgenden soll das *Prinzip* der indirekten Methode am Beispiel der differentiellen Spektralradiometrie (DSR) der Physikalisch-Technischen Bundesanstalt (PTB) in Braunschweig, wie sie z.B. in [33] dargestellt ist, erläutert werden. Danach wird dann die Meßtechnik anhand verschiedener Beispiele diskutiert.

Die DSR-Methode basiert auf der Messung der differentiellen spektralen Empfindlichkeit $\tilde{s}$:

$$\tilde{s}\,(\lambda,\,I_{SC}) = \frac{\Delta I_{SC}}{\Delta E(\lambda)}\bigg|_{I_{SC}\,(E_b)} \tag{8}$$

Die Größe E_b bezeichnet dabei die Bestrahlungsstärke, die den optischen Arbeitspunkt der Solarzelle festlegt. Um die Formel zu verstehen, soll zunächst der einfache Fall betrachtet werden, daß monochromatisches Licht der Bestrahlungsstärke E auf die Solarzelle fällt und dadurch den Strom I hervorruft. Daraus ergibt sich die spektrale Empfindlichkeit I/E bei der gewählten Wellenlänge. Nun ist die monochromatische Bestrahlungsstärke typischerweise um einen Faktor 10^5 geringer als die Weißlichtbestrahlungsstärke unter Sonnenbestrahlung. Die Solarzelle befindet sich also bei der Messung der spektralen Empfindlichkeit in einem ganz anderen optischen Zustand als unter ihren tatsächlichen Arbeitsbedingungen, bei denen die Solarzelle von Ladungsträgern "überschwemmt" wird. Das kann zu Unterschieden im Quotienten I/E führen, wie folgendes Beispiel zeigt: Befindet sich in einem Solarzellenmaterial eine gewisse feste Anzahl von Haftstellen (traps), so werden diese bei Bestrahlung mit Licht zunächst gefüllt, erst die überschießende Anzahl von freien Ladungsträgern steht dann für den Ladungstransport zur Verfügung. Die absolute Anzahl von Ladungsträgern, die für das Füllen von Haftstellen benötigt wird, ist unabhängig von der Bestrahlungstärke, ist also gleich für den monochromatischen wie für den Sonnenbestrahlungsfall, während das Verhältnis dieser Anzahl zur Gesamtzahl der erzeugten Ladungsträger natürlich stark verschieden ist. Dadurch hängt der Quotient I/E von dem Absolutwert der Bestrahlungsstärke E_b (bias für Zusatzbeleuchtung) ab. Dieser Effekt ist z.B. in Abb. 24 für multikristallines Silizium und amorphes Silizium gezeigt.

In Gleichung (8) gibt also der vertikale Strich mit dem Index $I_{SC}(E_b)$ den optischen Arbeitspunkt an. Als Maß für die Bestrahlungsstärke wird dabei der Kurzschlußstrom der Testzelle selbst verwendet, deswegen taucht I_{SC} auch als Parameter im Argument von s auf. Nun müssen wir nur noch das D im Zähler und Nenner verstehen. Dazu hilft ein Blick auf die Meßtechnik: Monochromatische Bestrahlungstärken, wie sie unter Sonneneinstrahlung herrschen, sind im Labor sehr schwierig herzustellen. Aus diesem Grund arbeitet man z.B. mit Halogenlampen als weißer Zusatzlichtquelle.

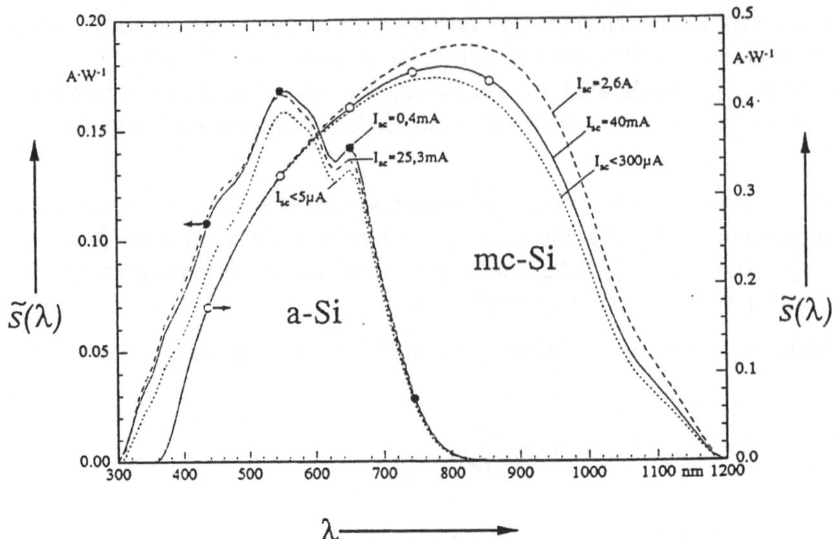

Abb. 24 Kurvenschar der differentiellen spektralen Empfindlichkeit einer 10 x 10 cm² großen Solarzelle aus multikristallinem Silizium und einer 2 x 2 cm² großen Solarzelle aus amorphem Silizium. Parameter: Kurzschlußstrom als Maß für die Zusatzbestrahlungsstärke E_b (Abbildung entnommen aus [33], Seite 36)

Um nun den monochromatischen Anteil von dem, um einen Faktor 10^5 höheren Weißlichtanteil zu trennen, wird das Weißlichtsignal über eine Gleichspannungsquelle erzeugt (DC), während das monochromatische Signal über einen Zerhacker (Chopper) in ein Wechselstromsignal (AC) umgewandelt wird. Die Trennung der beiden Signale erfolgt dann mit Hilfe der Lock-In Technik. Die "Δ's" in Gleichung (8) beziehen sich also nur auf das AC Signal, das auf dem großen Sockel des DC Signals sitzt.

Integriert man nun das s aus Gleichung (8) z.B. mit dem AM 1,5-Referenzspektrum, so erhält man die bewertete differentielle Empfindlichkeit der Solarzelle für die Strahlungsstärke E_b oder den entsprechenden Kurzschlußstrom I_{SC}. In Abb. 25 ist die bewertete differentielle Empfindlichkeit einer kristallinen Siliziumsolarzelle für verschiedene Bestrahlungsstärken (hier ausgedrückt durch den Kurzschlußstrom I_{SC}) aufgetragen.

Die Kurve in Abb. 25 besagt, daß die Solarzelle für verschiedene Bestrahlungsstärken verschiedene Kalibrierkonstanten CN (AW^{-1} cm²) hat, die Beziehung zwischen Kurzschlußstrom und Bestrahlungsstärke also nicht exakt linear ist. Bei hochwertigen kristallinen Siliziumsolarzellen aus float zone (FZ) Material spielt diese Nichtlinearität keine Rolle, je "unreiner" das Material ist, desto größer wird die Nichtlinearität.

Genau genommen sind wir damit immer noch nicht fertig. Wählt man in Abb. 25 $\tilde{s}$ für AM 1,5, das einer Einstrahlung von 1000 W/m² entspricht, so hat man damit erst die - bezüglich Bestrahlungsstärke E_b bzw. Kurzschlußstrom I_{SC}- *differentielle* bewertete Empfindlichkeit der Solarzelle. Will man die *integrale* Empfindlichkeit, also das was weiter oben mit Kalibrierkonstante CN bezeichnet wurde, so muß man noch über alle I_{SC}

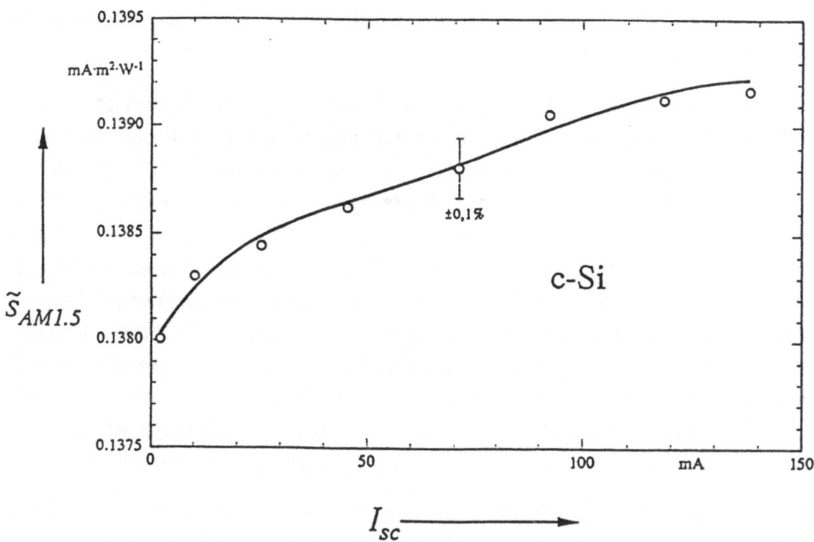

Abb. 25   Abhängigkeit der bewerteten differentiellen Empfindlichkeit einer Solar zelle aus einkristallinem Silizium vom Kurzschlußstrom (Nichtlinearität). (Abb. entnommen aus [33], S. 39)

integrieren, also

$$S_{AM\,1,5}\,(E_{SRC}) = \frac{I_{SRC}}{\displaystyle\int_0^{I_{SRC}} (\tilde{S}_{AM\,1,5}\,(I_{SC}))^{-1}\,dI_{SC}} \tag{9}$$

Dabei ist E_{SRC} bzw. I_{SRC} die Bestrahlungsstärke bzw. der Kurzschlußstrom unter Standardbezugsbedingungen. Gleichung (9) trägt der Tatsache Rechnung, daß auch unter den realen Betriebsbedingungen unter Sonnenbestrahlung ein Teil der Photonen z.B. zum Füllen der Haftstellen verloren gehen. Dieser letzte Schritt, wie er in Gleichung (9) dargestellt ist zur Bestimmung des Kurzschlußstromes unter Standardbezugsbedingungen, wird in der Regel nur für Kalibrierungen höchster Genauigkeit durchgeführt. Er erfordert etwa 4-8 Messungen der absoluten Spektralempfindlichkeit unter verschiedenen Zusatzbestrahlungsniveaus. Für geringere Genauigkeitsansprüche reicht im allgemeinen die Bestimmung der differentiellen Spektralempfindlichkeit unter Zusatzbestrahlungsbedingungen, wie sie auch im Sonnenlicht herrschen.

Im folgenden soll die Meßtechnik für die Bestimmung der spektralen Empfindlichkeit näher betrachtet werden. Als Lichtquellen für die monochromatische Zerlegung werden wegen der großen zeitlichen Stabilität gerne Halogenlampen verwendet. Ihr Nachteil ist die geringe UV-Intensität. Zunehmend werden deshalb auch Xenonlampen mit hochwertigen Netzgeräten verwendet. Wegen der starken Linien im Infraroten kann es hierbei zu Schwierigkeiten mit der Wellenlängenreproduzierbarkeit kommen, deshalb werden auch oft Kombinationen aus Xenonlampen für den kurzwelligen Teil und Halogenlampen für den langwelligen Teil des Spektrums verwendet.

Die dispersiven Elemente sollen anhand der Abb. 26 diskutiert werden, die drei grundsätzlich verschiedene Möglichkeiten aufzeigt. Im oberen Bild ist ein Filtermonochromator dargestellt: Das dispersive Element ist hier ein Rad mit Interferenzfiltern (F2), die schmalbandige Ausschnitte des Spektrums der Wolfram-Halogen-Lichtquelle ausblenden. Zum Unterdrücken langwelliger Strahlung befindet sich vor diesem Filterrad ein Blockfilter F1. Zwischen F1 und F2 befindet sich der Zerhacker C, der das monochromatische Signal in ein AC Signal verwandelt. Die Zusatzbestrahlung (bias lamp) wird mit Halogenlampen erzeugt. Die Testzelle sitzt auf einem thermostatgeregelten, goldbeschichteten und mit einer Vakuumansaugung versehenen Meßblock. Der Meßstrom (Überlagerung von DC und AC Signal) wird über einen Meßwiderstand R abgegriffen und dem Lock-In Verstärker zugeführt. Die Spannungsquelle V dient dazu, den Spannungsabfall an der Solarzelle zu 0 V zu machen, denn nur dann befindet sich die Solarzelle im Kurzschluß.

Das mittlere Bild von Abb. 26 zeigt einen Gittermonochromatoraufbau. Hier werden zwei Lichtquellen, eine Xenonlampe und eine Wolfram-Halogenlampe (THL) verwendet, die wahlweise in den Strahlengang eingeklappt werden können. Jede Lichtquelle verfügt über einen eigenen Zerhacker C. Der eingezeichnete He-Ne Laser dient zur Wellenlängenkalibrierung. Das Weißlicht wird im Monochromator durch das Gitter zerlegt, nur ein schmalbandiger Ausschnitt passiert den Austrittspalt und fällt über eine Spiegeloptik und einen Drehspiegel wahlweise auf die Testzelle und die Referenzzelle. Im Gegensatz zur oben beschriebenen Anordnung kann hier also in einem Meßzyklus sowohl Referenzzelle als auch Testzelle verwendet werden. Die Testzelle wird wieder von Halogenlampen zusätzlich bestrahlt, der übrige Aufbau ähnelt dem oben beschriebenen.

Ein ganz anderes Prinzip wird mit dem Fourierspektrometer realisiert, das im unteren Teil der Abb. 26 dargestellt ist. Hier beleuchtet eine Xenonlampe ein Michelson-Interferometer. Das Licht der Xenonlampe wird am Strahlteiler BS zum Teil transmittiert und fällt auf den festen Spiegel M, zum Teil wird es reflektiert und fällt auf den beweglichen Spiegel M. Die von den Spiegeln reflektierten Stahlen interferieren am Ort des Strahlteilers und fallen dann, nach Passieren eines weiteren Strahlteilers BS, der die Referenzzelle bestrahlt, auf die Testzelle. Durch die Interferenz am ersten Strahlteiler wird aus dem gesamten Xenonspektrum eine scharfe Linie durch destruktive Interferenz herausgenommen, das gesamte übrige Xenonspektrum kann aber passieren und erreicht die Testzelle. Hat man in den beiden oben beschriebenen Fällen also als Meßsignal ein schmales monochromatisches Band, so hat man hier das gesamte Spektrum minus einem schmalen monochromatischen Band. Die Information bleibt die gleiche, durch Positionsänderung des beweglichen Spiegels, können beliebige Wellenlängen zur negativen Interferenz gebracht werden, die entstandenen Meßsignale werden über Fouriertransformation in die gewünschte spektrale Empfindlichkeit "übersetzt". Der große Vorteil dieser Methode liegt in der hohen Bestrahlungsstärke, die für die Messung zur Verfügung steht. Mit dem hier vorgestellten Fourierspektrometer können deshalb Messungen sehr schnell durchgeführt werden, was z.B. für die Charakterisierung der Solarzellen durch eine räumlich

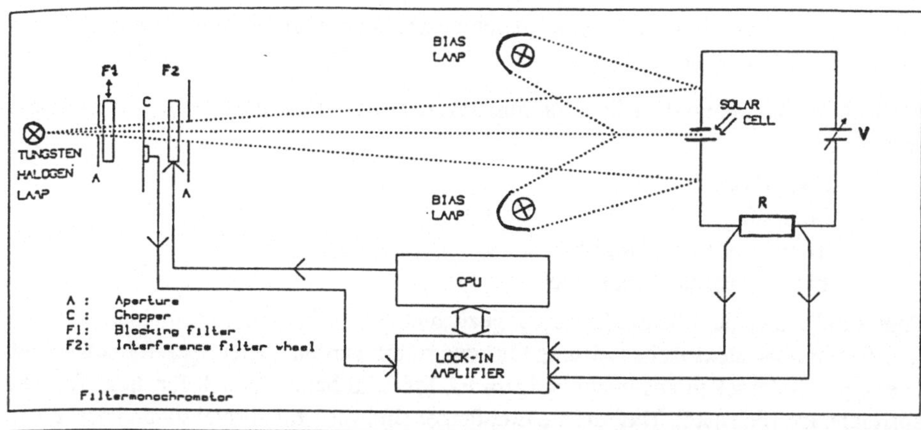

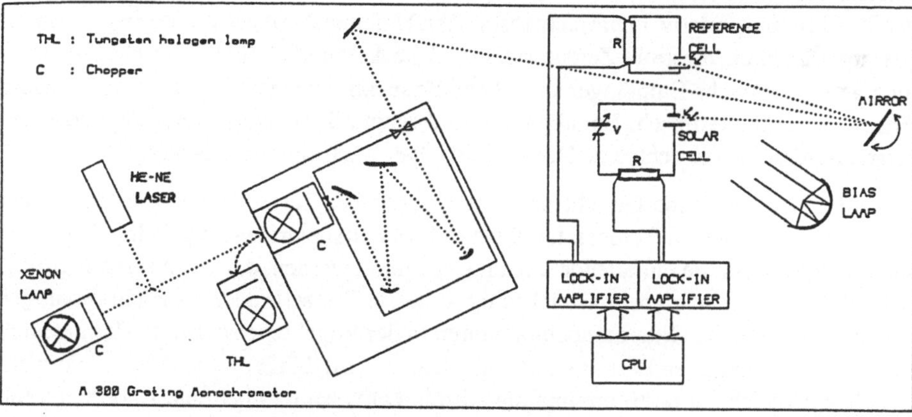

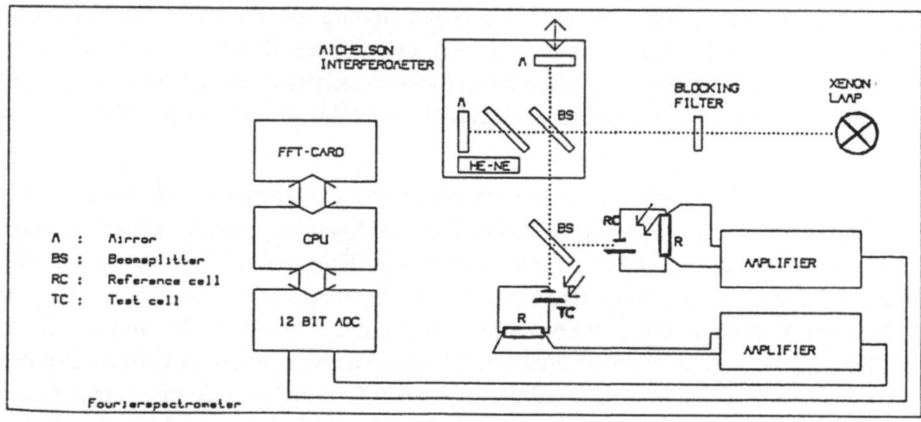

Abb. 26 Apparaturen zur Bestimmung der spektralen Empfindlichkeit: Von oben nach unten: Filtermonochromator, Gittermonochromator, Fourierspektrometer

aufgelöste spektrale Empfindlichkeit genutzt wird. Weitere Informationen zum Fourier-spektrometer finden sich in [38].

Als Referenzempfänger für Spektralmessungen werden häufig folgende Typen einge-setzt:

- Photodiode
- Solarzelle
- Thermische Empfänger
- Pyroelektrische Empfänger.

Photodioden sind auf höchste Linearität gezüchtet und deshalb im allgemeinen Solarzel-len, die auf hohe elektrische Leistung hin konstruiert wurden, in der Spektralmeßtechnik überlegen. Solarzellen aus hochwertigem FZ Material haben jedoch für diese Zwecke ausreichende Linearität. Thermische Empfänger sind spektral unselektiv und deshalb in der Kalibrierung relativ unproblematisch. Ihr Hauptnachteil ist die geringe Anspre-chempfindlichkeit, die große Zeitkonstante und die Anfälligkeit für thermische Störstrah-lung. Pyroelektrische Empfänger sind ebenfalls spektral unselektiv, haben eine kürzere Ansprechzeit als thermische Empfänger, sind aber anfällig für akustische Störsignale und zeigen oft eine relativ schlechte Homogenität über die Empfängerfläche.

Wichtige meßtechnische Gesichtspunkte bezüglich der Testzelle sind die Fläche, der Spannungsabfall und die Temperatur. Bei der absoluten spektralen Empfindlichkeitsmes-sung muß die absolute einfallende Leistung bestimmt werden, d.h. die bestrahlte Fläche muß sehr genau definiert sein. Gleichzeitig sollte die Testzelle auch möglichst homogen bestrahlt werden. Da Gittermonochromatoren in der Regel eine schlechte Homogenität der monochromatischen Bestrahlungsstärke haben, wird damit oft nur die relative spek-trale Empfindlichkeit bestimmt und die Absolutkalibrierung über eine Anordnung mit Filtern durchgeführt, bei der eine Homogenisierung durch große Entfernungen ($1/r^2$–Gesetz) erzielt wird. Dennoch muß man auch bei der Bestimmung der relativen spektralen Empfindlichkeit durch geeignete Blenden sicherstellen, daß Test- und Refe-renzzelle den gleichen Ausschnitt aus dem Lichtkegel des monochromatischen Lichtes "sehen".

Bei der Diskussion des Filtermonochromators in Abb. 26 wurde bereits die Verwendung einer Zusatzspannungsquelle zur Kompensation des Spannungsabfalls an der Testzelle diskutiert. Grundsätzlich gilt, daß für die Bedingung "Kurzschluß" der Spannungsabfall über der Solarzelle nicht größer als 5 % der entsprechenden Leerlaufspannung sein sollte. Neben dem Verfahren mit einer Spannungskompensationsquelle werden auch spezielle I/U-Wandler verwendet, die auch über den extremen Bereich von 10^5 (DC zu AC Signal) linear sind. Schließlich muß auch bei der spektralen Empfindlichkeitsmessung auf eine gute Temperierung der Proben geachtet werden, da die Temperaturabhängigkeit des Kurzschlußstroms für Präzisionsmessungen bereits relevant ist.

Zum Abschluß dieses Kapitels soll noch in Abb. 27 der DSR-Meßplatz der PTB gezeigt und die Meßunsicherheit diskutiert werden. Eine Xenonlampe L1 beleuchtet über einen Zerhacker Ch1 den Doppelgittermonochromator Mon1, der für den Bereich 300 nm bis 800 nm verwendet wird. Entsprechend beleuchtet die Halogenlampe L2 einen Doppelgit-

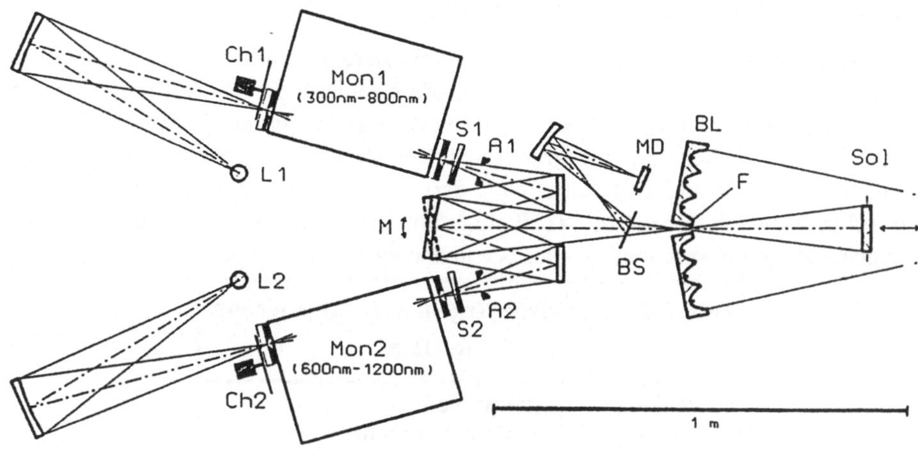

Abb. 27 Optischer Aufbau des Relativmeßplatzes der PTB zur Messung der differentiellen spektralen Empfindlichkeit (entnommen aus [33], S. 34)

termonochromator Mon2 für den Bereich 600 nm bis 1200 nm. Über Blenden A, die die Ausleuchtung von Test- und Referenzzelle definieren, gelangt das Licht auf den beweglichen Drehspiegel M, der die Solarzelle nacheinander mit Licht aus dem kurzwelligen bzw. langwelligen Ast der Anordnung versorgt. Ein Strahlteiler BS sorgt für die Überwachung der Bestrahlungsstärke über einen Monitordetektor MD. Die Zusatzbestrahlung wird durch Halogenlampen BL erzeugt.

Tab. 8 zeigt eine Analyse der Meßunsicherheit der DSR Apparatur, die gesamte Meßunsicherheit beträgt unter 1 %!

Tab. 8 Analyse der Meßunsicherheit der DSR Apparatur der PTB (entnommen aus [33], S. 41) [37])

Unsicherheitsanalyse der DSR-Kalibrierung in der PTB für 2 σ:	
Statistische Transferunsicherheit (Wiederholbarkeit) von $s(\lambda)_{rel}$:	0,1 %
Statistische Transferunsicherheit (Wiederholbarkeit) von $s(\lambda_0)$:	0,1 %
Systematische Transferunsicherheit:	0,5 %
- Spektrale Fehlanpassung $E_b{:}E_{AMn}$	
- Inhomogenität von E_b	
- Inhomogenität von $\Delta E(\lambda)$	
- Fehlanpassung A: $A1^*, A2^*$	
- $\Delta\lambda$ von $\Delta E(\lambda)$	
- Nichtlinearität der Verstärker	
Unsicherheit des Empfängernormals	0,5 %
Unsicherheit durch eine nichtlineare und/oder schmalbandige Solarzelle:	< 0,1 %
(Die Solarzelle muß stabil sein und auf konstanter Temperatur gehalten werden.)	
Gesamte Unsicherheit:	< 1 %

3 Zusammenfassung und Empfehlung

Ausgehend von der Tatsache, daß die exakte Kalibrierung von Solarzellen nicht nur für einen Abgleich der Meßtechnik wichtig ist, sondern auch für die Entwicklung von Solarzellen und die Anwendung der Photovoltaik vorteilhaft ist, wurden in der vorliegenden Arbeit die Grundlagen und die grundsätzlichen Verfahren – direkte und indirekte Methode – der Wirkungsgradbestimmung dargestellt. Fünf wichtige Grundregeln für eine solide Meßtechnik sind in Tab. 9 aufgeführt. Die Regeln sind bewußt allgemein gehalten, nähere Informationen finden Sie in den einzelnen Kapiteln.

Tab. 9 Fünf goldene Regeln zur Kalibrierung von Solarzellen
stabile Lichtquelle wählen Spektrum der Lichtquelle beachten geeignete Referenzdetektoren einsetzen Kontakte sorgfältig prüfen Temperatur kontrollieren

Beachtet man diese Grundprinzipien, so dürfte es im allgemeinen keine Schwierigkeit sein, eine Meßunsicherheit U95 von 5 bis 10 % für den Wirkungsgrad zu erreichen. Bei höheren Genauigkeitsansprüchen wächst der meßtechnische Aufwand so drastisch an, daß er sich im allgemeinen für ein einzelnes Labor nicht lohnt. Aus diesem Grund stellen die PTB und das ISE ihre Meßeinrichtungen zur Verfügung.

Tab. 10 gibt einen groben Überblick über die Angebote des Kalibrierlabors des Fraunhofer-Institutes für Solare Energiesysteme (ISE).

Tab. 10 Angebote des ISE Kalibrierlabors
- Kalibrierung von Referenzzellen und Pyranometern - Vermessung von I/U-Kennlinienfeldern bezüglich Einstrahlung und Temperatur - Vermessung der Dunkelkennlinie und Extraktion der Parameter - Relative, absolute oder ortsaufgelöste spektrale Charakterisierung und Kalibrierung von Solarzellen und Photodioden - Spektrale Vermessung von Lichtquellen - Berechnung des Energieertrages und Wirkungsgrades von Solarzellen unter realistischen Bezugsbedingungen (Jahreswirkungsgrad) - Beratung bei Meßproblemen - Sonderaufträge nach Absprache

4 Danksagung

Die vorliegende Arbeit wäre nicht möglich gewesen, ohne die langjährige Arbeit der PV-Gruppe in der Abteilung Kollektorentwicklung des ISE, bei deren Mitgliedern ich mich ganz herzlich bedanke. Besonders bedanken möchte ich mich bei Klaus Bücher für das Korrekturlesen, bei Angelika Knapp, die in mühe- und liebevoller Fleißarbeit das Manuskript zusammengeklebt hat, beim Schreibdienst, der das lange Manuskript in kürzester Zeit sehr sauber geschrieben hat und bei Herrn Trefzer, der zahlreiche Zeichnungen anfertigte.

Wesentliche Teile dieser Arbeit wurden durch den Bundesminister für Forschung und Technologie unter den Vertragsnummern 03E 8650 B und 032 8650 E gefördert.

5 Literatur

[1] O. Hohmeyer; "Soziale Kosten des Energieverbrauchs", Springer-Verlag, Berlin/Heidelberg 1988

[2] Blood and J. W. Orten; "Electrical Characterisation of Semiconductors"

[3] J. W. Orten, P. Blood; "The electrical Character of Semiconductors: Measurement of Minority Carrier Properties", 1991 Academic Press, London

[4] G. Mc Guire; "Characterisation of Semiconductor Materials", Principles and Methods, 1989 Vol 1, Noyes Publications

[5] R. A. Stradling, P. C. Klipstein (Hrsg.); "Growth and Characterisation of Semiconductors, Adam Hilger, Bristol and New York, 1990

[6] I. Ruge; "Halbleiter - Technologie", Springer - Verlag Berlin/Heidelberg 1984

[7] R. J. Malik (Hrsg.); "III - V semiconductor materials and devices", ser.:Materials Processing - Theory and Practices, Vol.7, North Holland, Amsterdam 1989

[8] M. Green; "Solar Cells", University of New South Wales, December 1986

[9] R. Matson, K. Emery, R. Bird; "Terrestrical solar spectra, solar simulation and solar short circuit current calibration; a review", Solar Cells M (1984), p 105 - 145

[10] K. Emery, D. King; "Phovoltaic Measurements - Science and Engineering", Tutorial 19th IEEE Phot PV Spec. Conf., New Orleans

[11] K. Emery, C. Osterwald; "Efficiency measurements and other performance - rating methods" in "Current Topics in Photovoltaics" Vol. 3, Academic Press 1988

[12] Kipp and Zonen; "Instruction Manual Pyranometer CM 11", Delft

[13] C. Fröhlich; "Accuracy and Application of Solar Radiometry", in 88. PTB Seminar, Braunschweig 1991

[14] J. Metzdorf et al; "The Results of the PEP '87 Round Robin Calibration of Reference Solar Cells and Modules", Final Report, PTB Braunschweig 1990

[15] J. Metzdorf, T. Wittchen, D. Hünerhoff, C. Nawo; "Ergebnisse eines nationalen PTB - Vergleichs zur Kalibrierung kleinflächiger Referenzsolarzellen" in 88. PTB Seminar, Braunschweig 1991

[16] IEC - Norm 904 - 3: "Measurement principles for terrestrial photovoltaic solar devices with reference spectral irradiance data", IEC Genf 1987

[17] R. Hulstrom, R. Bird, C. Riordan; "Spectral solar irradiance data sets for selected terrestrial conditions", Solar Cells, 15 (1985) 365-391

[18] C. Riordan, R. Hulstrom; "What is an Air Mass 1,5 spectrum?", 21st IEEE PV Spec. Conf., Kissimmee 1990

[19] A. Raicu, H. R. Wilson, H. Fischer, K. Heidler; "Realistic Reporting Conditions

Efficiency: New Algorithm for the Assessment of Solar Cells", 9th EC PV Sol. En. Conf., Freiburg 1989

[20] K. Emery, C. Osterwald; "Solar Cell calibration methods", 9th PVAR&D, Lakewood 1989

[21] D. Myers; "Uncertainty analysis and quality control. Application to radiometric data", Committee on Optical Radiation Measurements, Conf., Gaithersburg 1987

[22] K. Emery: "Solar simulators and I/V measurement methods", Solar Cells 18 (1986) 251 ff.

[23] M. Watanabe & Co, Ltd, "WACOM Super Solar Simulator", Prospekt SID 87K10, Tokio 1987

[24] B. Sopori, C. Marshall, K. Emery: "Mixing optical beams for solar simulation", 21st IEEE PV Spec. Conf., Kissimmee 1990, p. 1116

[25] K. Emery, C. Osterwald, C. Wells: "Uncertainty analysis of photovoltaic efficiency measurements", 19th IEEE PV Spec. Conf., New Orleans 1987, p. 153-159

[26] K. Heidler, H. Fischer, S. Kunzelmann: "New approaches to reduce uncertainty in solar cell efficiency measurements introduced by non-uniformity of irradiance and poor FF-determination", 9th EC PV Sol. En. Conf., Freiburg 1989

[27] C. Osterwald: "Comparison of the temperature coefficients of the basic I/V parameters for various types of solar cells", 19th IEEE PV Spec.Conf, New Orleans 1987, p. 188

[28] K. Heidler, J. Beier: "Uncertainty analysis of PV efficiency measurements with a solar simulator: spectral mismatch, non-uniformity and other sources of error", 8th EC PV Sol. En. Conf., Florence 1988, p. 544 -559

[29] K. Bücher, K. Heidler: "Photovoltaic measurements and calibration", 5th PVSEC, Kyoto 1990

[30] C. Seaman, B. Anspaugh, R. Downing, R. Estey: "The spectral irradiance of some solar simulators and its effect on cell measurements", 14th IEEE PV Spec-Conf., San Diego 1980, p. 494

[31] H. Ossenbrink, A. Drainer, W. Zaaiman: "Errors in current/voltage measurements of photovoltaic devices introduced by flash simulators", 10th EC PV Sol. En. Conf., Lisbon 1991, p. 1055

[32] J. Metzdorf, PTB, persönliche Mitteilung, Aug. 1991

[33] T. Wittchen, K.-H. Raatz, W. Möller, J. Metzdorf: "Die DSR-Kalibrieranlage der PTB", 88. PTB Seminar, Braunschweig 1991, S. 32 ff.

[34] IEC-Papier 82 (sec) 87:" Primary reference devices calibration methods"

[35] K. Emery et al: "SERI results from the PEP 1987 summit round robin and a comparison of photovoltaic calibration methods", SERI report TR-213-3472, Denver 1989

[36] IEC-Norm 891: "Procedures for temperature and irradiance corrections", IEC Genf 1987

[37] H. Ossenbrink, R. v. Steenwinkel, H. Lang: "Calibration methods for solar elements - an experimental comparison", Joint Research Centre, report No. 4184, Ispra 1985

[38] K. Bücher, A. Schönecker: "Spectral response measurements of multi-junction solar cells with a grating monochromator and a fourier spectrometer", 10th EC PV Sol. En. Conf., Lisbon 1991

Teil 5
Photovoltaische Systeme

Photovoltaische Systeme

C. Bendel
Institut für Solare Energieversorgungstechnik (ISET)
Abt. Anlagen und Meßtechnik
Königstor 59, 34119 Kassel

1 Wodurch werden photovoltaische Systeme charakterisiert?

Systeme bestehen in der Regel aus Systemkomponenten, die durch Informations-
und/oder Energieflüsse miteinander verbunden sind, wobei ein bestimmter, oft auch ver-
änderlicher (optimierender) Ablauf (Algorithmus) das System qualitativ charakterisiert.

Die Besonderheiten der photovoltaischen Systemtechnik gegenüber anderen konventionellen Energiewandlungssystemtechniken liegen vornehmlich im Energieangebot selbst,
d.h. in der Darbietung der Primärenergie begründet.

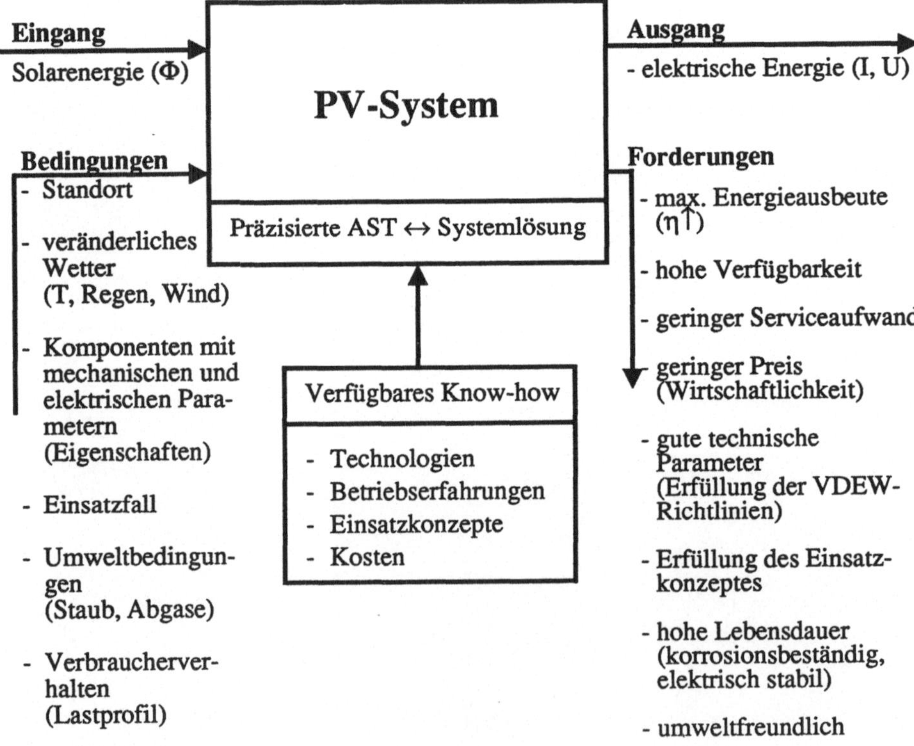

Abb. 1 Technische Aspekte für die Auslegung einer photovoltaischen Anlage

In der konventionellen Energieversorgungstechnik ist es prinzipielle Aufgabe, die Verbraucheranforderungen zu erfüllen und den Primärenergieeinsatz zu minimieren. Demgegenüber ist die Systemtechnik zur Nutzung der Solarenergie durch das Bestreben geprägt, natürlich auch den Verbraucheranforderungen gerecht zu werden, jedoch gleichzeitig bei vorgegebenem, schwankendem Energieangebot die Energieausbeute zu maximieren.

Aus dieser prinzipiellen Betrachtungsweise und aufgrund der Eigenschaften der Energieumwandlungskomponenten ergeben sich für photovoltaische Systeme eine Vielzahl von technischen Aspekten, welche den Einsatz und die Anlagenauslegung wesentlich beeinflussen (Abb. 1).

1.1 Eigenschaften photovoltaischer Systemkomponenten

Die Strom-Spannungskennlinien photovoltaischer Generatoren werden direkt von den metereologischen Gegebenheiten beeinflußt. Der Punkt maximaler Leistung des Generators (MPP maximum power point) verschiebt sich insbesondere in Abhängigkeit der Bestrahlungsstärke Φ und der Modultemperatur θ (Abb. 2).

Eine besondere Eigenschaft des Photovoltaik-Generators ist der gegenüber dem Nennstrom nur geringfügig erhöhte Kurzschlußstrom. Durch diese inhärente Kurzschlußfestigkeit kann einerseits der Aufwand an Schutz- und Regeleinrichtungen gering gehalten werden, andererseits können bisherige allgemein bekannte Schutz- und Regeleinrichtungen aus der Installationstechnik nicht mehr zur Anwendung kommen. Ein übrigens nicht zu unterschätzendes Problem bei der Schulung bzw. Einweisung von Elektrohandwerkerbetrieben im Rahmen des 1000-Dächer-Photovoltaik-Programmes.

Am Ausgang des PV-Generators steht eine Gleichspannung zur Verfügung, so daß eine Gleichstromlast prinzipiell direkt gekoppelt werden kann. Da der PV-Generator in der Regel eine vielzellige Struktur besitzt, d.h. aus mehreren 10 bis 100 und mehr Modulen aufgebaut ist, kann durch Veränderung der Reihen- bzw. Parallelschaltung eine stufige Einstellung des Arbeitspunktes, d.h. eine Leistungsanpassung zwischen Generator und Last realisiert werden.

Photovoltaische Generatoren besitzen sehr gute dynamische Eigenschaften, da aufgrund der inneren Struktur Energiespeichereffekte praktisch vernachlässigt werden können.

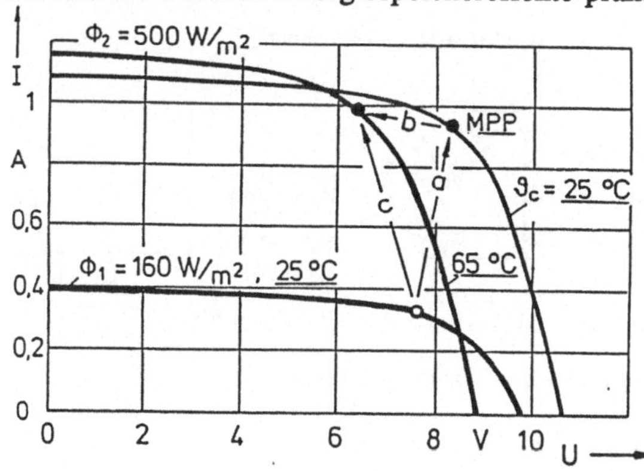

Abb. 2

Strom-/Spannungscharakteristik eines Photovoltaikgenerators, Kennlinienübergang bei Erhöhung der Bestrahlungsstärke
a-b schneller Übergang
c   quasistationärer Übergang

Dadurch werden negative Auswirkungen bei Schaltvorgängen herabgesetzt. Trotz der Vielfalt möglicher Lasten, die von photovoltaischen Versorgungssystemen gespeist werden können, existieren bei den Verbrauchern gemeinsame Strukturen, die Auswirkungen auf den notwendigen Spannungsregelbereich und auf die Art der Energieaufbereitung haben. Die stationären Strom/Spannungscharakteristiken der möglichen Lasten von Photovoltaikgeneratoren sind prinzipiell durch eine Ohm´sche Tendenz geprägt (Abb. 3).

Diese Gemeinsamkeit hat letztlich zur Folge, daß eine Leistungsoptimierung (in diesem Falle eine Maximierung) vereinfachend durch eine Strommaximierung ersetzt werden kann, welche z.B. wie im Abb. 3 gezeigt, auch dem Anlaufverhalten von elektrischen Motoren besser gerecht wird.

Wir können erkennen, daß für große Leistungsvariationen oberhalb der ebenfalls lasttypischen Schwellspannung nur verhältnismäßig kleine Spannungsänderungen notwendig sind.

1.2 Leistungsmaximierung durch Extremwertregelung

Den prinzipiellen Aufbau eines photovoltaischen Versorgungssystems zeigt Abb. 4. Es besteht aus dem Photovoltaik-Generator, einer elektrischen Energieaufbereitungseinheit, auch Wandler genannt und einer Last.

Für Photovoltaikanlagen ist das Problem der Maximierung der Ausgangsleistung von besonderer Bedeutung im Gegensatz zu konventionellen elektrischen Energieversorgungseinheiten, in denen z.B. der spezifische Brennstoffverbrauch minimiert wird. Durch ständige Veränderung der Verhältnisse zwischen Generator und Verbraucher kann nur in Verbindung mit einem tauglichen Leistungsstellglied ein Extremwertregler die Optimierungsaufgabe lösen. Als Regelgröße wird sinnvollerweise die Leistung am Generator herangezogen.

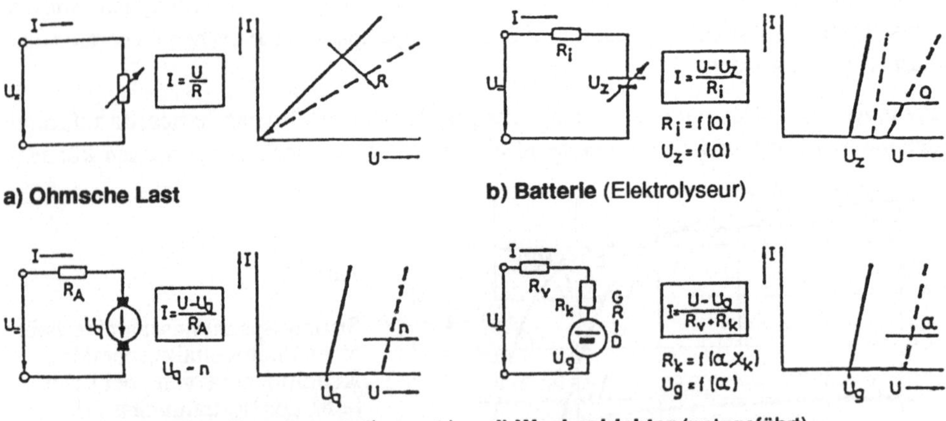

Abb. 3   Strom-/Spannungscharakteristiken verschiedener Lasten

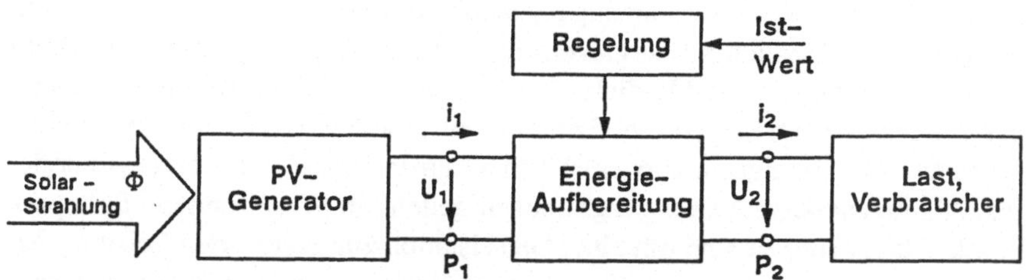

Abb. 4 Schema der Extremwertregelung zur Maximierung der Abgabeleistung

1.3 Arten der Energieaufbereitung

Photovoltaische Energieversorgungssysteme können bei entsprechender Konfiguration, d.h. gerätetechnischer Auslegung, prinzipiell jeden elektrischen Verbraucher speisen. Die bestehende große Verbrauchervielfalt, mit selbstverständlich auch differierenden Anforderungsprofilen, benötigt notwendigerweise auch unterschiedliche Energieaufbereitungskonzepte.

Grundsätzlich lassen sich die Verbraucher in Gleich- und Wechsel- bzw. Drehstromlasten aufteilen. In Abb. 5 sind mögliche Konfigurationen zur Energieaufbereitung schematisch dargestellt.

Während die Varianten 1 bis 6 Gleichspannungssysteme darstellen, repräsentieren die Varianten 7 bis 10 Systeme zur Speisung von Wechselstromlasten.

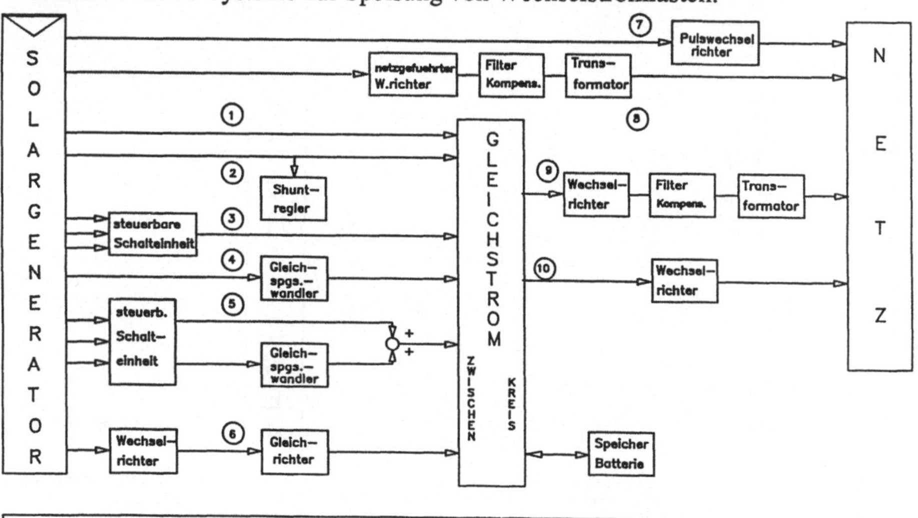

Abb. 5 Möglichkeiten der Energieaufbereitung zur Versorgung von Gleich- und Wechselstromverbrauchern

1.4 Hybridsysteme und Netzbildung

Von besonderer Bedeutung für die Nutzung regenerativer Energiequellen ist das Zusammenwirken von unterschiedlichen Energieversorgungseinheiten bezüglich des Primärenergieangebotes. Hier werden die Möglichkeiten zum Ausgleich von Leistungsschwankungen aufgrund von Energieangebotsdefiziten der Einzelanlage im Verbund in besonderer Weise genutzt. Abb. 6 zeigt ein solches Hybridsystem mit den dazugehörigen Energieflußpfaden. Als regenerative Versorgungsanlagen gelten ein Wind- und ein Solarpark (Photovoltaik), die gekoppelt sind mit einer Dieselstation zur gesicherten Leistungsbereitstellung und einer Speichereinheit (Batterie) zur Verbesserung der Energiemanagementmöglichkeit im kurz- und mittelfristigen Zeitbereich.

Das hier vorgestellte Hybridversorgungssystem wurde auf der griechischen Insel Kythnos realisiert.

Für die Auslegung solcher Hybrid- bzw. Verbundsysteme sind besonders solche Fragen zu beantworten, die den Zusammenhang zwischen kostenoptimaler Energiebereitstellung und Anlagengröße darstellen sowie die gerätetechnische Gestaltung und die Anlagenbetriebsführung zum Inhalt haben.

Die Gestaltung von elektrischen Energieversorgungssystemen erfordert generell gerätetechnische Möglichkeiten zur Einhaltung bestimmter charakteristischer Werte. So sind zum Beispiel zur Bildung eines Wechselstromnetzes die Regelung der Netzgrößen Spannung U und Frequenz f von entscheidender Bedeutung.

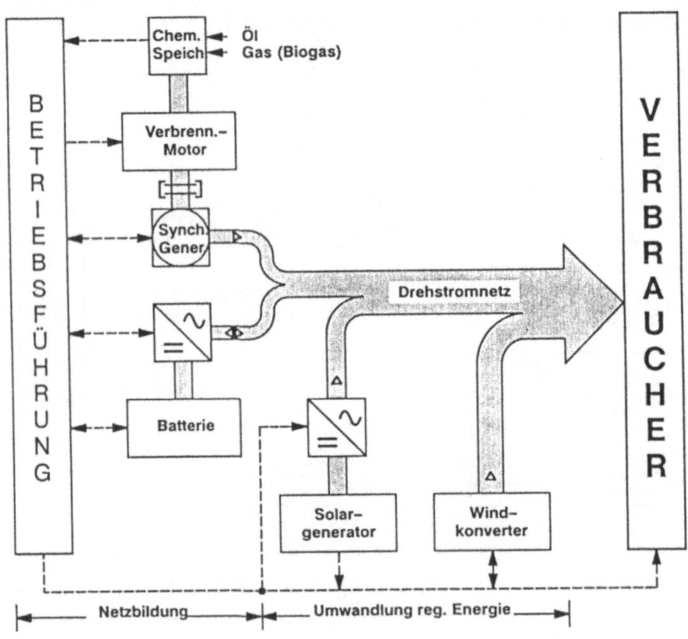

Abb. 6

Energiefluß
eines
Hybrid-
Versorgungs-
systems

Das gilt natürlich auch für netzgekoppelte PV-Systeme. Wird eine Photovoltaikanlage in ein bestehendes Wechselstromversorgungssystem eingekoppelt, so muß notwendigerweise der anfallende Gleichstrom in Wechselstrom umgewandelt werden.

Bei dem entsprechend eingesetzten Wechselrichter unterscheidet man prinzipiell zwischen Selbst- und Fremdführung. Fremdgeführte Wechselrichter benötigen zur Wechselstromerzeugung ein führendes Netz, d.h. eine Fremd- oder Kommutierungsspannung. Selbstgeführte Wechselrichter bilden sich diese Spannung intern selbst, jedoch mit einem erhöhten Schaltungsaufwand.

Höchste Priorität bei der Abdeckung der Verbraucherleistung P_L haben die regenerativen Versorgungssysteme, die nach Möglichkeit mit ihrer maximalen Abgabeleistung betrieben werden und diese üblicherweise direkt ins Netz einspeisen. Die Nutzung von Energiespeichern (z. B. elektrochemische Speicher) sollte aufgrund der Energieverluste minimiert werden. Besonders bei elektrochemischen Speichern ist zu berücksichtigen, daß die Alterung der Zellen vorwiegend durch die Anzahl der Lade- und Entladezyklen bestimmt wird.

Diese zuletzt genannten Feststellungen sind darauf zurückzuführen, daß umfangreiche Problemstellungen an einer im ISET in Kassel variabel konfigurierbaren Experimentieranlage (Abb. 7) untersucht wurden.

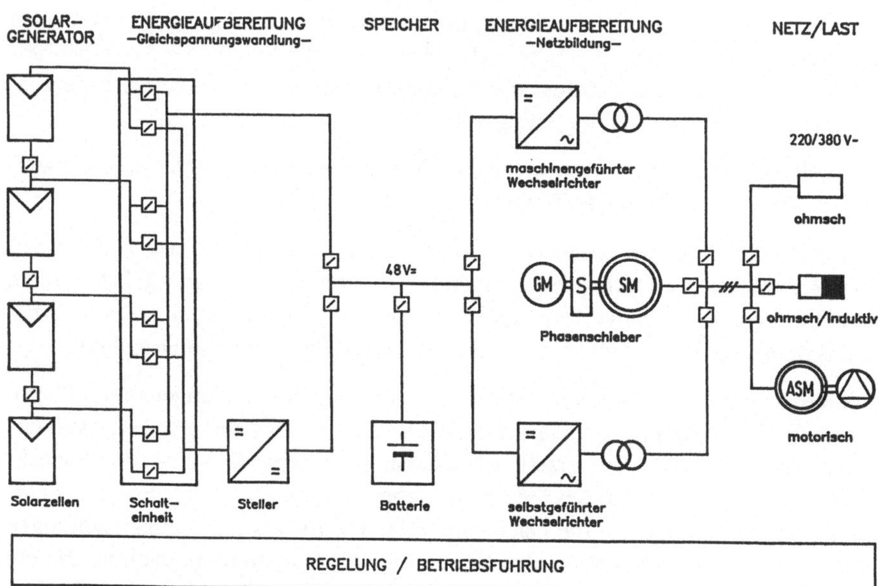

Abb. 7 Photovoltaisches Energieversorgungssystem (Inselnetz), Experimentieranlage (P_{max} = 2,5kW)

Grundsätzliche PV-Systemuntersuchungen sind besonders wichtig für die Anlagen- und Systementwicklung.

Mit Hilfe von Rechenmodellen für Baugruppen bzw. Komponenten sowie für Regelungs- und Optimierungsverfahren werden daher im weiteren Experiment reflektierte Programme entwickelt, die sowohl die rechnergestützte Überprüfung von Anlagenentwürfen als auch die gezielte gerätetechnische Auslegung von Versorgungssystemen zulassen. Unterschiedliche Ansätze bzw. Anwenderwünsche lassen sich damit sehr rationell verwirklichen.

2 Wo liegen die Arbeitsschwerpunkte im ISET?

Die Systemtechnik im PV-Bereich stellt einen wesentlichen Arbeitsschwerpunkt im ISET dar. Die Struktur des Instituts garantiert über ihre Fachabteilungen (Anlagen- und Meßtechnik, Speicher- und Brennstoffzellentechnik, Regelungs- und Informationstechnik sowie Systemtechnik), daß auf der System- und Komponentenebene wie auch auf der Umfeldebene sehr konsequent und mit hohem wissenschaftlichen Anspruch Themen und Aufgabenstellungen bearbeitet werden. Einige solcher Themen sollen hier konkret vorgestellt werden.

Wie unter Punkt 1 ausgeführt, ist die Betriebsführung in einer Energieversorgungsstruktur das Kernstück zum Erreichen eines optimalen Systemwirkungsgrades. Die Entwicklung eines intelligenten Betriebsführungsprototyps ist die Voraussetzung, um schnell und effizient auf unterschiedliche Systemstrukturen und Systemanforderungen eingehen zu können. Eine klare Zielstellung bereits in der Phase der Präzisierung der Aufgabenstellung (Abb. 1) sowie ein adaptierbares Entwicklungskonzept garantieren bereits in der Planungsphase ein hohes Maß an der Erfolgswahrscheinlichkeit.

Die methodische Umsetzung ist ein weitaus schwierigeres Unternehmen, denn hier wird es konkret – wir sprechen von der Praxis.

Methoden systemtechnischer Arbeitsweisen haben sich aber in unserer bisherigen Arbeit bewährt. Wir erheben auch nicht den Anspruch auf Vollkommenheit, meist geht bei einem solchen Bestreben der kreative Geist und der Mut zum Ungewohnten verloren. Aber genau das brauchen die Verfechter der regenerativen Energieversorgungstechnik.

Ein weiteres sehr konkretes Beispiel für systemtechnische Entwicklungen in der Photovoltaik ist die Konzipierung, der Bau und die Erprobung eines universellen, modularerweiterbaren PV-Gestells. Universell und modular erweiterbar sind an sich schon sehr anspruchsvolle Ziele. Wenn dieses Gestell sich aber noch zusätzlich für Flachdachaufbauten eignet, ohne daß dabei die Dachhaut verletzt wird bzw. für Feldaufstellungen geeignet ist und jegliche Kabel im Gestell geschützt geführt werden, dann ist das ein erfreuliches Ergebnis einer kooperativen Zusammenarbeit mit einem mittelständischen Unternehmen im Rahmen eines Förderprogrammes (Abb. 8 und Abb. 9).

Abb. 8 Flachdachaufstellung von PV-Modulen auf dem Dach des ISET in Kassel

Abb. 9 Verbindungselement des im ISET entwickelten PV-Standardgestells

Eine klassische Systementwicklung stellt das folgende Beispiel dar. Für ein gemeinnütziges Unternehmen, die Jugendwerkstatt Felsberg e.V., wurde das Konzept einer hybriden Energieversorgung verwirklicht (Abb. 10). Für das ISET hat dieses Projekt einen hohen Demonstrationswert, weil hier einige grundsätzliche neue Erkenntnisse gewonnen werden konnten.

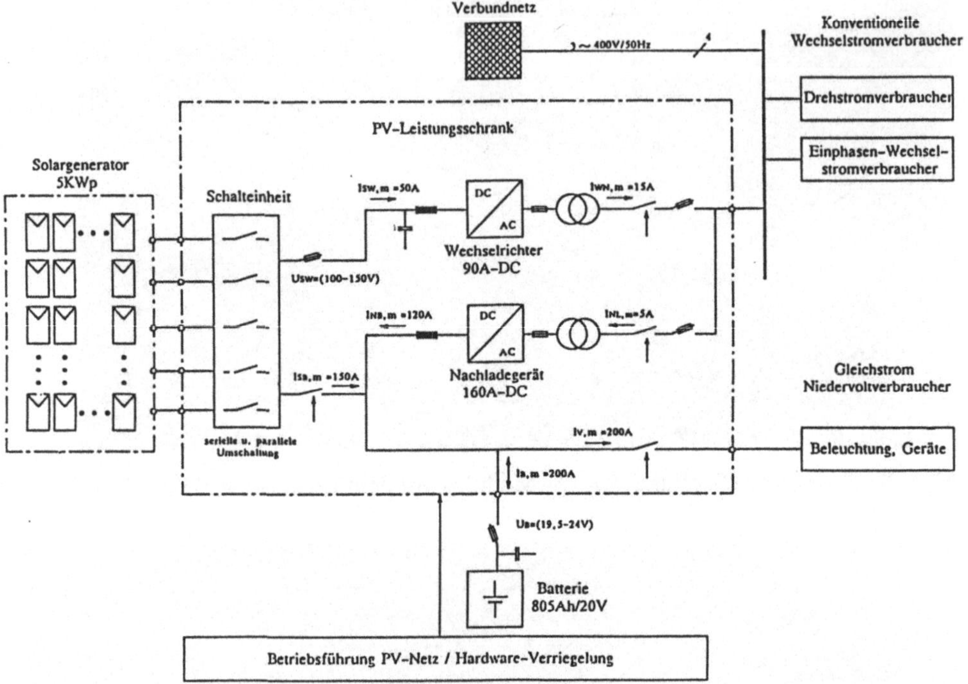

Abb. 10 Konzept einer hybriden Energieversorgung der Jugendwerkstatt Felsberg

DIN-Normen bzw. VDEW-Richtlinien hinken dieser neuen Energieversorgungstechnik leider recht schwerfällig hinterher.

Entwicklungen und Untersuchungen über Dachaufständerungen und den damit verbundenen Installationskonzepten, Untersuchungen von Lichtbogenentstehungen, aufgrund mangelhafter Installationstechnologien bis hin zu neuen Blitzableitungskonzepten für PV-Generatoren waren mühevolle Arbeitspakete aus der Systemtechnik.

Die Ergebnisse kommen den Förderrichtlinien des 1000-Dächer-Programms zugute und helfen nicht zuletzt der Bastlerszene (dieser Begriff ist hier nicht abwertend gemeint), sich kompetenter zu bewegen.

Als letztes konkretes Beispiel unserer Systementwicklungsaktivitäten soll die meßtechnische Qualifizierung von Wechselrichtern, d.h. das Prüfen von allen marktgängigen PV-

1 Arbeitspunkteinstellung
1.1 Arbeitspunkteinstellung auf der Kennlinie
1.2 Welligkeit am Solargenerator
1.3 Tracking-Verluste

2 Leistungsmessung
2.1 Wirkungsgrad
2.2 Stand-by- und Leerlaufverluste

3 Netzrückwirkungen
3.1 Leistungsfaktor
3.2 Stromklirrfaktor
3.3 Verschiebungsfaktor
3.4 Stromoberschwingungen
3.5 Spannungsrückwirkungen

4 Verhalten bei betriebsmäßigen Störungen

5 Überprüfungen sonstiger Eigenschaften
5.1 Ein- / Ausschaltverhalten
5.2 MPP-Regelverhalten
5.3 Isolationsüberwachung
5.4 Dauertests

6 Vergleich mit Wechselrichterrecherche

Abb. 11   Prüfkriterien für Wechselrichteruntersuchungen

Wechselrichtern auf der Basis von Prüfkriterien (Abb. 11), die aus bereits bestehenden Normen bzw. Richtlinien abgeleitet wurden bzw. die neu geschaffen werden, genannt werden.

Die Meßergebnisse werden dann im Rahmen eines BMFT-Förderprojektes dem TÜV-Rheinland zur Verfügung gestellt, wo zum Abschluß noch eine Typprüfung erfolgt. Wir wollen damit erreichen, daß möglichst wirkungsgradoptimierte, mit wenig EMV-Problemen behaftete Wechselrichter auf den Markt kommen.

Literatur

[1] W. Kleinkauf, Photovoltaic Power Conditioning/ Inverter Technology, 10th European PV-Solar Energy Conference, Lisbon, 1991

[2] C. Bendel, Wissensspeicher Photovoltaik, Vorlesungsscript für "Weiterbildendes Studium - Umwelt und Energie" an der Gh-Kassel, September 1991

Überblick über den Stand und die Entwicklung der Energiespeicherung

K. Ledjeff
Fraunhofer Institut für Solare Energiesysteme
Oltmannsstr. 22,
79100 Freiburg

1 Einleitung

Die Speicherung von Energie begegnet uns im Alltag in verschiedenen Formen, z.B. als Öltank, Warmwasserspeicher oder Autobatterie, und es gibt viele Bereiche des Lebens, in denen die Nutzung von Energiespeichern sehr vorteilhaft oder sogar unverzichtbar ist, wie bei der Notstromversorgung in Krankenhäusern. Eine Zusammenstellung der Energiedichten verschiedener Materialien und Speichersysteme zeigt Abb. 1. Bedingt durch die vielfältigen Formen, in denen Energie genutzt wird, hat sich eine breite Palette von Techniken entwickelt, um gespeicherte mechanische, elektrische, thermische oder chemische Energie den Verbrauchern zu liefern.

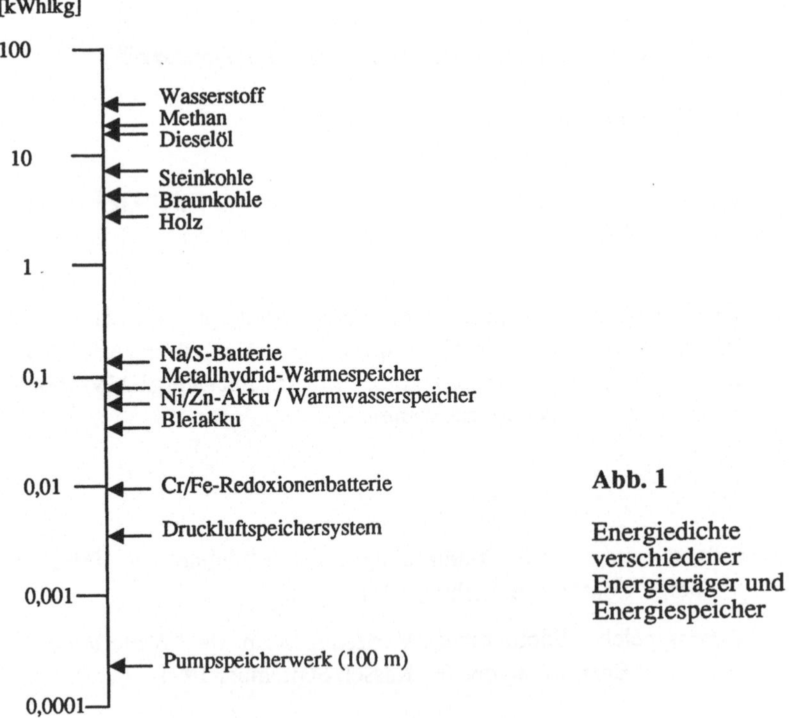

Abb. 1

Energiedichte verschiedener Energieträger und Energiespeicher

Greifen wir aus Abb. 1 zwei Beispiele heraus – Dieselöl und Bleiakkumulator –, die beide in der Lage sind, Energie abzugeben, so besteht trotzdem ein wesentlicher Unterschied zwischen einem Öltank und einer Batterie. Der Öltank stellt einen Energiespeicher dar, der nach der Entladung wieder befüllt werden muß. Der Ladevorgang ist mit einem Massetransport verbunden, ähnlich wie bei einer Primärbatterie, die nach der Entladung ausgewechselt werden muß. Diese Art der Energiespeicher – Öltank, Gastank, Kohlevorrat, nicht wiederaufladbare Batterien, etc.– stellen *primäre Energiespeicher* dar.

Davon zu unterscheiden sind die Energiespeichersysteme, die sowohl Energie abgeben können, als auch durch Einspeisen von Energie wieder aufladbar sind, wie z.B. der Bleiakkumulator. Diese *sekundären Energiespeicher* erfordern in der Ladephase keine äußere Zuführung von Materie, sondern nur von Energie in Form von Elektrizität, Wärme oder mechanischer Kraft.

Für wichtige neue Anwendungsfelder, wie die Nutzung der regenerativen Energie, der Spitzenlastausgleich in elektrischen Netzen und bei Elektroautos sind weitere Fortschritte in der Entwicklung der sekundären Energiespeichersysteme von zentraler Bedeutung.

2 Stand der Technik von sekundären Energiespeichern

Betrachten wir die Gesamtheit der heute eingesetzten Energiespeicher, so zeigt sich eine breite Palette unterschiedlicher Techniken, die der Anwender, entsprechend den durch das spezielle Einsatzfeld bestimmten Anforderungen, bewerten muß. Auswahlkriterien können sein:

- Energieform (mechanisch, thermisch, elektrisch)
- Energiedichte in kWh/kg oder kWh/l
- Leistungsdichte in kW/kg oder kW/l
- energetischer Zykluswirkungsgrad
- Selbstentladungsrate
- Dauer einer Zyklusperiode
- Zyklenlebensdauer
- Systemlebensdauer
- Zuverlässigkeit
- Wartungsaufwand
- Kosten.

Die Wichtung der einzelnen Faktoren hängt von dem Anwendungsgebiet ab, denn z. B. bei Notstromanlagen in Kraftwerken oder Krankenhäuser wird die Zuverläßigkeit oben anstehen, während bei einem Wärmespeicher für das Warmwassernetz die Kosten entscheidend sind. Für alle mobilen Anwendungen werden hohe Energie- und Leistungsdichten bei guter Zyklenstabilität gefordert. Einige technisch relevante Energiespeichersysteme sind in Tab. 1 aufgelistet und die zusammengestellten Daten ermöglichen einen Vergleich der verschiedenen Anlagen untereinander.

Zur Erzielung einer guten Übersichtlichkeit werden die sekundären Energiespeicher entsprechend der Energieform, mit der sie unmittelbar geladen, bzw. entladen werden, in die

Tab. 1 Spezifische Daten technisch relevanter Energiespeicher

Energiespeichersysteme für	Energiedichte (Wh/kg)	Wirkungsgrad (%)	Selbstentladung	Zyklusperiode	Lebensdauer/ Zyklenzahl
mechanische Energie					
Pumpspeicherwerke (100 m)	0.25	65 - 75	-	Tage/Monate	50 - 80 Jahre
Schwungräder	25	75 - 85	20 %/h	Minuten/Stunden	20 Jahre
Druckluftspeicher (100 bar)	4	70 - 80	-	Stunden	20 Jahre
thermische Energie					
Warmwasserspeicher (dT = 50 °C)	50	80	10 -20 %/d	Stunden/Tage	20 Jahre
Dampfspeicher (40 bar)	40	80 - 90	10 %/h	Minuten/Stunden	50 Jahre
elektrische Energie					
Bleiakkumulator	35	70 - 80	0,5 %/d	Stunden/Tage	300 - 1500
Nickel/Cadmium-Akku	30	50-60	1 %/d	Stunden/Tage	2000-3000

Gruppen mechanisch, thermisch und elektrisch eingeteilt. Die Aufstellung enthält nur Speicher, die eine größere praktische Bedeutung haben, und es ist ernüchternd festzustellen, daß sich bisher kein einziges, der vielen in den vergangenen Jahren neu entwickelten Systeme am Markt etablieren konnte[1]. Die ausschlaggebenden Gründe für diesen Mißerfolg liegen zum einen im technischen Bereich und zum anderen in der Wirtschaftlichkeit, die bei den bisher sehr niedrigen Energiepreisen kaum erzielbar ist.

Die Energiedichten der zusammengestellten Systeme liegen in einem Bereich von 0,25 - 60 Wh/kg, und sind damit um etliche Zehnerpotenzen geringer als z.B. von fossilen Kohlenwasserstoffen mit ca. 10 - 12 kWh/kg. Dieser Zahlenvergleich verdeutlicht den gravierenden Unterschied zwischen primären und sekundären Energiespeichern.

Die energetischen Wirkungsgrade eines vollständigen Zyklus bewegen sich in einer Bandbreite von 60 - 90 %. Die Selbstentladungsraten beeinflussen stark die Länge der sinnvoll durchführbaren Speicherperioden, denn die Entladung muß erfolgen, bevor sich der Speicher selbst entladen hat. Optimal verhalten sich Pumpspeicherwerke und Druckluftspeicher; Akkumulatoren nehmen einen mittleren Platz ein, und die höchsten Selbstentladungsverluste treten bei Dampfspeichern und Schwungrädern auf. Dementsprechend sind hydraulische Pumpspeicherwerke auch für die saisonale Speicherung geeignet, während Schwungräder nur bei schneller Zyklenfolge einsetzbar sind. Leider sind dem weiteren Ausbau von Pumpspeicherwerken durch das Fehlen geeigneter Standorte enge Grenzen gesetzt.

Der technische Stand konventioneller Energiespeichersysteme ist durch niedrige Energiedichten, begrenzte Speicherzeiten und hohe Kosten gekennzeichnet. Trotz aller Forschungsanstrengungen gelang es bisher nicht, diese Situation zu durchbrechen, um mit neuen Energiespeichern zukünftige Märkte, wie die Spitzenlastspeicherung oder die Elektrostraßenfahrzeuge, zu erschließen.

3 Entwicklungstendenzen der Energiespeicherung

Die Entwicklung neuer sekundärer Energiespeicher verläuft sehr langsam, und die vielen bisher erfolgten Rückschläge haben in den vergangenen Jahren zu einer deutlichen Reduzierung der Forschungsanstrengungen geführt. Seit neuestem ist das Interesse an diesem Thema wieder stark aufgeflammt. Dies liegt besonders an den aktuellen Diskussionen über die von Autos ausgehenden Umweltbelastungen. In Kalifornien wurden kürzlich Vorschriften erlassen, die fordern, daß ab 1998 zwei Prozent und ab 2003 zehn Prozent aller Neufahrzeuge vollständig emissionsfrei sein sollen. Diese Vorgaben, die auch von anderen Staaten in den USA übernommen werden, geben der Entwicklung von Elektroautos, und damit besonders der Batterieforschung einen starken Schub [2].

Einen Überblick über neue Konzepte und Entwicklungsprojekte gibt Tab. 2, in der die wichtigsten Systeme aufgelistet sind.

Im Bereich der mechanischen und thermischen Energiespeicher gibt es nur geringe F&E-Aktivitäten. Interessante Entwicklungen stellen die thermochemischen Wärmespeicher dar, wie Zeolithe und Metallhydride. Die Zeolithe nutzen als wärmeliefernde Reaktion die Absorption von Wasserdampf, während bei den Metallhydriden die Bindung des Wasserstoffs an ein Metall – unter Bildung eines Metallhydrides – mit einer Wärmeabgabe verbunden ist. Ein großer Vorteil der thermochemischen Speicher ist, daß, bei geeigneter Trennung der Reaktionspartner, nahezu keine Selbstentladung auftritt. Die Zeolith-Speicher bieten in Anwendungen, bei denen sehr feuchte, warme Abluft anfällt, wie z.B. in Schwimmbädern sehr günstige Systemvorteile, und es werden heute bereits entsprechende Geräte am Markt angeboten.

Bei den elektrischen Energiespeichern dominieren die Arbeiten zur Weiterentwicklung von Batterien. In der Phase der Markteinführung befindet sich die Nickel/Metallhydrid-Batterie in Form von gasdichten Rundzellen. Zielrichtung ist der Markt der wiederaufladbaren Nickel/Cadmium-Zellen, der in den vergangenen Jahren sehr stark expandierte, obwohl sich die Diskussion um die Umweltschädlichkeit des Cadmiums zunehmend verschärft hat. Die Entwicklung der Nickel/Metallhydrid- Batterie wurde auf Grund dieser Situation beschleunigt betrieben, und seit einigen Monaten werden diese Zellen, bei denen die Cadmiumelektrode durch eine ökologisch unbedenkliche Metallelektrode ersetzt wird, kommerziell angeboten.

Zur Nutzung regenerativer Energiequellen fehlen billige Energiespeicher, und die Chrom/Eisen-Redoxbatterie hat das Potential, das Kostenniveau des Bleiakkumulators um mehr als 50 % zu unterschreiten. Die niedrige Energiedichte und die Komplexität des Systems sind jedoch spezifische Nachteile.

Einen weit fortgeschrittenen Entwicklungsstand unter den neuen Systemen haben die Zink/Brom-Batterie und die beiden Hochtemperatursysteme Natrium/Schwefel und Natrium/Metallchlorid. Alle drei Typen werden für mobile Anwendungen getestet und für den Antrieb von verschiedenen Elektrofahrzeugen erprobt.

Tab. 2   In der Entwicklung befindliche Energiespeicher

Energiespeicher-systeme	Status	Bemerkung	Literatur
für			
mechanische Energie			
Untertage-Pumpspeicherwerke	Studie	Nutzung des Höhenunterschiedes zwischen zwei Kavernen unterschiedlicher Tiefe	/3/
Schwungräder	Prototyp.25 kW; 8,5 kWh	Neue Faserwerkstoffe ermöglichen Energiedichten bis 60 Wh/ kg	/4/
thermische Energie			
Erdbecken-Warmwasserspeicher	Einzelanlagen 2000m3, 110 MWh	Langzeitwärmespeicherung	/5/
Glaubersalz-Latentwärmespeicher	Funktionsmuster 500kWh	Wärmespeicher für Hausheizung und Wärmepumpen	/6/
Thermochemische Zeolithspeicher	Pilotanl. bis ca. 300 kW für Schwimmbäder,etc.	Wärmepumpe mit Energiespeicher ca. 20 % der Wärmeabgabe aus dem Speicher, ca. 80 % durch Wärmepumpeffekt	/7/
H2/Metallhydrid-Wärmespeicher	Laborspeicher 10 kWh	Wärmespeicher für Solaranlagen Energiedichte 90 Wh/kg,sehr teuer	/8/
elektrische Energie			
Ni/Metallhydr.-Batt.	Serienfertigung, gasdichte Rundzellen bis 5 Wh	Ersatz der Ni/Cd-Batterie, Energied. 45 Wh/kg, hohe Selbstentladung	/9/
Cr/Fe-Redoxbatterie	Funktionsmuster 60 kW, 480 kWh	Anwendung für Solarsysteme, Energiedichte 15 Wh/kg,geringe Kosten	/10/
Zink/Brom-Batterie	Pilotserie Batt. bis 108 V, 45 kWh	Elektrofahrzeug,Spitzenlastausgleich Energiedichte 65 Wh/kg, >500 Zyklen	/11/
Na/S-Batterie	Pilotserie Batt. bis 180 V,22 kWh	Elektroauto,Spitzenlastausgleich Energiedichte 100 Wh/kg,Betriebs-T. 300°C	/12/
Na/Metallchlorid-Batterie	Laborfertigung Batt. bis 152 V,27 kWh	Elektroauto,Spitzenlastausgleich Energiedichte 89 Wh/kg, > 400 Zyklen	/13/
Supraleitd. Spulen	Einzelanlagen 136 kWh	Spitzenlastausgleich, Energied. 10-20 Wh/kg,extrem hohe Leistung	/14/

Großes Aufsehen erregte die erfolgreiche Entwicklung von Hochtemperatursupraleitern, und unter den vielen potentiellen Anwendungen wird auch stets die Speicherung von Elektrizität genannt. Bei genauerer Betrachtung, auf Basis der heute absehbaren Entwicklungen, ist der Einsatz dieser Technik in der nächsten Zukunft nur beschränkt zu erwarten, denn es gibt sowohl verschiedene technische Restriktionen, als auch Probleme bei der Wirtschaftlichkeit.

Zusammenfassend ist festzustellen, daß die wichtigen Anforderungen:

- hohe Energiedichte,
- geringe Selbstentladung
- niedrige Kosten

bisher von keinem der Energiespeicher befriedigend erfüllt werden. Zur Lösung dieser Aufgabe sind verstärkte Anstrengungen, sowohl im Grundlagenbereich als auch bei der angewandten Forschung erforderlich, und es sollten alle interessanten, neueren Konzepte, wie z. B. Lithiumbatterien, Wasserstoffsysteme etc., weiterverfolgt werden.

Literatur

[1] K. Ledjeff; "Unconventional Energy Storage Systems", Proc. 8th Europ. Photovoltaic Solar Energy Conf., Florence, Italy, May 1988,26

[2] K. Ledjeff; "Aktueller Entwicklungsstand neuer Batteriesysteme", BWK Bd. 42 (1990) Nr. 6,348 - 353

[3] B. B Quist, H. Hölscher, E. Verschuur; "Energy Storage Systems for Electrical Energy", SMR Symposium Amsterdam, Netherland, September 1986

[4] R. C. Flanagan et al.; "High Energy Density Fibre Composite Rotors", Final Reports, 8 Volumes, Contract No. OSR 84-00459, NRC Canada, Ottawa, 1986

[5] B. Voigt, T. Mierke, K. Möller, R. Ruhnau; "Long Term Heat Storage in Berlin (West)", 22nd IECEC, Philadelphia, P. A., USA, August 1987

[6] H. Klages; "Latentwärmespeicher für Niedrigtemperaturwärme", BMFT Statusbericht Thermische Energiespeicherung, München, 1983

[7] R. Jank; "Thermochemische Speicherung von Wärme und Kälte", VDI-Berichte Nr. 652, 1987, 163-175

[8] H. Buchner; "Energiespeicherung in Metallhydriden", Springer Verlag ,Wien, 1982

[9] M. A. Fetcenko, S. Venkatesan, S. R. Ovshinsky, K. Kajita, M. Hirota, H. Kidou; "Alloy Effects on Cycle Life of Ni-MH Batteries", Eds. T. Keily and B. W. Baxter, Power Sources 13, Bournemouth 1991, 149-164

[10] H. Cnobloch, H. Nischik, K. Pantel, K. Ledjeff, A. Heinzel, A. Reiner; "250 W[1 kWh Iron Chromium Redox Flow Storage Battery", Siemens F & E - Berichte, Bd. 17 (1988) Nr.6, 270 - 277

[11] G. Tomazic; "Die Zink-Brom Batterie", Österreichische Zeitschrift für die Elektrizitätswirtschaft, 40,1 ,1987,13-20

[12] W. Fischer, H . Birnbreier, G. N . Benninger; "Performance Charakteristics of Sodium/Sulfur Batteries", 21 st IECEC,San Diego, USA, August 1986

[13] A. R. Tiley, R. N. Bull; "The Design and Performance of Various Types of Sodium/Metal Chloride Batteries", 22nd IECEC, Philadelphia, PA, USA, August 1987

[14] M. Masuda, T. Shintomi; "Conceptual Design of 5 GWh SMES", Proc. 9th Int. Conf. Magnet Techn., MT-9, 1985 Zürich, Schweiz

Teil 6
Ausblick

Szenarien einer zukünftigen Energieversorgung
- Fallbeispiel Deutschland -

J. Nitsch
Deutsche Forschungsanstalt für Luft- und Raumfahrt e.V. (DLR)
Studiengruppe Energiesysteme
Pfaffenwaldring 38-40
70569 Stuttgart

1 Ausgangsbedingungen

Die zukünftige globale Energieversorgung ist keineswegs gesichert. Relativ niedrige Energiepreise und das reichliche Angebot an Öl, Gas und Kohle, zumindest in den westlichen Industrieländern, haben lange Zeit den Blick auf kommende Probleme und Krisen verstellt. Einsparerfolge in einigen Staaten schienen darüber hinaus die Entkoppelung von Wirtschaftswachstum und Energieverbrauch zu gewährleisten.

Dabei sind die Grenzen und Unvollkommenheiten der herkömmlichen auf fossilen und nuklearen Energien beruhenden Energieversorgung nicht mehr zu übersehen.

- Die ökologischen Belastungen der Natur durch fossile Energiewandlung und -nutzung werden immer bedrohlicher. Als besonders dramatisch zeichnet sich die Gefahr einer globalen Klimaveränderung durch den stetig steigenden Kohlendioxidgehalt und weiteren, die Wirkungen verstärkenden Spurengasen in der Atmosphäre ab. Nur eine drastische Verringerung ihrer Emissionen innerhalb der nächsten Jahrzehnte kann Abhilfe bringen.

- Die sich zunächst anbietende Option einer nichtfossilen Energieversorgung - die Kernenergie muß hinsichtlich ihrer Risiken, ihrer Gesamtkosten und ihrer Sozialverträglichkeit als äußerst fragwürdig beurteilt werden. Größere Kernenergiesysteme – unter Einschluß von Brütern für eine langfristig gesicherte Kernbrennstoffnutzung –, wie sie für einen nennenswerten Ersatz fossiler Energien erforderlich wären, dürften kaum verantwortbar sein.

Doch die wachsende Menschheit braucht Energie. Gleichzeitig muß sie an Gewinnung, Umwandlung und Nutzung strengere Kriterien anlegen als bisher, soll der Nutzen einer bisher ausreichenden Energieversorgung nicht in eine Gefährdung unserer zukünftigen Lebensgrundlagen umschlagen.

Die Menschheit muß also nach Möglichkeiten zur Energieversorgung Ausschau halten, für die folgende Eigenschaften unerläßlich sind.

Sie sollen
- ökologisch unbedenklich sein und sich weitgehend in natürliche Kreisläufe einfügen,

- in der Lage sein, die extrem ungleiche Verteilung von Energie zwischen reich und arm, Nord und Süd abzubauen und insbesondere den wachsenden Energiebedarf der Entwicklungsländer befriedigen,
- sozialverträglich sein und sich den Lebensgewohnheiten und Siedlungsstrukturen menschlicher Gesellschaften anpassen können,
- zukünftigen Generationen keine unbewältigbaren Hypotheken aufbürden und auch ihnen noch genügend Handlungsspielräume für Veränderungen erlauben.

Der Autor ist mit vielen anderen der Meinung, daß lediglich die erneuerbaren Energiequellen in ihrer ganzen Vielfalt in Verbindung mit einem wesentlich sparsameren Umgang mit allen Arten von Energie diese Kriterien ausreichend erfüllen. Allerdings erfordert ihre Weiterentwicklung und Mobilisierung noch ganz erhebliche Anstrengungen, denen sich vor allem die wohlhabenden Industrieländer stellen müssen. Auch die Nutzung erneuerbarer Energiequellen unterliegt Begrenzungen und beeinflußt die Umwelt, vor allem deshalb, weil Rohstoffe für technische Aggregate benötigt werden und weil Anlagen gebaut, gewartet und erneuert werden müssen. Überdies lassen sich erneuerbare Energiequellen im Vergleich zu fossilen Energiequellen nur mit höheren Kosten in nutzbare Energieträger wie Elektrizität, Treib- und Brennstoffe und Nutzwärme umwandeln, wenn auch noch beträchtliche Kostensenkungen möglich sind.

Jedoch nur mit erneuerbaren Energiequellen lassen sich die Probleme der Umweltgefährdung, der Erschöpfung von Ressourcen, der Gefährdung durch Energietechniken und der sozialen Belastungen durch Energieversorgung integral angehen, ohne wie bei den fossilen und nuklearen Alternativen die Probleme lediglich zu verlagern.

Wie könnte also eine Strategie aussehen, welche die Energieversorgung innerhalb eines Zeitraums von 50-60 Jahren auf überwiegend erneuerbare Energien umstellt? Welcher Aufwand ist mit einer derartigen Umstrukturierung verbunden, wie groß ist der volkswirtschaftliche Nutzen? Welche politischen und wirtschaftlichen Instrumente sind zur Umsetzung erforderlich?

Der Aufsatz versucht, einige Antworten auf die Fragen zu finden. Er stützt sich dabei im wesentlichen auf eine neuere Untersuchung für die Enquete-Kommission "Technikfolgenabschätzung und -bewertung" des Dt. Bundestages [1]. Stellvertretend für ein westliches Industrieland wurde für die "alte" BR Deutschland der Aufbau einer solaren Energiewirtschaft unter Einbeziehung von Wasserstoff dargestellt und die Bedingungen und Folgen dieses Aufbaus ermittelt. Auch der jüngste (dritte) Bericht der Enquete-Kommission "Vorsorge zum Schutz der Erdatmosphäre" [2] liefert wertvolle Hinweise für eine gründliche Bewertung einer derartigen Strategie.

2 Rahmenbedingungen und Eckdaten einer längerfristigen Energieversorgungsstrategie

Mit der Enquete-Kommission "Technikfolgenabschätzung und -bewertung" bestand Übereinstimmung, daß die der Untersuchung zugrunde liegenden Szenarien einer zukünftigen Energieversorgung die Empfehlung der Klimakonferenz in Toronto (Juni 1988) aufgreifen sollte. Dennoch sind die energiebedingten CO_2-Emissionen bis zum Jahr 2005 um 25 % und bis zum Jahr 2050 um 75 % zu reduzieren. Zur weiteren Nutzung der Kernenergie wurde festgelegt, daß in einem Szenario (Hauptpfad I) auf ihre Nutzung nach dem Jahr 2005 verzichtet wird, während in einem zweiten Szenario (Hauptpfad II) der Einsatz von Kernenergie auch längerfristig zugelassen ist.

Damit konnte den unterschiedlichen Einschätzungen der Kommission hinsichtlich der Risiko- und Akzeptanzproblematik der Kernenergie Rechnung getragen werden. Für beide Hauptpfade wurde die gleiche demographische und ökonomische Entwicklung zugrunde gelegt (Tabelle 1), so daß vorausgesetzt werden muß, daß damit auch ein nach Niveau und Struktur sehr unterschiedlicher Energieverbrauch vereinbar ist. Im folgenden wird lediglich auf das Szenario I Bezug genommen, da hier in besonders deutlichem Maße die Anforderungen an eine vollständige Umgestaltung der zukünftigen Energieversorgung herausgearbeitet werden können.

Tab. 1 Rahmendaten der gesamtwirtschaftlichen Entwicklung und Energieversorgung am Beispiel der Bundesrepublik Deutschland

	1988	2005	2025
Bevölkerung (Mill.)	61.5	59.9	54
Haushalte (Mill.)	27.3	27	24,5
Wohnfläche (Mill. m^2)	2300	2640	2700
PKW-Bestand (Mill.)	28.9	32.9	31.3
Bruttosozialprodukt	100	150	189
(1988 = 100, entsprechend 2129 Mrd. DM)			
Verbrauch fossiler Energieträger (TWh/a)	2710	2075	1380
Verbrauch nuklearer E.(Primär-E.-äquivalent; TWh/a)			
Szenario I	382	0	0
Szenario II	382	steig.	bis

Die angebotsseitige Limitierung der konventionellen Energieträger, vor allem im Szenario I auf rund 2100 TWh/a im Jahr 2005, macht – angesichts des derzeitigen Primärenergieverbrauchs von 3170 TWh/a – die Problemlage deutlich. Da die Nutzung erneuerbarer Energiequellen erst am Beginn steht und sie daher kurz- bis mittelfristig nur in begrenztem Umfang erweiterbar ist, ist die Notwendigkeit zur raschen Umsetzung rationellerer Methoden der Energieverwendung sehr stark.

Technische Maßnahmen allein reichen nicht aus, es sind zusätzlich auch erhebliche strukturelle Veränderungen insbesondere im Verkehrssektor erforderlich, um in absehbarer Zeit zu deutlichen Einsparerfolgen zu gelangen.

3 Die Bedeutung rationeller Energiewandlung und -nutzung

In zahlreichen Untersuchungen (u.a. [2,3,4]) wurden bedeutende Potentiale der Energieeinsparung durch *technische* Verbesserungen identifiziert. Abb. 1 [2] weist darauf hin, daß bereits beim heutigen Stand der Technik bis zu 45 % des Energieverbrauchs (Beispiel BRD) eingespart werden könnten. Kombiniert man diese technischen Potentiale mit strukturellen Maßnahmen, wie etwa der Verlagerung eines Teils des Straßenverkehrs auf öffentliche Verkehrsmittel und berücksichtigt den zukünftigen Fortschritt in vielen Bereichen (Stichworte: Miniaturisierung bzw. Mikroelektronik, Steuer- und Regelungstechnik, neue Werkstoffe, Energie-Einsparung durch Recycling), so sind die im folgenden (Tab. 2; Abb. 2) ermittelten Energieverbräuche des Szenarios I [1] (= Hauptpfad I) für ein modernes Industrieland als realistisch und innerhalb der betreffenden Zeiträume als erreichbar anzusehen. Demnach wird davon ausgegangen, daß die Energieintensität der deutschen Volkswirtschaft, d.h. die je Einheit Bruttosozialprodukt einzusetzende Ener-

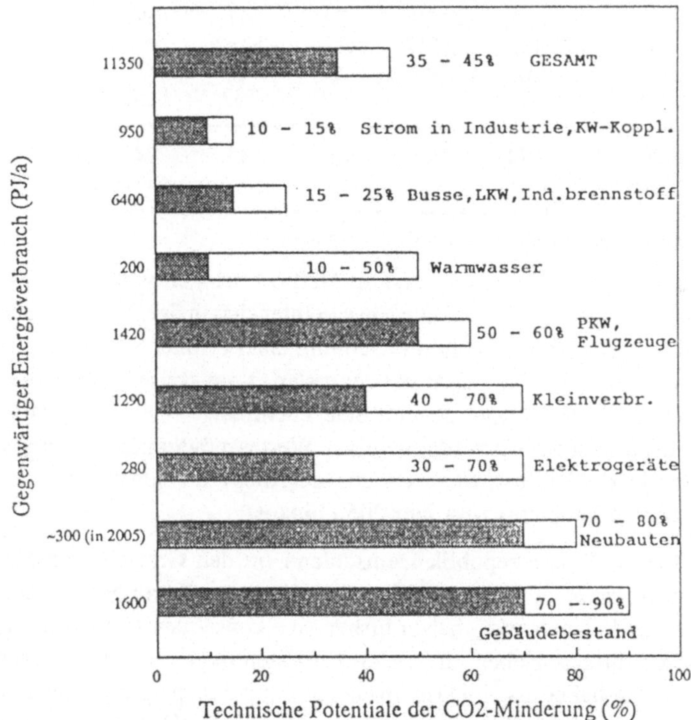

Abb.1 Technische Potentiale rationeller Energienutzung in Deutschland (ohne ehemalige DDR), bezogen auf den jeweiligen Energieverbrauch 1987,nach [2]

Tab. 2 Energieverbrauch in Szenario I nach Verbrauchssektoren, Energieträgern und Verwendungszwecken der Energie (in TWh/a).

	1973	1988	2005	2025	2050
Endenergie, ges.	2067	2063	1431	1342	1151
	(100)	(100)	(69)	(65)	(56)
nach Sektoren					
- Industrie	780	623	438	433	400
- Kleinverbraucher	370	349	224	216	196
- Verkehr	375	541	386	333	265
- Haushalte	542	551	383	360	270
nach Verwendung					
- Heizg./Warmwasser	930	775	476	451	363
- Prozeßwärme	617	497	332	320	289
- Kraft/Licht	520	792	621	570	498
nach Energieträgern					
- Brenn- und Treibst.	1812	1690	971	812	608
- Elektrizität	249	358	312	310	292
- dir. regen. Wärme	6	15	148	220	251
Primärenergie, ges.	3082	3170	2338	2119	1780
	(97)	(100)	(74)	(67)	(59)
- fossile Energien	3000	2707	2037	1382	650
- Kernenergie	32	382	0	0	0
- Regen. Energie	50	81	265	737	1130
Energieintensität [1] (1988 = 100)	134	100	46	35	24

[1] Verhältnis von endenergieverbrauch und Bruttosozialprodukt

giemenge innerhalb der nächsten 15 Jahre um rund die Hälfte verringert wird. Während des vergleichbaren Zeitraums 1973-1988 sank die Energieintensität in der BRD um rund 25 % ; die Umstrukturierungsgeschwindigkeit in Richtung einer effizienteren Energiewirtschaft müßte also gegenüber dem Zeitraum seit der ersten Ölpreiskrise im Jahr 1973 *verdoppelt* werden. Langfristig (bis 2050) scheint eine nochmalige – nun langsamer ablaufende – Verringerung bis auf ein Viertel des heutigen Wertes möglich. Bei den angenommenen Wachstumsraten des Bruttosozialproduktes läuft dies auf einen um mehr als 40 % verringerten Energieverbrauch bis zum Jahr 2050 hinaus.

Was hier beispielhaft für die Bundesrepublik Deutschland (in den Grenzen vor dem 3.10.1990) ermittelt wurde, kann auf praktisch *alle* Industriestaaten übertragen werden. Nur wenige – wie Japan und Dänemark – haben bisher eine konsequente längerfristig angelegte Energieeinsparpolitik betrieben; die weitaus meisten liegen im spezifischen Energieeinsatz über der BRD, haben also im Prinzip noch größere Einsparpotentiale. Insbesondere sind dies Staaten, welche über sehr preiswerte heimische Energie verfügen

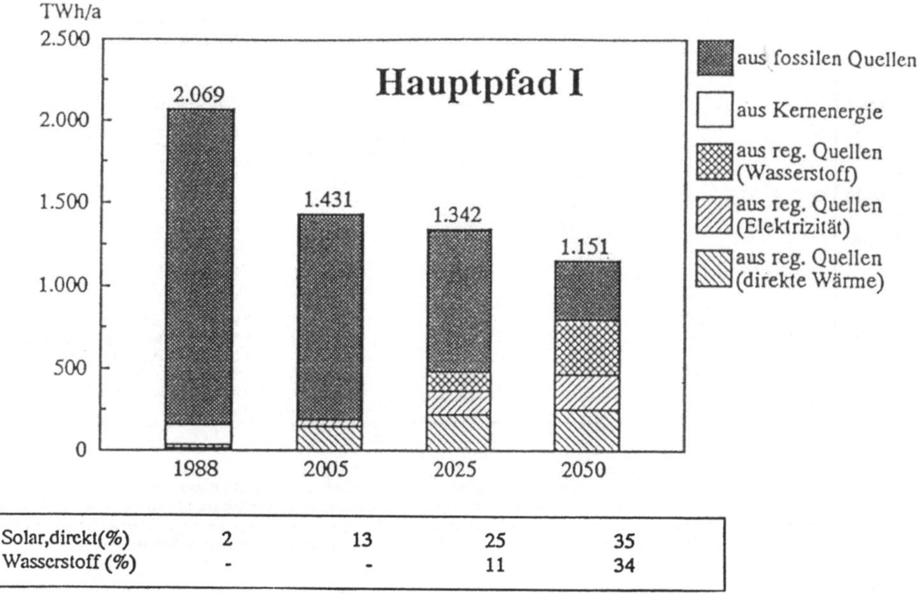

Solar,direkt(%)	2	13	25	35
Wasserstoff (%)	-	-	11	34

Abb. 2 Anteil einzelner Primärenergiequellen an der Endenergiebedarfsdeckung. Bei regenerativen Energien differenziert nach direkter Wärmeerzeugung, direkter Nutzung von Strom und dem Einsatz von solarem Wasserstoff, nach [1]

oder bisher verfügten (vergl. Abb. 3). Deshalb spielte rationelle Energienutzung während ihrer bisherigen industriellen Entwicklung nur eine untergeordnete Rolle. Allen voraus sind hier die USA und Kanada unter den westlichen Industriestaaten zu nennen, welche für 26 % der globalen CO_2-Emissionen bei 5 % der Weltbevölkerung verantwortlich sind [2]. Enorme Energieeinsparpotentiale besitzen auch alle osteuropäischen Staaten (ebenfalls 26 % der globalen CO_2-Emission; UdSSR 18,6 %; [2]), welche völlig veraltete Energiewandlungs- und -nutzungstechnologien besitzen und wo überdies fehlende Preisanreize zur Energieverschwendung führten.

Ihre Energieintensität liegt teilweise mehr als doppelt so hoch wie die der westeuropäischen Länder.

Das beträchtliche Energieeinsparpotential der Industriestaaten ist vor dem Hintergrund des Nord-Süd-Gefälles und der aus ökologischen Gründen begrenzten Wachstumsmöglichkeiten des Weltenergieverbrauchs von herausragender Bedeutung. Orientierte man sich nämlich am jetzigen Pro-Kopf-Verbrauch der Industriestaaten von 6,5 kW/Kopf (7 t SKE/Kopf) als erstrebenswertes Ziel einer industriellen Entwicklung *aller* Staaten und beachtet man die erwartete Verdoppelung der Menschheit auf 10 Milliarden innerhalb der nächsten fünfzig Jahre, so bedeutete dies eine *Versechsfachung* des gegenwärtigen Weltenergieverbrauchs - also einen Verbrauchsanstieg, den kein Energieversorgungssystem bereitzustellen imstande sein dürfte.

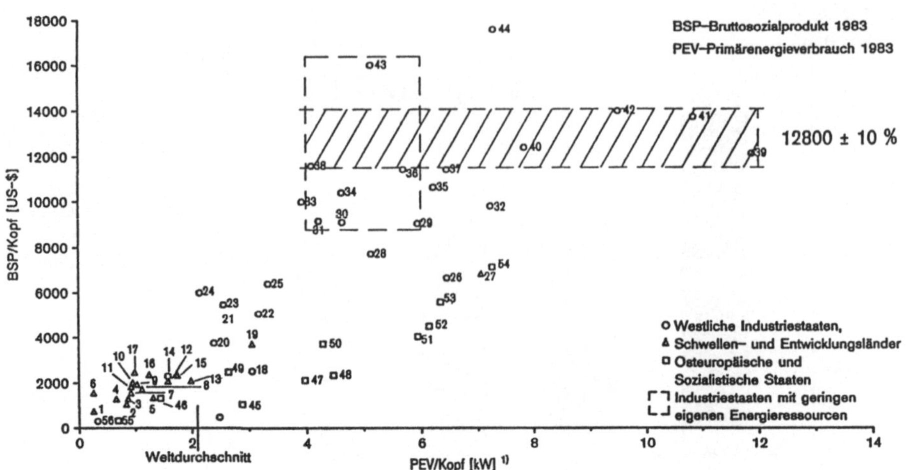

1.Elfenbeinküste, 2.Costa Rica, 3.Türkei, 4.Tunesien, 5.Jamaika 6.Paraguay, 7.Ecuador, 8.Jordanien, 9.Malaysia, 10.Chile, 11.Brasilien, 12.Süd Korea, 13.Argentinien, 14. Portugal, 15.Mexiko, 16.Algerien, 17.Uruguay, 18.Süd Afrika, 19.Venezuela, 20.Griechenland, 21.Spanien, 22.Irland, 23.Israel, 24.Hong Kong, 25.Italien, 26.Singapur, 27.Trinidad & Tobago, 28.Neuseeland, 29.Belgien, 30.Großbritannien, 31.Österreich, 32.Niederlande, 33.Japan, 34.Frankreich, 35.Finnland, 36.BR Deutschland, 37.Australien, 38.Dänemark, 39.Kanada, 40.Schweden, 41.Norwegen, 42.USA, 43.Schweiz, 44.Kuwait, 45.Nord Korea, 46.Kuba, 47.Ungarn, 48.Rumänien, 49.Jugoslawien, 50.Polen, 51.Bulgarien, 52.UdSSR, 53.Tschechoslowakei, 54.DDR, 55.China, 56.Indien

1 kW=8760 kWh/a
Quelle: J. O'M. Bockris et al. 1987, VIK–Statistik d. Energiewirtschaft

Abb. 3 Pro-Kopf-Bruttosozialprodukt und Pro-Kopf-Energieverbrauch für drei Gruppen von Ländern (1 kW = 8760 kWh/a). Quelle: J.O´M Bockris et al. 1987, VIK-Statistik der Wirtschaft

Nicht nur wegen der drohenden Klimaveränderung ist also wesentlich rationellerer Energieeinsatz von höchster Bedeutung. Er ist auch der einzig gangbare Weg, den Entwicklungsländern genügend Spielraum für den Aufbau ihrer eigenen Energieversorgung zu schaffen.

Es ist kaum zu erwarten, daß die Länder der Dritten Welt sich mit geringeren Energieverbrauchen zufrieden geben, wenn nicht die wohlhabenden Industriestaaten energische Anstrengungen unternehmen, ihnen auf dem Weg zu einer effizienteren, umweltverträglicheren Energieversorgung voranzugehen und ihnen demonstrieren, daß Fortschritt und Wohlstand nicht schlicht hoher Energieverbrauch bedeutet. Wird dies unterlassen, so ist zu befürchten, daß auch in der Dritten Welt versucht würde, Energieressourcen rücksichtslos zu mobilisieren (Stichworte: große umweltschädigende Wasserkraft- und Bioalkoholprojekte; Brennholzkrise; Kernkraftwerke in Schwellenländern) und sie in technisch unzulänglichen Energienutzungstechniken zu vergeuden. Nicht der *heutige*, in Zeiten billiger und sorglos eingesetzter Energie entstandene Zustand der Energieversorgungssysteme industrialisierter Länder darf Vorbild für die "energetische" Weiterentwicklung der Dritten Welt sein, sondern einer, in dem mit möglichst geringem Einsatz von Energie möglichst großer Nutzen, d.h. Energiedienstleistung erzeugt wird [3]. "Überentwickelte" Industriestaaten und "unterentwickelte" Länder der Dritten Welt müssen sich – was den Einsatz von Energie anbelangt – in der "Mitte" treffen: Dies muß das erste Ziel einer langfristigen, auf Kooperation und Stabilität angelegten Weltenergiepolitik sein.

Auch nüchterne ökonomische (und technische) Gründe sprechen für einen Vorrang rationeller Energienutzung. Finanzielle Aufwendungen zur Reduzierung des Energiebedarfs sind vielfach – vor allem in Ländern mit hohem spezifischen Energieverbrauch – deutlich geringer als die Kosten für die zusätzliche Beschaffung neuer Energie [2,6]. Kapital zur Verbesserung der Energieeffizienz wird volkswirtschaftlich wesentlich wirkungsvoller eingesetzt als für den Bau neuer Kraftwerke, die zudem durch wachsende Umwelt- und Sicherheitsauflagen stetig steigende Kosten verzeichnen. Prägnant formuliert hat dies LOVINS [6]: "Thus reducing pollution by not burning the fuel doesn't cost money and jobs; it *creates* wealth and jobs. Because efficiency is now generally cheaper than fuel, the reduced pollution from not burning the fuel can be achieved *not at a cost but at a profit*. The resulting gains in profitability, competitioness, and productivity are keys to sustainable development". Rationellere Energieverwendung ist also in *allen* Volkswirtschaften die *erste Etappe* in Richtung einer dauerhaften Energieversorgung.

Die wesentlichsten erforderlichen Aktivitäten zur Energieeinsparung für die BRD im Rahmen des Szenarios I aus [1] sind:

- zusätzliche, deutlich *verbesserte Wärmedämmung* für mehr als die Hälfte der Wohnungen, was einer jährlichen Umstellungsrate von 3,3 %, etwa dem Dreifachen der üblichen Rate entspricht.

  Die dafür erforderlichen Investitionen belaufen sich auf insgesamt 230 Mrd. DM (davon 180 Mrd. DM für Altbausanierung), also rund 14 Mrd. DM bis zum Jahr 2005.

- *Senkung des durchschnittlichen Kraftstoffverbrauchs* um über ein Drittel bei gleichzeitiger Senkung der Fahrleistungen im Individualverkehr um rund ein Fünftel sowie deutliche Verlagerungen von Verkehrsleistungen auf den öffentlichen Personenverkehr und den schienengebundenen Güterverkehr.

- eine *Erhöhung der Wärmeerzeugung aus Wärmekraftkoppelungsanlagen* (Fern- und Nahwärme) um etwa das 2,5-fache auf 120 TWh/a Endenergie.

- eine *Verringerung des Stromverbrauchs* um knapp 20 % infolge sparsamer Haushaltsgeräte und einer Reduzierung des Stromeinsatzes für Heizung und Warmwasserbereitung.

Diese zweifellos beträchtlichen Anforderungen an die Umgestaltung der Energieversorgung zeigen sich in ähnlicher Form auch in den Szenarien der Klima-Enquete-Komission [2], (Abb. 4). Eine Fortschreibung des Status-quo (Referenzszenario) zeigt, daß der autonome Trend zur effizienteren Energienutzung bei moderater Energiepreiserhöhung (fossil: real 50% bis 2005; Strom real gleichbleibend) zwar in etwa ausreicht, den potentiellen Energiezuwachs durch weiteres Wirtschaftswachstum (rund 50% bis 2005) auszugleichen. Das Ziel einer Reduktion der CO_2-Emissionen wird aber verfehlt. Ein zusätzlicher aktiver Abbau verschiedener Hemmnisse (vergl. Abschnitt 7) verstärkt die Tendenz zu weiterer Energieeinsparung und beschleunigt die Nutzung erneuerbarer Energiequellen, ohne jedoch deutliche CO_2-Reduktionen zu erreichen.

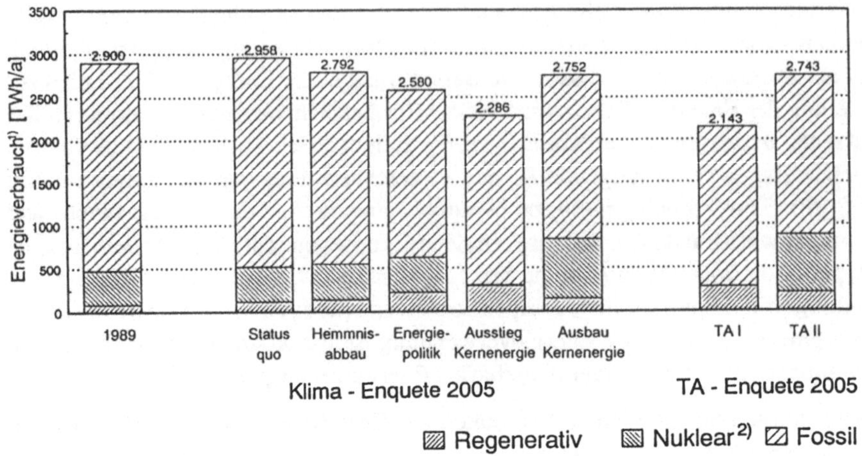

Abb. 4 Energieverbrauch in verschiedenen Szenarien des Jahres 2005 nach Untersuchungen der Klima- und TA-Enquete-Kommissionen für die alten Bundeslän-
der, BSP-Wachstum 1,50

Erst aktive Energiepolitik erweitert den Gestaltungsspielraum (u. a. infolge höherer Energiepreise, vergl. Abb. 6). Bei leicht erhöhtem Beitrag der Kernenergie (durch höhere Aus-
lastung der Kraftwerke bei gleicher Kapazität) wird das Reduktionsziel (–30% CO_2-
Emissionen) durch weitere, verstärkte rationelle Energienutzung, deutliche Verringerung
des Kohle- und Öleinsatzes bei Ausweitung des Gaseinsatzes und durch deutlichen Ausbau erneuerbarer Energiequellen erreicht.

Der unterstellte Ausstieg aus der Kernenergie bis zum Jahr 2005 führt zu ähnlichen Ergebnissen wie das oben näher erläuterte Szenario I der TA-Enquete-Kommission. Differen-
zen entstehen durch unterschiedliche Annahmen über den Grad der Substitution von Öl
und Kohle durch Erdgas (im Ausstiegsszenario der Klimaenquete 60% mehr Erdgas
gegenüber 1980; im Szenario TA-I konstanter Erdgasbeitrag, dafür verstärkte Energieeinsparung). Beide Szenarien verlangen neben einer bewußt herbeigeführten Energie-
preisanhebung eine deutliche Unterstützung erneuerbarer Energiequellen.

Die Kernenergie-Ausbau-Szenarien zeigen, daß bei mäßigeren Einsparanstrengungen
(ähnlich "Hemmisabbau") etwa eine Verdopplung des Kernenergiebeitrags erforderlich
ist, um die angestrebte CO_2-Reduktion zu erreichen. Falls sich die Akzeptanz eines derartigen Ausbaues erreichen ließe, bleiben immer noch die (in den Szenarien nicht behandel-
ten) Fragen einer gesicherten Entsorgung und der langfristigen Bereitstellung von Kern-
brennstoffen (Brüter, Wiederaufbereitung) offen.

Szenarien mit Ausbau der Kernenergie verlangen daher (ähnlich wie langfristig angelegte
Szenarien in Richtung einer solaren Energieversorgung, vergl. Abschnitt 5) eine ausführ-

liche Behandlung der Entwicklung von Kernenergiesystemen auch nach 2005 und ihre Bewertung anhand der in Abschnitt 1 genannten Kriterien. Die auf verstärkte Energieeinsparung ausgerichteten Szenarien scheinen dagegen für die weitere Umgestaltung der Energieversorgung (Reduktion von CO_2-Emissionen nach 2005 auf bis zu 25% des heutigen Wertes) sehr viel mehr Spielraum zu eröffnen. Festzuhalten bleibt, daß das derzeitig noch am ehesten konsensfähige Szenario "Energiepolitik" bereits beträchtliche energiewirtschaftliche Veränderungen verlangt, die über den Rahmen bisher geübter Energiepolitik hinausgehen.

4 Der zweite Schritt – der Einstieg in erneuerbare Energiequellen

Die natürlichen Energieströme enthalten nach menschlichen Maßstäben riesige Energiemengen. Die jährlich auf die Kontinente eingestrahlte Sonnenenergie entspricht etwa dem 3000-fachen des gegenwärtigen Weltenergieverbrauchs. Energiequellen, welche sich aus der Strahlungsenergie ableiten, wie Wind, Biomasse, Wasserkraft, ozeanische Wärme- und Wellenenergie, enthalten ebenfalls beträchtliche Energiemengen, die aber um etwa ein bis zwei Größenordnungen unter derjenigen der direkten Solarstrahlung liegen. Nur etwa ein *Tausendstel* dieses Energieflusses, rund 30 TW/a, dürfte sich aus technischen, strukturellen, ökologischen und wirtschaftlichen Gründen in nutzbare Sekundärenergieformen wie Wärme, Elektrizität oder Wasserstoff überführen lassen [7] – etwa das Dreifache dessen, was weltweit derzeit an diesen Energiearten verbraucht wird. Dies ist eine Menge, die bei rationellem Gebrauch auch für eine noch weiter wachsende Menschheit auf lange Sicht ausreichend sein wird. Eine Strategie, die sich langfristig eine weltweite Energieversorgung mittels erneuerbarer Energiequellen mit stark reduziertem Einsatz fossiler Energien und ohne Kernenergie zum Ziel setzt, ist also durchaus realistisch.

Seit über 15 Jahren werden die Technologien zur Nutzung von Sonne, Wind und Biomasse systematisch untersucht und entwickelt. Nennenswerte Deckungsanteile zur Energieversorgung sind – zusätzlich zur bereits traditionellen Nutzung von Wasserstoff und Brennholz – bis in die jüngste Zeit nicht zu verzeichnen. Die derzeitigen Beiträge von Sonne (Kollektoren, Wärmepumpen, Photovoltaik), Wind und Biomasse (außer Brennholz) liegen sowohl in der BRD wie weltweit bei knapp 0,1 % des Primärenergieverbrauchs. Die entsprechenden Technologien konnten sich nicht gegen die bis heute kostengünstigeren fossilen Energieträger durchsetzen; konsequente und langfristig angelegte öffentlich unterstützte Einführungsprogramme unterblieben. Nur wenige Ausnahmen – Dänemark, Schweden und Kalifornien - zeigen, daß auch andere Entwicklungen bereits in der Vergangenheit möglich gewesen wären. Neue detaillierte Untersuchungen [1,2,4] haben erneut festgestellt, daß die technischen Potentiale erneuerbarer Energiequellen beträchtlich sind und somit die Aussagen einer Reihe früherer Studien [5,8] bekräftigt. Betrachtet man zunächst lediglich die *lokale, dezentrale* Nutzung erneuerbarer Energiequellen – läßt also die großflächige Nutzung, den Import solarer Energieträger und die energetische Nutzung von Pflanzen in Form von "Energieplantagen" außer acht –, so erhält man die in Tab. 3 genannten Angaben. Die Bundesrepublik kann dabei als Fallbeispiel für mitteleuropäische Länder aufgefaßt werden.

Tab. 3 Technische Potentiale der lokalen Nutzung erneuerbarer Energiequellen nach drei jüngeren Schätzungen für die BRD (in TWh/a)

	Beitrag 1988	Enquete-Kommission "TFA"	Enquete-Kommission "Klima"	Nitsch/ Luther
Wärme-erzeugung	18	250	255-324	225
Strom-erzeugung	20	135	136-155	120
Gesamte Endenergie	38	385	391-479	345
Primärenergie-äquivalent	87	630	640-765	565
Anteil am Primärenergie-verbrauch 1988 [%]	2.7	19.7	20,2-24,1	17.8

Diese Ergebnisse können als "realistische" technische Potentiale eingestuft werden, die bereits durch ökologische, strukturelle und ähnliche Kriterien eingeschränkt werden und nicht einfach das "technisch Machbare" darstellen. In Ländern wie der BRD kann also längerfristig bis zu einem Viertel des *gegenwärtigen* Primärenergieverbrauchs allein durch die lokale Nutzung erneuerbarer Energiequellen ersetzt werden. In einstrahlungsreicheren Regionen wird der Anteil entsprechend höher sein. Da deutliche Anstrengungen zur rationelleren Energienutzung Voraussetzung einer erfolgreichen Einführungsstrategie für erneuerbare Energiequellen sind, wird ihr Anteil entsprechend der Reduzierung des Energieverbrauchsniveaus steigen.

Nach Energiearten aufgegliedert ist die Potentialabschätzung aus [1] in Abb. 5. Der Beitrag zur Wärmebereitstellung setzt sich aus 155 TWh/a Kollektor- und Umgebungswärme und aus 95 TWh/a Wärme (beides Endenergieäquivalent) aus der Verbrennung von Biogas, Abfallbiomassen und Müll zusammen. Praktisch gleichbedeutend für die Stromerzeugung sind die Wasserkraft (30 TWh/a), die Windenergie (30 TWh/a), die Photovoltaik auf Dächern und Fassaden (50 TWh/a) und die Stromerzeugung aus Biomasse und Müll (25 TWh/a). Im Szenario I soll dieses Potential – bei sehr unterschiedlichen Anteilen der einzelnen Energieorten – bis zum Jahr 2005 bereits zu knapp 45% ausgeschöpft sein (Deckungsanteil am gesamten Energieverbrauch dann 13 % , vgl. Abb. 2); bis zum Jahr 2025 wäre die Erschließung der lokalen Potentiale mit 90 % nahezu abgeschlossen.

Die Herausforderung der hier diskutierten Aufbaustrategie besteht darin, in relativ kurzer Zeit solare Anlagen in schnell wachsen der Anzahl kostengünstig herzustellen und sie sachgemäß zu installieren, zu betreiben und zu warten. Das dabei gesammelte Wissen gilt

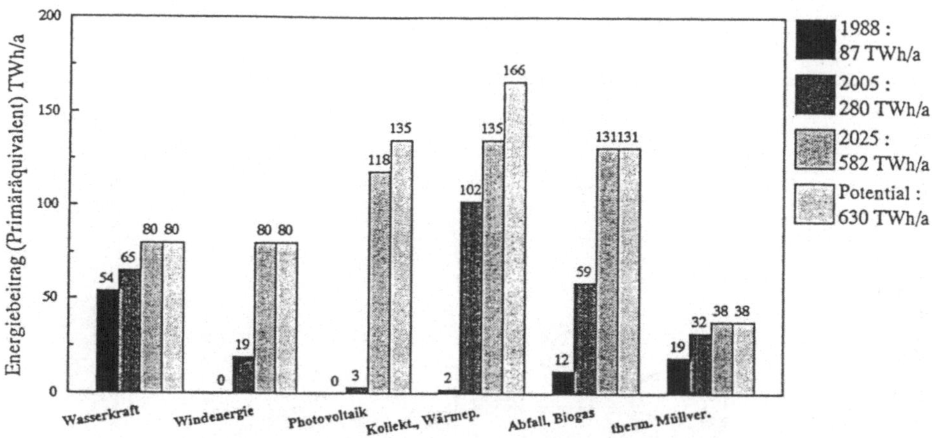

Abb. 5 Lokaler Einsatz erneuerbarer Energiequellen in Deutschland (Szenarion I) und zeitliche Ausschöpfung, nach [1]

es, wiederum möglichst schnell in neue Innovationen und bessere Systemlösungen umzusetzen um weitere Kostensenkungen zu erreichen. Dies alles ist vor dem Hintergrund zu sehen, daß der Energiemarkt an sich durch konventionelle Energietechnologien "besetzt" ist, die derzeit hinsichtlich Versorgungssicherheit und (betriebswirtschaftlicher) Kostengünstigkeit ihre Aufgabe hinreichend erfüllen. Deshalb können in hinreichend kurzer Zeit nur durch politisch gewollte Weichenstellungen "Lücken" für erneuerbare Energiequellen geschaffen werden. Andernfalls wird bei stagnierendem oder sinkendem Energieverbrauch erneuerbaren Energiequellen der Zugang zum Markt auf Jahrzehnte verschlossen bleiben.

Die Gegenüberstellung der möglichen Beiträge erneuerbarer Energiequellen im Jahr 2005 nach den Szenarien aus [1] und [2], (Abb. 6) zeigt die zentrale energiepolitische Bedeutung der grundlegenden Verbesserungen der ökonomischen Randbedingungen für ihre verstärkte Nutzung (vergl. auch [9]). Im Status-quo-Fall steigt ihr Beitrag nur unwesentlich um etwa 30%; bei nur moderater Preiserhöhung fossiler Energien (Szenarien "Hemmnisabbau", "Ausbau Kernenergie" nach [2]) erreicht er trotz Abbau sonstiger Hemmnisse nur das 1,6- bis 1,7fache des heutigen Wertes, ihr Beitrag betrüge damit nach weiteren 15 Jahren Entwicklung und zögerlicher Markteinführung nur rund 5% des Primärenergieverbrauchs. Erst höhere Energiepreissteigerungen (Szenarien "Energiepolitik", "Ausstieg Kernenergie" nach [2], sowie die TA-Szenarien) lassen bereits bis zum Jahr 2005 höhere Ausschöpfungsraten bis zum maximal Dreifachen des heutigen Beitrags erwarten. Diese Ausweitung dürfte innerhalb des Zeitraumes bis 2005 gleichzeitig die Grenze des strukturell Machbaren darstellen [10].

In Abb. 7 sind die in Szenario I erforderlichen Bestandsänderungen für die dezentralen Technologien (Jahr 0 = 1990) bis zum Jahr 2040 aufgetragen und mit der Entwicklung des PKW-Bestandes in Deutschland (Jahr 0 = 1952) bis 2002 und den Ausbau der Kernener-

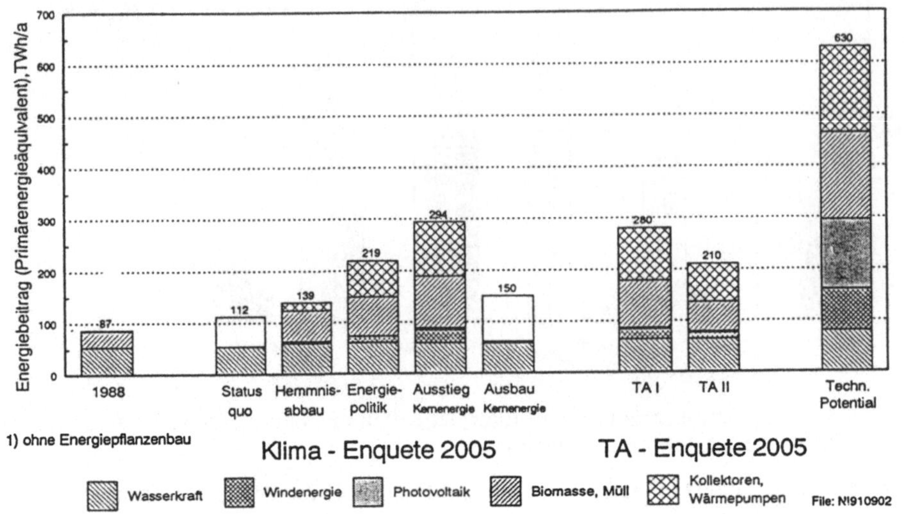

Abb. 6 Beitrag erneuerbarer Energiequellen zur Energieversorgung Deutschlands im Jahre 2005 nach Untersuchungen der Klima- und TFA-Enquete-Kommissionen (ohne Energiepflanzenbau)

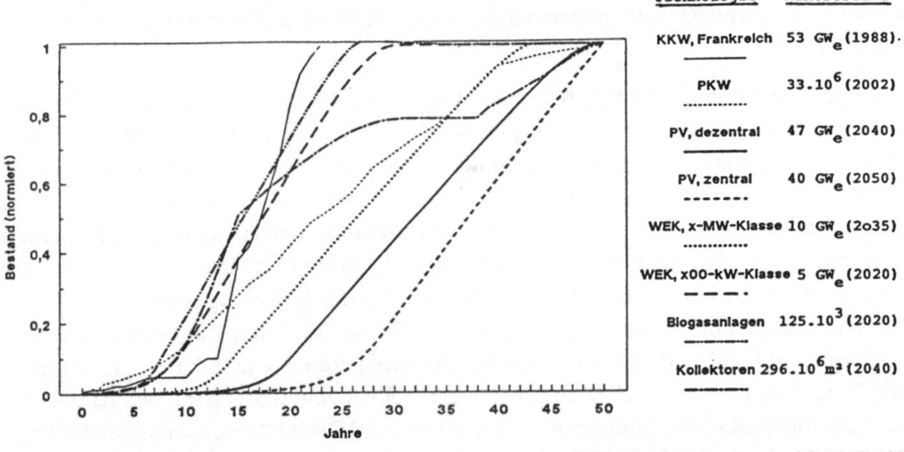

1) PKW-Bestand von 1962-1988
Quelle: Statistisches Jahrbuch 1964-1988
Werte für 1988-2002 geschätzt

2) Kernkraftwerke, Frankreich 1967-1988
Quelle: Atomwirtschaft 3/89

Abb. 7 Zubauraten solarer Technologien im Szenario im Vergleich zum Zubau von Kernkraftwerken in Frankreich und dem Anwachsen von Kraftfahrzeugen in der Bundesrepublik Deutschland

gie in Frankreich (Jahr 0 = 1967) bis 1988 verglichen. Die logistischen Wachstumskurven sind auf den jeweiligen Maximalbestand bezogen (Tab. 4). Ihre Steilheit ist ein Maß für die Wachstumsgeschwindigkeit, die Reihenfolge ist ein Maß für die technologische Reife und marktwirtschaftliche Nähe der Einzeltechnologien. Der sehr steile Wachstumsverlauf für Kollektoren, mittelgroße Windkraftanlagen (WEK) und Biogasanlagen hat ein Gegenstück in der Dynamik des französischen Atomprogramms, bei dem innerhalb von 23 Jahren 53 GWe Kraftwerksleistung zugebaut wurden mit maximalen Zuwachsraten von 7,5 GWe/a. Politisch gewollte Veränderungen können also durchaus rasch verlaufen.

Der Markt für Solartechnologien ähnelt jedoch wesentlich mehr dem Kraftfahrzeugmarkt. Zahlreiche Akteure müssen – entsprechende Anreize für erforderliche Nachfrage vorausgesetzt – individuelle Kaufentscheidungen treffen, wobei sehr viel strengere Maßstäbe angelegt werden als beim Kauf von Automobilen. Es ist also zu erwarten, daß selbst unter sehr günstigen Rahmenbedingungen – welche das Automobil bis in die Gegenwart für sich in Anspruch nehmen kann – für Solartechnologien kaum raschere Wachstumsraten erreicht werden dürften. Aus den beträchtlichen, für die Erfüllung des Szenarios I erforderlichen Wachstumsraten werden also die außerordentlichen volkswirtschaftlichen Anstrengungen ersichtlich, die zum Einstieg in eine solare Energiewirtschaft innerhalb der Zeitspanne bis 2005 erforderlich sind. Die maximalen Produktionsraten – und damit der Aufbau der entsprechenden Fertigungsstätten – müßten für die meisten Technologien

Tab. 4   Bestand und Produktionsraten für Solartechnologien in der BRD 1988 und 2005 unter Voraussetzung großer Aufbauanstrengungen (Szenario I in [6])

		Bestand		Jährl. Produktionsrate[1]	
		1988	2005	1988	2005
Flachkollektoren	$(10^6 m^2)$	0.25	150	0.02	23[2]
Wärmepumpen	(Stück)	$3\ 10^5$	$24\ 10^5$	n. v.	$1,6\ 10^5$
Biogasanlagen	(Stück)	100	60,000	einige	6,250
Holz-, Stroh-feuerungsanlagen (Heiz- und Block-heizkraftwerke)	(Stück)	einige	8,000	-	1,000
Windkonverter (alle Größen)	(Stück)	360	13,000	n. v.	2,500
	(MW_e)	38	3,100	14	580
Photovolt.Anlagen (dezentral, zentral)	$(10^6 m^2)$	0.02	7	0.03	1.8
	(MW_e)	1.5	1,000	2	250[3]

1) Max. Produktionsraten außer Photovoltaik
2) kurzfristige max. Rate wegen Forderung nach raschem Zubau
   Mittelwert nach 2005: $15\ 10^6\ m^2/a$
3) Max. Produktionsrate 3.000 MW_e/a ($21\ 10^6 m^2/a$) in 2005

bis zu diesem Zeitpunkt erreicht sein (= Beginn der Geraden in der Bestandskurve), wenn der Ausschöpfungsprozeß bis zum Jahr 2025 praktisch beendet sein soll. Die entsprechenden Zahlenwerte sind in Tab. 4 zusammengestellt.

Der aus Abb. 5 ersichtliche Beitrag erneuerbarer Energiequellen von 280 TWh/a Primärenergieäquivalent muß also für den Zeitpunkt 2005 als sehr optimistisch bezeichnet werden. Abzuleiten ist daraus nicht etwa ein Verzicht auf die erneuerbaren Energiequellen, sondern im Gegenteil die Notwendigkeit, unmittelbar mit wirksamen Maßnahmen zur Ausschöpfung der technischen Potentiale zu beginnen und diesen jahrzehntelangen Prozeß nicht zu verzögern. Andernfalls sind politische Ankündigungen zur Reduktion der CO_2- Emission um beispielsweise 25 % bis zum Jahr 2005 nicht glaubwürdig.

Die Absoluthöhen der Produktionsraten (aus Tab. 4) stellen dagegen kein volkswirtschaftliches Problem dar. Es sei beispielsweise auf die jährliche Produktionsrate des "dezentralen Energiewandlers" PKW hingewiesen. Bei einer mittleren Leistung von 50 kW repräsentieren die jährlich rund 4,3 Mio. produzierten Kraftfahrzeuge in der BRD eine Leistung von 215 GW/a, also das mehr als Zweifache der gesamten gegenwärtig installierten Kraftwerksleistung.

Der Aufbau erneuerbarer Energiequellen im Szenario I verlangt bis zum Jahr 2005 Investitionen von insgesamt rund 150 Mrd. DM, im Jahresmittel also 9,3 Mrd DM/a (Abb. 8). Zunächst dominiert der Aus- und Aufbau von Wasserkraft-, Biomasse- (Biogas-, Holz-, Stroh- und Abfallverwertung in Heiz- und Heizkraftanlagen = Sonstige in Abb. 8) und Wärmepumpenanlagen mit knapp 3 Mrd. DM/a. Um das Jahr 1997 übernehmen die Kollektorsysteme die Wachstumsdynamik; sie erfordern rund die Hälfte des gesamten Investitionsvolumens. Wind- und Photovoltaikanlagen benötigen bis zum Jahr 2005 knapp 10 Mrd. DM (Wind) bzw. 4 Mrd. DM (PV), sie sind zu diesem Zeitpunkt noch deutlich von ihrem technischen Potential entfernt. Die Investitionen für erneuerbare Energiean-

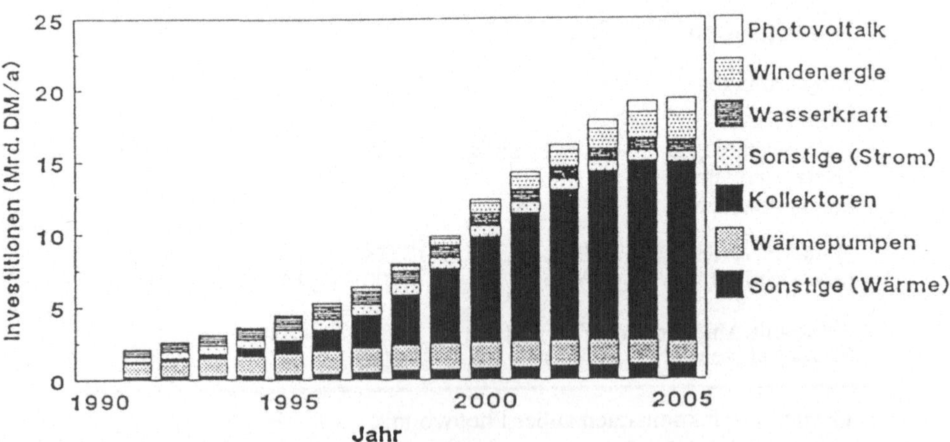

Abb. 8   Jährlich erforderliche Investitionen für den Aufbau der solaren Strom- und Wärmeerzeugung bis zum Jahr 2005 in der BRD (Gesamtsumme: 150 Mrd. DM, Jahresmittel: 9,3 Mrd. DM/a)

lagen liegen innerhalb dieses ersten Zeitabschnitts in der Größe der Investitionen für konventionelle Stromerzeugungs- und -verteilungsanlagen der letzten zwei Jahrzehnte, die zum Vergleich in Abb. 9 dargestellt sind.

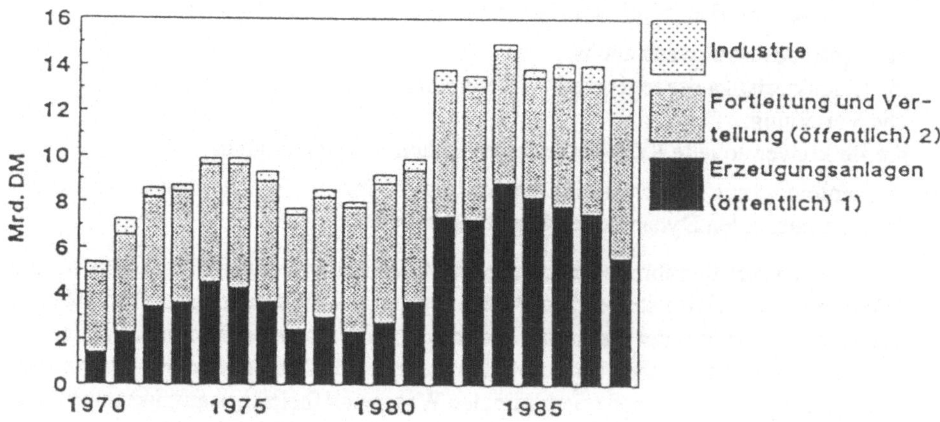

Abb. 9   Jährliche Investitionen in Strom- und -verteilungsanlagen in der BRD in den Jahren 1970 bis 1988

5 Die dritte Etappe – die Ablösung der herkömmlichen Energieversorgung

Mit der Nutzung lokaler Potentiale erneuerbarer Energiequellen sind die Möglichkeiten der solaren Energie keineswegs ausgeschöpft. Nach oder bereits während ihrer Erschließung wird man sich auch denjenigen Möglichkeiten zuwenden, die das gewaltige Potential der solaren Strahlung in großem Umfang erschließen können, dafür aber entsprechende Landflächen benötigen. Bei der Ausbreitung in diese Bereiche der Sonnenenergienutzung kommt ein neues Element ins Spiel. Während bisher die herkömmliche Energieversorgung für Ausgleich, Speicherung und Reserve sorgte, wird nun ein wachsender Anteil der gewonnenen Sekundärenergien Wärme und Elektrizität in speicherbarer Form benötigt, um die gewohnte Versorgungssicherheit aufrechtzuerhalten und um Verbrauchssektoren zu erreichen, die sonst von solarer Energie nicht versorgt werden könnten – vor allem der Verkehrsbereich.

Speicherung von Energie ist mit zusätzlichem Aufwand und Verlusten verbunden. Daher würde keineswegs pauschal auf einen speicherbaren Energieträger – etwa Wasserstoff – gesetzt. Vielmehr entstünde ein sorgfältig optimiertes Geflecht aus direkt genutzter fluktuierender Energie, aus kontinuierlich anfallender Energie, etwa Wasserkraft, aus verbleibenden tolerierbaren fossilen Energieanlagen und aus solar erzeugtem Wasserstoff, der die Energienutzung völlig vom Solar- oder Windenergieangebot entkoppeln kann.

In erster Näherung ist diese optimale Kombination für verschiedene Aufbauvarianten einer solaren Energiewirtschaft in [1] in Form verschiedener Aufbauvarianten der bereits vorgestellten Szenarien I und II ermittelt worden. Voraussetzung dafür ist die Kenntnis der solaren Stromüberschüsse, welche in Zeiten hohen Energieangebots und vergleichsweise geringer Energienachfrage entstehen und überwiegend tageszyklisch gespeichert werden müssen. Starken Einfluß auf die Höhe des Überschusses haben

- das Profil des Stromverbrauchs,
- die Charakteristika der regenerativen Stromerzeuger, ihre Mischung und ihre räumliche Verteilung,
- die für konventionelle Kraftwerke angewandten Regelstrategien.

Bei Stromimport aus südlichen Ländern verringert sich der Speicherbedarf wegen der geringeren saisonalen Dynamik des Strahlungsangebots.

Den innerhalb einer Bandbreite verschiedener Varianten ermittelten Wasserstoffbeitrag zur Endenergie bei stetig steigendem Anteil regenerativer Energie zeigt Abb. 10. Die jeweils oberen Symbole der Szenarien kennzeichnen wasserstofforientierte Varianten, welche auch einen erheblichen Einsatz von Wasserstoff im Verkehrssektor unterstellen, die unteren Symbole versuchen mit minimalen Wasserstoffbeiträgen auszukommen. Ein starker Einsatz von Elektrofahrzeugen kann den Wasserstoffbedarf weiter reduzieren, wenn sich die Batterieladezeiten am Solarstromangebot orientieren. Die kreisförmigen Symbole in Abb. 10 zeigen diese Auswirkungen.

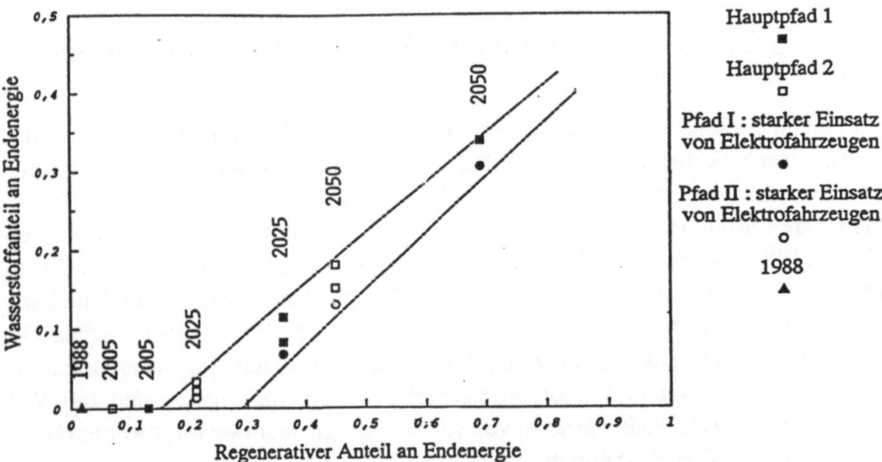

Abb. 10 Anteil solaren Wasserstoffs in verschiedenen Energieszenarien als Funktion des Gesamtanteils regenerativer Energiequellen

Diese Varianten stellen ein Beispiel dafür da, wie durch "solarangepaßtes" Verbraucherverhalten der (aufwendige) Speicherbedarf – im vorliegenden Fall also die Wasserstoffherstellung – verringert werden kann. Die Berechnungen in [1] zeigen auch, daß bei größerem Speicherbedarf solaren Stroms "direkte" Stromspeicher wie Pumpspeicher und

elektronische Batterien aus Kapazitäts- und Kostengründen rasch an Grenzen stoßen.
Volkswirtschaftlich optimale Konzepte sollten sich daher eher an der Untergrenze der
Bandbreite in Abb. 10 orientieren. Demnach entsteht Bedarf an Wasserstoff ab Anteilen
von 25 - 30 % erneuerbarer Energien an der gesamten Endenergie also erst, wenn wesentliche Teile der lokalen, direkt nutzbaren Potentiale erschlossen sein werden. Selbst bei dem
relativ raschen Umstrukturierungsprozeß des Szenarios I entspricht dies erst einem Zeitpunkt ab etwa 2010.

Der Wasserstoffbedarf steigt mit wachsenden Beiträgen erneuerbarer Energiequellen
etwa linear. Eine vorwiegend auf regenerativen Energien basierende Energieversorgung
(70 % des Endenergieverbrauchs im Jahr 2050, Szenario I) benötigte etwa die Hälfte des
solaren Energieangebots in speicherbarer Form (siehe auch Abb. 2). Für die knapp 400
TWh/a Wasserstoff, welche in diesem Szenario ausschließlich importiert würden, wären
rund 700 TWh/a solare Elektrizität bereitzustellen, wozu solare Kraftwerke von 230 GW
Leistung erforderlich sind. Die im Ausland für die Energieversorgung beanspruchten
Landflächen von rund 3900 km^2 entsprechen 0,04 % der Fläche der Sahara. Hinzu treten
im Inland rund 600 km^2 Dachflächen (ca. 25 % der gesamten Dachfläche) und 700 km^2
Landfläche.

Eine rein inländische Bereitstellung derselben Wasserstoffmenge erforderte rund 50 %
mehr Fläche, also knapp 7000 km^2. Dies ist in einem dichtbesiedelten Land Mitteleuropas
nicht denkbar, entspricht diese Fläche doch rund 60 % der derzeitigen Verkehrsfläche.

Weltweit lassen sich rund 1,9 Mio km^2 geeignete Landfläche zur potentiellen Nutzung
mittlerer solarer Großanlagen ausweisen [7]; etwa 1,3 % der globalen Landfläche bzw. 5
% der globalen Wüstenfläche. Wollte man die heute weltweit verbrauchte Ölmenge durch
den solar erzeugten Wasserstoff ersetzen (3,8 Mrd. t SKE/a = 31 000 TWh/a), benötigte
man rund 400 000 km^2 Land, gerade 21 % der ausgewiesenen Fläche. Die Flächenverfüg-
barkeit an sich ist daher kein begrenzender Faktor für eine sehr weitgehende Nutzung
solarer Energien.

6 Kosten und Wirtschaftlichkeit solarer Energieversorgungssysteme

Das Kostenniveau regenerativer Energien wird durch eine Vielzahl von Einflußgrößen
bestimmt. Wesentliche Basis der Kostenermittlung sind die ökonomischen Kenngrößen
von Schlüsseltechnologien, welche in Abhängigkeit des technischen Fortschritts und der
Produktionsmengen betrachtet werden müssen, um dem dynamischen Charakter der Entwicklung "jüngerer" Technologien gerecht zu werden. Heutige Kosten können bei der
Abschätzung der Zukunftsaussichten erneuerbarer Technologien nicht als Argumenta-
tionsgrundlage benutzt werden. Trotz Unsicherheiten und nicht direkt "beweisbarer"
Kostensenkungspotentiale müssen Annahmen über technische Verbesserungsmöglichkeiten und über Lerneffekte bei der Produktion von Großserien einbezogen werden.
Andernfalls unterschätzt man das Potential dieser Technologien.

Den größten Einfluß auf das Kostenniveau haben die Stromerzeugungstechnologien (Tab. 5). Alle besitzen das Potential, längerfristig Elektrizität in der Größenordnung von 0,10 DM/kWh in einstrahlungs- bzw. windreichen Gebieten bereitzustellen.

Tab. 5 Spezifische Kosten solarer Energieanlagen. Quelle: Zwischenbericht "Solare Wasserstoffenergiewirtschaft", Untersuchung für die Enquete-Kommission des dt. Bundestages "Technikfolgen", DLR u.a., Sept. 1989

		gegenwärtig	um 2005	um 2025	um 2050
Photovoltaik	DM/kW$_e$	20-25.000	4,250	3,000	2,750
	DM/kWh[*]				
	- BRD[1]	1.67	0.31	0.22	0.2
	- SP[2]	1.22	0.18	0.12	0.11
Solarturm	DM/kW$_e$[*]	12,800	9,840	5,920	5,180
(Südspanien)	DM/kWh[*]	0.77	0.24	0.14	0.11
Solarrinne	DM/kW$_e$	7.160[3]	7,400	5,960	5,570
(Südspanien)	DM/kWh[*]	0.37	0.18	0.14	0.11
Wind, 250 kW	DM/kW$_e$	2,500	2,000	1,800	1,800
(2.300 h/a)	DM/kWh[*]	0.11	0.09	0.08	0.08
Wind, 3 MW	DM/kW$_e$	6,000	4,000	3,000	2,500
(2.500 h/a)	DM/kWh[*]	0.21	0.14	0.1	0.08

[*] reale Durchschnittskosten über die Nutzungsdauer (Solaranlage 30 Jahre, Windanlage 20 Jahre); realer Zinssatz 4%/a; 1988 DM

[1] 1050 Nennlaststunden/Jahr   [2] 1800 Nennlaststunden/a   [3] ohne Speicher

Parabolrinnen-Kraftwerke und Windkraftanlagen sind bereits gegenwärtig kostengünstig; die Photovoltaik als potentiell bedeutendste Energiequelle benötigt dagegen weitere Kostendegressionen bis zum Zehnfachen. Die entsprechenden Modulkosten können unter der Voraussetzung einer jährlichen Produktionsrate von etwa 500 MWp auf rund 2 DM/Wp sinken (2000; z.Z. 12 - 15 DM/Wp). Bei stetiger Weiterentwicklung und weiter steigendem Marktvolumen (2025: 6000 MWp/a) dürften 1 DM/Wp errechenbar sein. Die für Photovoltaik und andere Schlüsseltechnologien geforderten Lernraten (z.B. für Photovoltaik im Zeitraum 1990 - 2005 etwa 80 %) liegen im Bereich auch bisher in der industriellen Produktion erzielter Werte, so daß die angenommenen Kostenreduktionen keine außergewöhnliche Herausforderung darstellen. Entscheidende Voraussetzung ist, daß die in den Ausbaustrategien unterstellten Mengen zu den jeweiligen Kosten abgesetzt werden können, damit der Kostenreduktionsprozeß wirksam wird (vgl. auch Abb. 5). Hierfür sind die entsprechenden energiepolitischen Voraussetzungen erst noch zu schaffen.

Von großem Einfluß auf das Kostenniveau der Endenergie ist auch die jeweilige Struktur der solaren Energieversorgung. Erst die realistisch vernetzten Strukturen der gesamten Energieversorgung ergeben konkrete Hinweise auf die Kosten solarer Energien beim

Endverbraucher, weil damit – unter der Annahme jederzeit gesicherter Versorgung – die zusätzlichen Speicher-, Transport- und Verteilungskosten sichtbar gemacht werden können. Die so ermittelten Gesamtkosten regenerativ erzeugter Endenergie stellt Tab. 6 dar.

Tab. 6 Mittlere Energiegestehungskosten regenerativer Endenergien im Szenario I ([DM/kWhth] bzw. [DM/kWhe]; Zinssatz: 4 %)

	1988[2]	2005	2025	2050
Elektrizität	0,090	0,138	0,223	0,280
Wärme, Mittelwert	0,042	0,081	0,157	0,165
- direkte Wärme	0,040	0,077	0,089	0,104
- Wasserstoff	-	-	0,315	0,271
Treibstoff	0,100	0,200	0,27[4]	0,27[4]
Mittelwert Endenergie	0,064	0,123	0,175	0,220
bezogen auf 1988	1,0	1,92	2,73	3,44
Gesamter Endenergie-verbrauch (1988 = 1)	1,0	0,69	0,65	0,55
Absolute Energie-kosten (1988 = 1)	1,0	1,33	1,78	1,89
Bruttosozial-produkt (1988 = 1)	1,0	1,52	1,90	2,28
Verhältnis Energie-kosten / BSP (1988 = 1)	1,0	0,88	0,94	0,83
Anteil regenerativer Energien am End-energieverbrauch [%]	2	13	36	69

1) enthält Erzeugung, Transport, Speicherung und Verteilung
2) bei Strom Erzeugungskosten und Verteilung; bei Wärme Mischpreis aus Heizöl und Gas; bei Treibstoffen Mischpreis aus Benzin und Diesel; fossile Energien einschließlich Verbrauchssteuern, ohne MWSt.
3) fossil 4) LH$_2$

Zum Zeitpunkt 2005 bestimmen die Nutzungstechniken für Wasserkraft, Biomasse, Kollektoren, Wärmepumpen und Windenergie das Kostenniveau regenerativer Endenergie. Zusätzliche Aufwendungen für die Speicherung von Elektrizität entstehen nicht, da Wasserkraft und Biomasse den konventionellen Energiearten vergleichbare Verfügbarkeit besitzen. Solare Wärme ist dann etwa um das Zweifache teurer als heutige fossile Energieträger; die Kosten solárer Elektrizität liegen dann etwa 50 % über den gegenwärtigen Werten. Das mittlere spezifische Kostenniveau der Endenergie würde sich etwa verdoppeln, wenn man von einer entsprechenden Anpassung der Kosten fossiler Energie an die Kosten regenerativer Energien ausgeht (vgl. auch Abschnitt 7).

Mit zunehmender Erschließung der solaren Technologien sind weitere Kostensteigerungen verbunden (trotz Kostendegression von Einzeltechnologien). Sie entstehen zum einen aus der Inanspruchnahme teurerer Technologien (Photovoltaik, solarthermische Kraftwerke), zum anderen durch steigende Aufwendungen für Speicherung und Umwandlung der Energien in eine bedarfsangepaßte Form. Bei einem 70 %igen Anteil regenerativer Energien im Jahr 2050 (Tab. 6) hätte man sich also auf das 3,4-fache des derzeitigen spezifischen Kostenniveaus einzustellen.

Diese Aussage ist jedoch unvollständig. Derartige vorhersehbare Kostensteigerungen – in denen ja die Vermeidung von Umweltschäden und die Ablösung von begrenzten fossilen Energieträgern zum Ausdruck kommt – werden mit Sicherheit die eingangs erläuterten Potentiale einer sparsameren Energienutzung mobilisieren und gleichzeitig beachtliche neue Innovationen hervorrufen, die sich auch über den Energiebereich hinaus volkswirtschaftlich günstig auswirken dürften. Beispiele aus der Vergangenheit stützen diese These (z.B. Japan, Dänemark, Schweden).

Verknüpft man die spezifischen Energieausgaben mit dem jeweiligen Endenergieverbrauch des Szenarios I, so steigen die realen Absolutausgaben für Energie gegenüber heute lediglich um ca. 30 % bis 2005 und längerfristig um 80 - 90 %. Bezieht man diese Ausgaben zusätzlich auf das Bruttosozialprodukt, so sinken die Belastungen durch Energiebereitstellung für die Volkswirtschaft insgesamt sogar leicht. Aber auch bei weniger stark steigendem Bruttosozialprodukt ist die Mehrbelastung vertretbar, da heute nicht in der volkswirtschaftlichen Gesamtrechnung auftauchende externe Kosten bzw. nicht der Energierechnung zugeordnete Kosten durch eine solare Energieversorgung verringert oder gar vermieden werden.

7 Handlungsempfehlungen für die Energiepolitik

Die Verpflichtung, die Kohlendioxidemission bis zum Jahre 2005 um 25 % und bis zur Mitte des nächsten Jahrhunderts um etwa 75 % zu senken, stellt die nationale und globale Energiepolitik vor eine Aufgabe von nicht gekannter Größe und bringt neue Qualitäten in die Bewertung zukünftiger Energiestrategien.

Grundsätzlich ist es erforderlich, Techniken der rationellen Energieverwendung und der Nutzung erneuerbarer Energiequellen trotz ihrer teilweise höheren Kosten rasch und in weit größerem Umfang einzusetzen als es unter den gegenwärtigen Marktbedingungen der Fall wäre.

Umfang und Art der Umstrukturierung sind beispielhaft in Form des Szenarios I für die BRD in vorliegender Arbeit beschrieben worden. Auch wenn die Kernenergie nicht in dem hier angenommenen Maße reduziert werden sollte, sind tendenziell ähnliche Veränderungen erforderlich (vgl. Szenario "Energiepolitik" nach [2]).

Bei Beibehaltung des gegenwärtigen energiewirtschaftlichen und energiepolitischen Status wird dies jedoch nicht gelingen. Insbesondere werden dann erneuerbare Energiequellen ihren erforderlichen Versorgungsbeitrag nicht innerhalb dieses Zeitraums leisten können.

Es lassen sich drei Bereiche identifizieren, in denen beträchlicher politischer Handlungsbedarf besteht:

(I) *Beseitigung* einer großen Anzahl struktureller, energiewirtschaftlicher, institutioneller und administrativer *Hemmnisse*, welche die Ausschöpfung an sich bereits wirtschaftlicher Potentiale verlangsamen oder verhindern.

(II) *Verstärkte öffentliche Förderung* der Weiterentwicklung und der Markteinführung technisch aussichtsreicher Systeme, damit ihre technischen und ökonomischen Verbesserungsmöglichkeiten (z.B. größere Serienproduktionen) möglichst rasch zum Tragen kommen.

(III) *Korrektur der Unzulänglichkeiten* des marktwirtschaftlichen Prozesses bei der Berücksichtigung externer (sozialer) Kosten der Energiegewinnung und -nutzung. Derzeit werden umweltverträglichere und ressourcenschonendere Energieversorgungsoptionen im Wettbewerb benachteiligt.

Zentrale energiepolitische Bedeutung kommt der grundlegenden Verbesserung der ökonomischen Randbedingungen für die Nutzung erneuerbarer Energiequellen zu. Bei nur trendmäßiger, eher moderater Preiserhöhung fossiler Energien wird trotz Abbau sonstiger Hemmnisse der notwendige rasche Einstieg in die Solarenergienutzung nicht gelingen, wie verschiedene Szenarien der Klima-Enquete-Kommission [2] zeigen.

Ein energiewirtschaftlich relevanter Einstieg in die Nutzung erneuerbarer Energiequellen noch in diesem Jahrzehnt verlangt eine reale Energiepreiserhöhung fossiler Energieträger um rund das Zweifache und von Strom um rund 30 - 50 % gegenüber dem Niveau von 1989. Zweckmäßigerweise sollte diese Erhöhung die unterschiedlichen spezifischen CO_2-Emissionen fossiler Energie berücksichtigen. Ein CO_2-Aufschlag von 200 DM/t CO_2 (bzw. von rund 150 DM/T CO_2 bezogen auf übliche moderate Preisanstiege bis zum Jahr 2005) würde Kohle mit 0,054 DM/kWh (15 DM(GJ), Mineralölprodukte mit 0,041 DM/kWh (11 DM/GJ) und Erdgas mit 0,030 DM/kWh (8,3 DM/GJ) belasten.

Ein derartiger Aufschlag, stufenweise bis zum Jahr 2005 erhoben, führt in der BRD zu mittleren Steuereinnahmen von rund 100 Mrd. DM/a. Sie könnten in entsprechender Aufteilung zur Unterstützung der Markteinführung solarer Technologien und von Einspartechnologien, zur Bildung eines Klima- und Tropenwaldfonds, zur Beseitigung von Umweltschäden, insbesondere in Ostdeutschland und zur steuerlichen Entlastung in anderen volkswirtschaftlichen Bereichen eingesetzt werden.

Die knappen zeitlichen Vorgaben zur Reduktion von CO_2 Emissionen verlangen einen möglichst raschen Einstieg in die Nutzung erneuerbarer Technologien. Die Kosten der entsprechenden Technologien sind aber gerade vor Eintritt in eine Großserienfertigung am höchsten. Soll diese Schere zu einer stufenweise möglichen Anhebung von Energiepreisen möglichst rasch geschlossen werden und damit die Markteinführung kräftig und in kurzer Zeit erfolgen, so sind für eine begrenzte Zeit zusätzliche Finanzhilfen oder andere finanzielle Anreize erforderlich.

Orientiert man sich an den zu tätigenden Investitionen für solare Energiesysteme bis zum Jahr 2002 von jahresdurchschnittlich 10 Mrd. DM, so lassen sich öffentliche Mittel zum Zweck der beschleunigten Markteinführung von rund 3 Mrd. DM/a abschätzen, die zunächst für fünf Jahre bereitgestellt werden sollten. Auch eine deutliche Erhöhung der eigentlichen Forschungs- und Entwicklungsmittel (derzeit für erneuerbare Energien rund 250 Mio. DM/a) ist empfehlenswert. Auch viele Technologien der rationellen Energienutzung bedürfen teilweise noch zusätzlicher finanzieller Anreize, um rasch wirksam zu werden. Die Fördersätze können im allgemeinen jedoch geringer sein als für erneuerbare Energiequellen. Die derzeitigen Finanzmittel in diesem Bereich belaufen sich auf rund 460 Mio DM/a.

Wesentlich für die Wirksamkeit der Fördermittel ist ihre längerfristige Kontinuität und Verläßlichkeit. Auch eine klare Abstimmung der Förderinstrumente zwischen den Ministerien ist zur Vermeidung von Entwicklungslücken von großer Bedeutung.

Die gesamten Finanzhilfen der öffentlichen Hand für den Bereich rationeller Energieverwendung und erneuerbarer Energiequellen sowohl für Forschungsförderung als auch zur Unterstützung der Markteinführung summieren sich nach diesen Empfehlungen auf rund 5 Mrd. DM/a (derzeit rund 700 Mio DM/a). Sie sind damit nur ein kleiner Teil der oben genannten Einnahmen aus einem CO_2-Aufschlag und kaum höher als die derzeit in der BRD eingesetzten Mittel zur Subventionierung fossiler Energieträger (2,85 Mrd. DM/a für Kohle; 1,15 Mrd. DM/a für Mineralöl und Erdgas; 0,20 Mrd. DM/a für Forschungsförderung fossiler Energien).

Auch die bei heutigen Energiepreisen bereits wirtschaftlichen Technologien, insbesondere zur rationellen Energienutzung, werden durch eine Reihe historisch gewachsener und auf den Einsatz fossiler Energien bzw. auf zentrale Versorgungseinrichtungen ausgerichtete Gegebenheiten, Richtlinien und Gesetze behindert. Sie beziehen sich auf folgende Punkte:

(1) Informationsdefizite, Kenntnismängel und mangelnde Markttransparenz hinsichtlich Nutzungsmöglichkeiten, Kosten und Umweltfolgen unterschiedlicher Energieversorgungsoptionen.

(2) Ungünstige institutionelle Gegebenheiten (Verbände u.ä.) und Behörden, welche nicht oder unzureichend auf die Unterstützung erneuerbarer Energiequellen eingestellt sind.

(3) Energiewirtschaftliche und -rechtliche Rahmenbedingungen, welche ökologische und ressourcenschonende Gesichtspunkte unzureichend berücksichtigen.

(4) Tarife, Vergütungen und Abrechnungsprozeduren, welche den Eigenschaften erneuerbarer Energiequellen nicht ausreichend gerecht werden.

(5) Finanzierungsengpässe und -erschwernisse aufgrund der spziellen Eigenschaften (hohe Vorleistungen), der Vielzahl der Akteure und hoher Renditeerwartungen privater Investoren.

(6) Unzureichende unternehmerische Initiativen hinsichtlich Vorleistungen in die Markteinführung aussichtsreicher Technologien.

(7) Zu geringer Stellenwert erneuerbarer Energiequellen im Rahmen politischer Planungen und Entscheidungen insbesondere hinsichtlich europäischer Energiepolitik, der Problemlage in den Entwicklungsländern und der globalen Dimension der Energieversorgung.

In [1] und [2] sind dazu zahlreiche Einzelmaßnahmen dargelegt worden, welche geeignet sind, Benachteiligungen für Einspar- und solare Technologien abzubauen. Insbesondere Punkt (7) ist von nicht zu unterschätzender Bedeutung, da politische Grundsatzentscheidungen von jeher stark in die Entwicklung der Energieversorgung eingegriffen haben.

Folgende politische Initiativen sind vor diesem Hintergrund zu empfehlen:

- Erarbeitung eines gesamtdeutschen Energieprogramms, welches die Reduktionsforderungen hinsichtlich Kohlendioxid erfüllt und dabei die Rolle der erneuerbaren Energiequellen festlegt.
  Dabei sollten auch Zeitabschnitte nach 2005 berücksichtigt werden, um den Mobilisierungszeiträumen solarer Energien gerecht zu werden.

- Die veränderten wirtschaftlichen Gegebenheiten, die der Binnenmarkt für Europa mit sich bringt, sollten auch für konkrete Entwicklungsstrategien zugunsten solarer Energietechnologien genutzt werden, welche bisher in der europäischen Energiepolitik eine untergeordnete Rolle gespielt haben.

Die Bundesrepublik könnte anregen, Potential und Nutzungsmöglichkeiten der Solarenergie in Europa neu zu bestimmen und dabei versuchen, insbesondere die südlichen Mitgliedsstaaten zur Mitarbeit zu motivieren, da sie von einer gezielten Einführung solarer Technologien besonders profitieren dürften. Geprüft werden sollte, ob nicht ähnlich dem EURATOM-Vertrag für erneuerbare Energiequellen gemäße Vereinbarungen getroffen werden müssen.

- Ein großer Teil der vorgeschlagenen CO_2-Abgaben sollte in einen internationalen Umweltfonds eingebracht werden, der dem Aufbau einer umweltverträglicheren und dauerhaften Energieversorgung mit Schwerpunkt auf rationeller Energienutzung und erneuerbaren Energiequellen in den Entwicklungsländern dient. Dies ist die Konsequenz aus der Erkenntnis, daß eine globale Strategie zur Reduktion der CO_2-Emission nicht nur zur Umverteilung von Ressourcen innerhalb der Bundesrepublik führen müßte, sondern gleichzeitig zu einer Vermögensumverteilung zugunsten der Entwicklungsländer. Anders kann nicht erwartet werden, daß diese Länder zur Reduktion von CO_2-Emissionen beitragen können.

- Neben südeuropäischen Ländern kommen längerfristig die einstrahlungsreichen nordafrikanischen Länder als Standorte für große Solaranlagen im Rahmen einer solaren Energiewirtschaft in Betracht. Auch in diesen Ländern können solare Großanlagen sinnvollerweise nur auf dem Fundament einer insgesamt breiten Nutzung aller solaren Technologien aufgebaut werden. Eine konsequente und intensive Entwicklung und Nutzung der Solarenergie könnte der gesamten energetischen Infrastruktur gerade dieser Länder eine günstige Entwicklungsrichtung aufprägen und frühe Einsatzmöglichkeiten auch größerer solarer Anlagen schaffen.

In den meisten Ländern Nordafrikas gibt es eigenständige Vorstellungen und teilweise auch konkrete Programme zur dezentralen Nutzung der Solarenergie, die aber mangels finanzieller Mittel und aufgrund zu geringer fachlicher Kapazität mit unzulänglicher Geschwindigkeit vorankommen. Es wird daher vorgeschlagen, daß die europäische Staatengemeinschaft in Verhandlungen mit der "Union der Maghreb-Staaten" eintritt mit dem Ziel, eine beschleunigte Nutzung der Solarenergie für beide Staatengruppen frühzeitig und abgestimmt einzuleiten.

Die Bundesrepublik könnte die Initiative zur Vorbereitung solcher Verhandlungen ergreifen. Alternativ sollten auch bilaterale Abkommen angestrebt werden.

Die hier genannten Vorschläge machen deutlich, daß das drohende Klimaproblem nicht mit herkömmlichen Mitteln der Energiepolitik gelöst werden kann, sondern energischer und glaubwürdiger Initiativen sowohl auf nationaler wie auf internationaler Ebene bedarf. Unterbleiben sie, so ist damit zu rechnen, daß konsequente Energieeinsparung und Erschließung neuer Energiequellen bis zum Jahr 2005 keine nennenswerten Beiträge zur Reduktion von CO_2-Emissionen werden leisten können.

Danksagung

Die Untersuchungen zu [1], welche die Grundlagen für diesen Aufsatz lieferten, wurden im Auftrag des Deutschen Bundestages ausgeführt, welcher auch die Mittel dafür bereitstellte. Das Gutachterteam bestand aus vierzehn Wissenschaftlern des Deutschen Instituts für Wirtschaftsforschung (DIW) in Berlin, der Deutschen Forschungsanstalt für Luft- und Raumfahrt e.V. (DLR) in Stuttgart, des Energiewirtschaftlichen Instituts (EWI) an der Universität Köln, der Ludwig-Bölkow-Systemtechnik (LBST) in Ottobrunn, der Universität Oldenburg und der Forschungsstelle für Energiewirtschaft (FfE) in München. Für die engagierte und konstruktive Zusammenarbeit sei ihnen herzlich gedankt. Besonderer Dank gebührt meinen Kollegen Dr.-Ing. Helmut Klai. und Dipl.-Wirtsch.Ing. Joachim Meyer für die zusätzlichen redaktionellen Arbeiten.

Literatur

[1] Nitsch, J., Klai., H., Meyer, J. u.a.: Bedingungen und Folgen von Aufbaustrategien für eine solare Wasserstoffwirtschaft. Untersuchungen für die Enquete-Kommission "Technik-folgenabschätzung und -Bewertung" des Dt. Bundestages. Bonn, Mai 1990; Bundestagsdrucksache Nr. 11/7993, Sept. 1990.

[2] Dt. Bundestag: Dritter Bericht der Enquete-Kommission "Vorsorge zum Schutz der Erdatmosphäre". Drucksache Nr. 11/8030. Bonn, Mai 1990.

[3] Goldemberg, J. u.a.: Energy for a Sustainable World. John Wiley and Sons, Wiley Eastern Ltd., New Delhi 1988.

[4] Nitsch, J., Luther, J.: Energieversorgung der Zukunft. Springer, Berlin, New York 1990.

[5] DIW Berlin, FhG/ISI Karlsruhe: Abschätzung des Potentials erneuerbarer Energiequellen in der BRD. Studie im Auftrag des BMFT. Berlin, Karlsruhe, Okt. 1984.

[6] Lovins, A.: Alternative Path of Coexistence of Energy and Environment. Manuskript zur Eröffnungszeremonie des Center for Global Environment Research. Tokyo, 26. Okt. 1990.

[7] Winter, C.-J., Nitsch, J.: Wasserstoff als Energieträger. 2. Aufl., Springer, Berlin, New York 1989.

[8] DLR Stuttgart u.a.: Energiegutachten Baden-Württemberg, Arbeitspaket "Erneuerbare Energiequellen". Stuttgart, Sept. 1987.

[9] DIW Berlin, FhG/ISI Karlsruhe: Kostenaspekte erneuerbarer Energiequellen in der Bundesrepublik Deutschland und auf Exportmärkten. Untersuchung im Auftrag d. Bundesministers f. Forschung und Technologie. Berlin, Karlsruhe, Febr. 1991.

[10] Nitsch, J.: Stand der Technik und Potential regenerativer Energiequellen. VDI-Bericht Nr. 809: Klimabeeinflussung durch den Menschen II. VDI-Verl., Düsseldorf, Nov. 1990.

Anhang
Erreichte Wirkungsgrade

Erreichte solare Wirkungsgrade

D. Meissner
Institut für Solarenergieforschung (ISFH)
Sokelantstraße 5, 30165 Hannover

Die folgenden Tabellen sollen einen Überblick geben über den erreichten Stand der Technik, nicht unbedingt über den Stand der Forschung. Hier können die erreichten Wirkungsgrade wie im Falle des $CuInSe_2$, für das aus Stuttgart nun schon Wirkungsgrade von 16,9 % berichtet werden, deutlich höher liegen. Um die Vergleichbarkeit der Daten untereinander gewähren zu können, sind in den folgenden Tabellen aber nur Meßwerte eines Forschungsinstitutes angegeben, das allerdings wohl unbestritten als die maßgebende Prüfstelle für die Photovoltaik bezeichnet werden darf, das National Renewable Energy Laboratory in Golden/Colorado. Hier sind unter der Leitung von Larry L. Kazmerski und Keith A. Emery sehr viele Zellen, Module und Systeme vermessen worden. Die wichtigsten Ergebnisse dieser staatlichen Forschungseinrichtung, die bis vor kurzem noch SERI (Solar Energy Research Institute) geheißen hat, wurden von den beiden Wissenschaftlern im vergangenen Jahr für den 2nd Renewable Energy Congress in Reading/England zusammengestellt und sind größtenteils im ersten Band der Proceedings veröffentlicht worden (A. A. M. Sayigh (Herausg.): "Renewable Energy, Technology and the Environment", Vol. 1, Pergamon Press, Oxford, 1992, Seiten 101-113). Die dort nicht gedruckten Daten stammen aus einem von den Autoren überarbeiteten und Interessenten während des Kongresses übergebenen Manuskript. Ich danke den Kollegen für die Überlassung dieser Daten, die ich ins Deutsche übersetzt habe. Damit trage ich natürlich die Verantwortung für Druckfehler, die sich eingeschlichen haben können. Im Zweifelsfall bitte ich, bei mir (Tel.: 0511-358 50 31) oder besser bei Keith Emery im NREL (Tel.: 001-303- 231 10 32) zurückzufragen. Die Tabellen sind jeweils nach den erreichten Wirkungsgraden geordnet worden.

Die Tabelle 1 enthält Ergebnisse, die mit konzentrierenden Zellen erhalten wurden, Tab. 2 mit Zellen auf der Basis von III/V-Halbleitern, Tab. 3 solche von 4-Schichten-Stapelzellen, Tab. 4 von Zellen aus mono- und multi-kristallinem Silicium, Tab. 5 von Dünnfilm-Zellen auf der Basis von polykristallinen Halbleitern und Tab. 6 auf der Basis von amorphem Silicium.

Tab. 7 zeigt Meßergebnisse an Modulen auf der Basis von amorphem Silicium, Tab. 8 auf der Basis von Dünnschicht-Mehrfachkontakten und Tab. 9 auf der Basis von Dünnfilmen aus polykristallinen Halbleitern. Alle Messungen wurden bei NREL mit 1.000 W/cm^2, ASTM E892 globale Bedingungen durchgeführt, wenn es nicht anders vermerkt ist. Die angegebene Fläche für nicht-konzentrierend gemessene Zellen ist die Gesamtfläche. Für konzentrierende Bedingungen ist die belichtete Fläche angegeben. Der geschätzte Gesamtfehler beträgt für eine einzelne Zelle ± 2%, für eine Vielfach-Zelle ± 5%. Die Werte entsprechen dem Stand vom 8. September 1992.

Tab. 1 Konzentrator-Zellen (verifiziert bei Sandia)

Hersteller	Gesamt-Fläche [cm²]	Wirkungs-grad [%]	Konzen-trierung [Sonnen]	Material/ System
Boeing	0,053	34,2	100	GaAs gestapelt auf GaSb, 4-Kontakt-Tandem
Sandia/Varian/Stanford	0,317	31,0	500	GaAs gestapelt auf Si, 4-Kontakt-Tandem
Varian	0,126	29,2	206	GaAs
Spire	0,317	28,7	200	GaAs
Stanford	0,15	28,2	140	float-Zonen-Si
Varian	0,126	28,1	403	GaAs
UNSW	1,58	25,2	125	float-Zonen-Si
SERA	0,065	23,9	65	float-Zonen-Si
UNSW	20,0	22,6	20	float-Zonen-Si
Solarex	1,58	21,5	150	float-Zonen-Si
Solarex	38,4	20,2	20	Czochralski-Si
Solarex	39,5	17,5	20	mc-Si
Astropower	39,6	17,8	20	Czochralski-Si

Tab. 2 a Zellen auf der Basis von III/V-Halbleitern

Hersteller	Datum	Gesamt-Fläche [cm²]	V_{OC} [mV]	J_{sc} [mA/cm²]	FF [%]	Wirkungs-grad [%]	Struktur/ Kommentar
NREL	24.8.90 —	0,0634 0,0663	973 445	1416 1321	83,8 75,7	22,9 <u>8,9</u> **31,8**	InP obere Zelle, 50 Sonnen direkt 0,75 eV GaInAs untere Zelle Drei-Kontakt InP/GaInAs-Tandem
NREL	11.10.90 —	0,0511 0,0534	1096 626	990,3 556,7	83,5 80,7	23,1 <u>7,1</u> **30,2**	GaAs obere Zelle, 39,5 Sonnen direkt 0,95 eV GaInAsP unter GaAs gestapeltes Tandem, 39,5 Sonnen
Varian	8.3.89	0,500	2403	13,96	83,4	**27,6**	Zwei-Kontakt-Tandem
NREL	20.2.91	0,0746	899	6343	82,5	**27,5**	1,15 eV GaInAsP, 171 Sonnen direkt
NREL	21.8.89	0,250	2292	13,61	87,4	**27,3**	GaInP/GaAs 2-Kontakt-Tandem
Varian	— —	0,500 0,531	1402 1000	13,92 13,78	86,8 83,0	16,0 <u>11,3</u> **27,3**	1,93 eV GaAlAs obere Zelle GaAs untere -Zelle Drei-Kontakt-Tandem
NREL	13.8.90 —	0,310 0,312	876 337	28,70 21,94	82,9 72,1	20,9 <u>5,3</u> **26,2**	InP obere Zelle 0,75 eV GaInAs untere Zelle InP/GaInAs 3-Kontakt-Tandem
NREL	18.12.89	0,173	1038	28,70	86,4	**25,7**	GaInP/GaAs, mit Apertur
Kopin	12.3.90	3,910	1022	28,17	87,1	**25,1**	GaAs, GaAlAs-Fenster
NREL	13.9.89	0,249	1050	27,80	85,6	**25,0**	GaAs, GaInP-Fenster
Spire	6.3.89	0,250	1029	27,89	86,4	**24,8**	GaAs, GaAlAs-Fenster
Varian	8.3.89	4,000	1045	27,60	84,5	**24,4**	GaAs, GaAlAs-Fenster

Tab. 2 b   Zellen auf der Basis von III/V-Halbleitern (Fortsetzung)

Hersteller	Datum	Gesamt-Fläche [cm^2]	V_{OC} [mV]	J_{sc} [mA/cm^2]	FF [%]	Wirkungs-grad [%]	Struktur/ Kommentar
Spire	21.4.92	16,14	1035	26,9	85,4	**24,2**	GaAs
ASEC	6.3.89	4,003	1035	27,57	85,3	**24,3**	GaAs, GaAlAs-Fenster
NREL	18.1.91	0,0746	959	1509	87,3	**24,3**	InP-Homo-Kontakt, 52 Sonnen, direkt
Spire	25.11.88	0,250	1190	23 ,80	84,9	**24,1**	GaAs/Ge-Tandem
Spire	7.3.89	0,250	1018	27,56	84,7	**23,8**	GaAs (MBE) Purdue
NREL	10.12.90	0,0746	901	2588	79,3	**21,0**	Heteroepitaxiales InP auf GaAs, 88 Sonnen, ASTM E891, direkt
Kopin	16.4.90	16,00	4034	6,55	79,6	**21,0**	5 mm Cleft GaAs (getrennt)
NREL	19.8.88	0,108	813	27,97	82,9	**18,9**	ITO/InP
Kopin	3.6.88	1,000	1208	18,20	85,5	**18,8**	1,75 eV GaAlAs
Spire	24.4.87	0,249	1213	17,60	83,0	**17,7**	1,69 eV GaAsP
Spire	22.9.88	0,250	891	25,50	77,7	**17,6**	GaAs auf Si
Varian	6.8.87	4,000	1244	16,00	84,6	**16,8**	1,75 eV GaAlAs
Spire	30.4.86	0,250	1200	16,20	82,6	**16,0**	1,75 eV GaAlAs
NREL	11.4.85	0,100	1254	13,10	85,8	**14,1**	1,75 eV GaAsP
NREL	3.11.88	0,108	760	20,20	80,9	**12,4**	1,24eV InAsP
SMU	23.7.85	1,009	822	19,70	62,2	**10,1**	Dünnfilm GaAs/Ge/Graphit, direkt
SMU	23.7.85	1,009	822	19,70	62,2	**10,1**	Dünnfilm GaAs/Ge/Graphit, direkt
Varian	9.7.87	2,932	730	17,40	78,7	**10,0**	1,15 eV GaInAs untere Zelle Zelle unter 1,75 eV GaAlAs
NREL	14.10.90	0,160	658	531,8	82,0	**9,4**	0,95eV GaInAsP unter GaAs-Filter 30,6 Sonnen, ASTM E891, direkt

Tab. 3   4-Schichten-Stapelzellen

Hersteller	Datum	Gesamt-Fläche [cm^2]	V_{OC} [mV]	J_{sc} [mA/cm^2]	FF [%]	Wirkungs-grad [%]	Struktur/ Kommentar
NREL	11.10.90	0,0511	1096	990,3	83,5	23,1	GaAs obere Zelle, 39,5 Sonnen direkt
	—	0,0534	626	556,7	80,7	7,1	0,95 eV GaInAsP unter GaAs obere Zelle
	—	—	—	—	—	**30.2**	4-Schichten-Tandem GaAs auf GaInAsP 39,5 Sonnen, ASTM E891 direkt
Boeing/ Kopin	13.1.89	4,000	1011	27,55	83,8	23,3	GaAs Cleft gestapelt auf
	—	—	360	12,11	57,8	2,5	ZnO/[CdZn]S/CuInSe$_2$
						25,8	4-Schichten-Tandem, GaAs auf CuInSe$_2$
ARCO	17.6.88	2,400	430	17,10	66,1	4,9	ZnO/[CdZn]S/CuInSe$_2$ unter a-Si
	—	2,400	871	15,62	71,25	9,7	a-Si obere Zelle
	—	—	—	—	—	14,6	4-Schichten-Tandem: a-Si auf CuInSe$_2$

Tab. 4 Zellen aus mono- und multi-kristallinem Silicium

Hersteller	Datum	Gesamt-Fläche [cm^2]	V_{OC} [mV]	J_{SC} [mA/cm^2]	FF [%]	Wirkungs-grad [%]	Struktur/ Kommentar
UNSW	14.12.89	4,024	700	40,33	81,3	23	c-Si
Stanford	20.9.88	8,525	702	40,70	77,7	22,2	c-Si, Apertur
Stanford	6.3.86	0,152	681	41,00	78,4	21,9	c-Si, Punktkontakt
ISE	16.10.91	4,023	675	39,57	77,8	20,8	c-Si
UNSW	4.7.87	0,801	628	41,50	79,6	20,8	c-Si, (Konzentrator)
Oak Ridge	3.10.86	4,000	657	36,00	81,6	19,3	c-Si
Spire	28.10.85	4,020	634	36,30	81,6	18,8	c-Si
UNSW	23.7.87	11,980	629	37,30	79,1	18,6	c-Si, großflächig
Spectrolab	5.6.85	15,470	595	36,70	76,9	16,8	c-Si
Westinghouse	11.4.85	1,004	637	33,70	76,2	16,5	c-Si
AstroPower	30.10.89	1,00	583	30,70	80,2	14,4	auf 100µm gedünntes c-Si
UNSW	25.9.85	4,120	608	35,70	73,1	17,3	mc-Si (Wacher)
AstroPower	1.12.88	1,020	600	33,00	79,2	15,7	Dünnfilm-mc-Si auf Keramik, Sandia-Messung
Westinghouse	8.5.85	1,017	602	31,60	80,7	15,4	Netz, direkt, 28°C
EMC	3.9.85	4,100	592	31,50	79,1	14,8	Band
Westinghouse	29.11.84	24,500	598	30,40	79,5	14,5	Netz, direkt, 28°C

Tab. 5   Dünnfilm-Zellen auf der Basis von polykristallinen Halbleitern

Hersteller	Datum	Gesamt Fläche [cm^2]	V_{OC} [mV]	J_{sc} [mA/cm^2]	FF [%]	Wirkungs-grad [%]	Struktur/ Kommentar
U.S.Florida	26.6.92	1,047	843	25,09	74,5	**15,8**	MgF_2/Glas/SnO_2/ CdS/CdTe/C/Ag
U.S.Florida	19.11.91	1,080	850	24,41	70,4	**14,6**	MgF_2/Glas/SnO_2/ CdS/CdTe/C/Ag
Boeing	1.7.92	0,990	546	36,71	63,4	**13,7**	ZnO/[Cd,Zn]S/CuInGaSe$_2$
U.S.Florida	24.5.91	1,197	840	21,93	72,6	**13,4**	Glas/SnO_2/ CdS/CdTe/C/Ag
Photon Energy	2.5.91	0,3	788	26,18	61,4	**12,7**	Glas/SnO_2/CdS/CdTe
Boeing	8.9.88	0,987	555	34,20	65,7	**12,5**	ZnO/[Cd,Zn]S/CuInGaSe$_2$
Photon Energy	19.5.89	0,313	783	24,98	62,7	**12,3**	Glas/SnO_2/CdS/CdTe
ARCO	17.6.88	2,400	464	38,50	65,4	**11,7**	ZnO/[Cd,Zn]S/CuInSe$_2$
ISET	3.1.89	0,994	483	35,60	66,7	**11,5**	ZnO/CdS/CuInSe$_2$/ Mo/Glas
Boeing	2.1.92	3,990	532	31,88	67,9	**11,5**	Zno/[Cd,Zn]S/CuInGaSe$_2$
NREL	12.5.92	1,080	833	22,57	60,3	**11,3**	Glas/SnO_2/CdS/CdTe/Cu
AMETEK	19.10.89	1,068	767	20,93	69,6	**11,2**	Glas/SnO_2/ CdS/CdTe/ZnTe/Ni
IEC	22.10.91	0,191	790	20,10	69,4	**11,0**	Glas/ITO/CdS/CdTe/ Cu/Au
Georgia Tech.	28.6.1991	0.08	745	22.1	66	**10,9**	Glas/SnO_2/CdS/ MOCVD CdTe
SMU (Chu)	14.4.88	1,022	736	21,90	65,7	**10,6**	Glas/SnO_2/ CdS/CdTe/HgTe/Ag
NREL	12.6.85	1,033	446	35,30	65,3	**10,3**	CdS/CuInSe$_2$
Georgia Tech.	17.5.91	0,080	714	24,19	59,8	**10,3**	Glas/SnO_2/CdS/ MOCVD CdTe/ZnTe
Boeing	30.2.86	1,074	509	30,40	66,0	**10,2**	CdS/CuInGaSe$_2$
IEC	2.9.87	1,028	445	35,00	64,6	**10,1**	ZnO/[Cd,Zn]S/CuInSe$_2$
IEC	18.5.89	0,105	729	18,95	69,0	**9,5**	Glas/ITO/CdS/CdTe/Cu
U. Toledo	29.10.1991	0.08	790	17.75	60.2	**8,4**	Glas/SnO_2/CdS/Laser-ablatiertes CdTe/Cu/Au

Tab. 6 Zellen auf der Basis von amorphem Silicium

Hersteller	Datum	Gesamt-Fläche [cm^2]	V_{OC} [mV]	J_{sc} [mA/cm^2]	FF [%]	Wirkungs-grad [%]	Struktur/ Kommentar
ECD	16.2.88	0,268	2541	6,96	70,0	**12,4**	ITO/*a*-Si/*a*-Si/*a*-Si:Ge/ss
ECD	16.2.88	0,268	1640	10,10	69,6	**11,6**	ITO/*a*-Si/*a*-Si:Ge/ss
Solarex	16.4.87	1,077	879	18,80	70,1	**11,5**	*a*-Si
Glass Tech	15.9.89	0,986	886	17,46	70,4	**10,9**	*a*-Si
Spire	9.12.86	0,099	878	16,60	72,2	**10,5**	*a*-Si
Glass Tech	13.12.89	0,989	1711	8,45	71,6	**10,4**	*a*-Si/*a*-Si
APS	31.1.91	0,998	872	16,54	71,2	**10,3**	*a*-Si
Chronar	18.10.90	1,060	864	16,66	71,7	**10,3**	*a*-Si
ECD	13.6.89	0,269	1875	7,43	73,6	**10,3**	ITO/*a*-Si/*a*-Si/ss
Solarex	1.10.87	0,758	1685	9,03	68,1	**10,3**	*a*-Si/*a*-Si:Ge
Glass Tech	4.5.90	1,017	852	17,26	69,8	**10,1**	*a*-Si (20Å/s Depos.-Rate)
IEC	7.11.87	0,284	862	17,60	65,8	**10,0**	Photo CVD *a*-Si
ECD	16.2.88	0,268	940	15,20	69,4	**9,9**	ITO/*a*-Si/ss
ARCO	17.1.89	3,960	874	15,62	71,3	**9,7**	*a*-Si
NREL	10.10.88	0,049	841	16,90	66,8	**9,5**	*a*-Si
ECD	16.2.88	0,268	739	19,80	59,6	**8,7**	ITO/*a*-Si:Ge/ss
Chronar	20.3.89	1,000	1706	7,31	68,5	**8,6**	*a*-Si/*a*-Si:Ge
UPG	4.1.88	1,010	876	13,80	69,6	**8,4**	*a*-Si
Chronar	10.3.86	0,284	878	14,40	65,9	**8,3**	Photo-CVD *a*-Si
Brookhaven	30.4.86	0,023	832	14,60	66,3	**8,1**	*a*-Si
3M	22.1.87	0,140	874	13,80	64,7	**7,8**	*a*-Si auf Kapton
Chronar	4.1.88	0,980	2510	7,20	64,8	**7,4**	*a*-Si/*a*-Si/*a*-Si:Ge
Spire	5.6.85	0,102	1586	6,90	57,4	**6,3**	*a*-Si/*a*-Si:Ge
Vactronics	11.11.86	0,256	822	11,40	60,5	**5,7**	*a*-Si

Tab. 7 Module auf der Basis von amorphem Silicium

Alle Messungen wurden bei NREL durchgeführt, 1.000 W/m^2, 25 °C, ASTM E892 global, wenn nicht anders angegeben. Die Flächendefinition für Module entspricht der kleinsten rechteckigen Öffnung, die über dem Modul plaziert werden kann, ohne den Photostrom zu beeinträchtigen oder innerhalb des Rahmens zu liegen. Die geschätzte Gesamtunsicherheit beträgt ± 5%, die für Mehrfachkontakt-Module ± 10%.

Hersteller	Datum	V_{OC} [V]	J_{sc} [mA]	FF [%]	P_{max} [W]	Apertur-Fläche [cm^2]	Wirkungs-grad [%]
Solarex	1.2.90	42,35	337	64	9,2	933	9,8
ARCO	16.6.88	42,83	277	67	7,9	844	9.4
Solarex	15.11.89	42,32	300	67	8,5	936	9,1
Chronar	10.5.90	24,26	403	76	6,6	873	7.6
Solarex	6.4.87	25,38	410	68	7,1	1006	7.1
ARCO	11.10.88	22,61	2102	71	33,5	4939	6.8
Chronar	10.3.88	23,87	1154	64	17,5	2625	6.7
Utility Power Group	16.10.89	16,08	479	64	4,9	750	6,5
APS	17.9.91	55,7	1980	70	77,8	12129	6,4***
Chronar	6.4.90	61,03	1848	66	74,4	11904	6,2**
ARCO	21.2.90	44,79	826	65	24,1	3962	6.1
Glasstech Solar	16.10.89	22,14	368	66	5,4	880	6.1
Glasstech Solar	16.10.89	12,01	2008	63	15,2	2703	5.6
Solarex	20.4.88	25,12	1352	66	22,5	3882	5.8
Chronar	23.10.89	57,98	1697	63	61,8	11344	5,2*

Die Modulwirkungsgrade wurden vor dem Eintreten lichtunduzierter Degradation gemessen

* Freilandmessung in Golden, CO, 1044 W/m^2 Gesamteinstrahlung, 38 °C Modultemperatur

** Freilandmessung in Golden, CO, 1004 W/m^2 Gesamteinstrahlung, 33 °C Modultemperatur

*** Freilandmessung in Golden, CO, 1006 W/m^2 Gesamteinstrahlung, 29 °C Modultemperatur

Tab. 8 Module auf der Basis von Dünnschicht-Mehrfachkontakten

Struktur	Hersteller	Datum	V_{oc} [V]	I_{sc} [mA]	FF [%]	P_{max} [W]	Apertur-Fläche [cm²]	Wirkungs-grad [%]
a-Si:H/*a*-Si:H/ *a*-Si:Ge:H	Solarex	3.12.1991	57.3	242	66	9.1	937	9.7
a-Si:H/*a*-Si:H/ *a*-Si:Ge:H	Solarex	10.9.1990	66.8	206	63	8.7	940	9.3
a-Si:H/*a*-Si:C:H/ *a*-SiGe:H	Solarex	2.1.1990	65.5	189	68	8.3	936	8,1*
a-Si:H/*a*-Si:H/ *a*-Si:Ge:H	Sovonics	12.5.1988	17	609	66	6.8	868	7.9
a-Si:H/*a*-Si:H	United Solar Corp. (USSC)	28.12.90	23.5	1883	61	27.1	3676	7.4
a-Si:H/*a*-Si:H/ *a*-Si:Ge:H	Sovonics	10.6.1988	17	555	64	6	838	7.2
a-Si:H/*a*-Si:H/ *a*-Si:Ge:H	Solarex	15.11.89	62.7	174	61	6.7	936	7.1
a-Si:H/*a*-Si:H	Chronar	30.1.89	47,75	191	65	5.9	842	7,0
a-Si:H/a-Ge:H	Solarex	24.10.88	49.9	234	60	7	1007	7,0
a-Si:H/*a*-Si:H	Sovonics	4.12.1988	22.8	1558	67	23.9	3646	6.6
a-Si:H/*a*-Si:H	Advanced PV Systems	28.1.91	48,8	183	65	5,8	942	6.6
a-Si:H/*a*-Si:H	Sovonics	4.12.1988	22.8	1558	67	23.9	3646	6.6
a-Si:H/*a*-Si:H	Chronar	9.10.1990	46.7	548	64	16.4	2555	6.4
a-Si:H/*a*-Si:H	Sovonics	5.10.1989	21.6	1671	67	24	3864	6.2
a-Si:H/*a*-Si:H	Chronar	22.1.88	22,95	1119	59	15.1	2547	6,0
a-Si:H/*a*-Si:H	Solarex	06.9.88	48,78	193	61	5,8	1007	5,7
a-Si:H/*a*-Si:H	Sovonics	21.4.88	22.2	2656	62	36.6	6634	5,5
a-Si:H/*a*-Si:H	Glasstech Solar	116.10.89	7.49	858	60	3.9	888	4,4

* Freilandmessung in Golden, CO, 1097 W/m² Gesamteinstrahlung, 24 °C Modultemperatur

Tab. 9 Module auf der Basis von Dünnfilmen aus polykristallinen Halbleitern

Art	Hersteller	Datum	V_{oc} [V]	I_{sc} [mA]	FF [%]	P_{max} [W]	Apertur-Fläche [cm²]	Wirkungs-grad [%]
CdS/CdTe	Photon Energy	9.3.1991	~21	573	~55	6,7	832	8,1*
CdS/CdTe	Photon Energy	24.10.1988	20,49	519	57	6,1	838	7,3
CdS/CdTe	AMETEK	2.10.1988	9,63	125	57	0,68	100	6,8
CdS/CdTe	Photon Energy	23.3.88	21,07	395	57	4,8	808	5,9
CdS/CdTe	Photon Energy	2.11.89	20,75	453	58	5,4	930	5,8
CdS/CdTe	AMETEK	3.1.90	7,05	893	50	15.9	3630	4,2**
CdS/CdTe	AMETEK	3.1.90	7,05	118	49	0,40	103	3,9
ZnO/CdZnS/CuInSe₂	ARCO	16.6.1988	25.38	637	64	10.4	938	11,1
ZnO/CdZnS/CuInSe₂	ARCO	30.5.1991	24.01	244	64,4	36.7	3883	9,7
ZnO/CdZnS/CuInSe₂	Boeing	3.12.1986	1.78	774	63,9	0.88	97	9,1
ZnO/CdZnS/CuInSe₂	ARCO	23.1.89	23,04	2461	60	33,8	3985	8,5

Die Modulwirkungsgrade wurden mit 1000 Wm⁻², 25°C, ASTM E892 global gemessen, wenn nicht anders angegeben:

* Freilandmessung in Golden, CO, 1013 W/m² Gesamteinstrahlung, 33 °C Modultemperatur, kontinuierliches MPP-Tracking zur Minimierung von Spannungsverschiebungen

** Freilandmessung in Golden, CO, 1053 W/m² Gesamteinstrahlung, 22 °C Modultemperatur, kontinuierliches MPP-Tracking zur Minimierung von Spannungsverschiebungen

einige Hersteller-Abkürzungen:

APS	Advanced PV Systems
ARCO	Arco Solar (Siemens)
ISE	Frauenhofer-Institut für Solare Energiesysteme
NREL	National Renewable Energy Laboratory (SERI)
Stanford	Stanford University
UNSW	University of New South Wales (M. Green)
US Florida	University of South Florida

Umwelt-Handbuch

Arbeitsmaterialien zur Erfassung und Bewertung von Umweltwirkungen

Herausgegeben von der Deutschen Gesellschaft für Technische Zusammenarbeit (GTZ)

Band 1: *Einführung, Sektorübergreifende Planung, Infrastruktur*
1993. VIII, 591 Seiten. Gebunden
ISBN 3-528-02303-1

Band 2: *Agrarwirtschaft, Bergbau/Energie, Industrie/Gewerbe*
1993. VI, 734 Seiten. Gebunden
ISBN 3-528-02304-X

Band 3: *Katalog umweltrelevanter Standards*
1993. VIII, 743 Seiten. Gebunden
ISBN 3-528-02305-8

Um die Umweltrelevanz eines geplanten technischen Projektes oder einzelner planerischer Aktivitäten sachgerecht beurteilen zu können, ist ein breites und vertieftes Fachwissen nötig. Zur Vorbereitung, Durchführung und Überprüfung entsprechender Untersuchungen stehen nicht immer ausgewiesene Fachleute zur Verfügung. Die sechzig „Umweltkataloge" in den Bänden I und II geben einen Überblick über mögliche Umweltwirkungen und bekannte Umweltschutzmaßnahmen und können als ein „Checksystem" für eine umfassende Untersuchung der Umweltaspekte eines Vorhabens benutzt werden. Sie sind so verfaßt, daß sie sowohl von Planerinnen und Planern als auch von Entscheidungsträgern eingesetzt werden können. Die Auswahl der Themenfelder deckt die wichtigsten Tätigkeitsfelder der entwicklungspolitischen Zusammenarbeit, aber auch der allgemeinen Planungstätigkeit ab. Band III bietet eine übersichtliche Zusammenstellung vieler umweltrelevanter Parameter und der zugehörigen Grenzwerte (Standards) verschiedener Länder und ermöglicht so eine Bewertung einzelner Umweltwirkungen.

Verlag Vieweg · Postfach 58 29 · 65048 Wiesbaden

Laser und Strahlenschutz

von Jürgen Eichler

1992. X, 262 Seiten. Kartoniert.
ISBN 3-528-06483-8

Mit zunehmendem Einsatz von Lasern in vielen Bereichen der Forschung, der Meßtechnik, der industriellen Praxis und der Medizin wurde es notwendig, einen Strahlenschutz zur Vermeidung von Unfällen zu entwickeln.

In diesem Buch werden zunächst die Quellen und die Eigenschaften der Laserstrahlung behandelt, bevor die Wirkung der Strahlung auf menschliches Gewebe und insbesondere auf das Auge beschrieben wird.

Es folgen Kapitel zum Strahlenschutz und eine Wiedergabe wichtiger Sicherheitsvorschriften und Normen. Neben allgemeinen Richtlinien zur Auswahl von Laserschutzbrillen werden auch spezielle Sicherheitsmaßnahmen für Laseranwendungen in Laboren, der industriellen Fertigung, der Medizin, der Meßtechnik, der Informationstechnik, der Veranstaltungstechnik und in Schulen behandelt.

Verlag Vieweg · Postfach 58 29 · 65048 Wiesbaden